생산력과 문화로서의 과학 기술

현대의 지성 103
생산력과 문화로서의 과학 기술

제1판 제1쇄_1999년 9월 20일
제1판 제4쇄_2010년 10월 25일

지은이_홍성욱
펴낸이_홍정선 김수영
펴낸곳_ ㈜문학과지성사
등록_1993년 12월 16일 등록 제10-918호
주소_ 121-840 서울 마포구 서교동 395-2
전화_02)338-7224
팩스_02)323-4180(편집)   02)338-7221(영업)
전자우편_moonji@moonji.com
홈페이지_www.moonji.com

현대의 지성 103

생산력과 문화로서의 과학 기술

홍성욱

문학과지성사

1999

현대 과학 기술에 대한
한 단계 깊은 이해를 위해서

1

20세기는 명실공히 과학 기술의 시기였다. 1900년경에 과학 기술자들은 생명 현상에 조금씩 개입하기 시작했고, 엔진이 달린 비행기를 만들어 새처럼 나는 꿈을 이루었으며, 원자핵에서 나오는 엄청난 에너지에 경이로워했고, 전화와 무선 전신을 통해 메시지를 전달하기 시작했다. 백 년이 지난 지금, 인간은 인간 복제와 유전 정보의 해독을 눈앞에 두고 있으며, 달을 정복한 지 오래됐고, 원자 에너지에서 나온 전기를 가정에서 사용하며, 세상을 거미줄처럼 덮은 컴퓨터 네트워크를 통해 새로운 사이버 세상을 만들었다. 이에 덧붙여 20세기 백 년 동안 '녹색 혁명'이라 불리는 획기적인 농업 생산의 향상이 있었으며, 약으로 임신을 조절하기 시작했고, 시험관 아기를 만들었다. 문명이 생긴 이래 불치병이라고 알려졌던 결핵이나 소아마비와 같은 병을 백신과 항생제로 정복했고, 이는 불과 100년 사이에 인간의 평균 수명을 두 배 가까이 늘렸다.

반면에 과학 기술의 발달은 새로운 문제를 야기했다. 원자를 쪼갠 대가로 우리는 원자 핵무기라는, 인류를 절멸시킬 수도 있는 무기와 함께 살게 되었다. 새로운 화학 물질과 자동차와 같은 기계는 대기·수질 오염은 물론 오존층 파괴와 지구 온난화 현상이라는 전지구적 환경 문제를 낳았다. 농업 생산과 산업 생산이 증가한 만큼 자연의 오염도 증가했던 것이다. 유전학과 생명공학은 인간을 유전 정보로만 간주하는 유전자 결정론과 유전적 차별의 가능성을 낳았으며, 유전공학의 발달은 유전공학을 통해 변형된 식품을 우리 식탁에 올리는 결과를 가져왔다. 최근 양의 복제는 인간 복제와 관련된 새로운 도덕적 문제를 제기했다. 정보 기술은 개개인에 대한 감시를 일상적인 것으로 만들면서 우리가 예상치 못한 방법으로 프라이버시를 침해하고 있다.

과학 기술이 사회 속에서 차지하는 위치가 중요해지면서 과학 기술을 보는 철학적 관점과 과학과 사회와의 관계를 바라보는 시각도 크게 변했다. 논리실증주의logical positivism와 같은 20세기 전반의 과학철학은 보편적 경험과 논리에 바탕한 자연과학이 보편적·객관적·합리적이라고 간주했다. 논리실증주의에서는 서로 다른 자연과학의 단일성unity을 믿었고, 궁극적으로 모든 자연과학이 물리학으로 환원될 것이라고 생각했다. 이에 따르면 과학의 발전은 논리적이고 누적적인 것이었다. 이러한 논리실증주의는 1950년대와 1960년대를 겪으면서 파기되었다. 특히 과학사에 근거한 토머스 쿤Thomas Kuhn 의 『과학 혁명의 구조』(1962)는 과학의 발전이 논리적이고 누적적으로 설명될 수 있다는 믿음에 일침을 가했다. 쿤 이후 과학의 합리성·객관성, 그리고 보편성은 과학에 내재한 것이 아니라 역사적·사회적으로 형성되어온 것이고, 따라서 당연하게 받아들여질 수 있는 것이 아니라 설명되어져야 하는 것이 되었다. 과학 활동과 다른 사회적 활동 사이의 거리는 놀랄 만큼 좁혀졌고, 동시에 과학 지식과 다른 지식들 사이의 거리도 그만큼 좁혀졌다. 과학은 문화와 별개가

이니라 문화의 일부로 여겨지기 시작했다.

1960년대를 통해서 과학 기술과 사회와의 관계도 새롭게 조명되었다. 아는 것이 힘이고 과학은 곧 계몽이라는 근대 과학의 이념은 원자탄과 독가스의 2차 대전을 겪으며 비록 산산조각은 나지 않았을지라도 현저하게 약화되었다. 1950년대부터 양식 있는 과학 기술자들은 과학 기술 연구가 군사적 목적에 심하게 의존하고 있음을 폭로했고, 이와 같은 인식은 1960년대에 들어서 군사화, 환경 오염, 자동화 기술에 반대하는 과학 기술자들의 사회 운동으로 이어졌다. 과학 기술자들의 운동은 과학 연구를 추동하는 정치·군사·경제적 요소를 폭로함으로써 과학의 오용에 반대했으며, 더 나아가서 인간과 자연을 착취하는 과학 기술이 아닌 새롭고 대안적인 과학 기술을 발전시켜야 한다고 주장했다. 근대 과학의 합리성은 과학의 착취적인 성격을 감추는 베일에 지나지 않는다고 간주되고, 비판되었다. 이런 과학 기술자들의 급진적 과학 운동은 1960년대말과 1970년대 초엽에 그 정점에 달했다.

1960년대와 1970년대를 통해 기술을 보는 관점에도 큰 변화가 있었다. 2차 세계 대전 동안 물리학자와 같은 과학자들에 의해 주도된 원자탄과 레이더의 개발은, 자연과학과 기초 연구가 기술과 산업의 발전을 가져온다는 '응용 과학 명제'를 낳았던 기반이었다. 과학의 발전이 자동적으로 기술과 산업의 발전으로 이어진다는 주장은 2차 세계 대전 동안 미국의 군사 연구를 기획했던 버니바 부시 Vannevar Bush의 저서 『과학, 그 무한한 프런티어』(1945)에서 설득력 있게 제시되었고, 이후 아무런 의심 없이 받아들여졌다. 이런 응용 과학 명제는 1970년대 초엽부터 비판의 대상이 되었다. 기술사학자들은 기술의 본질이 '지식'이고 기술의 발전이 과학에 의해서가 아니라 기술 자체의 동력에 의한 것임을 주장했다. 이에 근거해서 이들은 과학과 기술의 관계가 서로 독립적인 두 지식들 사이의 상호 작용이지 과학의 이론이나 법칙이 기술에 위계적으로 응용되는 것이 아님을 주장했다. 이와 같은 새로운 이해를 바탕으로 과학과 기술과의 차이점과 공통점에 대한 더 깊은 이해가 얻어졌다.

1970년대 후반부터 사회구성주의social constructionism가 과학을 이해하는 새로운 틀을 제공했다. 사회구성주의는 과학 지식의 형성 과정에 사회적 이해 관계가 근본적인 영향을 미친다고 주장함으로써, 합리적인 과학과 그렇지 않은 다른 믿음 사이의 경계를 한층 더 불분명한 것으로 만들었다. 사회구성주의는 과학의 합리성, 과학적 발견, 과학 논쟁과 논쟁의 종식을 보는 혁신적으로 새로운 시각을 제공했다. 사회구성주의가 발흥하던 1980년대에 과학사학자들과 과학철학자들은 과학적 실천scientific practice에 관심을 기울이기 시작했다. 이 새로운 방법론은 추상적인 세계관이나 수리적인 과학 이론보다 과학자들의 실험, 실험실, 기기, 데이터의 생성 등을 연구 대상으로 삼았다. 이런 자세한 연구는 실험을 통한 데이터의 생산이 자명한 과정이 아니라는 것을 보여주었다. 과학 지식은 자연의 실재를 반영하지만 동시에 실험실이라는 공간에서 다양한 이론적·물질적 '밑천resource'을 사용하는 과학자가 구성하는 것으로 간주되었다. 1990년대에는 과학이 사회적으로 구성되었다고 주장한 사회구성주의자들에 대한 과학자들의 반론이 이어졌고, 이는 '과학 전쟁Science Wars'과 '소칼의 날조Sokal's Hoax' 사건으로 커지면서 구미 지성계를 뜨겁게 달구었다.

2

1970년대 이후 과학기술사 · 과학기술철학 · 과학기술사회학 학자들은 문화와 생산력으로서의 과학과 사회와의 관계, 과학과 기술과의 상호 작용, 지식으로서의 기술의 특성과 기술의 궤적, 실험과 같은 과학적 실천과 과학 기기, 그리고 과학 논쟁의 발발과 그 종식 등에 대한 새로운 해석과 인식을 제공했다. 이 책에 수록된 글은 과학 기술에 대한 이러한 새로운 인식을 소개하고 이에 대한 관심을 불러일으킴으로써, 현대 사회 속에서 점점 그 역할이 중요해지는 과학 기술에 대한 우리의 이해를 한 단계 더 깊게 하려는 목적을 가지고 씌어졌다. 이를 위해 나는 과학에 대한 역사적인 접근 방법에 과학사회학과 과학철학의 성과들, 그리고 기술사와 기술사회학적 접근을 병행하는 간학문적인 interdisciplinary 접근을 시도했다.

이 책의 1부는 1980년대와 1990년대 사회구성주의 과학사회학의 성과와 그것이 야기한 '과학 전쟁'을 다루고 있다. 제1장 「과학사회학의 최근 동향」은 스트롱 프로그램 Strong Program과 같은 사회구성주의, 행위자 네트워크 이론 Actor-Network Theory과 같은 구성주의, 그리고 과학적 실천에 대한 새로운 철학적 해석, 기술의 사회적 구성론, 그리고 사회구성주의와 포스트모더니즘의 관련을 소개하고 있다. 제2장 「누가 과학을 두려워하는가」는 사회구성주의로 인해 야기된 1990년대 '과학 전쟁'과 그 속에서 논쟁이 되었던 과학과 사회 · 문화와의 관련에 대한 쟁점들을 분석하고 있다. 수많은 비판에도 불구하고 사회구성주의는 과학과 기술을 바라보는 우리의 관점을 근본적으로 바꾸어놓았음을 부인할 수 없다. 사회구성주의에 대한 깊은 천착은 과학 기술과 사회와의 복잡한 상호 작용에 대한 이해나 과학과 기술에 대한 보다 민주적인 통제를 위해서도 중요한 인식론적인 기반을 제공한다는 것이 나의 판단이다.

제2부는 현대 과학의 실천적·이론적 쟁점을 다루고 있다. 제3장 「급진적 과학 운동」은 1960~1970년대 서구 과학 기술자들의 사회 운동을 소개하고, 1980~1990년대 한국의 과학 기술 운동의 이론적·실천적 성과를 분석하고 있다. 과학 기술 운동의 역사를 통해 우리는 과학을 생산력으로 보는 입장과 과학을 문화의 일부로 보는 입장의 차이가 과학 기술자들의 운동을 어떻게 바꾸었는지 볼 수 있을 것이다. 제4장 「문화로서의 과학, 과학으로서의 역사」는 20세기 후반 인문학과 사회과학의 전분야에 걸쳐 커다란 영향력을 미쳤던 토머스 쿤에 대한 재평가이다. 이 장에서 나는 쿤이 과학을 문화의 일부로 받아들여지게 하는 데 결정적인 역할을 했지만, 그의 역사 방법론은 그가 비판한 과학의 방법론과 흡사했음을 보이고 그 이유를 설명하고 있다. 제5장 「포스트모던 과학 논쟁」은 1980년대와 1990년대 초반에 벌어진 과학학 Science Studies 분야의 가장 대표적인 논쟁 하나를 깊이 분석하고 있다. 이 논쟁은, 17세기 과학 혁명기 동안 로버트 보일 Robert Boyle과 토머스 홉스 Thomas Hobbes 사이의 진공에 대한 논쟁을 분석한 스티븐 섀핀 Steven Shapin과 사이먼 섀퍼 Simon Schaffer의 문제작 『리바이어던과 진공 펌프』(1985)에 대한 브루노 라투어 Bruno Latour의 비판과 그에 대한 재비판이 이어지면서 진행되었다. 이 논쟁에 대한 분석을 통해 우리는 과학과 근대성의 문제에 대한 매우 중요하고 새로운 직관을 얻을 수 있을 것이다. 제4장과 5장은 이 책을 통해서 가장 까다로운 내용을 다루고 있는데, 이를 읽기 전에 1부를 먼저 읽어볼 것을 권하고 싶다.

기술에 대해 초점을 맞춘 제3부는, 아직 무척 초보적인 단계에 머물고 있는 기술에 대한 역사적이고 철학적인 이해를 한 단계 끌어올

리는 것을 겨냥하고 있다. 제6장 「과학과 기술의 상호 작용」은 1970
년대 이후 기술을 지식으로 이해하기 시작한 것과 1980년대 이후 과
학을 실천으로 보기 시작한 것이 과학과 기술의 관계를 어떻게 새롭
게 해석할 수 있는가를 보이고 있다. 「서양 기술사학의 최근 연구 동
향」을 소개하는 제7장은 1980년부터 1995년까지 미국 기술사학회지
인 『기술과 문화 Technology and Culture』에 출판된 270여 편의 논문
을 분석함으로써, 기술사 연구의 동향과 방법론적인 특성을 짚어보
고 있다. 제8장 「여성과 기술」은 기술과 젠더 gender의 문제와 관련된
다양한 주제 — 역사 속의 여성 기술자, 기술사 속의 젠더의 문제, 가
사 노동 보조 기술과 출산 기술 — 를 분석하고 있다. 이 장에서의 분
석을 통해 우리는 기술과 여성의 문제를 깊이 있게 이해하려면 기술
에 각인된 젠더의 요소가 기술의 발전을 특정한 방향으로 규정하는
경향과 기술이 열어주는 새로운 젠더의 가능성을 동시에 살펴보아야
한다는 인식에 도달할 수 있을 것이며, 이는 기술과 사회·문화의 상
호 작용을 이해하는 하나의 모델을 제공할 수 있음을 볼 수 있다. 제3
부의 마지막 장인 9장 「몸과 기술」은 인간의 몸과 기계와의 관계를 보
는 두 가지 다른 관점 — 기계를 인간의 몸의 연장으로 보는 19세기 기
술철학의 관점과 인간과 기계 사이에 '피드백 feedback에 의한 통제'
라는 공통점이 있음을 주장한 사이버네틱스 cybernetics의 이론 — 을
설명하면서, 인간과 기계의 잡종인 사이보그의 현재적 의미를 살펴
보고 있다.

　　제4부는 20세기 후반의 가장 중요한 과학 기술의 성과로 간주되는
생명과학과 정보 기술을 다루고 있다. 제10장 「인간 복제 문제에 대
한 새로운 고찰」은 인간 복제라는 문제를 생식 보조 기술 reproductive
technology의 일부로 간주하면서 복제가 열어주는 새로운 가능성에
주목하는 사람들의 주장과 그 근거를 다루고 있다. 이런 관점은 인간

복제에 대한 근거 없는 공포를 걷어내는 데 나름대로의 역할을 할 것이지만, 인간 복제를 사회적 해악의 측면에서 접근하는 사람들의 입장과는 쉽게 화해하기 힘든 결론을 낳는다. 제11장 「사이버스페이스의 재편과 21세기의 전망」은 지난 5년 간의 정보 기술과 사이버 세상의 동향을 반추함으로써 21세기 정보화 사회와 사이버 공동체, 그리고 사이버를 통한 사회 · 정치 운동의 가능성을 조심스럽게 진단하고 있다. 마지막 장인 「첨단 기술 시대의 독점과 경쟁」은 마이크로소프트사의 독점에 대한 소송과 이 소송을 둘러싼 다양한 역학 관계를 분석하면서 지식 기반 사회의 근간이 되는 정보 기술이 독점을 촉진하는 경향을 내재하고 있음을 보이고 있다.

3

이 책의 각각의 장은 지난 몇 년 간 과학 기술의 특성에 대해, 그리고 과학 기술과 사회와의 관련에 대해 내 나름대로 읽고, 연구하고, 생각한 것을 담고 있다. 유일한 예외는 제8장 「여성과 기술」인데, 이 장은 베를린 대학에서 기술사를 공부하는 박진희 선생과 함께 쓴 글이다. 공동으로 쓴 글을 내 책에 싣는 것을 흔쾌히 수락해주신 박진희 선생께 감사한다. 이 책의 제1장, 4장, 5장은 원래 영어로 씌어진 글이었다. 이 세 장의 초역을 도와준 안수진 선생과 교열에 수고해준 강희진님께 고마운 마음을 표시하고 싶다. 무엇보다 이 책의 출판을 선뜻 수락해주신 문학과지성사의 채호기 주간님과 실무를 맡아서 수고해주신 분들께 무척 고맙다. 각각의 장들 중에는 이미 학술지나 계간지에 조금 다른 형태로 발표된 글들이 여럿 있는데, 그 출처는 각 장의 첫머리에 각주의 형태로 밝혀놓았다.

이 책에 수록된 글과 그 글에 담겨 있는 내 생각을 발전시키는 데는 수많은 사람들의 도움이 있었고, 이 자리를 빌려 감사의 말을 전한다. 무엇보다 나를 과학사로 인도했고 역사학적인 사유 방법을 가르쳐주신 김영식, 송상용, 제드 부크월드Jed Buchwald 교수에 감사한다. 특히 송상용 교수는 원고를 전부 읽고 꼼꼼한 논평을 보내주셨다. 내가 생소하기만 하던 과학사회학과 과학철학 분야의 논의에 관심을 갖게 된 것은 이언 해킹 Ian Hacking 교수의 도움이 컸고, 기술사에 대해선 야니스 랭긴스Janis Langins 교수에게 빚진 바가 많다. 또 지난 몇 년 간 내 수업을 들으면서 항상 나를 자극했던 토론토 대학의 학생들과 내 생각에 대해 유익한 논평을 아끼지 않았던 동료들에게 고마움을 표하고 싶다. 그리고 무엇보다 나의 학문적 관심을 이해하고 이를 묵묵히 지원하는 내 처 오조영란과 서울에 계신 부모님께 감사하며 이 작은 성과를 바친다.

차 례

제1부
과학사회학과 과학 지식의 사회적 구성

제1장

과학사회학의 최근 동향
—— 사회구성주의, 과학적 실천, 포스트모더니즘

　'사회구성주의 social constructionism,' '사회적으로 구성된 socially constructed,' '구성주의 constructionism' 등은 1980년대와 1990년대 내내 과학기술학 분야에서 가장 널리 인구에 회자된 문구일 것이다. '과학의 사회적 구성'이나 '빅토리아 시대 여성성의 사회적 구성,' 혹은 '정신병의 사회적 구성,' '쿼크의 사회적 구성,' 그리고 '다윈의 진화 이론의 사회적 구성' 등은 '사회적 구성'이라는 말이 얼마나 인기가 있었는지를 보여주는 몇몇 사례에 불과하다. 최근에 나온 어떤 논문은 심지어 「사회구성주의의 사회적 구성」이라는 제목을 달고 있을 정도다.

　그렇지만 "과학이 사회적으로 구성된다"고 말할 때 그 의미는 무엇일까? 만약 이 말이, 과학자들의 과학 활동이 사회적 배경 속에서 이루어진다는 것을 의미한다면, 여기에는 센세이셔널할 것이 전혀 없을 것이다. 과학이 사회적 맥락 속에서 성장했으며 사회와 상호 작용해왔다는 것을 부인할 사람은 아무도 없을 테니까 말이다. 사회구성주의가 주장하는 바는 과학이 사회와 상호 작용하고 있다고 하는 뻔한 사실에서 좀더 나아가 있다. 간단히 표현한다면 사회구성주의는 과학 지식이 과학 외적인 요인들, 즉 사회적 · 정치적 · 경제적 · 철학적 · 이데올로기적 · 성 gender적 요인들에 의해 구성된다는 주장을 편다. 사회가 곧 과학 지식의 핵심에 있다는 것이다. 이것은 스트롱 프로그램 Strong Program이 취하는 입장이다. 물론 스트롱 프로그램이 사회구성주의의 전부라 할 수는 없다. 이러한 흐름과는 반대로, 사회에 의한 과학의 구성보다 과학에 의한 사회의 구성을 강조하는 또 다른 흐름도 존재한다. 이러한 주장은 '행위자 네트워크 이론 actor-network theory'과 그에 이웃한 이론에서 가장 잘 드러난다. 최근에는 이러한 두 접근을 섞어서 과학과 사회의 '공동구성 co-construction'이나 '공동형성 co-shaping'에 대해서 논의하기도 한다. 이번 장은 이러한 사회구성주의 논의들을 자세히 살피면서 이들의 가능성과 문제점을 모두 검토하려고 한다.[1]

1. '스트롱 프로그램' 사회구성주의가 등장한 배경

사회가 지식에 영향을 준다거나 지식이 사회적 요인을 반영한다는 생각은 20세기 전반에 이미 칼 만하임 Karl Mannheim이나 에밀 뒤르켐 Emile Durkheim 같은 유명한 사회학자들에 의해 제기되었다. 물론 이러한 생각의 기원은 특정한 철학과 사회 이론이 지배 계급의 이데

---

1) 이 글은 내가 토론토 대학에서 하는 수업 '과학과 사회'를 수강하는 학생들에게 '사회구성주의'가 무엇인가 설명해주기 위한 목적으로 1997년에 쓴 것을 수정 · 보완한 것이다. 과학사와 과학사회학의 관계에 더 관심이 있는 독자들은 S. Shapin, "History of Science and its Sociological Reconstructions," *History of Science* 20(1982), pp. 157~211을 보기 바란다. 국내 연구자들의 논의로는 윤정로, 「새로운 과학사회학: 과학지식사회학의 가능성과 한계」, 『과학과 철학』 제5집(1994), pp. 82~110; 김경만, 「과학지식사회학이란 무엇인가」, 『과학사상』 제10호(1994년 가을), pp. 132~54; 김환석, 「과학 기술에 대한 사회학적 이해」, 『과학사상』 제20호(1997년 봄), pp. 222~38 등이 있다.

올로기를 반영한다는 이유를 들어 이를 비판했던 칼 마르크스Karl Marx로 거슬러올라간다. 그러나 마르크스 · 만하임 · 뒤르켐 같은 사상가들에게 과학적 지식이란 자연과학이 아닌 '사회과학' 혹은 '인문학'을 의미했다. 자연과학이 여기에 포함되지 않은 이유는 이들이 진정한 자연과학은 자연 속에 존재하는 것을 반영할 뿐, 우리 사회에 존재하거나 과학자의 개인적 성향 따위를 반영하지 않는다고 생각했기 때문이다. 예를 들어, 만하임은 사회과학에서 진실이라고 믿고 있는 신념은 사회적 맥락에서 유발되고 사회적 기능을 하는 까닭에 모두 얼마간 왜곡되어 있지만, 반면에 자연과학은 참 지식을 제공한다고 생각했다.[2]

1970년대에 에든버러 대학에서 데이비드 블루어David Bloor와 배리 반스Barry Barnes를 비롯한 서넛의 과학사회학자들은 '스트롱 프로그램 Strong Program'이라는 새 과학사회학 프로그램을 제안했다. 이들이 모두 에든버러 대학에 모여 있었으므로 이 그룹과 이들의 이론은 에든버러 학파Edinburgh School라고도 불렸다. 이 스트롱 프로그램은 지식사회학의 범위에 자연과학을 포함시켰다. 즉 사회과학만이 아니라 자연과학의 지식도 사회적으로 구성된 것이라고 주장했던 것이다.[3]

스트롱 프로그램의 등장에는 대략 다음과 같은 세 가지 요인의 영향을 생각해볼 수 있다. 첫째, 토머스 쿤Thomas Kuhn의 과학 혁명이

---

2) 만하임에 대해서는 David Bloor, "Wittgenstein and Mannheim on the Sociology of Mathematics," *Studies in the History and Philosophy of Science* 4(1973), pp. 173~91 참조.

3) 초기 스트롱 프로그램의 중요한 저작들은 David Bloor, *Knowledge and Social Imagery* (London, 1976) ; Barry Barnes, *Scientific Knowledge and Sociological Theory* (London, 1974) ; *Interests and the Growth of Knowledge* (London, 1977)가 있다.

라는 개념은 과학 이론의 의미가 과학자들이 공유하고 있는 특정한 과학적 패러다임 아래서 온전히 찾아진다고 제시했다. 달리 말하면 쿤은 과학 작업이 갖는 본질적으로 공동체적이고 사회적인 성격을 강조했고, 이는 1970년대의 많은 사람들에게 자연과학의 사회적 성격에 대해 다시 생각하게 했다.[4] 둘째로, 몇몇 철학적 개념 또한 영향력을 행사했다. 특히 핸슨N. R. Hanson이 주창한 관찰의 이론 의존성 theory-ladenness이라는 개념은 모든 관찰과 실험이 이론에 의존한다는 의미를 담는 것으로 해석되었다. 여기에서 이론이란 한 과학자가 가지고 있는 모든 선입관으로 확대될 수 있었고, 따라서 이 이론 의존성이라는 개념은, 과학 이론이 본질적으로 증거나 데이터에 의해 '불충분하게 결정되고underdetermined,' 따라서 원칙적으로는 증거 또는 데이터에 적절하게 들어맞는 대안적 이론이 언제나 존재한다는 콰인W. V. O. Quine의 '불충분 결정 이론underdetermination theory' 과 결합했다.[5] 만약 과학 이론이 불충분하게 결정된다면, 무엇이 그것을 (비유적으로 말해서) '온전히' 결정지을 것인가? 스트롱 프로그램은 과학 외적인 사회적 요인들, 또는 과학 외적 이해 관계가 과학 내용과 결합함으로써 과학 이론을 온전히 결정짓는다고 주장했다.

이 얘기를 좀더 쉽게 설명해보자. 우리는 과학의 역사 속에서 수많은 논쟁을 발견하게 된다. 스트롱 프로그램은 이러한 과학 논쟁의 승자와 패자가 자연이 제시한 증거만으로 결정되는 것이 아니라는 주장을 편다. 왜냐하면 진정으로 자연이 제시한 증거로만 논쟁의 승패가 결정된다면 모든 논쟁은 속전속결로 끝날 수밖에 없기 때문이다. 자연이 제시한 증거(좀더 엄밀히 말해서 과학자가 자연에서 얻은 증거)

---

4) Thomas S. Kuhn, *The Structure of Scientific Revolutions* (Chicago, 1962).
5) N. R. Hanson, *Patterns of Discovery* (Cambridge, 1965); W. V. O. Quine, "Two Dogmas of Empiricism," in *From a Logical Point of View* (Cambridge, 1953).

는 만인에게 명명백백하고 수정처럼 투명해야 하기 때문이다. 그러나 많은 과학 논쟁이 매우 긴 시간에 걸쳐, 심지어 백 년씩 지속되기도 하고, 때로는 불만에 찬 쌍방이 설전을 벌이고 서로 등을 돌리는 것으로 끝나기도 한다. 에든버러 학파는 모든 과학 이론이 본질적으로 불충분하게 결정되기 때문에 과학 논쟁이란 과학 내적 요인만 가지고는 끝이 날 수 없다고 생각했다. 다시 말하자면, 논쟁은 과학 이론 속으로 외적 요인이 들어와서 그 이론을 온전히 결정해줄 때라야 비로소 끝날 수 있다는 것이다. 논쟁의 종결이 반드시 과학 외적 요인에 의해 초래된다는 의미에서 과학적 합의라는 것은 '사회적으로 중재된 협상'인 것이다. 과학 이론은 자연의 산물만이 아니라 사회적 타협의 산물이기도 한 것이기 때문이다. 스트롱 프로그램 식의 사회 구성주의에 따르면 과학 이론이란 것은 매우 유연해서 flexible 과학자가 쉽게 주물러 만들어낼 수 있는 것이라는 사실을 주시할 필요가 있다.

세번째 요인은 과학과 사회의 가까운 연관성을 보여준 과학사의 몇몇 저작이다. 이런 저작을 살펴보기 전에 과학사에서 '내적 접근법 대 외적 접근법 internal vs. external'의 논쟁(지금부터 이를 줄여서 '내외 논쟁'이라 칭하겠다)에 대해서 조금 말해두어야 할 것이 있다. 내적 과학사 internal history of science는 과학 내적 요인을 강조하는 반면 외적 과학사 external history of science는 과학 발전에 끼친 사회적·경제적·정치적 요인들의 중요성을 강조한다. 이러한 논쟁은 1930년대에 시작되었다. 1931년 소련의 물리학자 보리스 헤센 Boris Hessen은 뉴턴의 물리학이 탄도학이나 항해술 같은 17세기의 기술적·경제적 필요에 의해 형성되었다고 주장했다. 그의 논문은 버날 J. D. Bernal, 홀데인 J. Haldane, 조지프 니덤 J. Needham 같은 영국 과학자들에게 충격을 주었고, 이들 중 몇 사람은 후에 과학사학자가 되었다. 그러나 몇 년 후, 알렉산더 코아레 Alexander Koyré는 갈릴레오의 물리학이 기술은커녕 실험에 의해서도 거의 영향을 받지 않았고 본질적으로 자연 세계의 수학적 본질에 대한 깊은 이론적 믿음에 의해 형성되었다는 주장을 폈다. 코아레에 따르면 17세기의 과학 혁명은 기술적 · 경제적 요인에 의해 유발된 혁명이 아니라 근본적으로 '개념의 혁명'이었다는 것이다. 코아레는 1950년대와 60년대를 통해 미국의 과학사에서 막강한 영향력을 발휘했고, 헤센의 주장은 통속 마르크시스트의 주장으로 폄하되었다.

그러나 '내외 논쟁'은 1960년대와 70년대에 다음과 같은 요인들 때문에 다시 발발했다. 첫째, 과학사의 연구는 과학이 제도적 · 사회적 · 정치적 요인들로부터 분리되어 있지 않음을 극명하게 보여주었다. 과학 연구가 유지되고 추진되는 방식은 연구가 수행되는 제도적 배경과 깊이 연관되어 있다. 게다가 다른 제도나 사회는 때로 다른 과학을 발전시켰다. 19세기의 마지막 25년 간 영국의 전자기학은 독일이나 프랑스의 전기역학과 본질적으로 달랐고, 18세기 말엽 프랑스의 라부아지에의 화학은 영국의 프리스틀리의 화학과 달랐다. 이런 현상은 18세기나 19세기에만 있었던 것은 아니었다. 1950년대에 발전한 양자전기역학(QED)은 대체로 '미국 과학'이었다. 이렇게 제도적 · 사회적 배경이 과학의 발전 경로에 영향을 주거나 이를 바꾸며, 심지어 새로운 경로를 형성하기까지 한다는 것을 사람들은 점차 깨닫게 되었다.

1930년대 초기 마르크시스트들의 저작보다 좀더 세련된 새로운 마르크스주의 저작들의 등장은 '내외 논쟁'에 불을 붙인 두번째 이유였다. 마르크스주의자 로버트 영 Robert Young은 다윈의 진화론이 빅토리아 시대의 정치 · 경제와 상호 영향을 주면서 발전했고, 이런 의미에서 이 둘이 떼려야 뗄 수 없는 관계에 있었음을 설득력 있게 보여주었다. 폴 포먼Paul Forman은 바이마르 공화국 시대의 독일에서 비인과적인 양자역학acausal quantum mechanics이 발흥한 것은, 결정론적 물리학에 적대적이었던 바이마르 공화국의 지적 환경에 물리학자들이 적응하려고 노력했고, 그 결과 인과론에서 멀어졌기 때문이라고 설명했다. 이러한 역사적인 사례에 대한 연구는 과학 지식이 자연 속에 존재하는 진리를 반영할 뿐이라는 사람들의 믿음을 상당히 약화시켰다.[6]

쿤의 과학 혁명과 패러다임 같은 개념, 관찰의 이론 의존성과 과소 결정 이론, 그리고 '내외 논쟁'은 1970년대 중엽 스트롱 프로그램 같은 사회구성주의가 이론적으로 정립되는 지적 배경을 형성했다. 이제 스트롱 프로그램에 대해 살펴보자.

2. 스트롱 프로그램

데이비드 블루어는 향후 커다란 영향을 미친 그의 저서 『지식과 사회적 이미지 *Knowledge and Social Imagery*』(1976)에서 이런 세 가지 흐름을 통합해냈다. 이 책에서 블루어는 '스트롱 프로그램'이라는 말을 만들어냈고, 프로그램의 네 가지 명제를 제안했다. 그 명제란 인과성 causality · 공평성 impartiality · 대칭 symmetry · 반성 reflexivity을 말한다. 인과성이란 스트롱 프로그램의 과학 지식에 대한 설명이 사회적 조건과 지식 사이의 인과적 관계로 맺어져야 한다는 의미이다.

---

6) Robert M. Young, "Malthus and the Evolutionists: The Common Context of Biological and Social Theory," *Past and Present* 43(1969), pp. 109~45; Paul Forman, "Weimar Culture, Causality, and Quantum Theory, 1918~1927," *Historical Studies in the Physical Sciences* 3(1971), pp. 1~116.

또한 이들의 설명은 진실과 허위, 합리성과 비합리성, 성공과 실패 등 이분법상의 대립항들을 각각 공평하게 설명할 것을 요한다. 더욱이, 같은 원인이 이런 대립항들을 설명해야 한다는 의미에서 대칭을 이루어야 한다. 이를테면, 같은 원인이 참 믿음과 거짓 믿음을 설명한다는 의미다. 마지막으로 스트롱 프로그램 식의 사회적 설명이 스트롱 프로그램 자체에도 적용되어 이것의 구성을 설명해야 한다는 의미에서 반성적이어야 한다. 이러한 네 가지 명제 위에 블루어는 방법론적 상대주의를 주장하고, "객관성은 사회학적이다"(p. 158)라고 선언했다.

블루어의 매우 강력한 '스트롱 프로그램'은 일련의 논쟁을 불러일으켰고 이에 대한 수많은 비판이 쏟아져나왔다. 특히 대칭이라는 논제는 매우 모호했다. 같은 원인을 사용해서 합리적 믿음과 비합리적 믿음, 과학에서의 성공과 실패를 모두 설명해야 한다는 주장은 사실 말이 되지 않기 때문이다. 그렇지만 그의 대칭 명제를 조금 약한 것으로 생각할 수는 있다. 나는 그가 실제로 말하고자 했던 것이, 과학 사회학이 실패와 오류 — 예를 들어 엔-레이 N-rays(20세기 초엽에 많은 물리학자들이 존재한다고 믿었지만 결국 없는 것으로 판명된 광선) 같은 병리적 과학 pathological science — 만이 아니라 뉴턴 과학과 같은 성공한 과학도 사회학적으로 설명해야 한다는 주장이었다고 생각한다. 또 다른 비판은 반성 명제에 대한 것이었다. 비판자들은 반성 명제가 스트롱 프로그램 그 자체의 기반을 침식한다고 주장했다. 왜냐하면 만약 그 논제가 참이라면 스트롱 프로그램의 네 가지 명제 또한 사회적으로 구성된 것이 되고, 따라서 그들 명제 역시 참이 아닐 수도 있다는 말이 되기 때문이다. 만약 모든 주장이 상대적이고 모든 객관성이 사회적이라면, 바로 이를 주장하는 스트롱 프로그램 자체의 타당성을 판가름할 길도 없는 것이다. 그렇지만 이것은 단순한 비판이었다. 스트롱 프로그램이 서로 경합중인 주장을 판단할 수 있는 '실질적' 기준이 없다고 주장한 적도 없을 뿐더러, 자신들의 이론이 절대적으로 옳다고 주장하지도 않았기 때문이다. 비유적으로 말하면, 우리는 일상 생활 가운데 서로 다른 여러 의견과 마주치지만, 우리가 그 주어진 의견들과 그것들이 속한 맥락을 자세히 살펴본다면 무엇이 '절대적으로' 옳은지는 알 수 없더라도 누구의 의견이 옳고 누구의 의견이 그른지는 판단할 수 있는 것과 마찬가지다.[7]

'어떤' 사회적 요인이 과학의 형성에 관여하는지를 우리는 어떻게 알 수 있을까? 여기에는 원칙이 없다. 어떤 사회적 요인이 관여하게 될 것인지는 오직 경험적 연구에 의해서만 확인될 수 있다. 과학 논쟁이 연구 프로그램에서 중요한 이유도 논쟁이야말로 과학 이론의 결정에 사회적 요인들이 주입되는 과정을 선명히 보여주기 때문이다. 스트롱 프로그램에 따르면 과학 논쟁은 '블랙 박스'를 열어서 우리에게 '만들어지는 과정에 있는 과학 science-in-the-making'을 살펴볼 수 있게 해준다. 유명한 사회구성주의자인 해리 콜린스 Harry Collins는 스트롱 프로그램 사회구성주의자들이 과학을 연구하는 세 가지 단계를 설명했다.[8] 첫 단계는 과학 논쟁의 분석을 통해 과학의 '해석적 유연성 interpretative flexibility'을 발견하는 단계이다. 즉 과학이 아직 여러 가지 서로 다른 방향으로 나아갈 수 있었던 상태를 발견, 재구성하는 것이다. 둘째 단계에서는, 연구자는 해석적 유연성을

---

7) 스트롱 프로그램 사회구성주의에 대한 비판으로는 L. Laudan, "The Pseudo-Science of Science," *Philosophy of Social Science* 11(1981), pp. 173~98; J. R. Brown, *The Rational and the Social* (London, 1989)이 있다. 조금 더 균형 잡힌 비판으로는 M. Hesse, "The Strong Thesis of Sociology of Science," in *Revolutions and Reconstructions in the Philosophy of Science* (Sussex, 1980), pp. 29~60 참조.

8) H. M. Collins, "Stages in the Empirical Programme of Relativism," *Social Studies of Science* 11(1981), pp. 3~10.

제한하고 그럼으로써 논쟁을 종결짓는 기제mechanism를 찾아야 한다는 것이다. 셋째 단계는 이러한 기제와 좀더 넓은 사회 구조 사이의 관계를 찾는 것이다. 이렇게 과학에서의 유연성을 찾고(블랙 박스를 열고), 유연성을 종결짓는 기제를 찾고, 이러한 기제 배후에 있는 사회적 요인을 찾는 것이 콜린스가 제안한 사회구성주의 프로그램의 경험론적 원칙이다.

여기서는 스트롱 프로그램의 초기의 두 가지 연구 사례를 소개할까 한다. 골상학phrenology은 19세기 에든버러에서 아주 인기 있는 과학이었고, 골상학 지지자들과 반대자들 사이에 격렬한 논쟁까지 벌어졌다. 스티븐 섀핀Steven Shapin은 어째서 골상학이 이 특정한 시기에 에든버러라는 특정한 장소에서 인기를 끌었는지를 설명했다. 그의 설명은 기본적으로 골상학이 에든버러 중간 계층의 개혁주의적 정신에 잘 들어맞았기 때문이라는 것이다. 당시 중간 계층은 골상학이 실질적이며 경험적이라고 생각했을 뿐 아니라, 골상학에서 사회 환경을 제어함으로써 사회를 개혁할 수 있는 길을 발견했다. 골상학을 둘러싼 논쟁의 배후에는 사회 개혁을 둘러싼 개혁 성향의 중간 계층과 반대파 사이의 논쟁이 존재했다.[9]

또 다른 사례는 통계학에 대한 것이다. 19세기말과 20세기초, 생물통계학자 칼 피어슨Karl Pearson과 율G. U. Yule은 "변수 결합에 대한 계수 이론"에 대해 두 가지 다른 접근을 시도했다. 간단히 말하면 결합 계수를 참작할 때, 율의 접근은 변수의 분포를 불연속적인 것으로 본 반면, 피어슨의 이론은 연속 정상 분포에 기초를 두고 있었다. 여기에 대하여 에든버러 학파의 과학사회학자 도널드 매켄지Donald MacKenzie는 다음과 같이 질문했다: "어째서 이 두 사람은 같은 문제

9) S. Shapin, "Phrenological Knowledge and the Social Structure of Early Nineteenth-Century Edinburgh," *Annals of Science* 32(1975), pp. 219~43.

에 대해 두 가지 다른 접근을 채용하고 발전시켰는가?" 그의 대답은 피어슨이 당시에 성행한 우생학eugenics 이데올로기의 신봉자였다는 것이다. 우생학은 전문직 계층이 노동 계층이나 토지 소유 귀족보다 우월하다는 주장을 폈다. 연속적인 변수를 다루는 정상 분포는 이러한 우생학적인 주장들의 타당성을 보이는 데 필수불가결한 테크닉이었고, 바로 이 점이 그가 계수 이론을 다룰 때 불연속적인 방법이 아닌 연속적인 방법을 선호한 이유라는 것이 매켄지의 해석이었다.[10]

3. 새로운 경향: 실험으로의 복귀

섀핀의 골상학과 매켄지의 통계학은 과학 지식의 사회적 구성을 보여주는 초기 사례이다. 이들의 저작에는 비판이 뒤따랐고 곧 이어 에든버러 학파의 반박이 계속되었다. 시간이 흐르면서 좀더 세련된 역사적 저작이 나오게 되었다. 스티븐 섀핀과 사이먼 섀퍼Simon Schaffer 의 『리바이어던과 진공 펌프Leviathan and the Air-Pump』, 마틴 러드윅 Martin Rudwick의 『데본기 대논쟁 The Great Devonian Controversy』, 피 커링 Pickering의 『쿼크의 구성 Constructing Quarks』 등이 이런 세련된 저작들의 예이다.[11] 이 중 특히 17세기 과학 혁명기의 로버트 보일Robert Boyle과 토머스 홉스Thomas Hobbes의 논쟁을 다루고 있는 『리바이

10) Donald MacKenzie, "Statistical Theory and Social Interests: A Case Study," *Social Studies of Science* 8(1978), pp. 35~83.

11) Steven Shapin and Simon Schaffer, *Leviathan and the Air-Pump: Hobbes, Boyle, and the Experimental Life* (Princeton, 1985); Martin J. Rudwick, *The Great Devonian Controversy: The Shaping of Scientific Knowledge among Gentlemanly Specialists* (Chicago, 1985); Andy Pickering, *Constructing Quarks: A Sociological History of Particle Physics* (Chicago, 1984).

어던과 진공 펌프』는 비트겐슈타인의 '삶의 형식 form of life' 이라는 개념에 기초해서 '실험적 삶의 형식'을 검토했다. 이 실험적 삶의 형식이란 말이 의미하는 것은 실험에는 이론에 의해 결정되지 않는 나름대로의 독자적인 삶이 있다는 것이다. 이것을 주장하기 위해 그들은 보일의 공기 펌프 실험이 과연 어떻게 재현되었는가를 정밀하게 탐사했다. 그 결과 이들은 보일의 진공 실험이 제대로 재현되지 않았다는 놀라운 사실을 드러낼 수 있었다. 당대의 입자 가속기라고 불릴 만한 공기 펌프는 너무나 비싸고 또한 조립하기가 어려운 것이라 전 유럽을 통해 몇 대밖에 없었다. 게다가 모든 공기 펌프가 각기 다른 누출 leakage(공기가 새는 것을 의미) 비율을 보였고, 따라서 표준을 정하기란 매우 어려웠다. 이렇게 진공에 대한 실험은 골치 아팠으며, 과학자들이 자연에서 거두어들이는 증거는 간단하지도 수정처럼 투명하지도 않았다(이에 대한 자세한 논의로는 이 책의 제5장을 참조). 아무 문제가 없어 보이는 진공 실험과 같은 과학적 실천 scientific practice 은 사람들이 생각했던 것보다 더 복잡하고 불분명한 것으로 드러났다.

셰핀과 셰퍼의 논의는 사실상 '실험으로의 복귀 return to experiment' 라고 하는 1980년대 중반의 커다란 흐름을 반영하고 있었다. 1980년대 초반까지 과학사학자들과 과학철학자들은 서너 가지 이유로 해서 과학적 실천에 대해 주의를 기울이지 않았다. 나는 이미 코아레의 과학사가 실험적 요인보다는 개념적 요인을 강조했다는 것을 말한 바 있다. 기구 instruments의 역할은 그저 기록 장치나 인간 감각 기관의 연장으로 생각되었다. 어느 경우든 실험과 기구는 자명하고 더 설명할 것이 없는 것으로 간주되었다. 더욱이 핸슨이 말한 관찰의 이론 의존성은 종종 실험 데이터가 이론에 의존한다는 의미로 확대 해석되었다. 이것이 옳다면 이론을 더욱 잘 이해하는 길이 실험을 더 잘 이해하는 길이었다. 토머스 쿤 역시 과학 혁명 기간에 일어난 '개념의' 변화를 강조했다. 쿤의 책『흑체 복사 이론과 양자 불연속성 *Black Body Theory and the Quantum Discontinuity*』은 막스 플랑크가 물리학에 양자 가설을 도입한 과정을 세밀히 분석하고 있는데(막스 플랑크에 대한 쿤의 연구는 이 책의 제4장을 참조), 여기서 그는 당대의 실험 물리학자들이 수행했던 흑체 복사 black-body radiation(흑체는 모든 파장의 복사파를 완전히 흡수하는 물체) 실험은 단 한 건도 분석하지 않았다.[12] 1980년대초까지도 실험에 대한 이론의 우위는 실험의 이론 의존성과 마찬가지로 하나의 정설로 남아 있었다.

그렇지만 이러한 연구에는 역설이 있었다. 자연을 성찰하는 대신 자연에 개입하는 실험적 방법은 17세기에 들어와 막강한 과학적 방법이 되었고, 이후로 실험물리학·화학·생물학·지질학·천문학·기상학·공학·심리학, 심지어 사회학이나 경제학 같은 사회과학 분야에서도 채용되었다. 무엇보다, 이론적 추론이 아닌 실험이 대부분 과학자들의 일상이 되었다. 지금도 이론물리학자나 수학자, 몇몇 천문학자를 제외한 거의 모든 과학자들이 실험실에서 실험에 종사하고 있다.

1970년대 중반, 몇몇 사람들이 과학자들의 실제 작업과 과학사학자나 과학철학자가 묘사해온 과학자들의 작업 사이에 간격이 있다는 것을 알아차리기 시작했다. 이런 인식을 바탕으로 이들은 실험과 과학적 실천에 더 많은 관심을 기울이기 시작했다. 여기엔 다음과 같은 이유가 있었다. 첫째로 과학자들의 일상적 실천에 주목한다면 패러다임의 중요한 국면이 드러날 것이라는 점을 간파한 것이었다. 과학자들이 자신들의 활동을 인도하고 규정하는 패러다임에 접하게 되는

---

12) 과학철학자이자 역사학자인 앨런 프랭클린 Alan Franklin은 그의 책『실험의 경시 *Neglect of Experiment*』(Cambridge, 1986)의 첫 페이지에서 쿤의『흑체 복사 이론과 양자 불연속성』에 대한 불만을 토로하고 있다.

과정은 갑작스런 깨달음을 통해서가 아니라 교육 과정에서 교과서에 있는 문제를 푸는 과정을 통해서이기 때문이다. 과학자는 교육을 받으면서 앞으로 나아가는 방법, 돌아가는 방법, 문제를 해결하는 방법을 익히고, 이것이 나중에 독립적인 과학자로서 경력을 쌓는 데 중요한 '노하우'가 된다. 이런 의미에서 패러다임은 과학자들의 실천 바깥에 독립적으로 존재하는 세계관이라기보다 과학자들이 하고 있는 일의 총체로도 해석될 수 있었던 것이다. 쿤 자신은 실험에 주목하지 않았지만, 쿤의 『과학 혁명의 구조』엔 과학적 실천에 주목할 근거가 숨어 있었다.[13)]

둘째로, 제롬 라베츠Jerome Ravetz는 그의 저서 『과학 지식과 그 사회적 문제점 Scientific Knowledge and Its Social Problems』에서 과학 지식을 획득하고 정교하게 만드는 과정을 장인(匠人)의 활동에 비유했고, 이는 상당한 영향을 주었다. 이로부터 세 가지 중요한 쟁점이 도출되었다. 첫째, 과학 지식에는 장인의 숙련된 솜씨 skill와 마찬가지로 '암묵적인 tacit' 차원이 있다. 달리 말하면, 과학 지식은 책이나 논문으로는 결코 완벽하게 전달되지 못하며, 선생과 학생 사이의 개인적 접촉 같은 것이 책이나 논문 못지않게 중요했다. 둘째, 장인으로서의 과학자는 자기가 쓰는 도구의 달인이 되어야 한다. 과학자가 사용하는 도구는 남들이 그냥 주는 것이 아니라, 자신이 만들고 익숙해져야 하는 것이기 때문이다. 셋째, 과학의 장인적 요소는 사람들로 하여금 과학적 실천상의 '숙련 skill'에 대해 더 많은 관심을 갖도록

---

13) 이 점에 대해서는 Thomas Kuhn, "Reflections on My Critics," in I. Lakatos and A. Musgrave eds., *Criticism and the Growth of Knowledge* (Cambridge, 1970), pp. 231~78, 그리고 쿤의 "Second Thoughts on Paradigms," in F. Suppe ed., *Structure of Scientific Theories* (Urbana, 1974), pp. 459~82 참조. 쿤의 *Structure*를 과학적 실천과 결부시킨 해석에 대해선 Joseph Rouse, *Knowledge and Power: Toward a Political Philosophy of Science* (Ithaca, 1987) 참조.

자극했다. 역사가들은 과학자의 숙련을 소홀히 다루어왔는데 그 이유는 출판된 논문을 읽고 과학자의 숙련을 이해하는 것이 무척 어려운 일이기 때문이었다. 그렇지만 확실히 분자생물학 박사는 학부생들이 수행할 수 없는 실험을 수행하며, 10년 동안 실험실에서 일한 테크니션은 복잡한 실험 기구에 대해 어느 누구보다 잘 알고 있는 것처럼 장인적인 craft 요소가 과학에 존재한다는 것은 분명했다.[14]

또 다른 흥미로운 자극은 TEA 레이저와 중력파 gravitational wave에 관한 해리 콜린스의 저작에서 나왔다. TEA 레이저는 '횡자극 대기 압력 이산화탄소 레이저 Transversely Excited Atmospheric Pressure CO_2 Laser'의 줄임말로 1970년 캐나다 국방 연구 실험실에서 발명되었다. 이것은 국방 연구 집단이 발명한 것이지만 비밀에 부쳐지지는 않았다. 레이저는 보통 크기였기에 그것을 조립하는 작업은 대형 프로젝트와는 달리 간단한 것이었다. 캐나다에서 이를 발명한 팀은 레이저의 설계에 대한 청사진을 출판·유포함으로써 레이저의 설계와 작동기제를 널리 알렸고, 미국 및 유럽 국가의 다른 과학자 집단은 이 출판물을 참조해서 TEA 레이저를 복제하려고 했다. 결과적으로 어떤 집단은 성공적으로 레이저를 복제했지만 다른 집단은 그러지 못했다. 그 차이는 무엇이었는가? 성공을 거둔 집단은 직접 방문을 통해서나, 사람을 보내거나, 아니면 최소한 전화 통화 등을 통해 캐나다 팀과 접촉을 가졌던 반면에, 성공하지 못한 집단은 그저 청사진과 같은 문서 자료에 의지했다는 것을 콜린스는 발견할 수 있었다. 이 연구를 바탕으로 콜린스는 "모든 유형의 〔과학〕 지식은, 적어도 부분적

---

14) Jerome Ravetz, "Science as Craftsman's Work," in *Scientific Knowledge and its Social Problems* (Oxford, 1971), pp. 75~108. 암묵적 지식에 대해서는 M. Polanyi, *Personal Knowledge* (London, 1958), *The Tacit Dimension* (London, 1967)을 참조할 것.

오로는 원리로 정식화할 수 없는 암묵적 규칙으로 이루어져 있다"고 결론지었다.[15]

이후 콜린스는 중력파를 둘러싼 논쟁을 조사했다. 중력파란 중력을 가진 물체의 운동에서 방출되는 파동을 말한다. 아인슈타인의 일반 상대성 이론은 부피가 큰 운동체가 중력파를 창출할 거라고 예측했지만, 실제로 그런 파장은 발견되지 않았다. 일반 상대성 이론을 지지하는 사람들은 파장이 너무 약해서 탐지되기가 매우 어렵다고 생각했으나, 몇몇 물리학자들은 그 파장의 존재를 의심했다. 1969년, 미국 메릴랜드의 물리학자인 조지프 웨버Joseph Weber는 중력파를 발견했다고 공표했는데, 이 발표는 많은 센세이션과 비판을 초래했다. 그리하여 1970년 열 개의 서로 다른 그룹이 웨버의 결과를 재현하려는 실험을 했다. 여기에서 콜린스는 흥미로운 점을 발견했다. 웨버가 사용한 것과 똑같은 거대한 원통형 알루미늄 검파기를 조립해서 웨버의 실험을 정확히 재현하려 한 집단은 단 하나도 없었다는 것이다. 그들은 각자 자기들 나름대로의 검파기를 만들었던 것이다. 그리고는 이들 모두는 중력파를 발견하지 못했고 베버가 틀렸다는 부정적인 결과를 발표했다. 물리학자들은 어떻게 웨버와 같은 방법 및 기구를 쓰지 않고도 웨버가 틀렸다는 결론을 내릴 수 있었을까? 왜 그들은 웨버의 실험을 정확히 복제하는 데 흥미가 없었던 것일까? 왜 이러한 차이점에도 불구하고 이들은 자기들이 중력파에 대해 '동일한' 실험을 하고 있다고 생각했을까? 이 동일함의 기원은 무엇인가? 이 질문들에 대해서 콜린스는, 물리학자들 사이에는 서로 분명히 다른 실험을 동일한 것으로 생각하게끔 하는 사회적인 협상이 존재한다고 주장했다. 달리 말해 물리학자들은 중력파의 성격을 협상

---

15) H. M. Collins, "The TEA Set: Tacit Knowledge and Scientific Networks," *Social Studies of Science* 4(1974), pp. 165~86.

하고, 중력파 실험의 성격을 정의할 수 있는 범위를 정한다는 것이었다.[16]

이에 기초해서 콜린스는 '실험자의 회귀experimenter's regress' 라는 매우 논쟁적인 개념을 제시했다. 간단히 말하면 실험자의 회귀란 다음과 같다. 아직까지 아무도 중력파의 존재를 발견하지 못했고, 물리학자는 이를 발견하기 위해 훌륭한 중력파 검파기를 조립해야 한다. 하지만 과연 그것이 좋은 중력파 검파기인지는 그 장치를 써서 중력파를 찾아낼 때까지는 알 수 없다. 따라서 우리는 중력파를 한 번도 발견하지 못했기 때문에 어떤 신호가 중력파인지 알 수 없다. 원칙적으로 무한히 일어날 수밖에 없는 이런 회귀를 콜린스는 실험자의 회귀라고 명명했다.[17] 그러나 이러한 무한 회귀는 현실 세계에서는 결코 일어나지 않는다. 백여 년 전에 하인리히 헤르츠Heinrich Hertz는 처음으로 스파크 검파기spark-gap detector를 고안해서 전자기파를 발견했는데, 만약 실험자의 회귀가 맞다면, 사람들은 검파기가 전자기파를 발견할 때까지는 이 검파기가 제대로 만들어진 것인지 알 수 없었고, 헤르츠 이전에는 전자기파라는 것이 발견된 적이 없기 때문에 헤르츠가 발견한 것이 과연 전자기파인지 알아볼 방법이 없었으므로, 이 경우에도 틀림없이 무한대의 회귀가 일어났을 것이다. 그러나 헤르츠의 발견은 곧 19세기의 가장 중요한 실험적 업적으로 간주됐고, 그는 전자기파의 발견자라는 명예를 얻었다. 무한 회귀는 일어나지 않았던 것이다.

사실, 콜린스는 실험자의 무한 회귀가 일어나지 않는다는 것을 잘

---

16) H. M. Collins, "Son of Seven Sexes: The Social Deconstruction of a Physical Phenomenon," *Social Studies of Science* 11(1981), pp. 33~62.

17) H. M. Collins, *Changing Order: Replication and Induction in Scientific Practice* (Chicago, 1992), 2nd ed., p. 84, p. 105.

알고 있었다. 콜린스의 의문은 왜 무한 회귀가 일어나지 않는가, 즉 무엇이 이렇게 무한정 이어지는 회귀에 종지부를 찍는가라는 것이었다. 그는 이런 종지부에 서로 다른 기기의 캘리브레이션 calibration(표준 등을 사용해서 서로 다른 기기들을 비교할 수 있는 것으로 만드는 작업)이 중요한 역할을 한다고 보았는데, 그 이유는 캘리브레이션에 의해 서로 경합중인 주장을 비교할 수 있는 기술적인 기준이 마련되기 때문이다. 하지만 캘리브레이션은 또 무엇을 의미하는가? 캘리브레이션이 사회적 요소로부터 자유로울 수 있을까? 콜린스는 이에 대한 아주 명료한 대답으로, 사회적 협상이 이 캘리브레이션 과정에 연관되며, 실험자의 회귀를 종결지어주는 것이 바로 이 캘리브레이션 과정에 얽혀 있는 사회적 협상이라고 주장했다.

콜린스의 저작에 대해서는 과거와 마찬가지로 지금도 여전히 다양한 비판이 쏟아지고 있으며, 이 비판의 대부분은 콜린스가 실험에서의 사회적 협상을 지나치게 강조했다는 것이다.[18] 그렇지만 이런 비판에도 불구하고 콜린스의 저작은 최소한 실험이 사람들이 생각하던 것보다 간단치 않고 훨씬 더 골치 아프다는 사실을 지적했다. 비록 그의 구체적 주장들은 비판을 받았지만, 실험의 재현이 때로는 골치 아픈 문제이며, 합의를 이끌어내는 과정에 종종 사회적 협상과 같은 사회 문화적 요인이 연관된다고 하는 그의 생각은 실험을 이해하는 데 중대한 영향을 끼쳤다.

1980년대 초반에 실험에 대한 이론의 우위에 강력하게 반대하는 일격이 철학자 진영으로부터 날아왔다. 1983년에 출판된 이언 해킹 Ian Hacking의 『표현과 개입 Representing and Intervening』이라는 책은 서너 가지 측면에서 주목할 만하다.[19] 철학적 의미에서 이 책은 관념

---

18) 이런 비판의 예로 Alan Franklin, "How to Avoid the Experimenter's Regress," *Studies in the History and Philosophy of Science* 25(1994), pp. 463~503 참조.

론idealism 대 실재론realism 논쟁을 다루고 있다. 관념론을 지지하는 사람들은 우리가 미소 존재 micro-entity(예를 들어 전자 현미경을 통해서만 볼 수 있는 것들)에 대해서 생각할 때에는 거대 존재 macro-entity(예를 들어 책상)를 대할 때하고는 다른 방식으로 생각해야 한다고 주장한다. 왜냐하면 미소 존재는 오직 전자 현미경을 통한 이미지로만 재현되는데 그 이미지는 전자 현미경을 통해 획득되고, 따라서 본질적으로 현미경의 이론에 의거하기 때문이다. 물론 이미지와 실재 사이에는 틀림없이 모종의 상응 관계가 성립하지만 우리는 이미지와 실재를 혼동해서는 안 된다는 것이다. 그러나 해킹은 이런 의견에 반대했다. 그의 주장은, 현미경을 통해서 보는 과정에 우리의 개입 intervention이나 조작 manipulation이 수반된다는 것이다. 우리가 그냥 보기만 하는 경우란 거의 없고, 보기 위해서, 또는 더 잘 보기 위해서 보는 과정에 다양한 방법으로 개입한다는 얘기다. 이런 개입 때문에 우리는 단순히 현미경의 이론에 의존하는 것이 아니다. 해킹은 실험 실재론experimental realism을 단언했으며, 이러한 실험 실재론의 중심 주장은 사물을 조작하는 정도가 사물이 존재하는 정도를 결정한다는 것이다. 해킹은 "당신이 전자를 뿜을spray 수 있다면, 그렇다면 그들은 틀림없이 존재한다"는 한 과학자의 말을 인용했는데, 이는 그의 입장을 상징적으로 보여준다.

하지만 이런 철학적인 주장 이외에도 해킹의 책에는 과학적 실천에 대한 우리의 토론을 더욱 흥미롭게 하는 측면이 있다. 무엇보다 해킹은 관찰의 이론 의존성이라는 핸슨의 발상을 실험 데이터의 이론 의존성을 가리키는 것으로 확대 해석해서는 안 된다는 것을 매우 설득력 있게 보여주었다. 관찰이 이론으로부터 독립해 있음을 지지

---

19) Ian Hacking, *Representing and Intervening: Introductory Topics in the Philosophy of Natural Science* (Cambridge, 1983).

하는 증거로서 해킹은 허셜 W. Herschel의 적외선 발견 사례를 제시한다. 허셜은 천문 관측을 하기 위해 각기 다른 색의 필터를 사용했는데, 어느 날 우연히 서로 다른 필터 아래 손을 놓았을 때 자신의 손이 다른 정도의 열을 느끼고 있다는 것을 알아차렸다. 이로 인해서 그는 다른 색깔의 광선이 전달하는 열의 투과와 흡수를 탐사하게 되었고, 이렇게 해서 결국 그는 눈에 보이지 않던 적외선을 발견하게 되었던 것이다. 여기서 해킹은 다음과 같이 묻는다. 허셜의 관측 뒤에는 어떤 종류의 이론이 있었는가? 이론이라곤 하나도 없었다! 오히려 이 관측을 통해 허셜은 열선 이론에 도달했던 것이다.

해킹은 이론적 제약들이 가끔은 실험 과학자들에게 부담이 되는 것을 부정하지 않는다. 그리고 많은 경우, 실험 과학자는 자신의 실험의 이론적 함의를 잘 알고 있으며 심지어 자신이 얻은 데이터를 이론에 끼워맞추려고 노력하기도 한다. 하지만 이런 이론적 제약이 반드시 이론에 근사하게 들어맞기만 하는 데이터를 만들어내는 것은 아니다. 19세기 말엽 마이컬슨A. A. Michaelson의 실험을 예로 들어보자. 마이컬슨은 당대의 다른 과학자들과 마찬가지로 전자기파와 빛을 통과시키는 에테르ether라는 매질이 우주에 가득 존재한다고 생각했고, 만약 에테르가 존재한다면 지구는 에테르를 통해 움직이는 까닭에, 적절한 실험을 수행함으로써 지구의 움직임과 관계가 있는 에테르의 효과를 발견할 수 있을 것이라고 믿었다. 그래서 그는 기구를 고안해 일련의 실험을 수행했다. 하지만 맨 첫번 실험에서 그는 에테르의 효과를 발견하지 못했다. 이 때문에 에테르 이론에는 동요가 일어났고, 로렌츠가 더욱 많은 가정을 도입해서 에테르 이론을 구해냈다. 마이컬슨은 나중에 실험 기구를 수정·개선하고, 정확성을 높여서 다시 한번 실험을 시도했지만 역시 에테르의 효과를 발견하지 못했다. 지금 우리가 알다시피, 마이컬슨의 실험은 결국 에테르가 사실상 존재하지 않는다는 것을 보여준 것이었다. 비록 그가 에테르 이론의 신봉자였고 실험을 통해 에테르의 존재를 증명하고자 했지만, 실험 데이터는 그가 원하는 대로 나와주지 않았던 것이다.

이에 기초해 해킹은 "실험에는 그 나름의 삶이 있다"고 주장했다. 흔히 우리는 실험실의 실험 과학자들이 이론을 테스트하기 위해서 실험을 고안한다고 생각하는데, 이는 잘못된 생각이라는 것이다. 더욱이 그들은 변수의 수치값을 재는 데 대부분의 시간을 보내지도 않는다. 측정 measurement은 사실상 실험자의 작업에서 아주 적은 부분만을 차지한다. 의식적이든 무의식적이든 그들이 목표로 하는 것은 자연적 요소와 기구를 결합해서 실험실에서(자연에서가 아니라) 신기한 현상들을 창조하는 것이다 creation of phenomena. 새로운 기구를 만드는 것은 이런 견지에서 매우 중요하다. 옴 Ohm의 법칙은 자연법칙이지만, 그것은 옴이 실험실에서 새로운 안정적 전원(열쌍자)과 측정 장치(검류계), 그리고 인공적으로 만들어진 저항을 교묘히 결합해 '창조' 해낸 것이기도 하다. 실험을 이런 새로운 시각에서 이해하면서 과학사학자와 과학철학자들은 실험 · 실험실 · 기구 · 측정과 같은 과학적 실천에 점점 더 주의를 기울이기 시작했다. 한마디로 말해 '실험으로의 복귀' 가 시작된 것이다.[20]

1980년 이전에는 사람들이 이론에 의존하는 실험 자체에는 별로 흥미로운 점이 없다고 생각했다. 반면 1980년대를 통해서는 실험 데이터의 생산이 과학사학자 · 과학철학자 · 과학사회학자들의 중요한 연구 대상이 되었다. 이론과 실험 사이의 관계도 더욱 복잡해졌다.

---

20) 실험으로의 복귀에 대한 간략하고도 좋은 논의로는 Jan Golinski, "The Theory of Practice and the Practice of Theory: Sociological Approaches in the History of Science," *Isis* 81(1990), pp. 492~505; T. Lenoir, "Practice, Reason, Context: The Dialogue between Theory and Experiment," *Science in Context* 2(1988), pp. 3~22 참조.

이론과 실험의 상호 작용은 각기 나름대로의 자율적인 삶을 가진 두 영역의 상호 작용이었기 때문이다. 물론 이론과 실험간의 이러한 상호 작용을 지배하는 엄격한 규칙이란 존재하지 않는다. 여기서 한 발 더 나아가 과학사학자인 피터 갤리슨Peter Galison은 실험뿐 아니라 "기구instrument에도 제 나름의 삶이 있다"고 했다. 즉 어떤 기구들은 전혀 예상치 못한 방향으로 진화를 하는 까닭에 나중에는 그것을 발명한 사람조차도 상상할 수 없던 용도로 그것이 사용되기도 한다는 것이었다. 유도 코일 induction coil은 처음에 물리학적 · 의학적 목적을 위해 불꽃을 일으키려는 용도로 발명되었지만 나중에는 엑스레이 X-ray와 전자기파의 창출을 위해 사용되었다. 기구 · 실험, 그리고 이론은 역사를 통해 서로 상호 작용을 해왔지만, 그들 각자는 제 나름의 '삶'이 있는 것이다. 갤리슨이 보기에, 과학자의 실천은 이론 · 실험 · 기구의 다양한 (장기 · 중기 · 단기적) 전통이 만들어내는 다각적인 제한 요소들에 둘러싸여 있고 이런 요소들에 의해 제한된다. 이런 의미에서 과학적 실천은 엄격하고 견고하며 경직되어 있다.[21]

갤리슨과는 반대로 앤드루 피커링 같은 사회구성주의자들은 과학적 실천의 유연성 plasticity이라는 착상을 더 좋아했다. 피커링 식의 구성주의에 따르면, 실험 사실에서 도출된 명제의 진실성은 과학 이론 및 실천이 자연 속의 실재와 일치했을 때 도출되는 것이 아니라, 과학자가 자기 주변에 있는 다양하고 불안정한 밑천 resource들 —— 이론적 · 인공적 · 물질적 · 사회적 밑천들 —— 을 '반죽해서' 그들을 안정시키고 논리 정연하게 만들었을 때, 즉 그가 말하는 "상호 작용적인 안정화interactive stabilization"의 과정을 거치면서 구성된다고 본다.[22] 최근 피커링은 과학적 실천의 특성을 인간의 개입에 대항하는

---

21) Peter Galison, *How Experiments End* (Chicago, 1987); "History, Philosophy, and the Central Metaphor," *Science in Context* 2(1988), pp. 197~212.

물질 세계의 저항resistance, 또 물질 세계의 이런 저항에 대한 인간의 적응accomodation이라는 측면에서 규정하면서 이러한 저항과 적응의 변증법적 상호 작용을 가리켜 '실천의 맹글mangle of practice'이라고 묘사했다.[23] 과학자들의 실천이 제한되어 있고, 경직되어 있음을 강조하는 갤리슨과 과학자들의 실천의 유연성을 강조하는 피커링은 1990년대를 통해서 여러 차례 논쟁을 주고받았다.[24]

4. 라투어와 울가의 『실험실 생활』과 '구성주의'

이제 다른 이야기로 옮겨가보자. 우리가 조금 전에 살펴본 스트롱 프로그램은 주로 과학 지식이 사회적 맥락에서 어떻게 형성되는가에 관심을 두었다. '실험으로의 복귀'라는 방법론은 과학적 실천과 기구, 또한 과학 실험이 발생하는 장소에 초점을 맞춘다. 이는 때때로 과학자의 실천을 그의 사회적 요소로 설명하는 사회구성주의의 방법

---

22) Andrew Pickering, "Living in the Material World: On Realism and Experimental Practice," in D. Gooding, T. Pinch, and S. Schaffer eds., *The Uses of Experiment: Studies in the Natural Sciences* (Cambridge, 1989), pp. 275~97.

23) Andrew Pickering, *The Mangle of Practice: Time, Agency and Science* (Chicago, 1995). mangle의 적절한 역어가 있을 수 없어서 여기서는 그냥 맹글이라고 썼다. mangle에는 롤러 두 개가 돌아가면서 그 사이로 옷을 말리고 다리는 기계의 뜻과 엉망진창(으로 만들다)의 뜻이 있는데, 피커링은 이 두 가지 의미를 동시에 사용했기 때문이다. 과학적 실천은 인간의 개입에 대한 자연 세계의 저항 *resistance*과 그 저항에 대한 인간의 적응 *accomodation*이라는 맹글의 두 '롤러'에 의해 만들어지고, 그렇기 때문에 깨끗하고 단선적인 설명이나 이론이 불가능한 '엉망진창'의 상태에 있다는 의미이다.

24) Peter Galison, "Context and Constraints"; Andy Pickering, "Beyond Constraint: The Temporary of Practice and the Historicity of Knowledge" in Jed Buchwald ed., *Scientific Practice: Theories and Stories of Doing Physics* (Chicago, 1994), pp. 13~41 and 42~55.

론을 사용하기도 한다. 그런데 우리가 이번 절에서 살펴보게 될 '구성주의'는 스트롱 프로그램 식의 사회구성주의뿐 아니라 실험으로의 복귀와도 다르다. 첫째, '구성주의'는 사회가 과학을 구성하는 것만 아니라, 과학이 사회를 구성하는 것에 더 관심을 기울인다. 둘째, 이들은 인간 행위자 human actor보다는 비인간 행위자 non-human actor, 가령 기구·기계·전자 electron·세균 등에 더 관심이 있다. 좀더 정확히 말하면 이들은 인간 행위자와 비인간 행위자 사이의 '대칭'을 주장한다. 물론 이제부터 살펴볼 구성주의와 이미 살펴본 바 있는 사회구성주의 사이의 엄격한 경계를 긋는 것은 어려운 일이다. 왜냐하면 이들은 서로 방법론과 개념을 빌려왔기 때문이다. 이들 사이에는 차이보다는 유사점이 더 많을 것이다. 그렇지만 일단 나는 구성주의의 특징을 밝히기 위해서 유사성보다는 차이에 초점을 맞추려 한다.

1979년에 출판된 브루노 라투어 Bruno Latour와 스티브 울가 Steve Woolgar의 책, 『실험실 생활: 과학적 사실의 사회적 구성 Laboratory Life: The Social Construction of Scientific Facts』(이하 『실험실 생활』)은 색다른 구성주의 전통의 시작으로 볼 수 있다. 이 책은 제목에 '사회적 구성'이라는 말을 처음으로 쓴 책 가운데 하나이지만, 1987년 프린스턴 대학교 출판부에서 제2판을 냈을 때 라투어와 울가는 제목에서 '사회적'이라는 말을 지웠고, 그래서 부제는 그냥 "과학적 사실의 구성"이 되었다.[25] 이것은 라투어와 울가가 에든버러 학파의 스트롱 프로그램 식의 사회구성주의와 자신들의 구성주의와의 차별성을 부각시키려는 의도에서였다. 『실험실 생활』에 나타난 핵심적인 주장을 보면 이들이 왜 그랬는가 이해할 수 있다.

---

25) Bruno Latour and Steve Woolgar, *Laboratory Life: The Social Construction of Scientific Facts* (Sage, 1979); *Laboratory Life: The Construction of Scientific Facts* (Princeton, 1986).

이 책은 과학 지식의 사회적 구성에 대한 여타의 역사적·철학적 연구들과는 그 접근 방법에서부터 조금 다르다. 이는 라투어와 울가가 기본적으로 사람들을 아주 가까운 거리에서 (하지만 그들에게 전적으로 동화되지는 않고) 관찰하는 인류학적인 방법을 사용했기 때문이다. 라투어와 울가는 실제로 (인류학자로서) 소크 연구소 Salk Institute라는 유명한 분자생물학 실험실에서 근무한 바 있으며, 거기에서 과학자들과 대화를 나누면서 실험실에서의 그들의 일상과 실험적 실천을 관찰했다. 이런 관찰로부터 라투어와 울가는 과학자들의 실천에서 이제까지 소홀하게 다루어졌거나 주의를 끌지 못한 새로운 특징을 많이 발견했다. 두 가지만 여기에서 언급해보자. 첫번째 특성은 과학자들이 수많은 '쓰기' 활동을 한다는 것이다. 분자생물학자들은 끊임없이 자기들이 읽은 논문을 노트하고, 자기 아이디어를 메모하며, 관찰 데이터를 기록하고, 연구 논문을 쓰거나 고친다. 과학자들의 이런 '쓰기' 활동에 덧붙여서 실험실에 있는 많은 기구들 또한 직간접적으로 기록inscriptions과 관련이 있다. 과학자들이 실험을 하면 분석 기기들assays은 엄청난 양의 데이터 문서를 낳고, 그들은 이를 해독해야 한다. 이런 기나긴 노고의 최종 결실은 보통 인쇄된 논문 몇 편인데, 이는 또 다른 종류의 문서이다. 왜 과학자들은 문서를 생산하는 데 열중할까? 왜 후원자들은 최종 결과래야 고작 전문 학술지에 실리는 논문들뿐인 연구소에 수백만 달러를 지원하는가?

라투어와 울가의 두번째 관찰은 과학적 사실의 생산에 대한 것이었다. 소크 연구소는 TRF(thyrotropin releasing factor)의 발견으로 유명한 연구소이다. 이 발견으로 연구소의 과학자들은 노벨 상을 탔다. TRF는 호르몬, 즉 일종의 유기 물질이므로 전우주에 걸쳐 존재하는 TRF의 총량은 매우 적다. 이 물질을 동물의 뇌에서 추출하기 위해 소크 연구소는 돼지 머리를 500톤이나 소비했다고 한다. 수고스럽고 복잡한 일련의 실험을 수행하던 중 그들은 마침내 TRF를 발견했다. 아니 좀더 정확히 말하면, 그들의 기재 장치 inscribing devices에서 TRF의 존재를 보여준다고 해석될 수 있는 데이터를 발견한 것이었다.

그렇지만 여기에서 콜린스가 말한 실험자의 회귀를 생각해보자. TRF는 예전에 사람들에게 알려져 있지 않던 물질이다. 그렇다면 무엇이 소크 연구소의 분자생물학자들로 하여금 그들이 관찰한 데이터가 TRF의 존재를 가리킨다고 결론짓게 만들었는가? 아무도 발견한 적이 없는 물질이었는데. 어떻게 그들은 일정한 시간이 지난 다음에서야 참 데이터 true data 를 배경 잡음 background error 과 구별할 수 있었는가? 이 문제를 이렇게 생각해보자. TRF의 존재를 보여주는 데이터가 과학자들이 실험을 하고 있는 도중에 어느 날 갑자기 튀어나왔을 리는 없다. 그들은 최소한 비슷한 데이터(또는 분석 기기가 만들어낸 그래프상의 피크)를 그 이전에도 관찰했음에 틀림없다. 하지만 무엇이 어떤 특정한 순간에 그들로 하여금 TRF의 발견을 확신하게 할 수 있었는가?

이 질문에 대한 라투어와 울가의 대답은 사회학적인 것이었다. 그들은 소크 연구소가 TRF를 발견하려고 애쓰고 있을 때 또 다른 분자생물학자 집단도 같은 주제를 놓고 작업에 열중하고 있었다는 것을 알게 되었다. 이 두 집단은 데이터와 정보를 교류했고, 상대방의 저작을 인용했다. 경쟁이 진행되고 그들의 데이터가 축적되면서, 이들 두 집단 사이에서는 TRF의 존재를 정하는 데이터의 표준에 관하여 사회적 타협이 이루어졌다는 것이다. 만약 한 집단이 그들이 생각하기에 TRF의 존재를 보여주는 것으로 해석될 수 있는 하나의 지표를 발견했다고 공표했지만 상대편이 그 지표가 너무 약해서 설득력이 없다고 생각했다면, 이는 사회적 타협이 실패한 셈이 된다. 이들은 더욱 강력한 데이터를 발견해서 또 다른 협상의 라운드로 진입하고, 이런 사회적 협상이 진행되면서 일정한 시기가 되면 과학자들은 드디어 TRF를 배경 잡음으로부터 구별할 수 있게 해주는 기준에 대해 타협하는 데 최종 합의한다는 것이다. 이 순간이 바로 TRF가 발견된 순간이었다. 그렇지만 라투어와 울가는 이에 만족하지 않고 조금 더 급진적인 주장을 폈다. 그들은 이 최종 협상이 있기 전에는 "TRF가 존재하지 않았다"고 주장했다. 실로 그런 사회적 협상이 TRF의 존재를 구성한 것이며, TRF는 두 집단간의 사회적 협상의 산물이라고 주장했다.

나는 라투어와 울가의 그런 반실재론적인 anti-realistic, 아니 비실재론적인 irrealistic 결론에 동의하지 않는다. 라투어와 울가가 TRF 발견의 분석을 통해 실제로 보여준 것은, 과학자들 사이에서는 분석 기기의 캘리브레이션에 관하여, 즉 참 데이터를 배경 잡음으로부터 구별하는 기준에 대해 동의가 도출된다는 점이었다. 과학자들이 이 기준에 동의를 했다고 해서, 아니 라투어 식으로 말하자면, 이를 놓고 서로 협상했다고 해서 TRF의 존재가 사회적 협상의 산물이라고 결론짓는 것은 잘못이다. 게다가 과학자들이 캘리브레이션에 동의하게 되는 과정이 전적으로 사회적인 것만은 아니다. 다양한 과학 내적 요인들이 이 과정에 연루될 수 있는 것이다.[26] 그러나 이런 비판에도 불구하고『실험실 생활』은 사람들의 관심을 과학적 사실이 생산되는 실험실로 돌리는 데 성공했다.

라투어와 울가에 대한 고무적인 비판이 한 마르크스주의자에게서 나왔다. 1970년대에 마르크스주의 과학 비판자들은 분자생물학 같은 과학 분야가 자본주의적 경제에 밀접하게 닻을 내리고 있음을 비판

---

26) 자연 세계의 실재에 대한 사회적 구성을 강조한 구성주의의 경향에 대한 좋은 비판으로는 Sergio Sismondo, "Some Social Constructions," *Social Studies of Science* 23(1993), pp. 515~53 참조.

했다. 『실험실 생활』이 출판되자마자 한 마르크스주의 이론가는 지금은 사라지고 없는 『급진 과학지 Radical Science Journal』라는 학술지에 이 책에 대한 서평을 썼다. 서평의 어조는 약간 비판적이었으나 평을 쓴 사람은 이 책이 과학적 사실을 창출해내는 사회적 과정을 선명히 들추어냈다고 고무적으로 평가했다. 서평자는 이 책이 자본주의 사회의 과학에 대한 마르크스주의적 해석과 일치한다고 생각했다.[27]

그렇지만 라투어는 이에 동의하지 않았다. 그는 반론을 통해 자신의 의도가 과학에서의 사회적 요소를 드러내려 한 게 아니었음을 분명히했다. 그는 심지어 "사회 구조와 과학 내용간의 닮은 점을 찾으려는 무한하고도 헛된 추구가 지속되는 한, 과학에 대한 비판은 허약할 수밖에 없다"고 하면서 급진 과학 진영의 이론을 비판했다(서구 급진 과학 운동에 대해서는 이 책의 제3장을 참조). 라투어는 급진 과학 진영의 시도가 마르크스의 작업과 정반대라고까지 주장했다. 왜냐하면 마르크스는 신발과 증기 기관 같은 자본제 내의 생산품과 자본주의 사회 사이의 닮은 점을 찾아내려 하지 않았기 때문이다. 그러기는커녕 잉여가치에 대한 마르크스의 중심 생각은 그가 살았던 시대의 어떤 사회적 요소와도 닮지 않았다는 것이다. 사회와 과학의 유사성을 찾으려는 시도는 마르크스의 본래의 정신과도 어긋난다는 것이 라투어의 주장이었다.[28]

그렇다면 어째서 라투어는 과학에서 사회적 요소를 찾으려는 급진 과학주의자들 및 스트롱 프로그램의 노력에 반대했을까? 그는 두 가지 이유를 제시했다. 첫째, 과학에서의 사회적 요소를 비판하기 위해

---

27) John Stewart, "Facts as Commodities?" *Radical Science Journal* 12(1982), pp. 125~37.

28) B. Latour, "Reply from Bruno Latour," *Radical Science Journal* 12(1982), pp. 137~40.

서 마르크스주의자들은 사회가 무엇으로 이루어졌는가를 안다고 가정해야 하고, 둘째, 자본주의의 과학은 자본주의에서 발견할 수 있는 왜곡된 사회 요소를 반영한다고 가정해야 한다는 것이다. 라투어는 이 두 가지 전제에 모두 동의하지 않았다. 우리는 이 사회가 무엇으로 만들어졌는지 알지 못하는데, 그 이유는 우리가 사회에 대해 완전히 무지하기 때문이 아니라, 과학이 사회의 구성에 연루되어 있기 때문이다. 즉 사회를 이해하면 과학을 이해할 수 있다는 생각은, 과학이 사회를 만드는 과정을 무시함으로써만이 나올 수 있다는 것이다. 과학은 단순히 사회를 반영하는 것이 아니라 "정치적 행위자간의 사회적 게임을 복잡하게 만드는" 것이기 때문에, 사회적 요소를 가지고 과학을 설명하는 것을 기대할 수 없다. 달리 말하면, 과학 그 자체가 '다른 정치 politics pursued by other means' 인 것이다. 라투어는 후기 저작에서 이런 생각들을 더욱 발전시켰는데, 여기서는 그 중 『프랑스의 파스퇴르화 Pasteurization of France』와 『활동중인 과학 Science in Action』에 나타난 그의 주장에 대해 간단하게 훑어보겠다.

5. 실험실,『파스퇴르화』
『활동중인 과학』그리고 행위자 네트워크 이론

『실험실 생활』이후에도 라투어는 실험실의 역할, 문서 inscription 의 의미, 인간 행위자와 비인간 행위자 사이의 대칭 등을 계속 탐구했다. 라투어의 후기 저작은 서너 가지 면에서 『실험실 생활』과 다르지만 그가 던지는 질문은 전과 다름없다. 그것은 어째서 과학이 우리 사회에서 그렇게 큰 힘을 갖느냐는 것이다. 어째서 후원자들은 그저 논문을 생산하는 것으로밖에는 안 보이는 소크 연구소의 연구를 지원하느라 수백만 달러를 쓰는가? 무엇이 과학자를 여타의 전문가와 다른 존재로 만드는가? 라투어는 과학자들과 다른 전문가들, 가령 정치가나 변호사들 사이의 차이점을 찾아내는 것부터 시작했다. 그가 발견한 사실은 아주 간단했다. 과학자들에게는 실험실이 있는 반면, 정치인들이나 변호사에게는 이것이 없다는 것이었다. 과학자들은 실험실에서 무엇을 하고 있는가? 실험 기구가 잔뜩 있을 뿐인 실험실이 어떻게 과학자들에게 권력power을 주는가? 왜 과학자들한테는 실험실이 필요한가?

19세기 프랑스의 생리학자 겸 세균학자 파스퇴르에 대한 그의 연구는 이런 문제에 대한 답을 제공했다.[29] 사람들이 세균에 대처할 수 있는 능력이 없던 시절에 박테리아와 같은 세균은 심각한 사회 문제였다. 세균은 인간과 동물을 쉽게 죽일 수 있었지만 인간은 세균을 죽일 수 없었고, 이런 의미에서 세균은 인간이나 동물보다 더 강했다. 이는 세균이 도처에 널려 있었기 때문이다. 다른 모든 사람들과 마찬가지로 파스퇴르는 한 인간으로서 세균보다 약했다. 그러나 중요한 차이가 있었다. 실험실에서, 그리고 오직 실험실에서만, 파스퇴르는 세균보다 더 강해질 수 있었다. 파스퇴르는 페트리 접시에서 박테리아를 배양하고 그 박테리아를 하나의 군집체로 눈에 보이게 드러냄으로써 그들을 약하게 할 수 있고, 통제할 수 있는 존재로 만들었다.

그러나 실험실이라는 매우 통제된 조건 아래에서 파스퇴르는 세균보다 강해질 수 있었지만, 이것이 그가 보통 세상에서 세균보다 강하다는 것을 의미하지는 않았다. 그는 어떻게 이 통제된 공간을 세상으로 확장할 수 있었을까? 그는 실험실에서 얻은 특별한 조건을 안정적

---

29) B. Latour, *The Pasteurization of France* (Harvard University Press, 1988).

으로 만들어서 '블랙박스화'한 다음에, 이를 실험실 밖으로 조심스레 유포했다. 이것이 바로 파스퇴르의 이름과 함께 기억되는 백신이었다. 백신은 그의 실험실의(즉 인간이 세균보다 강한 공간의) 축소판이었다. 그가 사회를 예방 접종하는 데 성공했을 때 그는 사실상 사회를 '실험실화 laboratorization'한 것이었다. 라투어는, 사회에 대한 이런 예방 접종을 과학자가 할 수 있는 가장 중요한 정치적·사회적 활동으로 간주해야 한다고 주장한다. 우리가 만약 파스퇴르의 과학에서 정치·사회적 요소를 찾고자 한다면, 파스퇴르의 착상에 영향을 주었을지도 모르는 19세기 후반 프랑스 사회의 사회·정치적 요인에 주목하기보다는 파스퇴르가 수행한 '실험실화' 과정의 기제를 이해해야 한다는 것이다. 이런 의미에서 볼 때, 파스퇴르 자신은 매우 미숙한 정치가였지만 어떤 정치가보다도 세상에 큰 영향력을 행사한 인물이라고 말할 수 있다.

그러므로 라투어의 말처럼, 실험실은 마치 지렛대에서 우리가 무거운 물건을 들어올릴 수 있도록 해주는 추축점(樞軸點)과도 같은 것이다. 그는 그의 초기 논문의 제목을 「내게 실험실을 달라, 그러면 세상을 들어올리리라」라고 붙였다.[30] 그러나 실험실이라는 공간에 특별한 무엇이 있기에 이것이 과학자에게 힘을 불어넣을 수 있는 것일까? 법정이나 교회 같은 여타의 사회적 공간과 실험실의 본질적 차이는 무엇인가? 라투어는 초기 저작에서 이미 이에 대한 답을 찾은 바 있다. 실험실에는 '비인간 행위자 non-human actors'가 가득 차 있다! 실험실에는 다양한 효과를 만들어내는 기기·기록기·검파기·분석표·센서·컴퓨터 등등과 같은 다양한 기구가 필수적이며, 또한 세

---

30) B. Latour, "Give Me a Laboratory, and I Will Raise the World," in K. D. Knorr-Cetina and M. Mulkay eds., *Science Observed: Perspectives on the Social Studies of Science* (London, 1983), pp. 141~70.

균이나 전자electron 등의 비인간 행위자들도 존재한다. 라투어에 의하면, 실험실에서 일어나는 일은 과학자와 비인간 행위자 사이의 '힘겨루기trial of strength'이다. 라투어가 쓰는 용어에 따르면 과학자는 비인간 행위자를 '치환해서translate'[31] 새로운 네트워크를 만들며, 이 일을 성공적으로 해낼 때마다 비인간 행위자들이 가졌던 힘을 동맹군으로 사용할 수 있게 된다. 이렇게 함으로써 과학자는 새로운 동맹 네트워크 —— 본질적으로 인간 행위자와 비인간 행위자로 이루어진 동맹의 네트워크 —— 를 만들어낸다.[32]

인간 행위자와 비인간 행위자 사이의 동맹은 우리 시대 현대 과학의 핵심을 특징지우며, 바로 이 점이 과학을 다른 인간 활동과 구별되게 해주는 것이다. 이런 동맹에는 세 가지 중요한 결과가 뒤따른다. 첫째, '물건'들이 과학과 기술에 똑같이 중요하기 때문에 과학과 기술의 차이는 거의 소멸된다. 그러므로 라투어는 과학과 기술을 분리시키기보다는 기술과학technoscience이란 말을 즐겨 사용했다. 이에 덧붙여 과학과 사회의 구별 또한 흐려졌다. 라투어의 동맹 네트워크는 이질적인 과학 —— 기술 —— 사회적 요소들 사이의 네트워크이기 때문이었다. 둘째, 라투어는 문서inscription의 의미를 재해석했다. 『실험실 생활』에서 문서의 의미는 과학적 사실이 만들어지는 맥락에서 탐구되었다. 하지만 그의 후기 저서 『활동중인 과학』(1987)에서

---

31) translation이란 개념은 행위자 네트워크 이론의 핵심적인 개념이다. 라투어와 칼롱은 이는 "한 행위자가 다른 행위자를 대변하는 권위를 갖게 되는 온갖 종류의 타협·작전·설득·강제"를 말한다고 정의한 바 있다(1981). 더 간단히 말해서 translation은 개별 단위 행위자를 가지고 행위자 네트워크를 만드는 작업을 의미한다. translation에는 '밀어내다'라는 뜻과 '번역하다'라는 뜻이 있는데, 행위자 네트워크 이론에서는 이 두 가지 뜻을 한 번에 사용하고 있다.

32) 이 인간 —— 비인간 사이의 동맹을 흥미있게 서술한 라투어의 저작으로는 B. Latour, "Mixing Humans and Nonhumans Together: The Sociology of a Door-Closer," *Social Problems* 35(1988), pp. 298~310이 있다.

문서는 과학자들이 힘을 쟁취하고 유지할 수 있는 수단으로 재해석된다. 사람의 두뇌 속에 들어 있는 지식은 그 사람이 움직이지 않는 한 움직일 수 없지만, 일단 기록으로 기재되고 나면 자유롭게 이 실험실에서 저 실험실로, 들판에서 실험실로, 또 실험실에서 정치가의 사무실로 옮겨다닐 수 있기 때문이다. 이렇게 문서는 과학자들이 새로운 동맹을 만드는 데 중요한 수단으로 기능한다.[33]

셋째 논점이 가장 흥미롭다. 『실험실 생활』에서 라투어는 실험실에서 만들어지는 물질적 성과들, 가령 TRF 같은 것의 역할에 대해서는 별로 주의를 기울이지 않았다. 그러나 그의 후기 저작에서 그는 과학의 물질적 성과들을 완전히 다른 각도에서 보기 시작했다. 예를 들어 파스퇴르의 실험실이 만들어 보급한 백신은 '사회의 실험실화'를 위해 중요한 '마디 node'(네트워크의 분기점)였다. 사람들이 백신을 이용할 때마다 파스퇴르와 그의 실험실은 힘을 얻었던 것이다. 라투어는 이런 마디를 '의무 통과점 obligatory passage point'이라고 명명했다. 이는 현대 사회를 사는 사람이 반드시 통과해야 하는 지점을 말하며, 사람들이 이 지점을 통과할 때마다(이 경우 사람들이 의무적으로 백신을 맞을 때마다) 과학과 과학자는 더 많은 힘을 얻었다. 라투어는 현대 과학 연구의 상당 부분이 이런 의무 통과점을 창조하고 유지하는 데 관련되어 있음을 주장한다. 예를 들어, 단위와 표준에 대한 연구는 대체로 대부분의 사람들 눈에 보이지 않는 것인데도 모든 국가가 이런 연구에 엄청난 돈을 지출해왔다. 그 이유는 무엇일까? 라투어에 따르면 단위와 표준은 가장 기본적인 의무 통과점으로, 기

---

33) Bruno Latour, *Science in Action: How to Follow Scientists and Engineers through Society* (Harvard University Press, 1987). 문서에 대한 새로운 이해는 라투어의 논문 "Visualization and Cognition: Thinking with Eyes and Hands," *Knowledge and Society* 6(1986), pp. 1~40에 잘 기술되어 있다.

업가들이 산업 생산품을 제조하기 위해서 반드시 거쳐야 하기 때문이다. 과학 활동은 점차로 대중으로부터 고립된 대학이나 회사의 실험실에서 수행되어왔지만, 이 의무 통과점 때문에 우리의 일상 생활에 더 큰 힘을 발휘할 수 있게 되었다.[34]

이런 주장들은 라투어와 미셸 칼롱Michel Callon이 정교하게 발전시킨 행위자 네트워크 이론actor-network theory의 기본적 요소가 되었다. 행위자 네트워크 이론에서 치환translation은 하나의 잡종적인 행위자 네트워크heterogeneous actor-network가 구성되는 기본적 기제다. '구성' 역시 행위자 네트워크 이론에서 중요하다. 그러나 여기에서 '구성'이란 사회적 요소에 의한 과학 지식의 구성이라기보다 과학에 의한 사회의 구성(또는 기술과학 네트워크의 구성) 쪽에 가깝다. 성공적인 과학자는 비인간 행위자를 포함한 다양한 행위자간의 잡종적인 동맹을 창조해낸다. 그는 이런 동맹을 얼른 실험실 밖으로 끌어내서 그것을 사회로 확장한다. 사회의 더 많은 부분이 이렇게 해서 이 기술과학 네트워크에 포섭된다. 얼마간 시간이 지나면, 이 팽창하는 네트워크는 안정적인 것으로 변한다. 그리고 이 새로운 사회적 · 기술적 관계의 골자epitome가 '블랙박스화' 돼서 의무 통과점을 구성한다. 그러므로 행위자 네트워크 이론의 목표는 기술과학 네트워크가 창조되고, 팽창되며, 안정되는 일반적 기제를 찾는 데 있다.[35]

---

34) Latour, *Science in Action*, p. 150.

35) Michel Callon, "The Sociology of an Actor-Network: The Case of the Electric Vehicle," in Michel Callon, John Law, and Arie Rip eds., *Mapping the Dynamics of Science and Technology* (Macmillan Pr., 1986), pp. 19~34; Latour, *Science in Action.*

6. '기술의 사회적 구성'과 '잡종 공학'

위와 같은 이론들을 기저로 우리는 사회구성주의적 방법이 기술의 구성이라는 영역으로 확장되리라는 것을 쉽게 짐작할 수 있다.[36] 요즈음에는 과학과 기술이 무척 밀접하게 연결되어 있어서 과학만 다루면 반쪽짜리 이야기가 된다는 것을 누구나 알고 있다. 무엇보다, "뉴턴의 법칙 또는 TRF가 사회적으로 구성되었다"는 주장에는 비판의 여지가 많지만, "에디슨의 송전 기술 시스템이 사회적으로 구성되었다"는 주장은 상식처럼 들린다. 누구나 기술의 발전이 사회 내에서 일어나며, 기술이 사회를 변화시킨다는 것을 알고 있다. 그렇다면 '기술의 사회적 구성론social construction of technology' (SCOT)에서 새로운 점은 무엇인가?

논의를 진전시키려면 약간 철학적인 사고를 할 필요가 있다. 무엇이 기술적 발전을 추동하는가? 왜 우리는 150볼트가 아닌 110볼트 또는 220볼트 전기 체계를 가지고 있는가? 한때 많은 사람들이 비행기가 발전해서 결국 누구나 소형 자가용 비행기를 갖게 될 거라고 예상했음에도 불구하고 어째서 비행기의 크기는 커졌는가? 왜 우리는 지금 우리가 타고 있는 자전거를 갖게 되었는가? 자전거가 처음 만들어진 19세기말에는 다른 형태의 자전거도 많이 있었는데 어째서 '안전 자전거' ─ 다이아몬드 형태의 틀과 고무 타이어를 쓰고 두 바퀴의 크기가 비슷한 모델 ─ 가 경쟁에서 이겼는가? 이런 문제에 대한 상식적인 답은 대체로 지금 우리가 쓰는 모델이 다른 모델보다 편하고 안전하다는 것이다. 간단히 말해 이것이 경쟁에서 이겼기 때문에 다

---

36) S. Woolgar, "The Turn to Technology in the Social Studies of Science," *Science, Technology and Human Values* 16(1991), pp. 20~50.

른 것보다 더 효율적이라는 것이다. 자본주의 사회에서 효율성이란 좋은 것, 합리적인 것, 추구해야 할 것, 심지어 운명지워진 어떤 것을 의미한다. 그렇지만 이런 관점은 논쟁적인 기술을 분석할 때 문제를 일으킨다. 핵폭탄도 효율적인 기술이라고 볼 수 있을까? 유전공학도 필연적인 것으로 받아들여야 하는 것인가? 이런 기술들 모두가 다른 기술과의 경쟁과 승리해서 오늘날 우리가 가진 기술이 되었는가?

기술의 사회적 구성론은 기술이 단선적으로 발전할 운명이라고 주장하는 '본질주의 essentialism'를 부정하면서 시작한다. 대신, 기술의 사회적 구성론은 기술의 발전에서 중요한 역할을 한 사회 집단들을 강조한다. 예를 들어, 자전거의 발전에 대해 생각할 때 우리는 자전거를 만든 기술자와 남성 이용자뿐 아니라 여성 이용자, 스포츠 자전거 이용자, 심지어 자전거 반대론자도 고려해야 한다는 것이다. 각 집단은 특정한 자전거 디자인에 대해 그들 나름의 선호와 이해 관계를 가지고 있었기 때문이다. 예를 들어 자전거가 발명되었을 당시에 스포츠 자전거 이용자들은 56인치짜리 커다란 바퀴가 달린 큰 자전거를 좋아했다. 여성 이용자들을 위해서는 여성의 복장(당시의 치마)에 맞게 특별히 설계된 자전거가 필요했다. 이런 식으로 분석해보면, 자전거의 초기 발전 단계는 표준 자전거로의 단선적 발전을 반영한다기보다, 오히려 인공물artifact과 사회 집단, 풀어야 할 기술적 문제들이 구성하는 분산된 네트워크를 반영함을 알 수 있다. 당시에는 아무도 공기 타이어가 자전거 설계에 없어서는 안 될 요소라고 생각하지 않았다. 기술자들에게 공기 타이어는 매우 골치 아픈 문제였고, 스포츠 자전거를 즐겼던 사람들에겐 불필요한 것이었다. 큰 자전거를 타고 언덕을 오르내리는 스포츠 자전거를 타던 사람들에겐 타이어가 아닌 자전거의 용수철 프레임이 울퉁불퉁한 길을 지나는 문제를 해결해주었기 때문이다.[37]

그렇다면 어째서 이 초기의 불안정한 네트워크가 마침내 안정적인 것으로 되었을까? 어떻게 '종결 closure'이 일어났을까? 기술의 사회적 구성론자들은 자전거 경주가 종결에서 중요한 역할을 했다고 주장한다. 자전거 경주가 당시 사람들의 관심을 끌면서 공기 타이어를 장착한 안전 자전거가 다른 자전거보다 빠르다는 것이 경주를 통해 입증되었고, 이를 통해 초기 자전거 설계에서 중요하게 고려되지 않았던 속도가 중요한 특징으로 부각되었다. 자전거 설계에서 속도가 다른 특징들보다 중요해지면서, 이는 속도를 더 낼 수 있는 안전 자전거 쪽으로 경쟁을 종결시키는 방향으로 나아갔다. 그러므로 안전 자전거가 다른 자전거보다 우월하다는 결론은 기술적 논리(가령 효율성)에 의해서가 아니라 사회 집단, 이들의 이해 관계, 그리고 자전거라는 인공물 사이의 상호 작용에서 나온 여러 가지 우연한 사건들에 의해 만들어진 것이었다. 안전 자전거가 다른 자전거보다 더 효율적이라는 이론은 논쟁이 끝나고 안전 자전거가 표준 자전거가 되고 난 뒤에 구성된 것이다.

따라서 기술의 사회적 구성 프로그램은 과학의 사회적 구성 프로그램과 비슷한 점이 많다. 기술의 사회적 구성 프로그램에 따르면 초기 단계에 있는 기술적 인공물들은 앞으로의 진화 방향뿐 아니라 그 용도도 아직 정의되지 않았다는 의미에서 유연하다 interpretative flexibility. 이러한 기술의 '해석적 유연성'은 과학의 사회적 구성론에서 보았던 해석적 유연성에 상응한다. 기술의 사회적 구성론은 이제

---

37) 이 자전거에 대한 논의는 기술의 사회적 구성론의 대표적인 논문이라 할 수 있는 T. Pinch and W. E. Bijker, "The Social Construction of Facts and Artifacts: Or How the Sociology of Science and the Sociology of Technology Might Benefit Each Other," in W. E. Bijker, T. Hughes, and T. Pinch eds., *The Social Construction of Technological System: New Directions in the Sociology and History of Technology* (MIT Pr., 1987), pp. 17~50에서 빌려왔음.

종결이 일어나게 되는 기제를 찾는데, 그 기제는 수사학적인 rhetorical 것이거나(즉, 사람들이 문제가 해결되었다고 생각하기 시작하거나) 실질적인 것, 둘 중 하나이다. 그리고 결국, 이 종결 기제와 좀더 넓은 사회적 맥락 사이의 관계를 찾아야 한다. 이런 세 단계를 통틀어 사회적 우연과 사회적 이해 관계의 개입은 기술의 용도를 정의하고 초기의 유연한 네트워크를 종결짓는 데 중요한 역할을 한다.

행위자 네트워크 이론가들은 기술의 구성에 대해 기술의 사회적 구성론과는 조금 다른 프로그램을 출범시켰다. 유명한 예는 존 로 John Law의 '잡종 공학heterogeneous engineering,' '잡종 공학자 heterogeneous engineers'라는 개념이다. 기술의 사회적 구성론과 잡종 공학의 차이는, 전자가 기술의 안정화 과정이 기술의 설계에 대한 사회 집단들의 협상을 통해 일어난다고 간주함에 비해, 잡종 공학에서는 안정화란 잡종적인 요소heterogeneous elements간의 상호 작용이 빚어내는 한 가지 기능이라고 본다는 것이다. 달리 말하면 잡종 공학에선 기술—사회의 네트워크가 안정되었을 때 기술의 안정화가 일어난다고 보는 것이다. 사회적 이해가 기술을 안정화시키는 것이 아니라, 사회적인 것은 기술적인 것과 서로 맞물려 있기 때문에 이 기술—사회의 네트워크 자체가 안정적으로 되는 것에 초점을 둔다.[38]

잡종 공학이라는 개념을 더 잘 이해하려면 먼저 기술사에서 널리 사용되는 시스템 이론system theory에 대해 살펴보아야 한다. 토머스 에디슨Thomas Edison에 대해 생각해보자. 에디슨은 이론적인 인물도

---

38) John Law, "Technology and Heterogeneous Engineering: The Case of Portuguese Expansion," in W. E. Bijker, T. Hughes, and T. Pinch eds., *The Social Construction of Technological System: New Directions in the Sociology and History of Technology* (MIT Pr., 1987), pp. 111~34: "The Olympus 320 Engine: A Case Study in Design, Development, and Organization Control," *Technology and Culture* 33(1992), pp. 409~40.

과학자도 아니었다. 그는 자신의 전기 체계와 관련된 물리학 법칙조차 제대로 이해하지 못했기에, 많은 사람들이 에디슨의 방법을 주먹구구와 시행 착오에 불과하다고 비판했다. 그렇다면 어떻게 그는 그런 대단한 성공을 거둘 수 있었을까? 무엇이 그를 기술사를 통해 가장 위대한 인물 중 하나로 만들었을까? 기술사학자 토머스 휴스 Thomas Hughes에 따르면 에디슨은 기술자였을 뿐 아니라 기술 시스템의 건설자 system-builder였다. 그는 전기 에너지가 발생되고 전송되며 소비되는 새로운 전기 조명 시스템을 만들었다. 그가 만든 전구는 상징적 요소이기는 했지만 전체 전송 시스템의 한 구성 요소에 불과했다. 전구 외에도 에디슨은 점보 jumbo 발전기, 전압을 분배하는 수단, 전기의 소비를 측정하는 계량기(미터)를 만들었다. 그는 또한 가정에서의 전기의 새로운 역할과, 당시의 가스 조명과 대조되는 전기 조명의 새로운 이미지를 창조했고, 정치인들에게 압력을 넣어 전기 조명에 찬성하는 새로운 법규를 법제화하게 했다. 간단히 말해 그는 새로운 전기 시스템을 구축해 사회와 우리의 생활 방식을 근본적으로 변형시켰다.[39]

기술 시스템 technological system, 기술 시스템의 건설자라는 생각은 잡종 공학, 잡종 공학자라는 생각과 아주 흡사하다. 잡종 공학자는 새로운 네트워크를 창조하기 위해 잡종적인 요소들 — 기술적·사회적·경제적·정치적·자연적인 요소들 — 을 모아야 하고, 각 요소는 이 새로운 네트워크에 의해 새로운 역할과 의미를 부여받게 된다. 여기에서 우리는 스트롱 프로그램에 대한 라투어의 비판에서 보았던 것과 흡사한 역전이 일어남을 알 수 있을 것이다. 잡종 공학

---

39) 에디슨에 대한 새로운 해석과 기술 시스템 개념의 체계적인 분석에 대해선 Thomas P. Hughes, *Networks of Power: Electrification of Western Society, 1880~1930* (Baltimore, 1983) 참조.

은 사회적 이해 관계에 의한 기술적 인공물의 구성보다, 기술에 의한 사회의 구성, 또는 기술—사회 네트워크의 '공동구성 co-construction' 을 강조한다.[40] 사회적인 것과 기술적인 것은 동시에 발전하며, 이들은 본질적으로 분리될 수 없다. 이런 의미에서 잡종 공학이라는 개념은 기술학 분야의 행위자 네트워크 이론에 해당한다고 할 수 있다.

7. 구성주의와 포스트모더니즘

구성주의와 포스트모더니즘의 관계에 대해 간단히 생각해보자. 포스트모더니즘에 대한 정의는 수십 가지가 있는 형편이니, 여기서는 이를 거대하고 거창한 이론 또는 구조를 내세워 사회·역사, 인간 지식 등을 설명하려는 시도를 포기하는 것이라고 간단하게 정의하고 싶다. 역사적 사건에 대한 포스트모더니즘적 설명에서는 차이·국소성, 우연한 사건 등이 정규적인 것, 보편성, 필연적 사건보다 더 강조되며, 사람들의 경험이 사회의 보편 법칙보다 더욱 부각된다. 포스트모더니즘은 사회 영역들 사이의 상호 의존과 자율성을 이들간의 서열이나 통제보다 강조한다. 포스트모더니즘은 독자와 텍스트 사이의 상호 작용을 중시하고, 텍스트, 텍스트가 씌어진 맥락, 독자의 해석, 이런 해석이 일어나는 맥락 사이의 중층적 상호 작용 때문에 텍스트와 언어가 투명하지 않다는 것을 받아들인다.

사회구성주의와 포스트모더니즘은 몇 가지 점에서 흡사하다. 첫

---

40) '공동 구성' 개념에 대한 자세한 분석으로는 P. J. Taylor, "Building on Construction: An Exploration of Heterogeneous Constructionism, Using an Analogy from Psychology and a Sketch from Socioeconomic Modelling," *Perspectives on Science* 3(1995), pp. 66~98 참조.

째, '과학이 사회적으로 구성된다' 는 주장은, 과학을 합리적인 것과 동일시하고 다른 사회 제도는 덜 합리적인 것으로 간주했던 근대적, 혹은 계몽적 합리성에 대한 노골적인 거부이다. 계몽적 합리성을 부정하는 것은 포스트모더니티의 중요한 조건 중 하나이다. 둘째, 사회구성주의는 과학 지식 구성의 국소적 · 우연적 · 맥락적인 성격을 부각하는데, 이는 실증주의적이고 따라서 과학이 보편적이고 객관적이며 가설 연역적이라는 근대 과학철학의 주장과 모순된다. 셋째, 과학적 실천에 대한 세밀한 연구는 과학의 역사를 통틀어 이론 · 실험 · 기구가 상대적인 자율성을 가지고 있다는 것과 이들간에 복잡한 상호 작용이 있다는 것을 밝혀주었다. 각각 영역의 상대적 자율성과 이들의 상호 연관은 한 영역이 다른 영역에 의해 지배된다는 근대적인 개념을 거부하는 것이다. 마지막으로, 사회구성주의는 과학이 자연의 진실에 접근하므로 (오늘날 우리가 알고 있는 식의) 과학 발전이란 불가피한 것이었다는 개념을 거부하고, 과거의 과학 발전에 다중성과 다양성이 존재했다는 쪽을 지지한다.[41]

물론 모든 사회구성주의자들이 스스로를 포스트모더니스트라고 생각하는 것도 아니고, 자신들의 이론을 포스트모더니스트 인식론의 한 분파로 생각하는 것은 더더욱 아니다. 이 책의 제5장에서 자세히 분석하고 있지만, 라투어는 포스트모더니즘은커녕 "우리가 (제대로) 근대인 적도 없었음"을 주장하는 사람이다. 사회구성주의자들의 과학사회학이 데리다 · 푸코 · 들뢰즈 · 라캉 · 크리스테바와 같은 프랑스 포스트모더니스트의 철학에 직접적인 영향을 받은 것도 별로 없다. 이 글의 첫머리에서 얘기했지만, 사회구성주의 과학사회학의 배

---

41) 이 주제에 대한 포괄적인 논의로는 Paul Edwards, "Hyper Text and Hypertension: Post-structuralist Critical Theory, Social Studies of Science and Software," *Social Studies of Science* 24(1994), pp. 229~78 참조.

경은 프랑스 철학이 아니라 토머스 쿤의 과학철학, 지식사회학, 그리고 과학철학에서의 몇몇 중요한 성과인 것이다.

8. 스트롱 프로그램과
행위자 네트워크 이론에 대한 비판적 평가

합리주의자들은 과학이 사회적으로 구성된다는 사회구성주의의 주장이 아무 의미 없는 것이라고 단정한다. 반면 사회구성주의의 신봉자들은 아무 비판 없이 사회구성주의의 모든 개념과 접근법을 참이라고 떠받든다. 내 입장은 이 두 극단의 중간쯤에 있다. 나는 구성주의가 서너 가지 측면에서 과학에 대한 우리의 시각을 넓혀주었다고 생각한다. 무엇보다 구성주의는 예전에는 자연스럽고 당연한 것으로 여겨지던 근대 과학의 특징들을 매우 논쟁적인 것으로 바꾸어놓았다. 구성주의적 연구 덕분에 우리는 과학적 사실의 생산, 실험의 복제, 이론·기구·실험 사이의 관계 등이 흔히 추측했던 것보다 훨씬 더 복잡하다는 것을 알게 되었다. 라투어를 신봉하든 그렇지 않든간에, 이제 우리는 실험실, 실험실의 생산물, 문서, 기구를 완전히 다른 각도에서 보기 시작했다.

그렇지만 사회구성주의에 가해진 비판을 전적으로 무시하는 것에도 문제가 있다. 무엇보다도 1990년대 후반인 지금에는 스트롱 프로그램이 더 이상 '스트롱'하지 않다고 할 수 있다. 아마 에든버러에 있는 몇 사람을 빼면, 1970년대와 80년대에 블루어와 반스, 매켄지와 섀핀이 옹호했던 대로 스트롱 프로그램을 받아들일 사람은 거의 아무도 없을 것이다. 스트롱 프로그램의 가장 초창기 사례 연구 중 하나인 스티븐 섀핀의 19세기초 골상학 논쟁에 대한 분석을 예로 들어

스트롱 프로그램의 문제를 검토해보자. 왜 골상학이 19세기 에든버러에서 아주 인기 있는 과학이었는가에 대한 그의 설명은 기본적으로 골상학이 에든버러 중간 계층 사람들의 계급적 성향과 잘 맞아떨어졌다는 것이다. 그 이유는 중간 계층이 골상학을 실질적이며 경험적인 학문이라고 생각했고 골상학에서 사회 환경을 제어함으로써 사회를 개혁할 수 있는 길을 발견했기 때문이었다.

여기에서 우리는 다음과 같은 질문을 던질 수 있다. 첫째, 왜 스티븐 섀핀은 런던의 물리학자들이 연구하던 전자기론이 아닌 에든버러의 골상학을 택했는가? 과학 이론의 사회적 구성을 보이기 위한 방편으로 그는 어떻게 당대의 수백 가지 다른 과학 이론 가운데서 골상학을 선택할 수 있었는가? 둘째, 그는 어떻게 에든버러의 경제적 관심이나, 성 gender적인 쟁점, 또는 다른 외부적 요인이 아닌 계급적 이해 관계가 골상학 논쟁에 관련되어 있다는 것을 알았는가? 왜 다름아닌 계급적 이해 관계가 이 특정한 지식을 결정했는가? 전자기학 분야의 장론 형성도 비슷한 사회적 요인으로 설명될 수 있을까? 마지막으로, 왜 하나의 특정한 사회적 요인이 그렇게 특정한 방식으로 과학의 내용을 결정했는가? 섀핀은 골상학에 사회 환경을 변화시킴으로써 사회가 개혁될 수 있다고 하는 뜻이 포함되어 있기 때문에 에든버러의 중간 계층이 이를 좋아했다고 설명했다. 그렇지만 19세기 후반의 영국 중간 계층은 개혁적인 이유로 환경론적 발상보다는 유전학적 발상을 선호했음이 널리 알려져 있다. 이것은 사회적 이해 관계가 과학에 연결되는 방식이 아주 임의적이라는 사실을 가리킨다.

에든버러 학파는 이런 비판에 대해 답을 제시했다. 첫번째와 두번째 질문에 대해 에든버러 학파는 "우리는" 과학과 연관된 사회적 요인에 대해 "직관적으로 많이 알고 있다"고 말한다. 섀핀은 "어느 관념이라도 어떤 유의 사회적 기능에든 봉사할 수 있으며, 관념과 사회적 목적의 결합은 우연적인 문제이다"라고 말함으로써 스트롱 프로그램을 변호했다. 데이비드 블루어 또한 특정한 이해 관계가 '우연적'으로 과학 지식의 구성에 연루된다는 것에 호소했다.[42] 그렇지만 스트롱 프로그램의 가장 심각한 약점은 바로 이렇게 우연성에 의존한다는 데에 있다. 사회적 이해 관계와 과학 관념 사이에는 논리적 연결이 없다. 스트롱 프로그램은 연구자가 주어진 사회적 맥락 안에서 이들 사이의 연결을 찾을 수 있다는 가정에 기초하고 있지만, 스트롱 프로그램의 명제를 받아들인다면 실은 연구자 자신의 이해 관계가 이 전체 과정에 연루될 가능성이 높다. 이제는 많은 사람들이 사회적 요인이 다양한 경로로 과학 지식의 발전에 영향을 끼친다는 것을 인정한다. 하지만 사회적 요소가 언제나 존재하며 이것이 언제나 과학 지식을 구성한다고 하는 스트롱 프로그램의 핵심 주장을 받아들이는 사람은 거의 없다.

행위자 네트워크 이론에 대한 내 비판은 이 이론이 동맹, 길들이기, 힘겨루기, 징집 enrollment 등 군사적 메타포를 자주 사용한다는 점에서 출발한다. 라투어는 파스퇴르를 나폴레옹에 비교하고 파스퇴르의 연구를 나폴레옹의 전쟁에 비교한다.『프랑스의 파스퇴르화』의 원래 제목은 톨스토이의『전쟁과 평화』를 패러디한『세균의 전쟁과 평화』였다. 과학자들이 실험실에서 하는 일은 비인간 행위자들과 싸우고, 이들을 훈련하고 길들이는 일이다. 라투어는, 과학과 군사적인 작전 사이의 밀접한 관계는 실험실에서 과학자들이 하는 일과 전장 및 총사령부에서 군인들이 하는 일 사이의 유사성에 있음을, 즉 다양한 자원을 동원하고 이 자원을 조종하며 전쟁에 이기고 적을 길들이

---

42) S. Shapin, "Phrenological Knowledge and the Social Structure of Early Nineteenth-Century Edinburgh," *Annals of Science* 32(1975), p. 222, p. 242의 각주 74; D. Bloor, *Knowledge and Social Imagery* (Chicago, 1991), 2nd ed., p. 166.

는 일에 기반한다는 것을 주장하기도 한다.[43] 그런데 왜 행위자 네트워크 이론의 이런 군사적 메타포가 문제가 되는가?

무엇보다 라투어가 과학 속에 내재한 군사주의적 성향에 대해 비판적이지 않기 때문이다. 사실 라투어는 현대 과학에 대해 거의 비판적이지 않음을 주목할 필요가 있다. 그는 '권력'(제한된 의미의 정치적 권력이 아니라 넓은 의미의 권력)이야말로 과학자들이 추구하는 모든 것이라는 것을 우리에게 보여준다. 그는 네트워크가 성장하고 과학이 더 큰 권한을 얻는 기제를 사람들이 이해하기를 바란다. 그러나 어떤 목적을 위해서 이를 이해해야 하는가? 행위자 네트워크 이론가들에 따르면 그것은 바로 네트워크가 성장하고 과학자들이 힘을 얻는 과정을 더 수월한 것으로 만들려는 목적을 위해서인 것 같다. 즉 과학 정책 입안자들과 산업가들이 각기 좀더 나은 과학 기술 정책과 연구 개발 전략을 정식화할 수 있게 돕기 위한 목적인 것이다. 행위자 네트워크 이론에서 가령 "인간 게놈 계획이 과연 추구할 만한 가치가 있는가?"라든가 "과학자들이 국방과 관련된 연구를 수행해야 하는가?" 같은 도덕적 질문을 발견하기란 여간 어려운 일이 아니다.

우리는 또한 행위자 네트워크 이론이 묘사하는 과학적 실천과 기업사가들이 묘사하는 사업가의 경제적 활동 사이에 흥미로운 유사성이 있음을 발견할 수 있다. 라투어 식의 과학적 실천과 기업가들의 경제적 활동은 둘 다 싸움, 조종, 권력 영역의 확장, 새로운 동맹 및 네트워크의 창조 따위를 목표로 하고 있다. 라투어는 과학의 역사와 경제의 역사에 등장하는 무명의, 숨은, 눈에 보이지 않는 행위자보다 파스퇴르와 카네기 같은 영웅적 행위자에게 훨씬 더 관심이 많다.[44]

---

43) 이 점은 라투어의 『활동중인 과학 Science in Action』에 대한 스티븐 섀핀의 서평에 잘 드러나 있다. Steven Shapin, "Following Scientists Around," *Social Studies of Science* 18(1988), pp. 533~50.

행위자 네트워크의 성장은 이질적인 인간적 · 과학 기술적 · 사회적 · 법률적 · 정치적 요소들을 통합한다는 의미에서 대기업의 성장과 유사하다. 실제로 군사적 메타포는 사업에서 자주 쓰인다(사업가는 언제나 회사 · 국가 · 전지구적 경제 블록간의 '전투'에 휘말려 있음을 생각해보라). 성공이라는 규범은 도덕적 관심을 무색하게 한다. 이런 유사성 때문에 나는 행위자 네트워크 이론을 '사업가의 과학철학'이라고 부르고 싶다.

여기서 우리는 좀 다른 질문을 던질 수 있다. 오직 군사적이고 제국주의적인 '힘겨루기'만이 과학적 실천의 특성인가? 행위자 네트워크 이론과 반대로 우리는 과학자들의 활동이 하버마스가 '의사 소통적 행위'라고 부른 것, 즉 협동과 신뢰 속에서 일어나고 목표와 안건을 세움에 있어 강제성을 띠지 않는 행위와 닮은꼴이라고 주장할 수 있을 것이다.[45] 이런 철학적 논점을 파고들지 않는다 해도 라투어 식의 '힘겨루기'는 과학적 실천을 충분히 묘사하지 못한다고 할 수 있다. 힘겨루기로는 경계 공간 boundary space과 경계물 boundary objects의 형성을 설명하지 못하기 때문이다. 경계물은 하나가 다른 하나를 이김으로써 아니라 갈등중인 이해 관계 사이를 중재함으로써 생겨나는 것들이다. 가령 분자생물학 · 물리화학 · 천체물리학 · 전자공학 · 컴퓨터과학같이 20세기 과학에서 성공을 거둔 하위 분야들 다

---

44) Brian Martin, "The Critique of Science Becomes Academic," *Science, Technology, and Human Values* 18(1993), pp. 247~59; Langdon Winner, "Upon Opening the Black Box and Finding It Empty: Social Constructivism and the Philosophy of Technology," *Science, Technology, and Human Values* 18(1993), pp. 362~78.

45) 하버마스의 사회철학을 과학자들의 실천에 대한 이해에 적용한 연구는 S. S. Schweber, "Physics, Community, and the Crisis in Physical Theory," *Physics Today* (November, 1993), pp. 34~40; Tian Yu Cao, "The Kuhnian Revolution and the Postmodernist Turn in the History of Science," *Physis* 31(1994), pp. 387~420 참조.

수가 이런 경계 분야의 창설을 반영한다. 이런 경계 분야의 성장에 대한 세밀한 연구는 라투어가 말한 이종 네트워크의 제국주의적 확장과는 아주 다른 기제를 드러내준다.[46]

　그렇지만 이런 문제들 때문에 스트롱 프로그램이나 행위자 네트워크 이론을 용도 폐기할 필요는 없다. 더 중요한 것은 이런 80년대 이후 과학사회학의 설명과 해석이 현대 과학 기술에 대해 우리에게 어떤 새로운 직관을 제공했는가를 이해하는 것이다. 이 글의 대부분은 이러한 새로운 이해를 소개하기 위한 목적으로 씌어졌다. 새로운 과학사회학의 성과와 한계를 이해하는 것은 과학과 사회와의 관계를 제대로 이해하기를 원하는 사람에게 필수적인 과정이다. 특히 이러한 새로운 직관들의 영향력이 1980년대로 그친 것이 아니라 지금도 계속되고 있고, 21세기에도 당분간 지속될 것이기 때문에 더욱 그러한 것이다.

46) Susan Leigh Starr and James R. Griesemer, "Institutional Ecology, 'Translations,' and Boundary Objects: Amateurs and Professionals in Berkeley's Museum of Vertebrate Zoology, 1907~1939," *Social Studies of Science* 19(1989), pp. 387~420.

제2장

누가 과학을 두려워하는가
— '과학 전쟁' 의 배경과 그 논쟁점

'과학 전쟁 Science War' 은 1990년대를 통해 북미와 유럽, 그리고 한국의 과학자와 인문학자 사이에서 화제와 심각한 논쟁의 대상이었다. '소칼의 날조 Sokal's Hoax' 와 과학 전쟁에 대한 기사가 뉴욕 타임스의 표지, 독일의 디 차이트, 프랑스의 르 몽드지와 같은 영향력 있는 신문에 실렸고, 자연과학 분야의 세계적으로 권위 있는 학술지인 『사이언스 Science』와 『네이처 Nature』가 이에 관련된 논문과 편지를 게재했으며, 이에 대한 논쟁적인 논문들이 『타임지의 인문학 부록 Times Literary Supplement』 『고등 교육 회보 Chronicle of Higher Education』 『링구아 프랑카 Lingua Franca』와 같은 널리 알려진 학술지에 게재되었다. 1996년 가을 독일 빌레펠트에서 열린 유럽 과학기술사회학회와 미국 과학사회학회 공동 회의에서는 과학 전쟁이 학자들 사이의 규범을 어기고 서로를 헐뜯는 식으로 진행되고 있음을 개탄한 성명서가 채택되기도 했다. 과학 전쟁이 주로 과학자와 인문학자들 사이에 진행되었기에, 많은 지식인들은 이것이 스노 C. P. Snow 가 30년 전에 지적한 과학과 인문학의 '두 문화 Two Cultures' 사이의 간극을 넓힐 뿐만 아니라, 이 관계를 적대적인 것으로 만들 수 있다고 우려하기도 했다.

이 장은 '과학 전쟁'에서 나타난 중요한 논쟁점들을 분석적 · 비판적으로 고찰하는 것을 목적으로 하고 있다.[1] 첫번째 절은 과학 전쟁이 본격적으로 시작된 1992년 이전까지 소위 사회구성주의 과학사회학이 과학의 이론 · 실천 활동을 어떻게 새롭게 해석했는가를 간략히 살펴보고 있다. 두번째 절에서는 1992년부터 1997년까지 약 5년 동안에 걸친 과학 전쟁의 주요한 사건과 이슈들을 정리하겠다. 그리고 세번째 절에서는 과학 전쟁의 주요 논쟁점들을 세 가지로 분류한 후 각각에 대한 비판적이고 분석적인 평가를 시도하겠다. 내가 분류한 세 가지 논쟁점은 1) 문화 · 사회가 과학에 미치는 영향과, 과학의 객관성 · 실재 · 진보의 문제에 대한 상대주의relativism와 객관주의 objectivism의 입장, 2) 자연과학이 지닐 수 있는 사회적 · 문화적 함의implications에 대한 해석 방식의 차이, 그리고 3) 상대주의와 반성적 사고reflexivity가 내포한 문제이다. 결론에서는 한국에서의 논쟁을 간단히 소개하면서 과학 전쟁의 의미, 특히 이것이 한국의 지적 · 사회적 상황에서 가질 수 있는 의미에 대한 나의 견해를 언급하겠다. 과학 전쟁에 대한 연표나 많은 참고 문헌은, 완벽하진 않지만, 소칼의 홈페이지를 비롯한 몇몇 인터넷 홈페이지에서 찾아볼 수 있다.[2]

---

1) 이 글은 『한국과학사학회지』 제19권 2호(1997)에 게재되었다. 이 글을 1/3로 대폭 줄인 글이 새로운 결론과 함께 『문학과사회』 43호(1998, 가을)에 실렸으며, 또 다른 축약본이 『열린 지성』 4호(1998, 가을 · 겨울)에 실렸다. 여기서는 『한국과학사학회지』에 실린 전문을 그대로 살렸으며, 글의 말머리에 『문학과사회』에 추가했던 새로운 결론을 덧붙였다.

2) 예를 들어 http://www.physics.nyu.edu/faculty/sokal/ 또는 http://www.math.tohoku.ac.jp/~kuroki/Sokal/index.html 참조.

1. 과학 전쟁의 전사(前史):
사회구성주의와 그 비판자들 ── 1992년 이전까지

I. 과학의 몰역사적 객관성과 역사성 상대성

갈릴레오, 뉴턴, 아인슈타인 같은 과학자에서 로크, 칸트, 니체, 마르크스와 같은 철학자는 물론, 디드로, 괴테, 제임스 조이스와 같은 문필가에 이르기까지 수많은 근대 사상가들을 골치 아프게 한 문제를 하나 생각해보자. "자연과학의 본질은 무엇인가?" 또는 "자연과학은 얼마나 확실하고, 객관적이고, 보편적인가?" 현학적으로 보이는 이 질문은 20세기의 막바지를 사는 우리에게 철학자들의 추상적인 화두 이상의 의미가 있다. 빅뱅, 블랙 홀, '태초의 삼 분'과 같은 현대 우주론의 이론과 개념은 진화론이 버린 신(神)을 복원시키면서 20세기의 '종교'가 되어버린 지 오래이다. 원자 에너지, 합성 섬유, 트랜지스터, 레이더, 광섬유, 생명공학으로 합성된 인터페론처럼 과학에 바탕한 새로운 기술과 물질은 우리의 일상 생활을 대대적으로 바꾸어버렸다. 여기에 수소탄을 비롯한 각종 신무기, 오존층의 파괴, 화학 물질에 의한 대기와 수질 오염, 끝을 모르는 생명공학은 우리가 해결해야 할 최대의 과제로 남아 있다. 환경 문제의 해결 방법으로 흔히 환경 과학 기술의 발전을 꼽는 것처럼, 과학은 병 주고 약 주는 존재인 것이다. '과학적'이라는 수식어가 중세 사회의 성경 말씀 이상의 권위를 가지고 있는 지금, 사회과학의 많은 분야가 수학·실험과 같은 자연과학의 방법론을 채택하고, 물리학을 숭상하고, 가설과 검증, 법칙과 이론에 몰두하는 것은 충분한 이유가 있다.

과학의 본질이 무엇인가라는 질문에 대해 한 가지 가능한 답은 과학이 확실하고, 객관적이며, 보편적인 진리라는 것이다. 뉴턴의 만유

인력 법칙은 지구에서도, 달에서도, 화성에서도 참이고 300년 전의 영국에서 참이듯 1999년의 한국에서도 참이다. 수소 두 분자와 산소 한 분자가 결합하면 물 두 분자가 된다는 초등학교 자연 교과서에 수록된 화학의 기초는 수소와 산소가 존재하는 한 우주의 어느 곳에서도 참이다. 이러한 예에서 과학은 (신비스럽게도) 과학자라는 인간이 만든 것임에도 불구하고, 그것이 만들어진 사회적 · 국소적 맥락 social and local context은 물론, 그것을 만든 과학자와도 무관한, 다른 말로 해서 이 모든 속세를 초월해서 순수하게 자연적이고, 객관적이고, 보편적인 것으로 부각된다. 서구의 과학이 동양이나 기타 비서구 사회의 전통적인 자연관을 거의 예외 없이 대체한 사실도 서양 근대 과학이 지닌 객관성 · 보편성의 위력을 보여주는 예로 종종 언급된다.

그렇지만 과학이 객관적이고 보편적인 진리라는 주장에 동의하는 사람도 '역사적으로' '모든' 과학이 객관적이고 보편적인 진리라는 주장에는 선뜻 고개를 끄덕이기 힘들다. 이에는 다음과 같은 몇 가지 이유가 있다. 먼저 한 시기의 과학 지식이 자연에 대한 객관적 · 보편적 진리라면 과학의 진보를 설명하기가 쉽지 않다. 19세기말~20세기 초엽의 많은 물리학자들은 뉴턴 물리학이 절대적인 진리이고 이에 근거한 물리학의 체계가 거의 완성되었다고 믿었지만 이후 상대론과 양자물리학의 발전은 이러한 생각이 전혀 근거 없는 것임을 드러냈다. 다시 말해서 과거의 과학이 진보했고 또 지금도 계속 진보하고 있다는 사실은 거꾸로 과거와 현재의 과학이 불완전한 것임을 보여주고 있는 것이다. 두번째로, 과학이 보편적 · 객관적 진리라면 명백하게 잘못된 과학이 오랫동안 널리 받아들여졌음을 설명하기 어렵다. 예를 들어 20세기 전반부를 통해 많은 생물학자, 의사들이 우생학 eugenics의 이론과 실천을 명백하게 과학적인 것이라고 믿었지만 이후 이는 대부분 사이비 과학으로 판명되었다. 19세기 물리학자들은 너나할것없이 우주를 꽉 메우고 있는 '에테르ether'의 존재를 믿었지만, 20세기 물리학자 중 이를 믿는 사람은 극소수이다. 세번째로, 과학이 사회와 문화를 초월하는 것으로 보이지만 자세히 들여다보면 과학에도 명백한 사회성과 문화성이 있음을 알 수 있다. 예를 들어 18세기 영국의 물리학과 프랑스의 물리학은 뉴턴의 힘force을 어떻게 해석하는가를 놓고 대립했으며, 19세기 후반의 영국과 독일의 전자기학도 그 기본 개념과 테크닉에 있어서 상당히 달랐다.

이런 역사적 예들은 과거의 과학이 불완전했듯이 현재 우리가 참이라고 믿는 과학도 절대적 진리가 아니라 자연의 실재를 한 측면에서 이해한, 아니 실재의 한 모퉁이만을 이해한 불완전한 지식임을 시사한다고 해석될 수 있다. 이렇게 과학을 역사 속에 위치시켰을 historicize 때 과학은 과학 교과서에 나오는 객관적·보편적 이미지와는 상당히 다른 모습으로 우리에게 다가오는 것이다. 포퍼 Karl Popper나 라카토슈 I. Lakatos 같은 20세기 과학철학자는 역사 속에서 나타나는 과학의 모습이 과학의 본질과는 거리가 있다는 식으로 이 문제를 피해갔지만, 다른 과학철학자들은 이러한 이미지를 철학적인 명제로 정교화시켰다. 콰인 W. V. O. Quine은 과학의 이론이 실험 데이터에 의해 충분히 결정되는 것이 아니라 단지 불충분하게 결정된다는 '불충분 결정 이론underdetermination theory'을 설득력 있게 제창했고, 핸슨 N. R. Hanson은 과학자의 관찰이 객관적인 것이 아니라 그의 이론에 의해 영향을 받는다는 관찰의 '이론 의존성 theory-ladenness'을 제시했다. 과학 데이터·법칙·이론 등이 모두 인간의 주관적인 이해·판단, 심지어는 믿음에 의해서까지 영향을 받는다는 이들의 주장은 과학이 100% 객관적이고 보편적이라는 믿음에 일격을 가했던 것이다.[3]

그렇지만 과학이 보편적 · 객관적이라는 입장에 대한 마지막 스트 레이트 펀치는 1962년 토머스 쿤Thomas Kuhn의 『과학 혁명의 구조 The Structure of Scientific Revolutions』였다. 잘 알려져 있듯이 쿤은 과 학사의 수많은 사례를 통해 과학 지식이 누적적으로 진보한다는 믿 음을 더 이상 지탱할 수 없는 것으로 만들었다. 쿤은 한 시대의 과학 적 가설 · 법칙 · 이론 · 믿음 · 실험의 총체를 패러다임 paradigm이라 고 명명했는데, 그에 의하면 한 패러다임에서 다른 패러다임으로의 전이는 논리적인 것이 아니라 마치 종교적 개종과 흡사한, 비합리적 인 과정이었다. 또 쿤은 이 패러다임의 변환을 통해 새롭게 얻는 것 도 있지만 잃어버리는 과학도 많음을 보였으며, 오래된 패러다임과 새 패러다임의 관계를 하나의 잣대로 잴 수 없는 '공약불가능성 incommensurability'으로 특징지우면서 패러다임의 전이가 단선적인 '진보'로만 이해될 수 없는 것임을 주장했다.[4]

II. 스트롱 프로그램과 SSK 과학사회학의 도전

쿤, 콰인, 핸슨 등의 철학적 · 역사적 주장은 1970년대와 80년대에 들어 데이비드 블루어 David Bloor, 배리 반스 Barry Barnes, 데이비드 에지 David Edge, 도널드 매켄지 Donald MacKenzie, 스티븐 섀핀 Steven Shapin 등 에든버러 대학의 과학학 프로그램 멤버와 해리 콜 린스 Harry Collins, 트레버 핀치 Trevor Pinch 등에 의해 사회과학적인 명제로 정리되었다. 실험 데이터가 과학 이론을 충분히 결정하지 못

---

3) 포퍼는 "발견의 배경 context of discovery"과 "정당화의 배경 context of justification" 은 다르다는 식으로, 라카토슈는 과학사를 합리적 과학철학에 맞게 '합리화' 시킴 으로써 이 문제를 피해갔다. 콰인과 핸슨에 대해서는 각각 W. V. O. Quine, "Two Dogmas of Empiricism," in From a Logical Point of View (Cambridge, 1953), pp. 20~46; N. R. Hanson, Patterns of Discovery (Cambridge, 1965) 참조.

4) Thomas S. Kuhn, The Structure of Scientific Revolutions (Chicago, 1962).

한다는 콰인의 불충분 결정 이론underdetermine theory은 사회적 이해 관계social interest가 실험 데이터와 결합해서 이론을 '충분히' 결정한 다는 '사회적 결정론'으로 변형되었다. 이에 덧붙여 관찰의 이론 의존성은 과학이 객관적·보편적이 아니라 주관적·사회적임을 보이는 증거로 원용되고 쿤의 공약불가능성은 과학에서의 서로 다른 주장들의 진위가 단지 상대적relativistic일 뿐이라는 극단적인 상대주의의 기초가 되었다. 데이비드 블루어는 과학 이론의 발달이 사회적 요소가 과학에 미친 영향에 의해 인과적으로 설명되어야 하고, 이 사회적 요소가 성공한 과학과 실패한 과학, 합리적인 과학과 비합리적인 과학을 모두 같은 방식으로 설명할 수 있어야 한다는 혁신적인 주장을 폈다. 이렇게 과학의 내용이 사회적 요인에 의해 구성된다는 과학사회학의 주장은 이후 블루어가 명명한 대로 '스트롱 프로그램Strong Program' 또는 SSK(sociology of scientific knowledge, 과학 지식의 사회학), '과학의 사회적 구성론social construction of science,' '사회구성주의social constructionism, social constructivism,' '에든버러 학파'라는 다양한 이름으로 불려지기 시작했고, 이는 유럽과 미국에서 과학의 제도와 과학자 사회에 주로 관심을 두었던 이전의 기능주의, 머턴주의Mertonian 과학사회학을 빠르게 대체해나갔다.[5]

사회적 요소가 과학의 이론을 결정한다는 주장은 조금 상세히 해부해볼 필요가 있다. 먼저 언급할 것은 이 주장이 단순히 과학 활동이 사회적 활동임을 얘기하는 것이 아니라는 점이다. 과학자 자신들도 현대 과학은 사회의 관심과 지원 없이 불가능하고, 또 과학자 사

5) 초기 스트롱 프로그램과 SSK 과학사회학에 대해서는 David Bloor, *Knowledge and Social Imagery* (London, 1976) ; Barry Barnes, *Scientific Knowledge and Sociological Theory* (London, 1974) ; idem, *Interests and the Growth of Knowledge* (London, 1977) 참조.

회도 하나의 사회 집단이기 때문에 이 속에서 다른 사회 집단에서 볼 수 있는 모든 특징들——경쟁·신용·권위·성차별·거짓말, 심지어는 사기 등——이 존재한다는 데 동의한다. 더 나아가 과학자와 로버트 머턴Robert Merton과 같은 전통적인 사회학자들도 이데올로기와 같은 사회적 요인이 종종 과학의 내용에 영향을 미친다는 사실을 부정하지 않았다. 그렇지만 바로 여기에 한 가지 중요한 차이가 있다. 대부분의 과학자나 전통적인 과학사회학자들은 사회적 요인이 과학의 이론에 영향을 미칠 때 이는 잘못된 과학이나 오류를 낳는다고 생각했다. 예를 들어 사회적 다윈주의가 생물학과 의학에 영향을 미친 것이 우생학과 같은 잘못된 과학을 낳았으며, 마찬가지로 인종차별주의나 남녀차별주의는 과학자들을 사실로부터 눈멀게 했고, 소련의 마르크스주의 철학이 과학에 강요되었을 때 그 결과는 잘못된 '리센코주의' 유전학이었다는 것이다. 즉, 사회적 영향은 과학자들을 진리로부터 벗어나게 하는 부정적인 방식으로 과학에 영향을 미쳤을 뿐, 진리를 발견하거나 이에 도달하게 하는 데는 무관하다는 것이었다.

이에 반해 스트롱 프로그램, SSK 과학사회학은 사회적 요인의 영향이 잘못된 과학에서뿐만 아니라, 보통 널리 받아들여지는 과학의 이론과 실험에서도 발견됨을 강조했다. 그러나 과학이 객관적·보편적인 진리라면 이데올로기·철학·종교·정치·경제·군사적 이해와 같은 사회적 요인이 어떻게 진리의 형성에 영향을 미칠 수 있는 것일까? SSK 과학사회학은 이에 대한 대답을 두 가지 다른 방향에서 찾았다. 하나는 이미 언급했듯이 과학의 법칙·이론이 실험 데이터만으로는 충분히 결정되지 못한다는 '불충분 결정론'의 철학적 기반 위에서, 다른 사회적·문화적 요소들이 과학자의 실천·판단에 개입하면서 과학 연구의 결과가 '안정적인 것으로 됨stabilize'을 보이는 것이었다. 이때 사회적·문화적 요소들은 과학자들이 가지고 있는 다른 이론적 · 실험적 '밑천 resource'과 함께 과학자들이 능동적으로 이용하는 '밑천' 가운데 하나가 되는 것이다. 과학적 요소와 사회 · 문화적 요소는 대립하는 것이 아니라 과학자의 일상적인 실천 속에서 비슷비슷한 요소로 과학적 사실을 만들어내는 데 기여하게 된다는 것이다.[6]

두번째 방향은 이보다 조금 더 급진적이었다. 이는 진리와 이데올로기, 참된 과학과 오류, 일반 상대론에 기초한 빅뱅 big-bang 이론과 아프리카의 이름없는 한 종족의 우주론이 근본적으로 차이가 없다고 함으로써 사회 · 문화와 과학 사이의 경계를 모호하고 불투명하게 하는 것이었다. 20세기 인류학자들은 서로 다른 두 문화를 놓고 어느 한 문화가 다른 문화보다 더 우월하다는 식의 비교를 포기했다. 서구 문화의 기준으로 도저히 이해할 수 없고, 야만적으로까지 보이는 오지(奧地)의 문화도 그 사회 속에선 다 나름대로의 이유가 있고 합리적인 것임이 인류학의 연구를 통해 드러났기 때문이다.[7] 따라서, 조금 더 극단적으로 생각해서, 만일 우리가 과학을 음악이나 패션 또는 음식과 같은 문화의 한 표현으로 본다면 서구의 20세기 과학이나 아프리카 부시맨들의 자연관 사이에 어느 것이 더 좋고 어느 것이 더 나쁘다는 우열을 매길 수 없다는 식이 된다. 그렇지만 넓은 의미로 과학이 문화의 일부임에 동의해도, 실재론자 realist들은 과학을 패션과 같은 유행으로만 볼 수 없는 한 가지 중요한 이유가 있음을 강조

---

6) 이러한 방법론을 채택한 연구로는 H. M. Collins, "The Seven Sexes: A Study in the Sociology of a Phenomenon, or the Replication of Experiments in Physics," *Sociology* 9(1975), pp. 205~24; Andy Pickering, "Living in the Material World: On Realism and Experimental Practice," in D. Gooding, T. Pinch, and S. Schaffer eds., *The Uses of Experiment: Studies in the Natural Sciences* (Cambridge University Press, 1989), pp. 275~97 참조.

7) 예를 들어 Mary Douglas, *Natural Symbols: Explorations in Cosmology* (London, 1970)를 보라.

하는데, 그것은 과학이 자연의 '실재reality'를 포착하고 기술하고 있다는 것이었다. 뉴턴의 물리학과 아리스토텔레스의 운동 이론은 단순히 다른 자연관일 뿐만 아니라 전자가 후자보다 더 진리에 가까운 것인데, 그 이유는 뉴턴의 물리학이 자연에 존재하지만 보이지 않는 '만유인력'을 정확하게 포착한 결과임에 비해 아리스토텔레스는 그렇지 못했기 때문이다. 실재론자들에 의하면 실재에 대한 포착의 위력은 우리가 과학을 통해 자연을 이용할 때 가장 잘 드러난다. 예를 들어 뉴턴의 물리학은 지구에 대한 달의 운동을 예측하게 해줄 뿐 아니라, 인간이 우주선을 만들어 달에 쏘았을 때 그것이 빗나가지 않고 정확하게 달에 착륙할 수 있게 해준다는 것이다.

사회나 문화가 과학의 인식론이나 진리의 발견에 영향을 미친다는 사회구성주의의 근본 명제는 결국 과학은 자연의 실재를 포착하는 것이라는 실재론의 대전제와 매끄럽지 않은 관계에 놓이게 되는데, 몇몇 사회구성주의자들은 이를 해결하기 위해 '반실재론antirealism' 또는 '비실재론irrealism'의 입장을 취하게 되었다. 이들은 과학자들이 실재라고 하는 것이 자연에 존재하는 무엇을 마치 동전을 줍듯이 발견한 것이 아니라, 그것이 존재한다는 과학자들 사이의 '합의'를 통해 '구성된 것constructed'이라고 주장했던 것이다. 1980년대를 통해 브루노 라투어Bruno Latour와 앤드루 피커링Andrew Pickering이 대표적인 반실재론자의 진영을 형성했다. 라투어는 스티브 울가Steve Woolgar와 함께 저술한 『실험실 생활 Laboratory Life』(1979)에서 인류학의 방법론을 원용해서 미국의 소크 연구소Salk Institute라는 유명한 생물학 연구소에서 일하는 과학자들의 실천을 분석했다. 이 책에서 라투어는 소크 연구소 연구원들에게 노벨 상의 영예를 안겨준 TRF (thyrotropin releasing factor)라는 호르몬의 발견이 서로 다른 두 연구팀 사이의 절충negotiation과 합의consensus에 의해 '구성된 것'이지

콜럼버스가 미국 대륙을 발견하듯 발견한 것이 아님을 주장했다(이에 대해서는 이 책의 제1장 참조). 피커링은 『쿼크의 구성 Constructing Quarks』(1985)에서 물리학자들이 20세기 입자물리학의 최고 개가라고 간주하는 기본 소립자 쿼크quark의 발견이 "이것이 있다면 입자물리 이론과 실험에 더할 나위 없이 좋겠다"라는 입자물리학자들의 기대와 합의가 구성한 '결말upshot' 이지 발견한 것이 아니라고 주장했다. 이러한 반실재론의 경향은 "과학적 진리는 과학자들이 참이라고 공유한 믿음" 이외엔 아무것도 아니라는 극단적인 구성주의의 명제를 지지하는 기반이 되었다. 이에 근거해서 라투어는 구성주의의 고전이라고 할 수 있는 그의 저서 『활동중인 과학 Science in Action』(1987)에서 과학이 정치나 법률처럼 인간의 서로 다른 이해의 타협의 산물임을 설파했다.[8]

III. 페미니스트 과학, '과학의 문화학'

사회구성주의 · 상대주의 · 반실재론과 같은 경향은 1970년대말부터 나타나기 시작한 페미니스트 과학 비판과 결합했다. 페미니스트들은 서구 근대 과학이 여성을 배제한 채 주로 남성에 의해 수행되었음을 비판하면서, 한 걸음 더 나아가 실험을 위주로 한 근대 과학이 근본적으로 남성적masculine이고 따라서 자연에 대해 공격적임을 주장했다. 이런 주장은 이차 대전 이후 과학의 군사화, 과학에 의한 환경과 자연의 파괴를 비판했던 비판과학 운동의 뒤를 이으면서 현대 과학에 대한 주요 비판적 입장으로 자리잡았다. 현대 과학에 대한 대

---

8) Bruno Latour and Steve Woolgar, *Laboratory Life: The Social Construction of Scientific Facts* (Sage, 1979) ; *Laboratory Life: The Construction of Scientific Facts*, revised ed.(Princeton, 1986) ; Andrew Pickering, *Constructing Quarks: A Sociological History of Particle Physics* (Chicago, 1984) ; Bruno Latour, *Science in Action: How to Follow Scientists and Engineers through Society* (Harvard, 1987).

안으로 페미니스트들은 남성적 · 공격적인 과학을 대체하는 페미니스트 과학을 주창했다. 페미니스트 과학은 자연의 대상을 해부 · 개입 · 환원하기보다는 자연을 전체whole로서 이해하고 자연과 대화하는 과학이었고, 자연이라는 객체와 연구자라는 주체의 경계가 모호한 과학을 의미했다. 덧붙여 페미니스트 과학은 가치 중립적이 아니라 민주주의와 같은 사회적 가치를 적극적으로 포용하는 것이고, 과학의 군사화와 같은 사회 문제에 적극적으로 관여하는 과학이었다. 페미니스트 과학의 대표적인 이론가인 샌드라 하딩Sandra Harding은 그녀의 논문「왜 물리학은 물리학의 나쁜 모델인가Why physics is a bad model for physics」에서 가치 중립을 표방하고, 환원주의적이고, 사회에 대해 무관을 강조하는 20세기 물리학은 물리학의 발전을 위해서도 좋지 않은 모델을 제공한다고 역설했다.[9]

1980년대를 통해 이러한 상대주의적 · 반실재론적인 구성주의와 극단적인 페미니스트 과학론에 대해 비판이 없었던 것은 물론 아니다. 라투어나 피커링의 반실재론에 대해서는 과학사학자, 철학자 그리고 구성주의 과학사회학자 내부에서도 많은 비판이 쏟아져나왔다. 과학사학자들은 라투어와 피커링의 반실재론이 현대 생물학과 입자물리학에서 새로운 지식이 만들어지는 복잡한 과정을 오해한 것이라고 지적했고, 로던Larry Laudan과 같은 몇몇 철학자들은 스트롱 프로그램을 "사이비"라고 비난하기도 했다.[10] 급진적인 비판과학론자들도

---

9) 페미니스트 과학의 독특한 방법론에 대한 논의로 Evelyn Fox Keller, *A Feeling for the Organism: The Life and Work of Barbara McClintock* (New York, 1982) 참조. Sandra Harding, "Why Physics is a Bad Model for Physics," in Richard Q. Elvee ed., *The End of Science? Attack and Defense/Nobel Conference* (University Press of America, 1992), pp. 1~21.

10) L. Laudan, "The Pseudo-Science of Science," *Philosophy of Social Science* 11(1981), pp. 173~98.

"오존의 구멍은 실재하는 것이 아니라 과학자들의 합의가 만들어낸 것일 뿐"이라는 식의 반실재론적인 구성주의가 현대 과학의 영향을 정확히 평가하고 비판하는 데 도움이 안 된다고 지적하곤 했다. 페미니스트 과학이, 남성은 공격적·호전적이고 여성은 돌보며 대화하는 식의 남성성—여성성에 대한 상투적인 구분에 근거하고, 이 구분이 기존 사회에서 통상적으로 받아들여지는 남녀간의 성차를 더 강화시킨다는 비판이 페미니스트 내부에서도 제기되었다.[11]

그렇지만 상대주의적 구성주의, 또는 SSK 과학사회학은 80년대와 90년대를 통해 과학사회학의 가장 영향력 있는 흐름으로 자리잡았다. 그들의 주장에 동의하건 그렇지 않건간에 이들의 새 방법론이 과학과 사회의 상호 작용을 새로운 각도에서 보는 참신한 시각을 제공했다는 데는 대부분 동의했다. 무엇보다도 이들의 연구는 과학 지식의 절대성의 신화를 깨버림으로써 왜 과학에서 논쟁이 많은가, 왜 과학자들간에도 중요한 이슈들 — 예를 들어 이산화탄소가 지구 온난화의 주범이라는 이슈 — 에 대해 합의가 어려운가라는 문제를 새롭게 이해하는 시각을 제공했다.[12] 이들은 과학자들이 이러한 논쟁점을 놓고 합의를 만들어가는 과정에 대한 자세한 분석을 통해 많은 사람들이 절대적으로 믿을 만하다고 생각하는 과학의 명제나 주장이 사실 그렇게 튼튼하지만은 않은 기반 위에 서 있음을 보였던 것이다.[13]

---

11) Brian Martin, "The Critique of Science Becomes Academic," *Science, Technology and Human Value* 18(1993), pp. 247~59. 페미니스트 과학에 대한 페미니스트 내에서의 비판과 대안으로서는 Helen E. Longino, *Science as Social Knowledge: Values and Objectivity in Scientific Inquiry* (Princeton, 1990), pp. 187~214 참조.

12) 예를 들어 Harry Collins and Steven Shapin, "Experiment, Science Teaching, and the New History and Sociology of Science," in Michael Shortland and Andrew Warwick eds., *Teaching the History of Science* (Basil Blackwell, 1989), pp. 67~79.

13) 과학의 이러한 특성에 대해 가장 널리 인용되는 연구로는 Harry Collins, *Changing Order: Replication and Induction in Scientific Practice*, 2nd ed.(Chicago, 1992)이

이런 연구를 통해 SSK 과학사회학은 기존의 과학사·과학철학과는 또 다른 독립된 학문 분야를 형성하기 시작했다. 사회구성주의 방법론을 채택한 논문들이 에든버러에서 발간되는 『과학의 사회적 연구 Social Studies of Science』, 미국의 『과학, 기술과 인간의 가치 Science, Technology, and Human Value』, 『사회적 인식론 Social Epistemology』 등의 학술지의 많은 지면을 차지했으며 이들의 방법론은 과학사·과학철학 등 인접 학문에 적지 않은 영향을 미쳤다. 무엇보다 사회구성주의는 기술사에 큰 영향을 미쳐서 '기술의 사회적 구성'이라는 방법론은 기술사의 최근 연구의 상당 부분을 차지하고 있는 형편이다. 구성주의는 최근에 기술 정책, 기술 평가 등의 분야와 같은 실용적인 사회과학 분야에도 적용되고 있다.[14]

1990년대에는 구성주의 과학사회학이 팽창하면서 이로부터 몇몇 분파들이 생겨나기 시작했다. 이 시점에서 다음 절에서의 논의를 위해 소위 '과학의 문화학 Cultural Studies of Science'이라고 불리는 하나의 흐름을 언급할 필요가 있다. 물론 과학의 문화학이 '과학의 사회학 Social Studies of Science'과 확연히 구분되는 것도 아니며, 이 두 그룹 사이에 심각한 논쟁이 있었던 것도 아니다. 그렇지만 문화적 연구를 표방하는 측에선 탈구조주의 poststructuralism의 영향 아래 인문학의 여러 분야에 큰 영향을 미쳤던 '언어로의 회귀 linguistic turn'와 반성적 사고 reflexivity(이에 대한 자세한 분석은 이번 장의 3. Ⅲ을 참조)의 방법을 중시한다는 점에서 사회 '과학'의 방법론을 원용한 과학의

_____

있다.

14) W. E. Bijker, T. Hughes, and T. Pinch eds., *The Social Construction of Technological System: New Directions in the Sociology and History of Technology* (Cambridge, Mass., 1987); W. E. Bijker and John Law eds., *Shaping Technology/Building Society: Studies in Sociotechnical Change* (Cambridge, Mass., 1992).

사회학과 약간의 차별을 두고 있다. 이들은 『컨피규레이션 *Configuration*』이라는 학술지를 통해 주로 과학과 언어, 과학의 문화적 의미에 대한 연구를 발표해왔으며 캐서린 헤일스Katherine Hayles는 1980년대 대중의 관심을 끌었던 카오스 과학 이론과 데리다J. Derrida의 해체주의 방법론과의 공통점을 분석, 이를 포스트모더니즘의 한 현상으로 해석해서 큰 반향을 불러일으켰다.[15] 컨피규레이션 그룹과는 조금 다르지만 포스트모더니즘과 신좌익을 표방하는『소셜 텍스트 *Social Text*』라는 학술지에도 『권력으로서의 과학』을 저술한 스탠리 아로노위츠Stanley Aronowitz나 앤드루 로스Andrew Ross같이 과학의 문화학을 표방하는 사람들이 편집인으로 활동하고 있었다.

과학 전쟁은 1990년대 초엽 이들의 연구를 몇몇 과학자들이 비판하면서 불이 붙었다. 이제 그 본격적인 논쟁에 대해 살펴볼 차례이다.

2. 지난 5년 간의 '과학 전쟁' 개괄

I. 루이스 월퍼트의 『과학의 비자연적 본질』(1992)

1980년대를 통해 대부분의 과학자들은 사회구성주의 과학사회학, 과학문화학의 연구와 주장을 몰랐거나, 알아도 무관심했거나, 관심이 있어도 그저 침묵으로 일관했었다. 1990년대에 들어 이 침묵은 오래가지 못했다. 사회구성주의 과학사회학에 대한 과학자의 반론은 영국 런던 대학의 한 무명 생의학 교수인 루이스 월퍼트 Lewis

---

15) Joseph Rouse, "What are Cultural Studies of Scientific Knowledge," *Configurations* 1(1992), pp. 1~22; N. Katherine Hayles, *Chaos Bound: Orderly Disorder in Contemporary Literature and Science* (Cornell University Press, 1990).

Wolpert가 저술한 『과학의 비자연적 본질 *The Unnatural Nature of Science*』이라는 대중을 상대로 한 과학 개설서였다. 책의 첫머리부터 월퍼트는 과학이 특별한 special and privileged 지식임을 강조했다. 그는 과학이 우리의 시각·경험·직관 등에 의존하는 상식과는 정반대의 '비자연적 unnatural' 사고 ── 수학의 사용, 복잡한 실험 데이터의 해석, 추상적 개념의 사용 등을 요구하는 ── 를 바탕으로 하고 있다고 하면서 이렇게 상식에 반(反)하는 과학의 특성이 과학을 일반인에게 이해할 수 없는 것으로 만들었고, 이런 몰이해가 과학에 대한 상대주의적 과학사회학의 기반이 되었다고 주장했다. 더 나아가 그는 과학과 기술을 동일시하는 것이나, 원자탄·유전공학 등의 위험을 이유로 과학자와 과학을 비난하는 것도 이러한 몰이해에 근거하고 있다고 역설했다.[16)]

그는 과학이 특별한, 비자연적인 지식임을 보이기 위해 여러 예를 들고 있다. 그 중 대표적인 예는 세포의 생물학을 에너지와 대사 metabolism를 이용해서 이해하던 세포생물학의 패러다임이 세포 내 DNA에 의한 정보의 해석과 아미노산 합성이라는 새로운 분자생물학 패러다임으로 바뀐 것이다. 이것이 반직관적인 counter-intuitive 이유는, DNA의 구조가 엑스레이 X-ray 결정학의 사진을 해석하는 것과 같이 상식으로는 불가능하고 복잡하고 전문적인 과정을 통해서만 밝혀질 수 있었고, 살아 있는 생물의 대사를 정보의 전달과 같은 기계적인 메커니즘으로 이해한다는 것이 상식과는 전혀 다른 종류의 통찰력을 필요로 한다는 것이었다. 비슷한 이유로 그는 하이젠베르크의 불확정성 원리, 양자물리학의 발전도 상식으로부터 멀어지는, 따라

---

16) Lewis Wolpert, *The Unnatural Nature of Science* (London, 1992), 특히 제1장 "Unnatural Thoughts"와 제6장 "Philosophical Doubts, or Relativism Rampant" 참조.

서 직관적으로 이해하기 힘든 혁명적인 발견이었음을 강조하고 있다.

모든 과학이 비자연적이고 반직관적이라는 그의 주장은 많은 과학적 발견과 진보가 상식적인 차원에서 이루어졌다는 역사적 사실에 잘 부합하지 않는다(한 예로 전기가 자석을 움직인다면 자기도 전기를 만들 수 있을 것이라는 '상식적인' 믿음과 이를 찾기 위한 패러데이의 노력이 전자기 유도의 발견[1831]을 낳았음을 생각해보라). 월퍼트는 스스로를 "상식에 근거한 실재론자common-sense realist"라고 부르며, 상식적인 실재론이 대부분 과학자들의 일상 철학임을 강조하는데, 이 역시 과학과 상식을 상반된 것으로 놓는 그 자신의 입장과 모순되어 보인다. 그렇지만 더 큰 문제는 그가 상식 · 직관과 과학을 대비시키는 방식이 너무 단순하며 또한 몰역사적이라는 것이다. 위의 DNA 예에서도, 1930년대에 유기체의 대사를 정보information를 통해 이해한다는 것은 반직관적인 것이었지만 DNA의 구조와 단백질 합성의 메커니즘이 발견되던 1950년대에는 더 이상 황당무계한 얘기만은 아니었음을 볼 수 있다. 이미 1940년대를 통해 사이버네틱스가 생물과 복잡한 기계를 피드백을 통한 정보의 전달과 통제로 이해하기 시작했고(이 책의 제9장 참조), 1946년에 출판된 슈뢰딩거 E. Schrödinger의 『생명이란 무엇인가』라는 책이 유전을 정보의 전달로, 유전자를 정보를 저장하고 전달할 수 있는 단위로 서술하고 있었기 때문이다.[17]

과학과 상식에 대한 그의 주장은 논쟁적이지만, 월퍼트가 과학이 비자연적인 특별한 지식이라고 주장함으로써 의도하는 바는 명백하다. 이는 과학과 여타 지식 사이의 위계를 분명히함으로써 과학과 인간의 여타 지식이 별로 다르지 않다고 주장하는 상대주의 SSK 과학사

---

17) Lily E. Kay, "Who Wrote the Book of Life?: Information and the Transformation of Molecular Biology, 1945~55," *Science in Context* 8(1995), pp. 609~34.

회학자들의 입장을 견제 · 비판하는 데 있었다. 그는 이를 위해 SSK 과학사회학을 '반과학 anti-science,'[18] 이들을 "과학을 단지 수사학, 설득, 권력의 추구"라고 간주하는 사람들이라고 간단히 규정하고, 이런 해석이 현대 과학과 원시 사회의 신화적 자연관의 차이를 구별하지 못하는 인류학의 (몰)이해에서 기원했다고 역설했다. 월퍼트는 신화적 자연관과 근대 과학의 차이를 길게 설명하면서 과학적 분석은 실재 reality에 닻을 내리고 있고, 따라서 객관적이며, 결과적으로 가장 확실하고 믿을 만한 지식이라고 단언했다. 과학의 진보는 사회 · 문화적 요인이나 배경과 무관하게 과학자의 노력과 사고에 근거한 내적 논리에 의해 이루어지며, 과학이 사회 · 문화적 요소의 영향을 받는다는 모든 주장을 상대주의 · 회의론으로 돌리고 있다.

II. 와인버그의 『최종 이론의 꿈』(1993)

월퍼트의 책이 나온 다음해 과학자 사회에서 스타급이라 할 수 있는 스티븐 와인버그 Steven Weinberg(전자기력과 약력의 통일로 1979년 노벨 물리학상 수상, 『태초의 삼 분 간』의 저자)가 『최종 이론의 꿈 Dreams of a Final Theory』(1993)이라는 저서에서 과학에 대한 제반 철학적 입장과 스트롱 프로그램을 다시 비판했다. 먼저 그는 근대 철학이, 특히 20세기 과학철학이 과학자에게 미친 영향이 거의 전무하다고 하면서 과학에서 철학 무용론을 강조했다. 심지어 그는 철학이 과학에 미친 유일한 긍정적인 영향이 "철학에서 얘기하는 식으로 과학을 해서는 안 된다"는 경고를 과학자에게 던진 것이라고 평가절하하고 있다. 그에 의하면 과학자가 철학에 관심이 없는 이유는 크게 두 가지이다. 먼저 근대 철학은, 특히 실증주의 철학은 과학의 연구

---

18) 1990년대 반과학의 담론은 제럴드 홀튼 Gerald Holton의 『과학과 반과학 Science and Anti-Science』(Cambridge, Mass., 1992)에서 시작됐다.

대상이 눈에 보이고 측정할 수 있는 대상에 국한된다고 주장했지만 실제로 과학의 발전은 눈에 보이지도 않고, 또 측정도 어려운 대상을 상정하고 이의 존재를 입증하는 쪽으로 진행되었다는 것이다. 두번째로 20세기 과학철학은 콰인의 '불충분 결정론'이나 쿤의 패러다임에서 보듯, 과학자의 이론에 무언가 불충분하고 모자란 것이 있음을 주장하는데 와인버그는 이런 주장들이 실제로 과학을 제대로 이해하지 못한 데서 기인하는 무지의 소치라고 간단히 규정하고 있다.[19]

철학이 과학에 미친 영향의 과소 평가는 곧바로 철학 이외의 다른 사회·문화적 요소가 과학에 영향을 미칠 수 없다는 주장으로 이어진다. 그는 최근 들어 "과학의 진리는 실재에 대한 과학적 '타협'의 과정을 통해 얻어진 합의"라고 주장하는 상대주의가 과학을 공격하고 있다고 지적하면서, 이를 과학의 객관성에 대한 도전으로 간주하고 반격을 꾀하고 있다. 이를 위해 와인버그는 20세기 후반의 입자물리학의 발전을 사회구성주의의 방법론으로 기술한 앤드루 피커링 Andrew Pickering의 『쿼크의 구성 Constructing Quarks』을 주 비판 대상으로 선택한 뒤, 입자물리학의 이론·법칙, 심지어는 몇몇 '실재 entity'가 이론물리학자와 실험물리학자 사이의 상호 작용에 의해 '구성'되었다는 피커링의 주장을 다음과 같이 비판하고 있다.

과학[활동]이 사회적 과정이라는 관찰에서 과학 이론에 작용한 사회적·역사적 제반 힘 때문에 과학이 사회적이라는 주장으로 나가는 것은 논리적 오류이다. 등산가들은 정상에 오르는 다양한 경로에 대해

---

19) Steven Weinberg, *Dreams of a Final Theory* (Vintage, 1993). 물리학이 수학과 같이 엄밀하게 논리적이지 못하며 물리학의 발전도 논리로만은 설명되지 않는다는 것은 철학자뿐만 아니라 동료 과학자들인 수학자들도 지적하곤 했다. 이에 대한 물리학자들의 반론으로는 Kurt Gottfried and K. G. Wilson, "Science as a Cultural Construct," *Nature* (10 Apr. 1997), pp. 545~47이 있다.

논쟁을 벌일 수 있고, 이러한 다양한 경로는 당시 탐험의 역사적 · 사회적 구조에 의해 조건지워질 수 있지만 궁극적으로 그들은 좋은 경로를 발견하든가 발견에 실패하든가 둘 중에 하나일 것이고, 이는 정상에 올라가보면 쉽게 알 수 있을 것이다. (아무도 등산에 대한 책의 제목을 『에베레스트의 구성 Constructing Everest』이라고 달지는 않을 것이다.) 나는 과학이 등산과 같다고 증명할 수는 없지만 과학자로서의 내 경험은 과학이 등산과 같다고 확신하게끔 만든다.[20]

III. 콜린스와 핀치의 『골렘』

와인버그의 책이 출판된 같은 해에 사회구성주의 과학사회학의 시조(始祖) 격인 해리 콜린스Harry Collins와 트레버 핀치Trevor Pinch가 공동으로 저술한 흥미있는 책이 한 권 출판되었다. 『골렘: 모든 이가 과학에 대해서 알아야 할 것 The Golem: What Everyone Should Know about Science』(1993, 이하 『골렘』)이라는 재미있는 제목이 붙여진 이 책은 화학물을 통한 기억의 전달, 아인슈타인의 상대론의 실험적 입증, 파스퇴르의 생명의 기원에 대한 논쟁, 중력파의 검측에 대한 논쟁 등 주로 논쟁적인 과학의 이론과 실험을 분석하면서 이런 예들이 과학의 사회적 · 문화적 성격을 잘 드러내줌을 주장하고 있다. 예를 들어 이들은 1919년 아인슈타인의 일반 상대론을 실험적으로 처음으로 검증했다고 발표되어 세계적으로 센세이션을 불러일으킨 에딩턴 A. S. Eddington의 실험 —— 영국 과학자 에딩턴이 남미에서 일식 때 태양에 의한 별빛의 굴절을 사진 찍어 그 굴절각이 아인슈타인의 일반 상대론에서 예측한 것과 같음을 입증한 것 —— 에 대한 분석에서, 이 실험이 상상하기 어려울 정도로 까다로웠고 복잡했으며 데이터들

---

20) *Ibid.*, p. 149.

간의 차이도 하나로 해석하기 어려울 정도로 심했지만, 국제주의자이자 평화주의자였던 에딩턴이 당시 영국과 독일 과학자들 사이의 적대감을 해소하기 위해 자신의 데이터를 독일 과학자 아인슈타인의 상대론을 입증하는 방향으로 해석했음을 주장하고 있다. 콜린스와 핀치는 이에 근거해서 과학에서 진리라고 부르는 것의 사회성을 다음과 같이 요약하고 있다.

우리는 [아인슈타인의] 상대성 이론이 진리가 아니라고 믿을 어떤 이유도 없다 — 그것은 매우 아름답고, 유쾌하고, 놀랄 만한 진리이다. 그렇지만 이 진리는 우리가 과학적 삶을 어떻게 살아야 하고 우리가 과학적 관찰을 어떻게 인증받아야 하는가에 대한 결정의 결과로서 존재하게 된 진리이다. 이것은 새로운 것들에 대한 합의로서 얻어진 진리이지 결정적인 실험의 불가피한 논리에 의해 우리에게 강요된 진리는 아닌 것이다.[21]

콜린스와 핀치의 책 『골렘』이 큰 반향을 불러일으킨 데는 다음의 몇 가지 이유가 있었다. 먼저 그들은 서문에서 자신들의 책을 과학자에게 얼마만큼의 권위를 부여할지에 대해 궁금해하는 과학 기술 시대의 보통 시민과 이제 막 과학을 공부하기 시작한 학생을 위해 썼다고 명시했다. 이들이 책의 제목으로 선택한 골렘은 유태인의 전설에 나오는 괴물로서 인간의 주문의 통제하에 자신을 만든 인간을 위해

---

21) Harry Collins and Trevor Pinch, *The Golem: What Everyone Should Know about Science* (Cambridge University Press, 1993), p. 54. 콜린스와 핀치의 결론은 존 어먼과 글리모어의 아주 자세하고 설득력 있는 연구에 근거하고 있다. John Earman and Clark Glymour, "Relativity and Eclipses: The British Eclipse Expeditions of 1919 and Their Predecessors," *Historical Studies in the Physical* Sciences 11(1980), pp. 49~85.

일을 하지만 또 어떤 경우에는 자기 멋대로 하는 경향이 있는, 한마디로 친숙하고 동시에 불완전한 인간의 창조물이다. 콜린스와 핀치는 과학이 바로 골렘이라는 — 인간이 만든 불완전하고 힘센 창조물이지만 프랑켄슈타인의 괴물처럼 아주 흉폭하거나 통제 불가능하지는 않은 — 재미있는 비유로 일반인의 관심을 끌 수 있었다. 게다가 이 책은 케임브리지 대학 출판사가 최신 학문의 성과와 대중의 흥미를 결합한다는 목표하에 새롭게 출범시킨 칸토Canto 시리즈 중 하나로 출판되었고(영국을 여행한 사람이라면 공항이나 역의 작은 책방에까지 이 칸토 북이 진열되어 있는 것을 보았을 것이다) 영국에서 비소설 부문 베스트 셀러에 오랫동안 등록되어 있었을 정도로 많은 인기를 끌었다.

『골렘』이 성공한 만큼 이에 대한 세간의 반응도 가지각색이었다. 영국의 몇몇 과학자들은 『골렘』이 과학의 이미지를 왜곡했다고 비난했다. 이 비난은 1994년 영국 과학진흥협회(BAAS)의 모임에서 루이스 월퍼트와 해리 콜린스의 충돌로 이어졌고, 이들의 논쟁은 영국의 지식인 사회에 큰 관심을 불러일으켰다. 다음해, 영국의 한 대학에서 과학자와 SSK 과학사회학자를 동시에 참석시켜서 일대 토론회를 계획했으나 해리 콜린스, 브루노 라투어, 데이비드 블루어와 같은 SSK의 대가들이 불참해서 싱겁게 끝나고 말았다. 대신 콜린스와 핀치는 『오늘의 물리학Physics Today』의 지면을 통해서 자신들이 아인슈타인의 상대론이 진리라는 것을 부정했다고 공박한 물리학자와 여러 회에 걸친 논쟁을 주고받았다.[22]

---

22) 콜린스와 월퍼트의 충돌에 대한 기사와 이에 대한 여러 사람들의 의견은 *Times Higher Education Supplement* (30 September 1994), pp. 17~19에 실려 있다. *Physics Today*의 지면을 통한 논쟁은 David Mermin, "The Golemization of Relativity," *Physics Today* 49(Apr. 1996), p. 11 참조. 머민에 대한 콜린스와 핀치의 회답은 같은 잡지의 July issue를 보라.

IV. 그로스와 레빗의 『고등 미신』

영국에서의 대토론이 불발로 끝났지만 1994년은 본격적으로 과학 전쟁이 불붙기 시작한 해였다. 이 해에 세계적으로 권위 있는 생물학 연구소인 우즈홀Woods Hole 해양생물학 연구소의 소장을 지낸 폴 그로스Paul Gross와 럿거스 대학의 수학자인 노먼 레빗Norman Levitt이 SSK 과학사회학을 정면으로 공격하는 『고등 미신 Higher Superstition』이란 책을 펴냈기 때문이다. 이들은 여기서 사회구성주의자, 포스트 모더니즘 과학론자, 페미니스트 과학론자, 극단적인 환경론자, AIDS 활동가, 다문화주의자multiculturalist들을 싸잡아서 신좌익의 뒤를 잇는 '강단 좌익academic left'으로 규정, 이들의 과학에 대한 무지를 비난했다. 그로스와 레빗은 이 강단 좌익들이 지난 20여 년 동안 미국의 각 대학에서 인문·사회과학의 많은 학과들을 점령했고 이런 제도적 기반에 바탕해서 과학이나 공학과 같은 객관성의 보루를 공격하기 시작했다고 주장하면서, 이들의 주장의 허구를 밝히는 것이 자신들과 같은 과학자의 책무가 되었음을 역설하고 있다. 그로스와 레빗은 사회구성주의(이들은 문화구성주의라는 용어를 사용하지만 그 의미는 사회구성주의에 가깝다) 과학사회학자로 스탠리 아로노위츠, 브루노 라투어, 그리고 『리바이어던과 진공 펌프Leviathan and the Air-Pump』라는 17세기 로버트 보일과 토머스 홉스의 논쟁에 대한 책을 저술했던 사이먼 섀퍼Simon Schaffer와 스티븐 섀핀Steven Shapin을 비판하고 있으며, 포스트모더니즘의 계열로 데리다Derrida, 캐서린 헤일스, 앤드루 로스를 비판하고, 페미니스트 과학 이론가인 도나 해러웨이Donna Haraway, 에블린 폭스 켈러Evelyn Fox Keller와 헬렌 론지노Helen Longino 등도 비판의 도마 위에 올려놓고 있다.

그로스와 레빗의 비판의 요지는 월퍼트나 와인버그의 그것과 별반 다르지 않다. 이들은 '강단 좌익'의 비판에 200쪽이 넘는 지면을 할애하고 있지만 그 골자는 1) 강단 좌익들이 대부분 과학에 대해 무지하며, 2) 과학에 대해 조금 아는 경우도 과학을 (의도적으로) 오해한 경우가 태반이며, 3) 이런 무지와 오해는 과학을 왜곡된 모습으로 그리는 상대주의 과학사회학·과학사를 낳았다는 것이다. 그로스와 레빗에 의하면, 스탠리 아로노위츠는 양자역학을 멋대로 해석했고, 브루노 라투어는 프랑스의 전기 자동차 Aramis 프로젝트에 대한 그의 분석에서 이를 위해 개발된 컴퓨터 시스템을 잘못 이해했으며, 데리다는 상대론과 미분위상학 differential topology의 내용을 모르는 채로 이를 언급하고 있으며, 캐서린 헤일스도 카오스 이론과 해체주의의 연관을 주장하기 위해 카오스 이론을 확대 해석하고 있고, 페미니스트 과학을 주창하는 사람들은 지금 우리의 과학과는 다른 '페미니스트' 과학이 존재할 수 있다는 얘기가 논리적 모순이라는 것을 무시하고 있다고 주장했다. 이들은 사회나 문화가 과학의 이론이나 내용에 영향을 미친다는 것은 과학의 이론이 진리이고 자연의 객관적 실재를 기술하고 있다는 상식적인 실재론의 대전제에 위배되는 것이라고 단정하고 있다.[23)]

그로스와 레빗이 인문·사회과학자들의 과학에 대한 무지를 비판했지만, 많은 인문·사회과학자들과 심지어는 몇몇 과학자들까지도 그들의 비판이 근거 있는 건전한 비판이 아니라 근거 없는 '비난'에 가까웠다는 평가를 내렸던 데는 몇 가지 이유가 있었다. 먼저 이들이 사용한 '강단 좌익'이란 얘기는 라투어나 다른 SSK 과학사회학자들의 다수가 중도 자유주의자이거나 심지어는 지적으로 우파에 가깝다는 사실을 볼 때 별로 근거가 없다. 또한 논쟁에서 상대방을 '좌익'

23) Paul R. Gross and Norman Levitt, *Higher Superstition: The Academic Left and its Quarrels with Science* (Johns Hopkins University Press, 1994).

으로 규정하고 이들이 대학을 장악함으로써 사회의 지적 헤게모니를 장악하려 한다는 생각은 지금 미국과 같은 다원주의 사회에선 차라리 과대 망상에 가까운 것이다. 또 그로스와 레빗은 인문학자들이 과학에 대해 무지함을 수십 차례 강조했고, "모르면 전문가에게 물어보고 얘기하라"는 식의 비난을 서슴지 않았는데, 이들의 비난 또한 인문학에 대한 이들의 무지에서 기인한 것이 많이 있었다. 예를 들어 데리다가 '미분위상학'에 대해 아무것도 모르면서 이 말을 쓰고 있다는 이들의 비난은, 실제로 데리다가 사용한 말이 topique différantielle 이지(différance는 '차연'으로 번역되는 데리다의 용어로서 differ가 가진 '연기하다'와 '차이가 있다'는 의미를 동시에 표현하기 위해 사용한 말임) 수학에서 미분위상학을 말하는 topique différentielle가 아니었음을 볼 때 상당히 성급한 것이었음을 알 수 있다.[24]

실제로 자신들의 책에서 여러 번 강조했지만 그로스와 레빗이 우려하고 언짢게 생각하는 것은 최근 미국 사회와 이를 지탱하는 시민 정신이 점차 불균일한heterogeneous 것으로 바뀐다는 것이다. 이들에게는 미국 사회가 다양한 인종의 문화를 하나로 용해하던 '용광로'에서 다양한 인종과 문화가 갈등을 일으키며 함께 존재하는 '샐러드'로 바뀌고 있는 것이 바람직하지 않은 변화인 것이다. 이는 미국이 자유와 민주주의의 진보, 개척과 풍요를 상징하던 나라에서 인종 갈등과 각종 사회 범죄, 제국주의적 착취를 상징하는 나라로 전락했다는 인식과 궤를 같이한다. 이들에게 미국 흑인의 세계(관)가 백인의 세계(관)와 다르며, 흑인은 흑인 중심의 세계(관)를 발전시켜야 한다는 주장은 미국의 아이덴티티를 정면으로 부정하는 것이다. 다른 보수주의 지식인들과 마찬가지로 그로스와 레빗은 이러한 변화를 가져온

---

24) Arkady Plotnitsky, "But It Is Above All Not True: Derrida, Relativity, and the 'Science Wars,'" *Postmodern Culture* 7 (Jan. 1997).

주범은 미국의 '다문화주의multiculturalism' 정책과 교육이라 생각하며, 이 다문화주의의 배경에는 "진리라는 것은 사람들이 진리라고 믿는 것이다"라는 상대주의 철학과 이를 문화적인 프로그램으로 번역한 포스트모더니즘이 있다고 믿고 있다. 상대주의의 도전은 어느 시기나 존재했는데 이에 대한 가장 효과적인 해독제는 보편적 진리를 추구하고 발견하는 자연과학의 방법론과 정신을 주사하는 것이었다. 그런데 SSK 과학사회학이나 포스트모던 과학, 페미니스트 과학을 주장하는 사람들에 의해 객관성·진리의 마지막 보루인 과학까지 상대주의의 공격을 받고 있을 뿐 아니라, 과학이 상대주의 철학을 가장 잘 보여주고 있다는 식으로 왜곡된다는 사실이 이들에겐 참을 수 없었던 것이었다. 예를 들어 포스트모더니스트 신좌익을 표방하는 『소셜 텍스트』의 편집인 중 한 명인 앤드루 로스는 그의 책 『이상한 날씨 Strange Weather』에서 자신의 책이 "자신이 한 번도 가져본 적이 없었던 과학 선생님 때문에 가능했다"라고 기존의 과학을 풍자적으로 평가절하하고 있는데,[25] 이에 대해 그로스와 레빗은 자신들의 『고등 미신』의 마지막 페이지에서 자신들의 과학 선생님, 동료, 제자들의 도움이 결정적이었음을 밝히면서 앤드루 로스의 과학에 대한 경시를 강력히 비판하고 있다.

　　다문화주의를 표방했던 포스트모더니스트들과 상대주의 철학자, 사회 이론가들은 1970년대 이전 미국 대학에서 가르쳤던 역사·사회 철학·도덕이 중산층 이상의 백인 남성들의 세계관이었음을 강조했다. 흑인은 말할 것도 없고, 인디언과 중국인들을 주체로서 미국사에 포함시키면 미국의 역사가 지금의 모습과는 전혀 딴판이 된다는 것이 이들의 주장이었다. 비슷하게 미국 사회를 여성의 시각에서 보면

---

25) Andrew Ross, *Strange Weather: Culture, Science, and Technology in the Age of Limits* (Verso, 1991).

지금까지 남성 중심의 미국과 전혀 다른 사회가 그려진다는 것이다. 상대주의와 포스트모더니즘은 이렇게 지금까지 의심 없이 받아들여지던 기존의 역사와 철학을 의심하고 '해체'함으로써 소외된 소수 —— 유색 인종, 여성, 게이 —— 의 목소리를 복원시키려 했다는 점에서 진보적인(그렇지만 좌익이라고 규정하긴 힘든) 성향을 가지고 있었다.[26] 한 가지 흥미로운 사실은 상대주의와 포스트모더니즘에 대한 공격에는 보수주의자와 전통적인 마르크스주의자가 한목소리를 내고 있다는 것이다. 전통적인 마르크스주의자는 마르크시즘을 자본주의의 이데올로기와는 명백히 구분되는 '과학'이라고 믿고 있었고 과학으로서의 마르크시즘은 자연과학의 객관성 · 보편성과 유사한 성격을 띠고 있다고 생각했다. 마르크스주의 철학에선 실증주의 철학만큼이나 과학이 중요한 위치를 차지했다. 또한 마르크스주의자들이 사회에서 소외당한 사람들의 관심을 사회 문제화한다고 해도 이들의 주요 관심은 노동자 또는 노동 계급에 있었지 낙태 문제, 흑인의 독자적인 문화, 게이의 권리, 환경 문제가 아니었던 것이다. 다음에서 곧 볼 수 있듯이 보수적인 자유주의자와 전통 마르크시스트의 결합은 과학 전쟁의 절정을 이루었다.

V. 앤드루 로스와 『소셜 텍스트』의 '과학 전쟁' 특별호, 그리고 소칼의 날조

그로스와 레빗은 『고등 미신』의 출판의 여세를 몰아 1995년 여름 뉴욕 과학아카데미의 후원하에 초대형 학회를 개최했고, 주로 과학자들로 구성된 발표자들은 사회구성주의 과학사회학을 UFO 광신론자, 창조론자, 민간 의료와 같은 대체 의료alternative medicine 신봉자

---

26) Cynthia Kaufman, "Postmodernism and Praxis," *Socialist Review* 24(1994), pp. 57~80.

와 함께 싸잡아서 '반과학anti-science'으로 몰아붙였다. 이에 대항해서 그로스와 레빗의 『고등 미신』의 대표적인 표적이었던 『소셜 텍스트Social Text』의 편집인 앤드루 로스는 자신의 『소셜 텍스트』의 한 호를 '과학 전쟁'이라는 제목하에 출판하는 계획을 세웠고 샌드라 하딩, 스탠리 아로노위츠같이 역시 『고등 미신』의 비판의 대상이었던 저자들의 반론을 모은 뒤 1996년 봄에 이를 출판했다.[27] 여기에 실린 여러 논문들이 그로스와 레빗의 분석의 문제점과 약점을 잘 지적하고 있었고, 예기치 않았던 사건이 없었더라면 이 책은 그로스와 레빗에 대한 포스트모더니스트, SSK 과학문화학 진영의 괜찮은 반론으로 기억되었을 만한 것이었다. 그렇지만 이 책이 출판되고 2주가 채 지나지 않아 아무도 생각지 못했던 초대형 사건이 터졌다. 『소셜 텍스트』의 '과학 전쟁' 호에 논문을 기고했던 기고자 중 한 명인 앨런 소칼Alan Sokal이 자신의 논문이 엉터리 날조에 불과한 것이라고 한 잡지와의 인터뷰를 통해 밝힌 것이다.[28] 소칼의 인터뷰는 과학의 문화학 진영에 터진 '폭탄,' 소칼의 '화염병' 등으로 묘사되며 유력 일간지의 문화면과 사회면을 장식했고 과학 전쟁의 불길은 걷잡을 수 없이 번져나갔다.

소칼은 뉴욕 대학의 수리물리학 교수를 역임하고 있었다. 그는 스스로가 전통적인 마르크스주의 좌익 지식인, 국제주의자임을 자청하고 있고, 그가 산디니스타 정권하의 니카라과에서 자청해서 수학을 가르쳤다는 경력은 이를 뒷받침한다. 소칼은 사회구성주의 과학 이론이 과학을 상대적 · 주관적으로 만들고 이에 근거해서 "진리란 사람들이 진리라고 믿고 합의하는 것이다"라는 잘못된 사회 이론의 기

---

27) Andrew Ross ed., "Science Wars," *Social Text* no. 46/47(Spring/Summer, 1996).

28) Alan Sokal, "A Physicist Experiments with Cultural Studies," *Lingua Franca* (May/June, 1996), pp. 62~64.

반이 되는 것을 참기 힘들었음이 자신의 행동의 동기라고 밝혔다. 사회구성주의자, 포스트모더니스트의 과학에 대한 주장의 허구를 밝히기 위한 하나의 방법으로 엉터리 논문을 써서 이들의 학술지에 출판하는 것을 택한 소칼은「경계선을 넘나들기: 양자 중력의 변형적인 해석학을 위해서 Transgressing the Boundaries: Towards a Transformative Hermeneutics of Quantum Gravity」라는 이해하기 힘든 제목에 각주가 100개가 넘고 참고 문헌이 200개가 넘게 달려 있으며 다른 논문이나 책에서의 인용으로 가득한 긴 논문을 써서『소셜 텍스트』에 기고했다.[29] 이 논문에서 소칼은 포스트모더니즘, 사회구성주의 과학 이론을 간단히 소개한 뒤에 아직도 과학자들 사이에 논란의 대상이 되고 있는 양자 중력이 포스트모더니즘 과학을 지지하는 결정적인 증거가 되며 해방적인 포스트모더니즘 과학의 모델이 될 수 있다고 주장하고 있다. 논문의 앞머리에 있는 다음과 같은 구절을 보자.

　　물리적 '실재'가 본질적으로 사회적·언어적 구성물이라는 것, 과학 '지식'이 객관적이긴커녕 지배적인 이데올로기와 이를 만든 권력의 관계를 반영하고 포함한다는 것, 과학에서 진실이라고 하는 것은 이론에 의존적이고 외부 세계와 관련이 없다는 것, 과학자 사회의 담론은 그것의 부정할 수 없는 가치에도 불구하고, 이에 동의하지 않고 소외된 그룹에서 나오는 반-헤게모니 담론에 대해 어떤 인식론적인 우위도 가지지 못한다는 점이 점점 분명해지고 있다. 〔……〕 여기서 나의 목적은 양자 중력의 최근 발전을 고려해서 이러한 분석을 한 단계 더 진전시키는 것이다. 〔……〕 양자 중력에선 시공간의 중첩이 객관적인 물리적 실재로 존재하지 않게 되며, 기하학은 상호 관련적이고

---

29) Alan Sokal, "Transgressing the Boundaries: Towards a Transformative Hermeneutics of Quantum Gravity," *Social Text* no. 46/47(1996), pp. 217~52.

배경적이 되고, 선험적인 과학의 근본적으로 중요한 카테고리들이 ─ 그 중에는 존재 그 자체도 포함된다 ─ 문제시되고 상대화될 것이다. 나는 이러한 개념의 혁명이 미래의 포스트모던 과학과 해방적인 과학을 위해 근본적인 의미를 지닐 것임을 주장할 것이다.[30]

논문의 중간에서 소칼은 '뉴 에이지 운동 New Age Movement' (현대 과학을 부정하고 자연주의 · 신비주의에 입각한 새로운 과학 · 의학과 생활을 주창한 운동으로 카프라의 『물리학의 도(道)』와 같은 책에 많은 영향을 받음)에서 나온 '모포제네틱 필드 Morphogenetic Field'라는 신비주의적인 개념이 양자 중력 이론에서 중요하게 사용될 수 있다고 주장하기도 하며, 현대 수학의 비선형성이 포스트모더니즘을 뒷받침한다고 주장하기도 한다. 결론에선 해방적인 포스트모던 과학의 특징으로 1) 비선형성 nonlinearity과 비연속성의 강조, 2) 인간과 자연, 관찰자와 대상, 주체와 객체의 구분의 초월과 해체, 3) 정적인 근대 과학의 특성과 위계의 해체, 4) 상징과 표현의 강조, 마지막으로 5) 전통 과학의 엘리트주의와 권위주의를 부정해야 함을 지적하고 있다.[31]

소칼은 논문을 기고하면서 만일 포스트모더니즘, SSK를 표방하는 집단이 엄격한 사고보다는 그럴듯한 입발림과 과학자를 자신들의 동지로 얻을 수 있다는 이점만을 선호한다면, 의미도 없고 이해도 불가능한 말로 가득 차 있는 자신의 논문이 엉터리라는 것을 눈치채지 못하고 출판할 것이라고 기대했다고 한다. 소칼의 기대는 그대로 맞아떨어졌다. 논문을 읽어본 『소셜 텍스트』의 편집자들은 논문의 각주와 참고 문헌을 줄여달라고 소칼에게 요청했지만, 소칼은 동료 물리학

---

30) *Ibid.*, pp. 217~18.
31) *Ibid.*, pp. 226~31.

자들을 설득시키기 위해선 자신이 수많은 책을 공부했고 참조했음을 보여야 된다는 이유로 이들의 요청을 거부했다.[32] 이때 마침 『소셜 텍스트』의 편집인 중 한 명인 앤드루 로스가 '과학 전쟁' 특별호를 편집할 것을 기획하고 있었고, 그는 이 특별호의 맨 마지막에 소칼의 논문을 덧붙여 출판하기로 결정했다. 『소셜 텍스트』의 '과학 전쟁' 특별호는 1996년 봄에 출판되었고, 자신의 논문이 출판되자마자 소 칼은 『링구아 프랑카』에 실은 짧은 글을 통해 자신의 논문이 엉터리 날조였음을 공표했다.

소칼은 자신의 동기가 객관적 실재의 존재와 그 중요성을 무시하 는 엄밀하지 못한 사고와 철학 —— 특히 탈구조주의 문학비평에서 영 향을 받은 철학 —— 이 미국 대학에서의 인문학의 주류를 이루고 있는 사실을 폭로하고 이들의 허구를 드러내기 위한 것이었다고 밝혔다. 소칼에 따르면 『소셜 텍스트』의 편집자가 자신의 논문을 놓고 물리학 자들의 자문을 구하지 않았던 데는 이유가 있다는 것이다.

만일 모든 것이 담론이고 텍스트라면, 실제 세계에 대한 지식은 피 상적인 것이 되며, 물리학조차 문화학 Cultural Studies의 한 분야일 뿐 이다. 만일 모든 것이 수사 rhetoric이고 "언어의 게임"이라면 내적인 논리적 엄밀성은 피상적인 것이 되고 복잡한 이론으로 번들거리게 치 장만 하면 된다. 이해할 수 없는 얘기가 좋은 것으로 인정받고, 은유와 말장난이 증거와 논리를 대체하게 된다.[33]

---

32) 이는 앤드루 로스가 소칼 사건 직후에 어떻게 그의 논문이 출판되었는가를 설명 한 것이다. Andrew Ross, "The Sokal Affair"(7 May 1996 ; Sci-Tech-Studies mailing list on the Internet).

33) Sokal, "A Physicist Experiments with Cultural Studies," p. 63.

소칼은 이러한 논리가 허구라는 것을 증명함으로써 '정상적인' 사람이라면 누구나 인정할 "세계는 존재하며, 이 세계의 특성은 단지 사회적으로 구성된 것이 아니고, 사실과 증거가 중요하다"는 것을 보이려 했다는 것이다. 이러한 의도는 정치적 의미도 가지고 있다. 소칼은 합리적 사고와 자연·사회에 존재하는 객관적 실재의 정확한 분석이 사회의 지배자에 의해 만들어지는 다양한 신화와 싸울 수 있는 무기를 제공한다는 전통적인 마르크스주의의 신념을 강조하고 있다.[34]

소칼의 논문이 출판되었다는 사실 자체가 의미하는 것은 포스트모더니즘과 신좌익을 표방하는 하나의 학술지, 즉 『소셜 텍스트』의 편집인이 엄정하게 거쳐야 하는 논문의 심사를 제대로 하지 않고 조금 방만했다는 것을 의미한다고 축소 해석될 수도 있다. 실제로 이 소칼 사건이 터진 후 SSK 과학사회학자들은 앤드루 로스, 스탠리 아로노위츠 등 『소셜 텍스트』의 편집인이 사회구성주의 과학사회학의 주류가 아님을 강조했고, 몇몇은 『소셜 텍스트』가 이류 학술지임을 주장하기도 했다. 또 다른 반응으로 많은 사람들이 소칼의 방법이 학자적이지 못했음을 비판했으며, 소칼의 주장에 공감하는 과학자들도 소칼의 방법에는 문제가 있다고 지적했다. 그렇지만 소칼의 날조 Sokal's Hoax는, 조금 자세히 들여다보면, 단순히 『소셜 텍스트』라는 학술지와 이 편집인들의 자질의 문제를 넘어 SSK 과학사회학 전반에 상당히 심각한 문제를 던지고 있음을 알 수 있다. 먼저 소칼은 사회적·문화적 환경이 과학의 지식과 인식론에 영향을 미친다는 주장을 말도 안 되는 것으로 일축하고 있으며, 두번째로 자연과학으로부터 사회·문

---

34) Alan Sokal, "What the Social Text Affair Does and Does Not Prove," in N. Koertge ed., *A House Built on Sand: Flaws in the Cultural Studies Account of Science* (Oxford, 1997).

화·정치적 '함의 implications'를 찾아내려는 어떠한 시도도 의미 없는 것임을 주장하고 있다. 이 두 문제는 제3절에서 자세히 다루어질 것이다.

VI. 와이즈 사건

소칼 사건은 '와이즈 사건 Wise Affair'이라고 불린 충격적인 사건의 전주곡이었다. 소칼의 날조가 밝혀진 후 스티븐 와인버그는 『뉴욕 서평지 *New York Review of Books*』에 기고한 긴 논문에서 소칼을 칭찬한 뒤에 소칼의 날조가 스트롱 프로그램의 에든버러 학파를 비롯해서 자연의 실재가 존재하지 않는다고 주장한 모든 상대주의자들의 주장이 허무맹랑했음을 백일하에 드러냈다고 주장했다. 덧붙여 와인버그는 자신과 같은 과학자에겐 물리학의 법칙은 자연에 존재하는 돌멩이만큼이나 실제로 존재하는 것이고 사람 마음대로 바꿀 수 없는 것임을 강조했다. 그는 고등 지능을 가진 외계인이 존재한다면 이 외계인도 우리가 가진 것과 똑같은 과학을 가지고 있을 것이라고 단언하기도 했다. 와인버그의 긴 논문에 대해 몇 사람이 같은 잡지에 반론을 게재했는데, 그 중 한 명이 프린스턴 대학의 과학사 교수 노턴 와이즈 Norton Wise였다. 와이즈는 와인버그가 존재론적인 반실재론과 인식론적인 상대주의를 구별하지 못한 채, 모든 인문학자들이 마치 자연에 실재가 존재하지 않는다고 말하는 것처럼 이들을 비난한다고 비판했다. 와이즈는 SSK 과학사회학자들의 대부분은 —— 라투어를 포함해서 —— 와인버그만큼이나 실재론자이며, 이들이 주장하는 것은 실재는 하나여도 이를 이해하는 방식에는 여러 가지 방식이 공존할 수 있다는 것이지 실재가 존재하지 않는다는 것이 아님을 강조했다.[35]

---

35) Steven Weinberg, "Sokal's Hoax," *New York Review of Books* (8 Aug. 1996), pp.

1997년초에 와이즈는 프린스턴의 고등연구소(아인슈타인이 재직했던 곳으로 유명한 세계적인 연구소)에 있는 사회과학스쿨의 과학학 Science Studies 교수직에 추천되었다. 과학사학계에서 와이즈는 19세기 물리학자인 켈빈 Lord Kelvin의 전기로 미국 과학사학계가 그해의 베스트 저서에 수여하는 파이처 상을 수상했고[36] 미국 과학사학계의 대가인 길리스피 C. C. Gillispie의 뒤를 이어 프린스턴 대학의 정교수로 임용되었을 만큼 명성과 실력을 인정받는 학자였다. 동료 과학사학자들이 와이즈를 고등연구소에 추천하는 좋은 평가서를 썼지만 갑자기 고등연구소의 6명의 임용 심사위원들로 구성된 위원회가 더 많은 평가 —— 특히 과학사학계 외부에서 —— 를 요구했고, 와이즈의 임용은 이때부터 심하게 꼬이기 시작했다. 6명의 심사위원은 와이즈의 임용을 놓고 크게 의견이 갈렸고, 이 중 두 사람이 임용을 반대했으며, 결국 위원장은 위원회가 합의에 이르지 못할 경우 위원장 권한으로 임용을 무효로 한다는 규정을 적용, 임용 무효의 결정을 내리게 되었다. 사건이 터진 후에 사람들은 이 반대의 배후에 스티븐 와인버그가 고등연구소와 대학에 있는 영향력 있는 과학자들을 동원해서 와이즈의 임용을 반대했고 저지했음을 알게 되었다.[37] 라투어는 이 사건이 소칼 사건보다 더 중요한 사건이고 앞으로의 과학학 연구에 큰 영향을 미칠 수 있음을 지적하면서 다음과 같은 의미심장한 결론을 내리고 있다.

11~15; M. Norton Wise, "Sokal's Hoax: An Exchange," *ibid.* (19 Sep. 1996), pp. 54~55.

36) Crosbie Smith and Norton Wise, *Energy and Empire: A Biographical Study of Lord Kelvin* (Cambridge, 1989).

37) Liz McMillen, "The Science Wars Flare at the Institute for Advanced Study," *The Chronicle of Higher Education* (16 May 1997).

만일 추기경이 종교사회학을 하는 사람을 임명하는 권한이 있다고 가정해보라. 또는 정치인이 누가 좋은 정치학 교수이고 누가 나쁜 정치학 교수인가를 결정할 권한이 있다고 가정했을 때 이 연구자들의 분노를 상상해보라. 〔……〕 연구의 대상이 연구자와 동등한 위치에 놓이는 것은 절대적으로 건전한 것이다. 〔……〕 그렇지만 연구의 대상(과학자)이 이를 연구하는 연구자의 임명을 결정한다면 이는 더 이상 평등이 아니라 독재인 것이다.[38]

아이러니컬하게도 라투어는 와이즈가 거론되었던 프린스턴의 고등연구소의 과학학 교수직에 7년 전에 처음으로 추천되었던 당사자였다. 이때에도 고등연구소의 물리학자들과 수학자들이 들고일어나 라투어의 임용은 논의도 되기 전에 철회되었다. 1970년대말부터 발표된 라투어의 연구는 과학사회학의 가장 중요하고 독창적인 업적으로 인정받고 있지만 또 한편 소칼의 집중적인 공격의 대상이 되기도 했다.[39] 위에서 인용한 라투어의 논평은 1997년 5월에 인터넷을 통해 사람들 사이에 회자되었던 것이다.

3. 과학 전쟁의 논쟁점에 대한 분석적 · 비판적 평가

과학 전쟁의 논쟁점에 대한 분석을 시작하기 전에 세 가지 정도 간

---

38) B. Latour, "From the Sokal Affair to the Wise Scandal" (22 May 1997, Science-as-Culture electronic discussion list).

39) 일반 대중을 위해 라투어의 과학사회학을 쉽게 풀어서 제시한 좋은 입문은 David Berreby, "That Damned Elusive Bruno Latour," *Lingua Franca* (Sep/Oct. 1994), pp. 22~32, 78이 있다. 소칼의 공격은 "Professor Latour's Philosophical Mystification," *Le Monde* (31 Jan. 1997)를 참조.

략히 언급할 것이 있다. 첫번째는 내 자신이 이 논쟁에 대해 엄격한 중립을 지키기 어렵다는 것이다. 나는 과학기술사를 전공하고 있으며 이는 넓은 의미에서 과학철학·과학사회학 등과 함께 과학학 Science Studies의 일부로 포함되기 때문이다. 나는 전문적인 과학사회학자는 아니지만 1980년대 후반과 90년대 초반에 과학사를 공부한 사람으로 당시 과학사학에 큰 영향을 미치던 SSK 과학사회학의 주장이나 개념을 공부할 기회가 있었고, 이를 나의 역사적 연구에 간접적으로 사용하기도 했다. 그렇지만 내가 SSK 과학사회학의 모든 주장을 무비판적으로 옹호하는 것은 결코 아니다. 나는 SSK 과학사회학에서 종종 등장하는 반실재론, 극단적인 상대주의, 본질주의 essentialism (예를 들어 현대 과학에서 남성적인 부분을 제거함으로써 페미니스트 과학을 얻을 수 있다는 주장처럼 과학의 근본에 변치 않는 어떤 본질이 있다는 생각), 과학을 단지 상징·텍스트·문화적 의미로만 이해하는 극단적인 기호학·문학비평·문화인류학의 접근 방법에 대해서는 무척 비판적이었고 지금도 그러하다. 따라서 앞으로의 분석에 관련된 나의 입장이 완벽하게 '객관적'일 수는 없어도 과학 전쟁에서의 다양한 논쟁점을 합리적이고 비판적으로 평가할 정도의 제삼자로서의 시각은 갖추고 있다고 생각한다.

두번째 문제는 과학 전쟁을 그것의 적절한 역사적 배경 속에 위치지우는 문제이다. 즉 SSK 과학사회학에 대한 몇몇 과학자들의 대응이 우연히 1990년대초에 시작되었다고 보기에는 석연치 않은 점이 많다. 1985년에 출판된 피커링의 『쿼크의 구성』에 대해 8년이나 무심했던 와인버그가 갑자기 이를 자신의 1993년 저서인 『최종 이론의 꿈』에서 강력하게 비판한 데는 무엇인가 이유가 있다고 볼 수 있다. 라투어를 비롯한 과학사학자들은 '별들의 전쟁 Star Wars' (SDI) 계획이 무산되고 냉전 체제가 무너진 1990년대초부터 소위 과학에 대한 냉전 특수(特需)가 사라졌고, 과학에 대한 사회의 대접이 예전처럼 따뜻하지만은 않게 되었다는 점을 지적하고 있다. 즉, 과학자들이 과학에 대한 비판적인 목소리에 훨씬 예민해지고 공격적이게 되었다는 것이다. 이러한 설명이 모든 경우에 적용될 수는 없겠지만(소칼은 자신의 동기가 과학을 방어하는 것이었다기보다는 마르크스주의를 상대주의 과학관으로부터 보호하는 것이었다고 주장하고 있다), 루이스 월퍼트, 와인버그, 그로스와 레빗 모두 상대주의와 SSK 과학사회학이 과학자에 미치는 영향은 미미할지라도 일반 대중에게, 학생들에게, 과학 정책을 수행하는 정치인·국회의원에게 나쁜 영향을 미칠 수 있으며 실제로 그러했다고 강조하고 있다. 특히 와인버그는 1980년대를 통해서 110억 불이 소요되는 엄청난 규모의 입자 가속기 초전도 슈퍼콜라이더 Superconducting Supercollider(SSC)의 건설의 가장 강력한 주창자였고, 따라서 지난 30년 간 강력한 입자 가속기의 건설이 미국과 소련의 냉전의 한 형태로 지원되고 건설되었다는 역사학자나 사회학자의 주장에 매우 민감했다.[40] 그의 『최종 이론의 꿈』이 출판된 1993년, 미국 의회는 수많은 물리학자들의 반대에도 불구하고 초전도 슈퍼콜라이더의 지원을 철회했고, 이는 냉전 시기 동안 무제한적으로 지원되던 거대 과학이 과거에 누리던 특권을 잃어버렸음을 상징적으로 보여주는 것이었다.

　마지막으로 과학 전쟁의 여러 논객들이 상대방의 주장에 대해 공

---

40) 예를 들어 A. Kolb and L. Hoddeson, "The Mirage of the 'World Accelerator for World Peace' and the Origins of the SSC, 1953~1983," *Historical Studies in the Physical Sciences* 24(1993), pp. 101~24는 1970년대 구상되었다가 실패한 '매우 거대한 가속기 Very Big Accelerator'와 1980년대 이후에 새롭게 추진되기 시작한 '초전도 슈퍼콜라이더 Superconducting Supercollider'를 비교하면서 전자가 국제 협력과 국제 평화를 염두에 두고 추진되었음에 반해 후자는 소련과 유럽에 대한 미국 물리학의 패권을 지키려는 목적에서 만들어졌음을 주장하고 있다.

평하고 학자적이지 못했다는 점을 언급해야겠다. 월퍼트는 한 신문과의 인터뷰에서 자신이 SSK 과학사회학자들을 '혐오한다'고 했고 이들을 '과학의 진짜 적'으로 규정했다. 그로스와 레빗이 비판자들을 '강단 좌익'으로 규정한 것도 학문적인 이론과 성과를 '좌익의 음모'의 수준으로 보는 수준 낮은 차원의 비판이었다. SSK 과학사회학자들이 소칼의 날조에 속아 넘어간『소셜 텍스트』와 앤드루 로스를 수준 낮은 학술지와 학자로 평가절하한 것도 정당하지 못한 태도였다. 나는 로스의『이상한 날씨』의 몇 개의 장chapter이 ─ 뉴 에이지 운동에 대한 부분과 컴퓨터 해커에 대한 부분 ─ 현대 사회 속의 과학에 대한 상당히 괜찮은 수준의 분석이라고(그가 이런 문제에 대한 자신의 윤리적 입장을 모호하게 얼버무리는 것에 대해서는 비판적이지만) 보고 있다. 그렇지만 무엇보다도 SSK 과학사회학의 정당한 학문적 성과와 학문적으로 중요하지도 않은 극단적인 주장들을 같은 평면에 놓고 동시에 비판함으로써 현대 사회의 과학을 객관적·학문적·비판적으로 이해하려 했던 모든 성과를 말도 안 되는 난센스로 간주하는 것은 과학 전쟁에 있어서 가장 정당하지 못했던 행위라고 할 수 있다. 이제 이런 점들을 염두에 두면서 내가 분석한 세 가지 쟁점을 조금 더 자세히 살펴보자.

I. 첫번째 쟁점: 과학과 사회·문화

과학 전쟁에서 양 집단의 의견의 차이를 극명하게 드러냈던 첫번째 문제는 사회나 문화가 과학에 어떤 영향을 미치는가라는 문제이다. 과학자 사회도 사람의 집단이기 때문에 나름대로의 독특한 규범과 특성을 가지고 있다는 점은 잘 알려져 있다. 로버트 머턴Robert Merton과 같은 과학사회학자는 1930~40년대에 이미 과학자 사회의 규범을 보편주의·공평주의·집합주의·조직된 회의주의로 규정하면서, 과학자 사회에서의 권위와 위계는 철저히 누가 더 좋은 연구를 더 많이 출판했는가에 근거해서 이루어진다는 점을 강조했다. 이외에도 머턴은 과학과 민주주의의 상보적 관계처럼 과학과 사회의 다양한 상호 작용을 분석했다. 그럼에도 불구하고 머턴은 사회가 과학의 '내용'에 영향을 미치는 경우 그 결과는 오류를 만들 뿐이라고 강조했다. 지식사회학자 칼 만하임도 사회는 사회과학의 내용에만 영향을 미칠 수 있지 자연과학의 내용에는 영향을 미칠 수 없다고 보았다.[41]

앞에서 언급했듯이 스트롱 프로그램, SSK 과학사회학은 머턴의 과학사회학, 만하임의 지식사회학을 비판하고 사회·문화가 과학의 내용에 긍정적인 방향으로 영향을 미칠 수 있음을 강조하면서 출범했다. 사회의 영향은 꼭 오류를 낳지 않을 수도 있다는 것이 이들의 출발점이었다. 과학사회학자 도널드 매켄지의 연구는 통계 이론에 대한 한 논쟁에서 피어슨의 방법이 율의 방법을 누르고 일반적으로 받아들여지게 된 이유를 피어슨의 방법이 연속적인 변수를 잘 분석할 수 있게 해줌으로써 이 방법이 당시 '우생학eugenics'의 프로그램을 뒷받침하는 데 사용될 수 있었다는 점에서 찾고 있다(제1장 참조). 비슷한 예로, 독일 나치 물리학자 요르단P. Jordan에 대한 연구에서 노턴 와이즈는 나치즘에 대한 요르단의 믿음이 요르단의 양자물리학의 '변환 이론'이라는 중요한 업적을 낳았던 요소 중 하나였음을 강조하기도 했다.[42]

---

41) Robert Merton, *The Sociology of Science* (The University of Chicago Press, 1973).

42) Donald MacKenzie, "Statistical Theory and Social Interests: A Case Study," *Social Studies of Science* 8(1978), pp. 35~83; M. Norton Wise, "Pascual Jordan: Quantum Mechanics, Psychology, National Socialism," in M. Renneberg and M. Walker eds., *Science, Technology, and National Socialism* (Cambridge: Cambridge Univ. Pr., 1994), pp. 224~54.

매켄지와 와이즈의 연구 이외에도 많이 언급되는 연구로 폴 포먼 Paul Forman이라는 과학사학자의 연구가 있다.[43] 포먼은 비인과적인 양자물리학이 정치·사회적으로 몹시 불안정한 바이마르 공화정에서 등장했다는 점에 착안해서, 당시 기계론적인 세계관을 비판하던 인문학자들의 공격에 둘러싸여 있던 물리학자들이 이런 공격을 벗어나고 물리학이 뉴턴 식의 기계론과 거리가 있음을 강조하기 위해 물리학의 기본 원칙 중 하나인 고전 물리학의 인과율causality을 버리고 대신 비인과적인 양자물리학을 적극적으로 형성하고 수용했다고 주장했다. 2차 대전 이후 미국 고체물리학과 양자전자학 quantum electronics의 출현에 대한 또 다른 연구에서 포먼은 군부가 고체물리학을 집중적으로 지원한 것이 고체물리학을 외형적으로 키웠고, 이의 연구 방향과 목적을 결정했을 뿐만 아니라, 과학자들로 하여금 쉽게 눈에 보이고 기술에 응용되는 연구로 더 많은 관심을 돌리게 했다고 주장했다. 군부에 의해 무제한적으로 지원을 받는 이러한 새로운 환경 속에서 고체물리학자들은 근본적인 질문과 연구보다는 테크닉과 기술에의 응용이란 방향으로 고체물리학을 발전시켜갔다는 것이다. 포먼의 두번째 연구는 샌드라 하딩과 같은 페미니스트에 의해 2차 대전 이후의 물리학이 군사적·파괴적이고 남성적이라는 주장을 뒷받침하는 증거로 원용되었고, 하딩의 이러한 주장은 와인버그, 그로스와 레빗, 소칼의 공격의 단골 메뉴였다.

사회·문화가 과학의 내용에 영향을 미친다는 주장에 대한 비판은 과학사회학 내부에서도 제기되었다. 아이러니컬하게 브루노 라투어

---

43) Paul Forman, "Weimar Culture, Causality, and Quantum Theory, 1918~1927: Adaptation by German Physicists and Mathematicians to a Hostile Intellectual Environment," *Historical Studies in the Physical Sciences* 3(1971), pp. 1~116; idem, "Behind Quantum Electronics: National Security as Basis for Physical Research in the United States, 1940~1960," *ibid.* 18(1987), pp. 149~229.

도 이러한 스트롱 프로그램의 주장에 대한 비판자 중 한 명이다. 라투어는 사회가 과학의 내용에 영향을 미친다고 주장하는 사람들이 사회와 과학의 유사성·공통점을 찾아 ── 예를 들어 사회의 남성성의 이데올로기가 공격적이고 현대 과학의 실험의 방법이 공격적이라는 식의 ── 이 공통점을 매개로 과학이 사회의 영향을 받았음을 강조하는데 이는, 라투어에 따르면, 부질없는 시도라는 것이다. 라투어는 이 과정에서 연구자의 주관과 해석이 개입할 소지가 많음을 지적한다. 위의 예에서도 남성성을 공격적으로, 여성성을 평화적으로 보는 것은 극히 주관적일 수 있음을 알 수 있다. 그렇지만 더 큰 문제는 이러한 스트롱 프로그램의 시도가 현대 사회에서 과학이 왜 인식론적으로, 물질적으로 막강한 힘을 가지고 있는가를 설명하지 못한다는 데 있다는 것이 라투어의 지적이다. 라투어는 과학사회학이 "사회가 어떻게 과학을 만드는가"라는 질문에서 "과학이 어떻게 사회를 만드는가" 또는 "과학과 사회가 어떻게 동시에 형성되는가"라는 질문을 던지고 답을 얻기 위해 애써야 한다고 역설했다. 1980년대를 통해 라투어는 소위 '사회구성주의'와 결별하고 프랑스의 미셸 칼롱 Michel Callon 등과 함께 '행위자 네트워크 이론 actor-network theory'이라는 새로운 과학사회학의 프로그램을 발족시켰다(제1장 참조).[44]

과학 전쟁에서 SSK 과학사회학을 비판했던 과학자들도 과학자의 '활동'이 사회적 활동이고, 이것이 제반 사회적 요소의 영향을 받음을 인정하고 있다. 이들 과학자들이 비판한 것은 '과학의 내용·진리'가 사회에 의해 영향을 받는다는 것이었다. 과학의 이론이나 법칙

---

44) 라투어의 비판은 그의 『프랑스의 파스퇴르화 *The Pasteurization of France*』 (Harvard, 1988)를 참조. '행위자 네트워크 이론'에 대해선 M. Callon, "The Sociology of an Actor-Network: The Case of the Electric Vehicle," in M. Callon, John Law, and A. Rip eds., *Mapping the Dynamics of Science and Technology* (Macmillan, 1986), pp. 19~34.

이 자연에 존재하는 것을 어렵게 '발견'하는 것이라면, 또는 과학의 방법이 세계에 대한 인식으로부터 과학자의 주관·편견·믿음을 하나씩 제거해서 순수하게 객관적인 진리에 도달하는 것이라면, 이 과정에 사회·문화적 요소가 중요한 변수로 개입할 수 있다고는 생각하기 힘들다. 그렇지만 이런 주장을 그대로 받아들이기엔 두 가지 문제가 있다. 첫번째는 조금 철학적인 문제로서 과학의 이론이나 법칙이 '자연'에 '존재'하는 무엇을 발견하는 것인가를 생각해보자. 먼저 지적할 것은 '법칙'과 '실재'는 다른 방식으로 존재한다는 점이다. 조금 극단적인 비유로 이는 야구공과 야구의 룰이 존재하는 방식에 비유할 수 있다. 그렇지만 내가 검토하고 싶은 문제는 이것보다는 과학의 법칙과 이론은 어디까지 순수한 자연을 대상으로 하고 있는가 라는 문제이다. 이를 맥스웰의 전자기학을 예로 들어 생각해보자. 현대 전자기학의 기본인 맥스웰의 방정식은 전류와 그 주변의 자기장의 관계를 그 일부로 다루고 있다. 그렇다면 전류는 언제부터 과학자들의 연구 대상이 되었는가? 전류는 19세기 초엽 볼타가 전지를 발명한 이후 과학자들의 도구tool이자 연구의 대상으로 등장했다. 18세기동안 전기를 연구한 수많은 과학자에게 전류라는 것은 존재하지 않았던 것이다. 19세기 전반부를 통해서 과학자들은 전류를 구성하는 실재의 존재를 규명하기 위해 많은 실험을 했지만 이것이 존재한다는 결정적인 증거를 밝혀내지 못했고, 이런 상황에서 맥스웰을 비롯한 영국의 몇몇 과학자들은 전류라고 부르는 것은 에테르ether(공간을 메우고 있는 가상적인 실재)의 전자기장(場) field이 만들어낸 하나의 '효과'에 불과하다는 주장을 폈다. 맥스웰의 방정식은 이러한 가상적인 실재인 에테르의 특성을 묘사하는 과정에서 만들어졌고, 더 놀라운 것은 이 방정식의 조합으로부터 '전자기파'라는 새로운 종류의 파동이 존재한다는 결론이 유도되었다는 것이다. 맥스웰은 살아 있는 동안 전자기파를 검출하는 데 실패했지만, 이는 영국과 독일의 전통을 결합시킨 독일 과학자 헤르츠에 의해 그의 실험실에서 1888년 처음 만들어지고 검출되었다. 1888년 이후 전자기파는 과학자들의 연구 대상이자 다른 연구를 위한 중요한 도구로 사용되었다.[45]

나는 전류나 전자기파가 자연에 존재하는 것이 아니라 사람이 만들어낸 인공임을 주장하려는 것이 아니다. 번개는 자연에 존재하는 전류로 볼 수 있으며 또한 이로부터 강력한 전자기파가 발생한다. 그렇지만 번개를 전류와 전자기파라는 개념으로 이해하기 시작한 것은 과학자들이 인공적으로 전류와 전자기파를 만들고 나서이다. 인공과 자연이라는 것은 실험실이라는 공간을 통해 과학자들의 실천과 기구를 매개로 복잡하게 얽혀서 발전하는 형태를 보인다.[46] 바로 여기에 과학자들의 실천을 다른 각도에서 볼 수 있는 여지가 있다. 만일 과학자들의 실천이 자연에 존재하는 비밀을 한 꺼풀씩 벗겨내서 궁극적인 실재에 도달하는 것이 아니라 한 시점에서 가능한 이론적 · 실험적 · 기술적인 요소를 취사 선택해서 그 시점에서 실험실에서 만들어진 인공적인 자연을 가장 잘 기술하는 이론 · 법칙을 만들어내는 것이라면, 이 과정에 사회 · 문화적 요소가 개입할 여지가 존재하는 것이다. 예를 들어 허셜W. Herschel이 1800년 적외선을 발견한 이후 독일의 물리학자 리터J. W. Ritter는 조금은 신비적인 독일 자연철학Naturphilosophie의 '극성polarity' 이론에 근거해서 붉은색의 밖에 적외선이 있다면 보라색의 밖에는 자외선이 있다고 확신했으며, 결국

---

45) 맥스웰의 전자기학과 헤르츠의 전자기파 발견에 대한 아주 자세한 역사적인 연구로 Jed Buchwald, *From Maxwell to Microphysics* (Chicago, 1985): idem, *The Creation of Scientific Effects: Heinrich Hertz and Electric Waves* (Chicago, 1994)가 있다.

46) Ian Hacking, *Representing and Intervening: Introductory Topics in the Philosophy of Natural Science* (Cambridge, 1983).

눈에 안 보이는 자외선의 화학 반응을 검출함으로써 이 존재를 확인했다. 리터는 허셜의 적외선, 자신이 알고 있던 빛의 다양한 화학 반응, 독일의 독특한 자연철학을 결합시킴으로써 스펙트럼의 역사에 새로운 장을 여는 중요한 업적을 남긴 것이다. 이 과정에서 과학적 요소와 문화적 요소 사이의 간극은 상당히 좁아짐을 볼 수 있다.

두번째 문제는 과학의 제도 · 방법 · 목적 · 내용의 경계가 정확하게 어디에 있는가라는 문제이다. 2차 대전 이후 고체물리학에 대한 군부의 한정 없는 지원은 고체물리학을 키우는 결정적인 견인차였다. 또 물리학자들은 군부의 지원을 받아내기 위해 군사적 · 기술적으로 응용 가능성이 높은 연구 주제를 선택해서 연구비를 신청하고, 그 결과도 비밀 문서로 다루어 학술지에 출판하기보다는 군사 기관에 제출하곤 했다. 이러한 과정은 과학의 내용에 아무런 영향도 미치지 않았을까? 소칼은 군부의 지원과 고체 물리의 내용 · 법칙은 전혀 무관한 것임을 역설한다. 거꾸로 군부가 아닌 민간 단체가 이를 지원했다고 해도 고체물리학의 법칙엔 아무런 차이도 없을 것이라는 주장이다. 이는 1950년대 고체물리학자들이 "군부의 연구비나 대학의 연구비나 돈에는 아무런 차이가 없다"고 주장하면서 군사 연구를 경쟁적으로 받아서 수행했을 때 스스로를 정당화하던 논리와 일맥 상통한다. 복잡한 수학으로 표현되어 있는 물리학의 법칙에서 '군사적 이해 관계'를 발견하는 것은 허블 망원경으로 관찰한 은하계에서 '자본주의의 이해 관계'를 발견하는 것만큼이나 의미 없는 시도일지 모른다. 그렇지만 만일 군사적 지원이 없었다면 고체물리학은 조금 다른 방향으로, 즉 기술적인 응용보다는 더 근본적인 이론에 중점을 두는 식으로 발전했을 가능성은 없었을까? 만약 미—소의 냉전이 없었고 이 두 나라가 경쟁적으로 거대한 입자 가속기를 건설하지 않았다면 오늘날의 입자물리학은 조금 다른 모습을 띠고 있지는 않을까?[47]

이 문제에 대해 분명한 해답을 얻는 것은 사실 불가능한데, 그 이유는 이런 질문은 존재하지 않았던 역사적 사실에 대한 가정적인 질문이고, 존재하지 않았던 사실은 우리가 지금 살고 있는 현재를 만드는 데 아무런 기여도 하지 못했기 때문이다. 그렇지만 SSK 과학사회학자들은 자연에 대한 다양한 해석이 있을 수 있다는 전제하에 이런 질문에 대해 '그럴 수도 있다'는 답을 선호한다. 군부의 지원과 같은 중요한 외적 변수는 과학이 걸을 수 있는 여러 가지 가능한 길 중 한 가지를 선호하게 함으로써 과학의 발전을 특정한 각도로 고정시킨다는 것이다. 반면, 과학의 발전이 자연에 존재하는 절대적 진리에 한 걸음씩 가까워지는 과정으로 간주하는 사람들은 연구비의 지원과 같은 외적 요인은 이를 촉진시키거나 늦추거나 하는 것이지 이를 다른 방향으로 돌릴 수 없는 것임을 강조한다. 와인버그는 조금 극단적으로, 외계인이 존재해도 우리와 같은 과학을 가지고 있을 것이라고 믿고 있다. 흥미있는 사실은 와인버그가 믿는 과학 발전의 필연성에 모든 과학자가 동의하는 것은 아니라는 것이다. 와인버그의 동료 수리물리학자 펜로스의 다음의 논평은 이런 의미에서 시사하는 점이 많다.

왜 입자물리학자들은 거의 보편적으로 대칭symmetry이 근본적이라는 견해를 고집하는 것일까? 나는 그 이유가 많은 경우 역사적이고 아마도 또 한편으로는 문화적이라고 믿는다. 역사적인 점은 대칭을 근본적이라고 함으로써 와인버그, 글래쇼, 살람과 다른 물리학자들은 필요한 정합적인 모든 특성을 가지고 있는 약전기 이론 electro-weak

---

47) 이 문제에 대한 한 가지 시험적인 역사학적 시도가 M. Cini, "The History and Ideology of Dispersion Relations: The Pattern of Internal and External Factors in a Paradigmatic Shift," *Fundamenta Scientiae* 1(1980), pp. 157~72에 있다.

theory에 도달하는 값진 루트를 걸었다는 것이다. 그렇지만 지금 우리는 또 다른 이론 — 대칭을 근본적이라고 보지 않고 단지 피상적으로만 보는 이론 — 에 효과적으로 도달할 수 있었던 다양한 루트가 존재했음을 알고 있다. 문화적인 점은 대칭이 단순하고 아름다우며 따라서 자연의 신비에 더 잘 도달할 수 있다고 여겨졌다는 것이다. 〔……〕 우리의 차이는 이론의 어떠한 점이 아름다운가라고 생각하는 데 있다. 와인버그에겐 표준 모델의 대칭적인 측면이 아름다움의 중요한 요소이다. 나는 대칭에 대해서 이렇게 느끼지 않음을 고백해야겠다. 어떤 측면에서 대칭은 단순하고 우아하다기보다는 이론의 지저분하게 복잡한 특징을 나타내고 있다. 내겐 표준 모델에 결정되지 않은 열일곱 개의 변수가 있다는 사실이 대칭에서 나오는 어떤 아름다움을 상쇄하고도 남는다.[48]

II. 두번째 쟁점: 과학은 사회 · 문화적 함의를 가지는가

과학 전쟁에서 논란이 되었던 문제 중 하나는 "카오스 이론이 포스트모더니즘을 지지하는가"라는 문제에서 볼 수 있는 것처럼 자연과학의 사회 · 문화적 함의implications에 대한 것이었다. '버터플라이 효과'에서 볼 수 있는 카오스 이론의 상호 연관성, 비선형성, 무질서 속의 질서의 추구와 같은 특성이 거대 담론을 해체하고, 분절된 개체간의 상호 연관성을 강조하고, 복잡한 경험을 단순화시키는 것에 반대하는 포스트모더니즘 사회철학과 유사성이 있다는 것은 료타르Lyotard와 같은 포스트모더니즘의 이론가에 의해 지적되었고 이후 캐서린 헤일스에 의해 자세히 분석되었다. 이 문제에 대한 차이는 특히 소칼 사건에서 극명하게 드러났다. 소칼은 앤드루 로스와 같은 포스

---

48) Roser Penrose, "Nature's Biggest Secret"(Review of S. Weinberg's *Dreams of a Final Theory*), *New York Review of Books* (21 Oct. 1993).

트모더니스트가 자신이 놓은 덫에 걸린 이유가 양자 중력과 같은 첨단 과학 이론이 해방적인 포스트모더니즘을 지지한다는 자신의 날조된 입발림에 넘어갔기 때문이라고 하면서, 자연과학과 사회·문화 이론 사이에는 아무런 연관이 없음을 강조했다. 더 나아가 소칼은 이러한 연관을 조금이라도 자신의 이론적 근거로 삼는 포스트모더니즘 철학, 사회 이론에 대해서도 비판의 메스를 가했다. 그로스와 레빗 역시 자신들의 『고등 미신』에서 과학에서 사회·문화적 함의를 찾으려고 하는 대부분의 시도는 과학에 대한 무지에서 기원한다고 결론지었다.

　이 문제를 분석하기에 앞서 과학에서, 아니 자연 현상에 대한 해석에서 사회적 함의를 찾으려 했던 시도는 단지 20세기말의 카오스 이론에만 국한되지 않는다는 사실을 생각해볼 필요가 있다. 고대 시기부터 일식이나 월식 같은 천체의 현상은 인간사에 나타나는 어떤 종류의 변화를 상징한다고 간주되었다. 17세기 기계적 철학은 불경한 무신론과 동일시되었으며, 뉴턴의 절대 공간과 절대 시간에 대한 논의는 신의 존재를 지지하는 증거로 뉴턴과 그의 후계자에 의해 널리 언급되었다. 보일의 실험과학은 로크의 경험주의 철학의 모태가 되었고, 볼테르에게 뉴턴 과학은 프랑스 사회를 계몽시키고 독단과 싸우는 중요한 무기였다. 19세기 후반 엔트로피가 증가한다는 열역학 제2법칙은 우주의 비관론적인 종말과 신의 존재를 증명하는 것으로 해석되어졌다. 다윈의 생존 경쟁은 스펜서의 적자 생존의 사회적 다원주의에 이용되었다. 아인슈타인의 반대에도 불구하고 그의 상대성 이론은 상대주의 철학을 뒷받침하는 과학 이론으로 자주 언급되었으며, 양자역학의 비결정론은 결정론을 파괴하면서 인간의 자유 의지에 더 많은 가능성을 부여했다고 얘기되어지곤 했다.

　엄밀하게 말해서 자연과학의 사회·문화적 함의는 극히 제한되어 있다고 보아도 무방하다. 소칼이 지적했듯이, $10^{-33}cm$ 범위에서 작용하는 양자 중력이 인간의 경험이나 우리가 사는 사회에 대해 새로운 인식을 제공해줄 것이라고 기대하는 것은 난센스이다. 역시 미시 세계에서 적용되는 양자물리학의 비결정론이 거시 세계의 자유 의지와 인과적 관계에 있다고 보는 것도 문제가 많다. 이런 확대 해석은 어떤 경우 득보다는 해악의 근원이 되었다. 1930년대 독일 물리학자들은 양자물리학의 불확정성·상보성을 인간의 의식의 차원, 사회의 차원까지 확장, 멋대로 해석해서 사람의 의식에는 항상 채워지지 않은 부분이 있고 이는 위대한 퓌러(히틀러)의 정신적 통제가 독일 인민에 작용할 과학적 근거라고 주장했다.

그렇지만 이 문제 역시 "과학은 과학이고 사회는 사회다"라는 식으로 간단하게만 결론지을 수 없는 요소들이 있다. 확대 해석이 가질 수 있는 잠정적인 위험을 염두에 두고 다음 두 가지 점에 대해 생각해보자.

먼저, 어떤 사람이 그의 철학이나 사회 이론에서 자연과학의 해석에 대해 잘못이나 실수를 범했다고 해서, 그 철학이나 사회 이론이 전부 틀렸다고 비난하는 태도에는 문제가 있다. 데리다의 아인슈타인에 대한 해석이 이론물리학에 대한 무지를 드러낸다고 그의 모든 철학 체계가 전부 엉터리인 양 몰아붙이는 것은 올바르지 못하다는 것이다. 볼테르가 뉴턴 과학에 무지했다고 사상가로서의 그를 경멸할 이유는 없다. 이는 역으로 상보성 이론에 입각한 닐스 보어의 원자탄에 대한 나름대로의 입장이 너무 단순했다는 사실에서 그의 상보성 이론 자체가 잘못되었다고 하는 것이나 비슷하다. '자연'에 대한 추상적인 과학이 '사회'의 규범이나 윤리, 사람이 사는 방식에 대해 직접적인 함의를 가지는 경우는 많지 않다. 약 100여 년 전에 우리는 시간과 공간이 물리적으로 연관되어 있고 이것이 4차원의 연속체를 이루고 있음을 알았지만, 우리가 경험하고 사는 세계는 3차원의 공간과 이것과 무관한 시간의 흐름으로 구성되어 있는 것과 유사하다. 과학의 이론이나 법칙이 인간과 사회에 대해서도 그대로 들어맞는다고 생각하는 것은 '과학지상주의'의 근원이 된다. 과학으로부터 얻어진 철학적·종교적·사회적·문화적 함의는 제한적인 함의로서 받아들여야지 그것이 과학에서 얻어졌다고 무조건 진리라고 생각하는 것도, 과학은 과학이고 사회는 사회이기 때문에 무조건 잘못되었다고 하는 것도 모두 바람직하지 못한 입장이다.

두번째로 지적할 것은 소칼이나 그로스와 레빗은 포스트모던 인문학자들이 과학의 의미를 자신들의 철학이나 사회 이론을 뒷받침하기 위해 왜곡했다고 강력히 비판하고 있음에 반해 불확정성 원리의 철학적 의미를 설파한 하이젠베르크나, 상보성 이론의 사회적·역사적 중요성을 주장했던 닐스 보어, 비평형 상태의 화학의 철학적·인식론적·사회적 의미를 대중을 상대로 홍보한 프리고지네에 대해서는 비교적 관대하다. 이러한 관대한 태도는 '과학에 대해선 과학자들이 가장 많이, 잘 알고 있다'는 생각을 암암리에 전제로 하고 있다. 이러한 생각에는 잠정적인 문제가 있는데, 이런 생각을 조금 확장하면 "과학의 사회적 이용, 그 결과, 책임에 대해서도 과학자가 가장 잘 알수 있다"는 결론에 도달하기 때문이다. 그렇지만 최근 캐스린 카슨의 홍미로운 연구는 '포스트모던 과학'이라는 포스트모더니스트들의 생각은 『춤추는 물리』, 『물리학이 찾은 신』과 같이 현대 물리학의 이론적 성과를 철학적·신비적·동양적으로 해석했던 1970~80년대 일군의 저서에 바탕하고 있으며, 이런 신비적 해석의 근원에는 현대 양자물리학의 혁명적인 성격을 그것의 급진적인 철학적·사회적 함의를 지적함으로서 보이려 했던 물리학자들의 자서전·회고록 등이 존재했음을 보이고 있다.[49] 즉 포스트모더니스트들의 포스트모던 과학이라는 생각과 결정론·인과론, 주체—객체의 구분을 허물었다고 회자된 양자물리학의 성과 사이에는 명백한 경계선보다는 복잡한 연관이 있었던 것이다.

III. 세번째 쟁점:
상대주의와 반성적 사고가 내포한 문제

과학 전쟁을 통해서 논란과 혼동을 가중시킨 이슈 중 하나는 상대주의와 관련된 것이다. 상대주의와 실재론은 종종 동일시되었고, 그 예로 와인버그와 소칼은 SSK 과학사회학자들이 자연에 실재가 존재하지 않고 따라서 자연에 대한 어떤 설명도 다 참이라고 간주하고 있다고 주장했다. 그렇지만 내가 더 관심을 두고 있는 것은 상대주의와 실재론의 혼동과 같은 문제가 아니라 이러한 주장이 SSK 과학사회학의 몇몇 극단적인 주장을 SSK 과학사회학의 전부, 또는 대표적인 주장이라고 간주한 결과라는 것이다. 예를 들어 SSK 과학사회학자 가운데 객관적인 세계가 존재하지 않는다거나 자연과학의 모든 진리가 단순히 과학자들 사이의 합의에 불과하며 따라서 현대 과학이나 고대의 신화 사이에 아무런 차이가 없다라고 주장한 사람은, 내가 아는 바로는, 아무도 없다. 단적으로 말해서, SSK 과학사회학자들이 바보가 아닌 이상 이런 주장이 쉽게 제기되고 받아들여지리라고 생각하는 것은 큰 오류이다. 많은 경우 이들이 말하고자 했던 것은 과학자들이 발견한 진리·법칙·실재entity들이 많은 경우 매우 복잡한 과정을 거쳐서 만들어지며 이 과정에서 어떤 종류의 '합의'가 개입될 수도 있다는(또 종종 개입되었다는) 것이다.

라투어의 반실재론은 반대자들의 비판의 표적이었고, 이를 근거로

---

49) Cathryn Carson, "Who Wants a Postmodern Physics?" *Science in Context* 8: 4(1995), pp. 635~55.

많은 사람들이 SSK 사회학자들은 과학자들의 연구 대상인 외부 세계가 존재하지 않는다고 믿는다는 잘못된 인식이 유래했다. 라투어가 『실험실 생활』에서 연구한 예는 소크 연구소의 과학자들에 의해 이루어진 TRF라는 호르몬의 발견이었는데, 이는 인간이나 동물과 같은 생명체에서 만들어지는 유기물이고 따라서 전체 우주를 통해 극소수의 분량만이 존재하는 물질이다. 소크 연구소가 이의 극소량을 발견하기까지 돼지 머리 500톤을 소모했다는 사실은 이의 검출이 얼마나 어려웠는가를 잘 보여준다. 여기서 라투어가 던진 문제는, 소크 연구소의 과학자들이 한 번도 검출된 적이 없었던 TRF라는 물질을 언제, 어떤 방법을 통해 발견했음을 알게 되었고, 왜 다른 과학자들은 이들의 주장을 받아들였을까라는 질문이었다. 라투어는 당시에 소크 연구소의 과학자들이 다른 그룹의 과학자들과 같은 주제를 놓고 경쟁 관계에 있었음을 발견했고, 이 두 그룹 사이에서 서로의 데이터를 놓고 그 데이터의 정당성에 대해 논쟁이 있었으며, 이런 과정에서 어느 순간 두 그룹이 어떤 특별한 종류의 데이터가 TRF의 존재를 보여준다고 동의했음을 알아냈다. 라투어의 분석에서 볼 수 있는 것은 과학적 '발견'이라는 것은 종종 이런 복잡한 과정을 거쳐서 어렵게 과학자 사회 속에서 인정된다는 것이었고, 따라서 과학에서 진리라고 말하는 것은 종종 이런 복잡한 사회학적 과정의 결과라는 것이었다. 이 과정을 한 측면에서 보면 "실험 데이터를 만들어내는 기기의 캘리브레이션calibration에 대한 두 팀의 합의는 TRF라는 호르몬의 발견을 낳았다"고도 볼 수 있는 것이다. 그렇지만 라투어는 이를 "TRF가 이 두 그룹의 합의 전에는 존재하지 않았다고 볼 수 있다"는 극단적인 구성주의의 명제로 표현했고, 이는 과학자들의 공격 이전에 SSK 과학사회학·과학철학 내부에서도 많은 비판을 받았다.[50]

분명한 것은 반실재론을 신봉하는 사람은 소수였지만 많은 SSK 과학사회학자들이 스스로를 상대주의자라고 부르는 데 주저하지 않는 다는 것이다. 스트롱 프로그램의 전통에 서 있는 해리 콜린스는 스스 로의 방법론을 '상대주의의 경험 프로그램 Empirical Program of Relativism'이라고 명명하기도 했다.[51] 이들 상대주의 과학사회학자들 과 대다수 과학자들의 차이는 아마도 과학자들이 '과학은 진리이다' 라는 명제를 당연하게 생각하는 반면, 과학사회학자들은 이에 대해 유보적이거나 회의적인 입장을 취하고 있다는 점일 것이다. 앞에서 언급했지만 과학이 발전하고 있다는 역사는 우리에게 한 시대에 과 학적 진리라고 생각되던 것이 시대가 바뀌면서 오류로 판정되고 잊 혀지는 예를 많이 제공하고 있다. 17세기 과학 혁명 이후에도 데카르 트의 역학, 플로지스톤 phlogiston(물체가 연소하면서 방출된다고 간주 되었던 기체) 이론, 뉴턴의 빛의 입자설, 칼로릭 caloric 열 이론, 라마 르크의 용불용설, 힘의 보존 법칙, 에테르 이론 등 수많은 과학 이론 이나 법칙이 이후 잘못된 것으로 판명이 났다. 이러한 예를 보면 우 리가 진리라고 믿고 있는 이론 중 50년 뒤에도 살아남을 이론이 무엇 일지 짐작하기가 쉽지 않다. 아마도 과학자와 SSK 과학사회학자의 입 장의 차이는 '과학은 진리이다'라는 명제를 "과학은 한 시기에 자연 현상에 대한 가장 그럴듯한, 설득력 있는 설명이다"로 바꾼다면 상당 히 좁혀질 것이다.

이 마지막 명제에 동의할지라도 미묘한 차이는 계속 존재한다. 와 인버그와 같은 과학자는 갈릴레오에서 뉴턴의 역학, 맥스웰의 장론,

---

50) 이러한 비판의 한 예로 Ian Hacking, "Participant Irrealist at Large in the Laboratory," *British Journal for the Philosophy of Science* 39(1988), pp. 277~94; Sergio Sismondo, "Some Social Constructions," *Social Studies of Science* 23(1993), pp. 515~53 참조.

51) H. M. Collins, "Stages in the Empirical Programme of Relativism," *Social Studies of Science* 11(1981), pp. 3~10.

아인슈타인의 상대론, 양자역학, 양자장론, QED(quantum electrodynamics)를 거쳐 입자물리학의 '표준 모델'에 이르는 물리학의 발전이 단순히 그 각각의 시기에 가능한 최상의 설명만이 아니라 궁극적인 진리를 향해 점진적으로 나아가고 있는 거대한 발전의 중간 단계임을 주장한다. 따라서 와인버그에 의하면 이 각각의 발전은 궁극적 진리를 향해서 가는 과정에 존재하는 어떤 종류의 '필연성' ──외계인이 과학을 발전시켜도 같은 순서를 밟을 것이라는── 을 보여주고 있는 것이다.

이에 비해 상대론자들은 이런 필연성을 상정하는 것이 무의미함을 주장한다. 과학의 발전은 자연을 이해하는 것이지만 이 이해는 과학자인 인간의 활동을 통해 이루어지는 것이며, 이러한 인간의 활동은 기존의 과학이라는 토양에서 다양한 사회적·문화적 요소에 의해 조건지워지기 때문이다. 모든 사람의 생각이 하나일 수 없듯이 상대론자들은 어떤 시기에 발전 가능한 과학이 하나 이상임을 강조한다. 예를 들어 1920년대를 통해 양자물리학에는 파동 함수를 확률로 보고 미시 세계의 불확정성과 미시 존재의 상보성을 주장하는 소위 코펜하겐 학파와 허수가 개입된 파동 함수를 미시 존재의 실재로 보고 비결정론을 배격하는 드 브로이─슈뢰딩거─아인슈타인 연합의 두 학파가 있었고, 이들은 화해하기 힘든 두 양자 물리 체계를 놓고 팽팽히 대립하고 있었다. 상대론자들은 이 두 가지 발전 가능성이 비슷한 상태로 존재했고 이 중 보어의 코펜하겐 해석이 널리 받아들여지게 된 데는 이론의 설득력보다는 다른 외부적인 요소가 작용했을 여지가 있음을 상정하고 있다. 다른 말로 하자면, 상대주의자들은 만일 어떤 특별한 상황하에서 코펜하겐 해석이 아닌 드 브로이─슈뢰딩거─아인슈타인의 이론이 받아들여지게 되었다면, 이 이론은 코펜하겐 이론만큼이나 여러 분야에서 좋은 성과를 거둘 수 있었다는 것이다. 이렇게 한 시점에서 과학이 걸을 수 있는 길이 다양하게 열려 있음은 과학의 '해석적 유연성 interpretative flexibility'이라고 명명되었다.[52]

그렇지만 상대주의 SSK 과학사회학자들과 객관주의에 바탕한 과학자들 사이에 공통점도 있다. 과학자들이 "우리는 과학을 통해 자연의 진리를 안다"고 생각하듯이 SSK 과학사회학자들도 "우리는 과학사회학의 분석을 통해 과학이 '해석적 유연성'을 가지고 있다는 것을 안다"라고 생각하고 있다는 것이다. 다시 얘기해서 상대주의자들은 "과학은 상대적이다"라고 말하는 데 주저하지 않지만 상대주의의 인식론적인 근거 자체에 대해서는 거의 과학자들의 객관주의에 맞먹는 신념을 가지고 있다는 것이다. 따라서 상대주의의 프로그램이 자연과학적 방법과 비슷한 사회과학의 방법을 사용하고 있다는 것은 우연이 아니다. 예를 들어 해리 콜린스의 '상대주의의 경험 프로그램'은 1) 과학에서 (주로 논쟁의 해부를 통해) 해석적 유연성을 찾아내고, 2) 이 해석적 유연성이 종료 closure되는 메커니즘을 발견하고, 3) 이 메커니즘을 사회적 배경과 연관시킨다는 방법론으로 구성되어 있다. 이 각각의 방법은 인과적 고리로 연결되어 있고, 콜린스와 같은 상대주의자는 이러한 방법을 사용하면 과학의 상대성을 '확실히' 밝힐 수 있다고 믿고 있는 것이다. 1976년 데이비드 블루어가 스트롱 프로그램을 처음 주창했을 때 "과학이 사회적으로 구성되었다는 과학사회학의 주장도 역시 사회적으로 구성되었다는 점을 항상 고려해야 한다"는 '반성 명제 reflexivity thesis'를 스트롱 프로그램의 일부로 포함시켰었는데, 이 반성 명제는 그간 스트롱 프로그램의 네 가지 명제 중 가장 덜 심각하게 받아들여졌고 가장 덜 논의되었다.[53]

---

52) *Ibid.*

53) 블루어의 4가지 명제는 사회적 요소가 과학의 발전을 인과적으로 설명해야 한다는 '인과 명제 *causality thesis*,' 연구자가 진리/거짓, 합리적/비합리적, 성공/실패

자신의 이론을 분석하는 대상의 이론에 비해 더 엄밀하고, 확실하며, '과학적이다' 라고 가정하거나 주장하는 것은 약자나 억압받는 자가 강자나 지배자를 분석·비판할 때 종종 사용되는 방법이다. 마르크스주의자들이 거대하고 강력한 자본주의의 체제를 비판할 때도 자신의 이론은 과학이고 자본주의 학자의 이론은 이데올로기라는 주장을 폈고, 페미니스트가 가부장제를 비판하기 시작했을 때에도 억압받는 여성이 가부장제의 모순을 더 객관적으로 볼 수 있다는 주장을 폈다.[54] 과학사회학이라는 작은 분야가 인식론적으로, 사회적으로 엄청난 영향을 미치고 있는 현대 과학이라는 거대한 학문을 비판할 때 사용할 수 있는 방법은 자신들의 인식이 확실하고 객관적임을 강조하는 것이었다(이 점에 대한 깊이 있는 논의는 이 책의 제4장을 볼 것). 문제는 이 객관성이 그들이 허구라고 오래 전에 비판한 과학의 객관성과 무척 닮아 있다는 것이다. 이는 역으로 그들의 과학 비판 자체가 과학이 객관적이며 확실한 것임을 지적하는 꼴이 되었던 것이다. 상대주의 과학 비판의 문제는, 나의 생각으로는, 그것의 인식론적인 급진성·무정부성에 있는 것이 아니라 그 깊은 곳에 존재하는 또 다른 형태의 보수적·과학주의적인 성격에 있는 것이다.

한 과학에 대해 공평해야 한다는 '공평 명제 *impartiality thesis*,' 같은 (사회적) 원인이 진실된 믿음과 거짓된 믿음을 동일한 방식으로 설명해야 한다는 '대칭 명제 *symmetry thesis*,' 같은 종류의 인식이 연구하는 대상만이 아니라 연구자 자신에게도 적용되어야 한다는 '반성 명제 *reflexivity thesis*'로 구성되어 있었다. Bloor, *Knowledge and Social Imagery*(주 5 참조).

54) G. Lukacs, "Reification and the Consciousness of the Proletariat"(1922), in his *History and Class Consciousness: Studies in Marxist Dialectrics* (Cambridge, Mass., 1971); Nancy Hartsock, "The Feminist Standpoint: Developing a Ground for a Specifically Feminist Historical Materialism," in S. Harding and M. Hintikka eds., *Feminist Perspectives on Epistemology, Metaphysics, Methodology and Philosophy of Science* (Dordrecht, 1983), pp. 283~311.

4. 한국의 과학학과 과학 전쟁

한국에서 이제 막 뿌리내리기 시작한 과학학은 과학의 인식론적·역사적·사회적·정책적인 의미를 학문적 차원에서 깊이 연구하려는 시도로서 큰 의미를 지닌다. 과학에 대한 목소리가 한전의 원자력 안전에 대한 홍보와 이에 대한 운동 단체의 반대라는 두 극단 사이에서 다양화되는 것은 어떤 경우에도 바람직한 일이다. 이런 상황에서 지난 몇 년 동안의 서구의 과학 전쟁은 우리에게 몇 가지 시사하는 점이 있다. 먼저 분명한 교훈 중 하나는 극단적인 상대주의나 반실재론은, 과학이 절대적이고 지고한 선(善)이다라는 주장처럼, 현대 과학을 제대로 이해하는 데 별반 도움이 안 된다는 것이다. 현대 물리학이나 아프리카 부족의 우주론이나 그게 그거다라는 식의 생각은 과학을 이해하는 데 도움이 안 될 뿐만 아니라 사회 속에서 과학의 모습을 바람직하게 바꾸려는 노력에도 도움이 되지 않는다. 마찬가지로 과학의 진리는 과학자들이 진리라고 합의하는 것에 불과하다든지, 과학자들이 생산하는 것은 단지 기호sign라든지, 세계는 마음대로 썼다 지웠다 할 수 있는 텍스트라든지 하는 극단적인 주장은 과학의 힘 앞에 무력함을 느끼는 사람들을 만족시킬 수 있을지는 몰라도 이를 이해하고 이에 적극적으로 개입·대항하기를 원하는 사람들을 만족시키진 못한다. 과학이 만들어내는 언어·기호·상징·힘·텍스트는 과학자의 상상력으로만 씌어진 것이 아니라 세계에 대한 어느 정도는 객관적인, 확실한 이해에 기반한 것이다. "과학자는 가설을 던지고 자연은 이를 검증한다"는 실재론의 오래된 경구는 아직도 의미가 있다.

과학 전쟁은 지난 몇 년 동안 대중의 흥미를 자극하면서 지속되어왔다. 소칼의 날조 이후 뉴욕 대학의 한 무명의 수리물리학자였던 소칼은 뉴욕 타임스의 표지에 사진이 실린 세번째의 수학자라는 영예를 안았을 만큼 유명 인사가 될 정도였다. 표현의 자유가 거의 무제한적으로 보장되는 미국이라는 특수한 환경에서 상대방의 비난에 대한 수준은 다른 나라라면 명예 훼손으로 법정 싸움으로 비화했을 정도의 수위를 넘기도 했다. 상대방에 대한 이러한 원색적인 비난 속에서 상대의 주장이 정확하게 무엇이었는가를 이해하려는 노력은 눈에 잘 띄지 않는다. SSK 과학사회학 · 페미니즘 · 포스트모더니즘을 '강단 좌익'으로 규정한다든지, SSK 과학사회학자들은 세상이 존재하지 않는다고 믿는다든지 하는 비난은 적절하지 못하다. 특히 여러 번 강조했듯이 소칼이나 그로스와 레빗과 같은 과학자들은 거의 학문적인 의미가 없는 극단적인 반과학주의 주장과 현대 과학의 다양한 특성에 대해 깊이 생각하고 고민한 학문적인 성과를 한데 싸잡아서 비판하는 경향을 보이고 있고, 이런 비판이 흥밋거리를 좋아하는 대중 매체에 의해 과장되고 확산되면서 과학 전쟁은 학문적 논쟁이 아닌 '마녀 사냥' 식의 제물 찾기로 빠지기도 했다.

대략 1998년부터 북미와 유럽의 학자들은 과학 전쟁이 서로를 헐뜯는 식이 아닌, 과학자와 과학 연구가 사이의 대화와 토론을 증진시킴으로써 과학과 사회의 이해를 높이는 건설적인 방향으로 나아가야 한다는 목소리를 높였다. 1998년 국내에서도 서울대학교 물리학과의 오세정 교수와 국민대학교에서 과학기술사회학을 전공하는 김환석 교수 사이에 교수신문의 지면을 통해 과학의 객관성과 사회적 영향에 관한 논쟁이 벌어졌다. 논쟁의 발단은 현대 과학이 일으키는 제반 사회적 문제를 해결하기 위해 시민들이 참여해서 과학의 민주화를 꾀해야 한다는, 사회구성주의의 대안적 과학이라는 개념에 입각한 김교수의 주장을, 자연에 대한 보편적 · 객관적 진리를 발견하는 과학에 "인간적이고 환경 친화적인" 과학은 있을 수 없다는 오교수의 반론이 이어지면서 시작되었다.[55] 각각 세 번에 걸친 입장 개진과 한림대 송상용 교수의 정리로 매듭지어진 이 논쟁은 서구의 과학 전쟁에서 흔히 볼 수 있었던 인신 공격과 비방이 없었고, 과학자와 과학 사회학자와 같은 과학학Science Studies 연구자 사이의 대화를 통해 현금의 입장 차이를 인식함으로써, 이후 과학과 과학학 사이의 접촉의 더 풍부한 접면을 만들었다는 평을 받기도 했다. 이런 의미에서 과학 '전쟁'은 국내에선 없었다고 할 수 있다.

오세정 교수와 김환석 교수의 각각의 입장과 그 차이는 그들의 글에 충분히 자세하고 친절하게 서술되어 있기 때문에 여기서 다시 언급할 필요는 없다. 다만 한 가지 얘기하고 싶은 것은, 이 국내 논쟁에서 언급된 '과학'이 — 예를 들어 19세기 빛의 속도에 대한 실험과 상대론의 탄생, 아인슈타인의 광양자 이론, 산소의 발견 등 — 현대 과학과 사회의 관계를 생각하기에는 너무 협소하다는 것이다. 과학에는 이런 '엄밀한' 과학만 있는 것이 아니라, 세상에 대한 보통 담론과 그 경계가 뚜렷하지 않은 덜 엄밀한 과학도 많다.

얼마만큼의 음주가 산모에게 해로운가? 지구 온난화의 주범은 이산화탄소인가 아니면 수증기인가? 동성 연애는 유전인가 아니면 사회적 환경이 만든 것인가? 여성 과학자보다 남성 과학자가 많은 것은 남녀의 두뇌 차이에 근원한 것인가 아니면 사회·문화적 요인에 의한 것인가? 다중 인격이란 정신분석학의 개념은 과학적 근거가 있는

---

55) 김환석, 「과학기술학과 새로운 과학 기술 정책: 과학 기술에도 참여 민주주의 필요하다」, 교수신문 제130호(1998. 3. 9); 오세정, 「김환석 교수의 '과학기술학과 새로운 과학 기술 정책'을 읽고: 상대주의 과학관에 문제 있다」, 교수신문 제131호(1998. 3. 23). 이 논쟁은 두 번에 걸친 김환석 교수의 반론(132호, 135호)과 오세정 교수의 재반론(134호, 135호)으로 이어졌고, 송상용 교수의 정리(「과학기술학의 존재 이유는 과학의 '본질'을 파헤치는 일」, 135호)로 종결되었다.

것인가 아닌가? 식수에 포함될 수 있는 화학 물질의 기준치는 누가 어떤 근거로 정하는 것인가? 이런 질문과 관련된 과학 분야의 —— 소위 의학과 생물학과 같은 '사람에 대한 과학 분야 human sciences' 가 대부분이지만 환경학 · 독성학 toxicology · 화학의 일부도 포함하는 —— 지식의 형성 과정을 살펴보면 과학 내적인 요소와 사회 · 문화적 (그리고 종종 정치 · 경제적) 요소들 사이에 뚜렷한 경계가 그려지지 않는다. 과학과 정치는 뭉뚱그려져서 이런 과학 내용을 규정하고, 이렇게 구성된 과학은 우리의 일상 생활은 물론 사회 전반에 다시 큰 영향을 미친다. 과학 지식과 권력 power의 상호 작용이 우리의 생각과 행동을 바꾸고, 우리의 생각과 행동이 거꾸로 지식의 내용을 변화시키는 그런 예이다. 과학 지식의 사회적 구성과, "인간적이고 환경 친화적인 과학"이란 얘기가 보다 의미를 가질 수 있는 영역은 빛의 속도의 측정이나 산소의 발견과 같은 문제가 아니라 바로 이런 '인간적인' 문제를 다루는 과학이다. 이런 과학 지식의 형성 과정에 대한 과학사회학자들의 분석과 과학의 사회적 영향에 관심이 있는 과학자들과 시민의 만남은 보다 더 지식과 정책을 동시 형성함으로써, '민주적인' 과학과 민주적인 사회를 만드는 데 도움을 줄 수 있을 것이다.

제2부

현대 과학의 이론적 · 실천적 쟁점들

제3장
급진적 과학 운동

20세기 과학 기술자들은 과학 기술이 야기하는 사회 문제에 대해 관심을 환기시키고 이를 해결하기 위한 사회 운동을 전개했다. 서구의 경우 과학자들의 사회 운동은 1960년대 말엽부터 새로운 양상을 띠기 시작했다. SESPA(Scientists and Engineers for Social and Political Action), BSSRS(British Society for Social Responsibility in Science)와 같은 대중적 운동 단체가 설립되어 활발한 활동을 벌이기 시작했으며, 단명이었지만 '혁명적 사회주의 과학자 연합 Federation of Revolutionary Socialist Scientists' (FORSS)과 같은 급진 단체도 영국에서 만들어졌다. 이들은 『민중을 위한 과학 Science for the People』 『급진 과학지 Radical Science Journal』와 같은 기관지를 발간함으로써 자신들의 이념과 운동을 널리 알렸을 뿐만 아니라 과학 전문 분야의 세부 사항을 비롯해서 과학자의 사회적 책임에 이르기까지 기존의 과학자들과 격돌했다.

한국의 경우에도 1980년대와 1990년대에 걸쳐 다양한 과학 기술 운동의 이념과 조직들이 나타났다. 과학 기술 운동 단체로는 1980년대 후반에 활동했던 '청년과학기술자협의회'와 1990년대에도 지속적으로 활동을 하고 있는 '한국과학기술청년회'와 같은 단체가 있었고,

최근에는 '시민 과학'과 '기술 참여'를 모토로 내건 '과학 기술의 민주화를 위한 모임'이 참여연대에 결성되어 활발히 활동하고 있다. 1980년대 후반부터 연구소와 생산 현장의 과학 기술자들이 과학 기술 노조를 만들어서 연구 조건과 연구소 운영의 문제를 계속 지적하고 개선해오는 운동을 펴왔으며, 각 대학과 대학원에 과학 기술 운동을 표방하는 학회나 신문, 학생회도 조직되어 있다. 이 글은 지금까지 서구와 한국의 과학 기술 운동을 돌이켜보면서 다양한 과학 기술 운동이 표방하던 이념을 분석해보고, 과학 기술 운동의 보다 바람직한 방향을 모색하기 위해 씌어졌다.[1]

1. 과학의 오용에 대한 비판에서
과학 이데올로기 비판으로

서구 과학자들의 운동은 1960년대 운동의 급진화 이전에도 있어왔다. 2차 세계 대전 직후 영국 과학노동자협회의 주도적인 노력에 힘입어 '세계과학노동자연맹 The World Federation of Scientific Workers' (WFSW)이 만들어졌으며, 이는 1950~1960년대를 통해 군축과 핵무기에 대한 대중적 관심을 불러일으키는 데 중요한 역할을 담당했다. 수적인 규모로는 '연맹'과 비교할 수 없을 정도로 작았지만, 러셀—아인슈타인 선언을 계기로 1957년에 조직된 '퍼그워시 운동 Pugwash Movement' (과학과 세계 문제에 대한 퍼그워시 회의)은 핵무기 경쟁과 군축의 문제에 대해 중요한 선언을 계속 발표했으며, 이들 중 부분적

---

1) 1990년대 한국 과학 기술 운동을 개괄하는 마지막 절을 제외한 이 글은 『한국과학사학회지』, 제12권, 1호(1990), pp. 172~79에 실렸고, 이후 과학세대 편, 『과학세대』 창간호(동녘, 1991), pp. 82~93에 재수록되었다.

핵실험 금지 조약, 비핵확산 조약, 탄도탄 요격 미사일(ABM) 협약들은 실제 정책에 반영되었다. 보수주의자들은 이러한 과학자들의 운동이 공산주의자들의 술책에 불과하다고 비난했지만, 이런 비난과 공격에도 불구하고 이들의 운동은 현대 과학이 야기한 세계 공동체에 대한 위협을 줄여보려는 과학자들의 고귀한 운동으로 인식되었다.[2]

그렇지만 1960년대말부터 나타난 새로운 과학 운동은 이전의 과학자들의 반핵·평화 운동을 비판하는 데서 출발했다. 새로운 이론가들은 이전의 운동이 과학을 바라보는 소박한 과학주의 scientism에 머물렀다고 비판했다. 과학은 중립적인 것이며(아니 어쩌면 그것은 본질적으로 인류의 행복을 가져다주는 것이지만), 그것의 평화적 '이용 use'이 아닌 '오용 abuse'이 인류에게 해악을 가져다준다는 식의 생각이 과학주의의 전형이란 얘기였다.[3] 이러한 과학주의적 생각에 의하면, 과학이란 선과 행복을 위해서도, 악과 파괴를 위해서도 사용될 수 있는 양날의 칼과 같았으며, 원자 폭탄, 군비 경쟁, 리센코주의 유전학 등은 모두 이러한 오용의 실례였다. 따라서 과학자들의 운동은 이러한 오용을 방지하는 캠페인, 즉 잘못된 목적에 이용될 수 있는 연구에 대한 과학자들의 개인적·집단적 책임 의식을 고무시키는 캠페인에 집중되었다.

새로운 세대들은 '양날의 칼' 식의 주장이, 원자탄 투하에 대한 사회적 비난을 피해보려는 과학자들의 자기 변명에 불과한 것이라고 지적했다. 과학의 오용에 대한 궁극적 책임이 과학자나 과학에 있는

---

2) 조지프 로트블랫, 조홍섭 편역, 「군비 경쟁에 대항하는 국제 과학자 운동」, 『현대의 과학 기술과 인간 해방』(한길사, 1984), pp. 229~52를 보라. 로트블랫은 퍼그워시 운동으로 1995년 노벨 평화상을 수상했다.

3) 이러한 낙관주의적 경향을 잘 보여주는 좌파적 저술로는 J. D. Bernal, *The Social Function of Science* (London, 1939)가 있다.

것이 아니라 사회에 있다는 주장은, 정치적 운동에 무관심한 과학자들의 공감대를 얻어내는 데 성공했을지는 몰라도 과학 운동의 올바른 방향과는 거리가 멀다는 주장이었다. 과학자들은 이러한 운동이 필연적으로 띠게 될 평화적·도덕적·비정치적 성격에 끌렸으며, 자신의 사회적 책임에 대한 일종의 면죄부가 될 수도 있다는 점에 매력을 느꼈다. 운동은 출발부터 본질적인 한계를 안고 있었으며, 따라서 1960년대 이전 세대들의 운동이 결국에는 낙진을 측정하거나, 핵실험을 감시하기 위해 지진계를 들여다보는 일과 같은 체제 내의 과학 기술적 요구와 결합했다는 사실은 별로 놀라운 결과가 아니었다. 퍼그워시 회의가 과학자들의 운동 조직에서 점차 미국과 소련의 비공식 접촉 루트가 되어버린 것도 이런 한계를 그대로 나타낸 것이었다.

1960년대말부터 나타난 급진적 과학 운동의 주창자들은 과학의 '이용/오용'이 아닌 "과학의 이데올로기 ideology of/in natural science"를 문제삼아야 한다고 주장했다. 이들은 과학이 중립적이고 그것의 이용이 나쁜 것이라는 이분법적 사고에서 탈피해서 과학 자체가 이미 사회 체제의 규범과 이데올로기를 반영하고 있음을 주장했던 것이다. 이전의 과학자들의 반핵 평화 운동이 '자본주의냐 사회주의냐'라는 체제의 문제를 초월하는 것이었음에 비해, 이들의 운동은 체제와 떼려야 뗄 수 없는 관계를 가지게 되었다. 자본주의 체제에서의 과학의 오용뿐만 아니라 자본주의의 억압적인 지배를 반영하고 있는 과학 내용과 과학적 방법 또한 운동의 공격 대상이 되었다.[4]

IQ, 인종 차별을 정당화하는 현대 우생학, 남녀차별주의 sexism의

---

4) 이런 흐름을 나타내는 대표적인 저작으로 Hilary Rose and Steven Rose eds., *The Radicalisation of Science: Ideology of/in the Natural Sciences* (London: Macmillan, 1976); Hilary Rose and Steven Rose eds., *The Political Economy of Science: Ideology of/in the Natural Sciences* (London: Macmillan, 1976) 참조.

생물학 등이 이들의 집중적인 공격이 가해진 표적이었다. 또한 이들은 과학·기술의 자본주의적인 발전 이념을 거부했다. 고도 성장의 이념은 철저히 자본주의적인 것으로 거부되었으며, 이에 대한 대안으로 공동체 단위의 기술, 대체 기술과 같은 새로운 기술을 발전시켜야 한다는 주장이 제시되기도 했다.

과학의 '이용/오용' 대신 '과학의 이데올로기'를 강조했다는 점 이외에도 또 다른 명백한 차이점이 새로운 과학 운동과 이전의 운동 사이에 존재하고 있었다. 그것은 운동의 계급적 성격이었다. 급진적 과학 운동의 주창자들은 자신들의 운동이 사회주의 운동 socialist movement의 일부이며, 사회주의 운동과 과학 운동 사이의 연계를 분명히 하려 했다. 따라서 이들의 운동은 분명한 정치적 색채를 띠었다. 이들은 마르크스, 엥겔스, 루카치의 저작에서 자신들의 이론의 정당화의 근거를 찾았으며, 자본주의 과학의 모순·한계를 설정하고 사회주의에서의 가능성을 바라보았다는 점에서 마르크스주의의 노선에 서 있었다.[5] 이들은 자본주의 과학에 대한 비판과 더불어, 자본주의 체제에 대한 비판을 잊지 않았다.

물론 이들이 단일한 정치적 노선을 중심으로 똘똘 뭉친 그룹은 아니었다. SESPA는 이념으로 뭉친 조직이었다기보다는 이념을 초월한 조직이었다. 초기 BSSRS의 구성원은 구좌익 Old Left·중도 우파·비정통 마르크스주의자·과격파·트로츠키주의자 등이 혼재해 있었다. 그렇지만 BSSRS의 경우 시간이 지남에 따라 점차 마르크스주의자·사회주의자들이 장악해나갔으며, 이는 내부에서도 크고 작은 여러

---

5) 한 예로 Alfred Sohn-Rethel, *Intellectual and Manual Labour: A Critique of Epistemology* (London: Macmillan, 1978)가 있다. 마르크스주의 과학 인식에 대한 자세한 논의로는 이중원, 「마르크스주의의 과학 인식」, 『과학과 철학』 제2집 (1991), pp. 179~207 참조.

번의 충돌을 가지고 왔다. 자이먼John Ziman과 같은 중도 우파 지식인은 결국 이와의 결별을 선언했다.

이들은 사회주의적인 평등의 이념에 기초해서 안정적이고 보수적인 대학 교수직의 과학자들에 의해 형성된 과학자들의 엘리트주의와 특권 의식을 비판했다. 또한 이들은 이런 의식 근저에 있는 과학의 전문성에 대해서도 비판의 화살을 겨누었다. 과학의 전문성 뒤에는 과학 기술을 신비화함으로써 부르주아 지배를 합리화한다는 자본주의 지배의 본질이 숨겨져 있다는 것이었다. 이에 대응하기 위해 이들은 과학의 대중화, 민중 과학 교육, 소외받고 억압받는 자들을 위한 과학, 안전한 기술, 민중 과학, 사회주의 과학을 역설했다. 이러한 주장의 내용은 조금씩 달랐지만 공통점은 현재의 자본주의 과학이 아닌 이에 대항하는 '대항 과학counter science'을 만들어야 한다는 것이었다.[6]

이와 같은 이념에 근거한 실천은 다양한 모습으로 배출되었다. 자본과 국가 권력의 지배로부터 자유로운 연구실 체제를 만들어야 한다는 생각은 연구실 · 연구소의 민주화 운동으로 현실화되었다.[7] 이탈리아와 프랑스에서는 무엇을 연구하고 누가 그것을 결정할 것인가라는 연구소의 경영권을 둘러싸고 소장 학자들과 연구소의 책임자가 격돌했다. BSSRS의 운동은 과학의 이데올로기를 폭로하는 활동으로

---

6) 빌 치머만 외, 조흥섭 편역, 「민중 과학론」, 『현대의 과학 기술과 인간 해방』(한길사, 1984), pp. 119~41.

7) 70년대 초반 미국의 한 연구실의 경험에 초점을 맞춘 것이지만 다음의 문헌은 이 주제에 대해 흥미로운 사례를 제공한다. 디만 연구 그룹, 「연구실의 민주화를 위하여」, 조흥섭 편역, 『현대의 과학 기술과 인간 해방』(한길사, 1984), pp. 253~64. 또 다른 잘 알려진 시도로는 영국 루카스 항공 회사에서 노동조합의 주도하에 일어난 지역 사회 주민을 위한 대안 기술의 모색이다. 이 사례에 대해선 마이크 쿨리, 「루카스 항공에서의 협동 계획」, 송성수 편, 『우리에게 기술이란 무엇인가』(녹두, 1995), pp. 285~315에 자세한 서술이 있다.

이어졌다. 현체제 과학 기술의 억압적인 속성이 대중 매체를 통해 홍보되었으며, 유전자 조작이나 정보 기술의 잠재적 해악에 대한 논쟁도 이들의 주도하에 일어났다. 산업 재해와 같은 문제를 전문적으로 다루는 그룹도 만들어졌으며, 급진적인 과학자들은 아일랜드 민족해방 전쟁에 깊이 관여하기도 했다. SESPA의 조금은 소박한 민중 과학론은 당시 미국의 시대적 기류를 타고 큰 인기를 얻었다. 베트남전쟁에 직접 개입했던 미국의 대학에서는 학생들에 의해 군사 연구를 수행하던 대학 연구소들이 대학 밖으로 추방되기도 했다. 70년대이후에는 공해 추방 운동이 반핵 운동과 함께 광범위한 대중의 지지를 얻어나갔다.[8]

그렇지만 운동의 표출 형태가 다양했다는 것이 운동의 장기적인성과를 보장했던 것은 아니었다. 실제 결과는 오히려 그 반대였다. 다른 심각한 문제에 비해 볼 때 기존 과학자 집단의 무관심은 오히려부수적인 것이었다. 사회 체제 전체의 변혁을 수반하지 않았던 연구소 내부의 '부분적인 사회주의'는 오래 지속될 수 없었다. 대학의 군사 연구소는 추방되었지만, 군사 연구는 국방부 산하 직속 연구소에서 더 은밀하게 추진되기 시작했다. 남은 것은 연구비가 삭감되었다는 과학자들의 불만뿐이었다. 민중 과학, 대체 기술에 대한 열기도급격하게 식어갔으며, 공해 추방 운동과 반핵 운동은 점차 전인류적운동이라는 명분을 얻은 대신에 체제 변혁적인 성격을 잃고 말았다. 급진적 과학 운동은 베트남 전쟁과 함께 급격히 불붙었다가, 전쟁이냉각됨에 따라 함께 서서히 식어갔다. 이렇게 됨에 따라 자기 보호본능에 입각한 기존 과학자들의 반격도 만만치 않게 전개되었다.

---

8) 이런 다양한 운동 형태는 중산 무(中山 茂), 이필렬·조흥섭 역, 『과학과 사회의현대사』(풀빛, 1982)에 자세히 논의되어 있다.

2. 새로운 운동 이념의 부상:
사회적 관계와 노동 과정으로서의 과학

상황의 변화는 운동 내부의 새로운 흐름으로 이어졌다. 1970년대 중반 이후 급진적 과학 운동 진영은 몇 년 동안의 자신들의 운동에서 나타났던 이론적·실천적 한계들을 스스로 비판하기 시작했다. 비판의 과녁은 아이러니컬하게도 '과학의 이데올로기'라는 자신들 이념의 핵심적 논리였다. 과학의 이데올로기를 주장했던 사람들은 자본주의에서의 특정한 과학이 이데올로기, 또는 '사이비 과학 pseudo-science'이라고 인식했는데, 이러한 인식은 과학에서 이데올로기, '사이비성'을 정제 purify해냄으로써 '참된' 과학을 회복할 수 있다는 생각으로 이어지는 것이었다.

그렇지만 여기에 몇 가지 문제가 존재했다. 첫번째는, 이것이 구좌익의 낙관주의적인 과학주의의 전통을 잇고 있다는 것이었다. 과학 그 자체는 좋은 것이지만 단지 그것에 덧씌워져 있는 이데올로기가 문제라는 얘기는 과학주의의 또 다른 표현에 불과하다는 얘기였다. 비판자들은 '과학/이데올로기' '객관성/주관성' '합리성/비합리성'과 같은 이분법적 개념은 변증법적·실천적 사고의 결과가 아니라 아카데미즘의 결과라고 논박했다. 따라서 이들은 과학의 이데올로기 대신 "과학은 사회적 관계이다 Science is Social Relations"라는 로버트 영 Robert Young의 테제를 과학 운동의 새로운 이념으로 내걸 것을 주장했다.[9] 이런 비판은 BSSRS의 대표적 이론가였던 힐러리 로즈 Hilary Rose와 스티븐 로즈 Steven Rose 부부와 영이 주관한 『급진 과학지

---

9) Robert Young, "Science is Social Relations," *Radical Science Journal* 5(1977), pp. 65~129.

Radical Science Journal』 그룹의 결별을 낳기도 했다.[10]

그렇지만 더 심각한 문제는 '과학의 이데올로기'라는 이념이 과학 운동의 실천 영역과 선동 활동을 크게 제약한다는 것이었다. 과학의 이데올로기를 폭로한다는 이념에도 불구하고, 이들이 보여준 이데올로기는 과학의 특정한 분야에만 국한되어 있었다. 이들은 계속해서 IQ, 인종차별주의, 현대 물리학에서의 이데올로기를 강조했지만, 어떤 의미에서 이것은 과학의 이데올로기가 아니라 이데올로기 그 자체였다. 물론 자본주의 사회의 지배 이데올로기를 반영하는 사상·문학·예술과 같은 활동만이 아니라 과학에도 이데올로기가 존재한다는 주장은 참신한 측면이 있었지만, 문제는 과학의 이데올로기가 극히 제한된 과학의 몇몇 영역에 국한되었다는 것이었다. 즉, 이들은 이데올로기가 과학에서 보편적으로 나타나는 요소임을 보이는 데 성공하지 못했던 것이다. 80년대 발달한 과학사와 과학사회학의 연구는 역사를 통한 과학의 발전이 사회 속에서, 사회의 제반 요소들과 상호 작용을 통해 이루어지고, 특정한 시기의 과학이 그 사회의 지배적인 이념을 드러내고 있음을 보여주었지만, 그렇다고 모든 과학이 이데올로기에 의해 지배되고, 모든 과학이 사이비 과학임을 보여주었던 것은 아니었다. 따라서 과학의 이데올로기를 폭로하며, 사회주의 과학의 가능한 모습을 찾아나가야 한다는 주장은 퍽 '정치적인' 주장이었음에도 불구하고, 실제로는 다른 정치적인 사회주의 운동과 거의 연결되지 못한 채로 '과학' 운동의 수준에 머물고 말았던 것이었다.

---

10) 1970년대 급진 과학 운동의 대표적 이론가였던 로즈 부부는 1979년 『사회주의 회보 *Socialist Register*』에 발표된 「급진적 과학 운동과 그 적들」이란 논문에서 『급진 과학지』 그룹(RSJ)을 강력하게 비난했다. RSJ 그룹의 반론은 RSJ Collective, "Science, Technology, Medicine and the Socialist Movement," *Radical Science Journal* 11(1981), pp. 3~70에 발표되었다.

이러한 비판은 사실 "왜 현대 과학이 문제가 되며" "어떠한 근거에서 과학 운동은 가능한가"라는 근본적인 문제와 연결되어 있었다. 새로운 비판자들은 1970년대 중반부터 사회의 근저에서 거대한 변화가 일어나고 있었음을 인식했었다. 그 중 '미시 전자 혁명 micro-electronics revolution' '정보 혁명' '과학 기술 혁명' '산업 구조의 개편'이란 말이 가장 일반적으로 사용되었던 용어들이다. 물리학·화학·생물학 등의 자연과학이 기술과 결합해서 생산에서의 거대한 변화를 낳고, 이는 다시 생산 조직, 노동 과정, 사회 구조의 전반적인 변화를 가져오고 있다는 얘기다. 18세기말~19세기초의 산업 혁명과 맞먹는 거대한 혁명의 시기에, 새로운 비판자들은 한가하게 과학의 이데올로기, 합리성/비합리성을 논의하고 있을 수만은 없음을 느끼기 시작했던 것이다.

과학을 사회적 관계로 파악했던 비판자들은 한 걸음 더 나아가서 과학·기술·의학을 모두 "노동 과정 labour process"으로 인식해야 한다고 주장했다.[11] 노동 과정이란 자본주의 사회의 사회적 관계의 중추신경이다. 과학 역시 다른 노동과 마찬가지로 노동 대상, 노동 수단, 목적을 가지며, 이것은 복잡한 과정을 거쳐서 기술자들의 노동, 육체 노동자들의 생산적 노동과 결합한다. 과학 노동 역시 다른 노동과 마찬가지로 사용가치를 만들어내며 다른 노동과 마찬가지로 자본의 지배가 철저하게 관철된다. 과학은 사회적 관계이며 사용가치를 만들어낸다는 점에서 '가치의 구현체 embodiment of value'였다. 이처럼 과학을 노동 과정으로 인식함으로써 얻을 수 있는 가장 중요한 이점은 과학 운동의 범위가 모든 과학자의 일상적인 연구 활동까지 미칠 수 있게 되었다는 것이다. 이러한 인식은 노동 계급과 과학

---

11) Robert Young, "Science is a Labour Process," *Science for People* 43/44(1979), pp. 31~37.

기술자들 사이의 연대를 가능하게 해주는 이론적 근거가 되었다.

3. 한국의 과학 기술(자) 운동: 1980년대

1970년대말부터 이공계 대학생들을 중심으로 논의되기 시작한 과학 기술 운동은 몇 가지 점에서 서구의 급진적 과학 운동의 맥을 잇고 있었다. 과학 기술 운동에서는 과학의 가치 중립성을 비판했고, 과학자(과학도)의 사회적 책임을 강조했으며, 민중을 위한 과학을 주장했다. 또한 노동자를 비롯한 민중의 구체적 현실에 부합하는 과학 기술을 발전시켜야 한다는 생각과 함께, 반공해 운동, 반핵 운동, 산업 재해 문제 등이 구체적인 과학 기술 운동의 실천적인 지향으로 설정되었다. 운동의 궁극적 목표는 이러한 '민중 과학'을 담아낼 수 있는 사회 변혁이었다.[12] 여기서 '변혁'이란 용어가 담고 있는 내용은 사회주의 혁명과 비슷한 것이었다. 이러한 내용은 이미 살펴본 서구의 급진적 과학 운동의 주장과 크게 다르지 않았다. 버날의 『역사 속의 과학』과 서구의 과학 운동을 소개한 서적은 운동을 위한 세미나의 필독서였다.

그렇지만 서구의 급진적 과학 운동만으로는 부족했다. 왜냐하면 종속과 저개발이 엄연히 존재하는 한국의 현실과 서구 자본주의 국가들간의 차이는 너무나 뚜렷했으며 따라서 한국 과학 기술의 특수

---

12) 1984년에 나온 『현대의 과학 기술과 인간 해방』은 과학 기술이 제기하는 문제를 1) 과학 기술의 군사화 2) 환경 파괴 및 공해 3) 자원 및 에너지 문제 4) 식량 및 인구 문제 5) 과학 기술과 문명 비판 6) 유전공학·컴퓨터·오토메이션과 같은 첨단 공학의 문제 7) 대체 기술과 제3세계의 자립적인 발전의 문제 8) 연구 체제의 문제로 나누고, 이런 문제들을 해결하기 위한 운동을 총체적으로 지칭해서 "과학 기술 운동"이라고 명명했다.

성을 고려하지 않은 과학 기술 운동은 그 의미가 크게 삭감될 수밖에 없었기 때문이었다. 제3세계 종속과 저개발의 근거를 기술 종속에서 찾았던 기술 종속론은 이 문제에 대한 신선한 탈출구였다. 기술 종속론에 과학에 대한 얘기가 많지 않았던 것이 한 가지 결점이었지만, 현대에는 과학과 기술이 결합해서 과학 기술이 되었다고 생각하면, 이러한 결점이 조금은 보완되었다.

이에 비해 기술 종속론이 열어준 가능성은 엄청난 것이었다. 기술 종속론은 한국 사회 역시 과학—기술—산업의 불균등한 발전, 기술 이전, 두뇌 유출과 같은 제3세계의 독특한 문제들을 안고 있으며, 이 것들이 한국을 저개발국·주변부로 머물게 하는 요인이라고 지적했다. 기술 종속이라는 먹이 사슬의 꼭대기에는 선진 독점 자본이 있었으며 바로 그 아래 한국의 매판 자본과 군사 독재 정권이 떡고물을 먹고 있었다. 맨 밑바닥에는 한국의 민중이 착취당하고 있었다. 기술 종속론에 의하면 과학자가 자신의 연구에 대한 책임을 가져야 한다는 주장은 구체적으로 한국의 과학 기술 종속에서 볼 수 있는 한국 사회의 구조적인 모순을 해결하기 위해 노력해야 한다는 결론으로 이어질 수 있었다. 이러한 실천은 서구의 과학 기술 운동과는 또 다른 한국의 과학 기술 운동의 모습이었다.[13]

그렇지만 저개발과 종속을 극복하기 위해 과학 기술자는 무엇을 할 것이며, 또 무엇을 할 수 있는가라는 문제 제기는 자칫 과학 기술 자들이 과학 기술 연구를 더 열심히 하고, 효율적인 과학 기술 정책을 수립하며, 과학 기술에 대한 투자를 배가해야 한다는 식의 '운동' 과는 별관계 없는 실천 강령을 제시할 위험을 안고 있었다. 물론 종속 이론 자체에 이러한 개량주의적 해결을 의미 없게 만드는 측면이

---

13) 과학 기술 운동 그룹에서 기술 종속론에 대한 논의는 1982~1986년경에 가장 활발했다.

없지 않았다. 종속 이론에서는 저개발국의 혁명과 이를 통한 개발—저개발 관계의 단절을 통하지 않고서는 종속의 상황이 나아질 수 없음을 주장했기 때문이다. 그리고 최악의 경우 아직도 과학자의 사회적 책임과 반핵·반공해 운동과 같은 '일반적인' 실천이 남아 있었고, 또 조금만 주의를 기울이면 이러한 실천이 제3세계의 특수성과 맞물리는 예를——즉 선진국으로부터의 오염 산업 수입이나 미국 핵 전략의 첨병으로서의 한국이라는 식의——쉽게 찾아낼 수 있었다. 서구의 급진적 과학 운동에서는 찾아보기 힘들었던 '민족 과학'이란 개념이 민중 과학과 함께 즐겨 사용되었던 것도 한국의 특수성이 반영된 것이었다.[14]

그렇지만 문제는 잠재해 있었다. 그것은 전통적으로 남미나 아프리카와 같은 제3세계의 독특한 사회 구조를 설명하기 위해 만들어진 종속 이론이 한국 자본주의에 그대로 적용될 수 있는가라는 보다 일반적이고 원칙적인 문제였다. 기술 종속의 경우만 해도 그랬다. 기술 종속론에 의하면 자생적 기술 발전이란 거의 불가능에 가까운 것이었다. 그렇지만 한국에서는 실제로 과학 기술이 눈에 띄게 발전했으며 그것은 기술 종속론이 널리 받아들여지던 80년대 초반에도 계속 진행되고 있었다. 물론 대부분의 발전은 선진 과학 기술의 수입과 모방이었지만, 이런 수입과 모방 뒤에는 이를 기반으로 한 자체 연구 개발 능력의 축적이 있었다. 물론 당시 군사 정권이 줄곧 내세웠던 "과학 입국"이니 "과학 기술의 발전을 통한 영광스런 2000년대 조국"이니 하는 구호는 정권의 반민중성을 은폐하려는 이데올로기에 지나

---

14) 민족 과학이란 개념은 한국 과학사학자 박성래 교수가 한국 과학이 전통 과학의 계승, 발전을 무시하면 안 된다는 의미로 처음으로 쓰기 시작했는데, 과학 기술 운동에서는 이 개념을 외세에 덜 의존적인 자립·자주 과학을 의미하는 용어로 사용했다.

지 않았다. 그러나 이런 이데올로기 뒤에도 일정 정도의 과학 기술 발전이 있었다. 대학과 연구소, 그리고 산업체에서는 선진 과학 기술의 모방과 적응, 그리고 자생적인 연구 개발이 서서히, 그렇지만 꾸준하고도 분명하게 이루어졌으며, 이는 기술 종속론이라는 기존의 틀로는 잘 설명되기 힘들었던 현상이었다.

종속 이론에 대한 재검토와 본격적인 비판이 이루어지면서 과학 기술 운동 내부에서도 자체 논리에 대한 반성이 일어났다. 그러나 새로운 운동 이론은 서구의 신좌익 마르크스주의와 종속 이론의 결합에서가 아니라 전혀 예상치 못한 방향에서 찾아졌다. 그것은 정통 마르크스주의orthodox Marxism의 중요한 인식을 과학 기술에 접목시킴으로써 나타났다. 새로운 이론은 과학을 이데올로기가 아닌 생산력으로, 그리고 과학자나 기술자를 지식인이 아닌 노동자로 규정했다. 지식으로서의 과학은 기술과 결합해서 생산에 직접 투여된다는 의미에서, 과학 노동은 이런 과학 지식을 만들어내는 생산적인 노동이라는 의미에서 생산력의 일부였다. 이런 생각은 과학 기술 운동의 구체적인 실천 형태가 이전까지의 과학 기술 운동과는 다른 모습이 되어야 한다는 점을 암시하고 있었다.[15]

과학을 생산력으로 간주하는 것은 서구 신좌익New Left들에게는 일종의 금기였다. 왜냐하면 그들은 '과학=생산력'이 '역사 발전의 원동력=생산력의 발전=진보=과학 기술의 발전=소박한 과학주의'라는 등식으로 귀결된다고 생각했기 때문이었다. 과학주의에 대한 비판은 급진적 과학 운동이 이룩했던 가장 중요한 업적이었다. 여

---

15) 이러한 논의는 1986년부터 YMCA 내에 만들어졌던 '두리암'이라는 과학 기술 운동 모임과 그 후신인 '청년과학기술자협의회'에 의해 주도되었다. 이에 대해서는 정광철, 「과학 기술자들의 홀로 서기」, 과학 기자 모임 편, 『신한국 과학 기술을 위한 연합 보고서』(희성출판사, 1993) 참조.

기에 비해 생산력을 역사 발전의 원동력으로 간주하는 낙관적 기술 결정론은 "과학 기술의 발전이 모든 사회 문제를 해결한다"는 과학주의 그 자체로 간주되었다. 신좌익 운동가들은 과학을 생산력으로 간주하는 정통 마르크스주의자들의 견해 어디에도 자본주의 과학의 모순이나 계급성을 비판하는 얘기가 없음을 강조했다. 따라서 이들 신좌익 운동가들은 기술 개발과 경제 개발에 주력하는 소련을 이런 잘못된 정통적 사고의 포로로 간주했으며, 자본주의의 과학이나 기술이 자본주의 생산 관계를 이미 포함하고 있기에, 혁명 이후에는 새로운 사회주의 과학 기술을 만들어야 한다고 역설한 중국 마오주의의 노선을 올바른 마르크스주의라고 생각했다.

그렇지만 한국의 과학 기술 운동은 과학을 생산력으로 파악하고, 생산력과 생산 관계의 상호 작용으로부터 한국 사회의 과학 · 기술의 모순을 이해하려는 노선을 택했다. 여기서 가장 중요한 점은 생산력과 생산 관계의 변증법적 상호 작용에 대한 이해였다. 이러한 새로운 '정통적' 이해에 따르면, 자본주의 사회의 기본 모순은 생산력과 생산 관계 사이의 모순, 즉 생산의 사회적 성격과 생산력의 중요한 일부인 생산 수단의 사적 점유 사이의 모순이었다. 계급 관계의 측면에서 볼 때, 이는 생산력을 독점한 계급과 노동력을 팖으로써 생존할 수밖에 없는 노동자 계급의 계급 투쟁으로 나타났다. 과학 · 기술 연구의 과정과 그 결과의 이용은 최대 이윤의 추구라는 자본의 논리에 의해 이루어지며, 이런 의미에서 자본주의 사회의 과학은 계급적이며 중립적이 아닌 것이다. 그렇지만 사회주의 생산력이 따로 존재하지 않듯이 사회주의 과학이 따로 존재하는 것은 아니다. 부르주아 과학에 상반되는 프롤레타리아 과학과 같은 생각은 다분히 낭만적인 생각이며 과학 기술 운동의 이상이 되어서도 안 된다는 것이 이 새로운 운동 이념의 핵심이었다. 운동의 과녁은 과학이 아닌 과학의 모순

을 낳는 자본주의 생산 관계에 맞추어졌다. 과학의 해방은 해방된 사회를 만듦으로써 가능한 것이었다.[16]

과학이 생산력이기에 과학자들의 연구는 직·간접적으로 생산과 관련되었다. 새로운 과학 운동은 과학 노동에 종사하는 과학자들도 다른 노동자들과 마찬가지로 프롤레타리아화되는 경향을 보임에 주목했다. 생산에의 필요는 과학자들의 양적인 증가를 가지고 왔으며, 그 중 점점 많은 과학 기술자가 점차 이전의 과학 기술자가 누렸던 높은 사회적 지위나 특권을 박탈당하기 시작했다. 이들의 노동은 단순 작업으로 바뀌었으며, 계층 상승의 기회도 현저하게 줄어들었다. 상아탑에서 자연 세계의 비밀을 한 꺼풀씩 벗기는 19세기 과학자들의 이미지는 이미 오래 전에 소멸했다. 한국 과학 기술자들의 대부분은 출연 연구소에서, 기업의 연구소에서, 대학원에서, 생산 현장에서, 학교에서, 서비스 분야에서 한국 자본주의의 필요에 따라 생산적 노동을 수행하는 사람들이었다. 간단히 말해서, 새로운 과학 기술 운동의 이념은 과학 기술자를 노동자로, 과학 기술 노동을 생산적 노동으로 정의했다.

대략 1987년을 기점으로 한국의 과학 기술 운동은 '과학 기술 노동자'의 '노동 운동'이 되어야 함을 주창하고 나섰다. 1987년 12월 전자통신연구소의 노조 설립을 출발로 과학기술원·데이터통신·한전 등의 과학 기술자 노조의 설립은 이러한 이론을 실천적으로 검증한 것이었다. 이들은 연전(연구 전문)노련 등의 독자적인 상부 조직을 만들었으며 진보적인 노동 운동 조직과 밀접한 연대를 맺음으로써 지식 노동자들의 운동이 개량적인 경제주의에 머무르지 않기 위해 노력하고 있음을 보여주었다. 과학 기술 운동이란 말 대신 과학 기술

---

16) 이러한 이념은 청년과학기술자협의회에서 펴낸 『과학 기술과 과학 기술자』(한울, 1990)에 잘 기술되어 있다.

자 운동 혹은 과학 기술자 노동 운동이란 말이 널리 사용되게 된 것도 이러한 배경에서였다.

그렇지만 서구 신좌익 과학 운동의 영향은 과학과 관련된 또 다른 운동의 영역에서 그대로 강세였다. 반핵 평화 운동, 공해 추방 운동의 그룹의 일부는 '반과학 anti-science'적 논조는 아닐지라도 자본주의 과학 기술, 자본주의적 성장 자체에 대해 적대적인 입장에 서 있었다. 이는 서구의 생태주의에서도 잘 드러났던 입장이었다. 의료 분야의 운동 진영의 일부도 자본주의의 과학(의학)이 자본주의 지배 관계를 그대로 나타내고 있음을 강조했다. 이들은 특히 자본주의에서 의료가 놀랍게도 발달한 것은 사실이지만 이것은 의료의 거대 기업화 · 집중화 · 기계화를 낳게 되었으며, 궁극적으로는 자본주의 지배 체제를 공고히하는 데 기여하고 있음을 주장했다. 이러한 입장에 따르면 사회의 변혁뿐만 아니라 올바른 과학 기술 발전의 모색도 운동의 중요한 전술적 과제로 설정됐다. 이외에도 다양한 색깔을 나타내는 환경 단체, 공해 운동 단체들이 만들어져서 활발한 활동을 벌였으며, 청년 의사나 건축가들까지 자신의 전문성을 기초로 운동의 대열에 나섰다. 핵 문제에 대해서도 대중적인 관심이 모아졌고, 평화의 댐, 행정 전산망 등 과학과 과학자의 사회적 책임에 대한 크고 작은 파문들은 과학 기술의 사회적 중요성을 환기시키곤 했다.

4. 1990년대 한국의 과학 기술(자) 운동의 새로운 흐름

80년대 한국의 과학 기술 운동은 많은 숙제를 안고 있었다. 이런 숙제는, 과학을 생산력으로 간주해야 하는가 아니면 사회적 관계로 보아야 하는가, 과학주의와 반과학주의의 함정에 빠지지 않으면서 변혁적인 과학론을 어떻게 정립하는가, 과학 기술 운동에 간간이 나타나는 기술만능주의를 어떻게 극복하는가라는 이념적이고 이론적인 문제를 포함하고 있었다. 이것 외에도 과학 기술자들의 노동 운동과 생산직 노동자들 사이에 맺을 수 있는 이념적 · 조직적 연대의 문제, 과학자들의 운동이 젊은 세대, 학생 중심을 탈피해서 진보적인 기성 세대 과학 기술자들과 연대하는 일, 그리고 대중 운동에서 필요로 하는 과학 기술에 대한 전문성을 충족시키는 작업도 시급한 과제였다.

1990년대 한국의 과학 기술 운동은 1980년대의 그것과는 무척 다른 이념과 실천에 기반하고 있다. 무엇보다도 과학을 생산력으로 보고, 과학 기술자를 전문 노동자로 보면서 과학 기술자의 노동 운동을 강조했던 1980년대 후반의 한국 과학 기술 운동의 흐름은 90년대에 들어, 특히 90년대 중반에 접어들면서 급속히 쇠퇴했다. 소련 및 사회주의권의 붕괴와 함께 정통 마르크스주의 사관이나 철학이 급속히 매력을 잃으면서 이 철학과 과학론이 담고 있던 기계주의적 · 과학주의적 · 기술 결정론적인 함의에 대한 비판이 대두한 것이 첫번째 이유였다. 여기에 덧붙여서, 과학 기술 노동 운동을 주도했던 '청년과학기술자협의회'가 사실상 와해되면서 이 이론을 지속적으로 만들어내고 정교하게 할 그룹이 소멸했음이 또 다른 이유였다. 청년과학기술자협의회에서 떨어져나왔지만 반미 자주화(NL) 학생 운동의 영향을 많이 받았던 '한국과학기술청년회'는 과학 기술 노동 운동보다는 과학 기술의 이슈와 관련된 '대중 사업'에 주로 관심을 기울였다.

1990년대 후반 한국 과학 기술 운동의 가장 독특한 흐름은 서구의 60~70년대 식의 '급진적 과학 운동'의 부활이다. 이 새로운 이념은 '과학=생산력' '과학 기술자=노동자'라는 80년대 운동의 등식이 과학 기술에 내재한 사회적이고 계급적인 성격을 간과하고 과학 기술의 발전을 무조건 역사의 진보라고 간주할 위험이 있음을 지적하

146

면서, 현대 사회 속에서의 인간의 삶에 지대한 영향을 미치는 과학 기술의 발전 방향에 대해 시민이 '간섭'해야 함을 역설한다. 과학 기술의 발전은 필연적인 것이 아니라 사람들의 참여에 의해 바람직한 방향으로 바뀔 수 있음을 강조하는 것이다. 이는 60~70년대 급진적 과학 운동과 일맥 상통하는 측면이 있지만, 60년대 식의 조금 막연한 민중 과학보다는 전문 지식의 한계를 분석하고 시민의 참여가 바람 직한 공공 정책을 낳을 수 있다는 80년대 서구의 경험에 근거하고 있다. "과학 기술의 민주화" "시민 과학" "기술 참여"와 같은 표어는 이런 운동 이념의 구체적인 목표를 나타내고 있다. 시민의 대표가 참여해서 미묘한 과학 기술 문제에 대한 토론을 통해 정책적 초안을 마련하는 '합의 회의,' 일종의 대안적 연구 체제로 대학과 시민의 요구가 만날 수 있는 '과학 상점,' 시민의 필요에 부응해서 기술적 설계를 추진하는 '참여 설계,' 대학과 고등학교 교육에 과학과 사회에 대한 과목을 포함시키는 'STS(Science, Technology, & Society) 교육 운동' 등이 새로운 운동의 구체적인 실천 영역이다.[17]

이 운동은 계몽된 시민을 운동 주체로 생각하고 민주주의의 확장을 지향점으로 삼을 만큼 노동자 변혁 운동으로 자기 정체를 설정했던 이전의 운동과 주체와 지향에 있어서 차이점을 보인다. 이는 과학 기술 운동만이 아니라 한국 사회 운동 전반이 겪고 있는 변화의 한 단면일 것이다. 작은 그룹 하나에서 출발한 운동이 힘을 가지려면 다양한 사회의 조직과 운동 단체들과 연대해나가야 하는데, 과기노련 과 같은 과학 기술 노동 운동 단체들과의 이슈별 연대와 같은 문제는 '과학 기술 민주화' 운동의 경우에도 풀어야 할 숙제이다. 아직도 과학 기술의 사회적 문제에 대해서는 무관심과 침묵으로 일관하는 과

---

17) 김환석, 「인간의 얼굴을 한 과학·기술」(고려대 강연, 1998. 2. 24).

학 기술자 사회 일반과 공감대를 넓혀나가는 일도 시급한 과제다. 과학 기술은 무조건 진보적인 것이고 선한 것이라는 우편향과 민중·민족·페미니스트 과학처럼 온갖 종류의 해방적인 과학이 존재할 수 있다는 좌편향을 극복하면서, 과학과 사회의 관계에 대한 바람직하고 진보적인 담론을 지속적으로 생산하는 것도 주어진 숙제일 것이다.

제4장

문화로서의 과학, 과학으로서의 역사
―쿤 다시 보기

1996년 6월에 작고한 토머스 쿤 Thomas S. Kuhn은 의심할 여지 없이 20세기에 가장 큰 영향을 미친 과학사학자이자 과학철학자이다. 자연과학의 본성과 그 역사적 전개에 대한 쿤의 철학적인 개념들, 즉 그의 『과학 혁명의 구조』(1962: 개정판 1970)에 나타난 패러다임 paradigm, 정상 과학과 혁명적 과학 normal and revolutionary sciences, 공약불가능성 incommensurability, 변칙 anomaly, 그리고 표본 examplar 과 같은 개념은 과학사와 과학철학 분야뿐만 아니라 사회과학과 인문과학에 속하는 모든 지적 영역에 지대한 영향을 미쳤다. 1960년대와 70년대를 통해 쿤의 개념들은 일련의 논쟁을 불러일으켰고, 칼 포퍼 Karl Popper, 폴 파이어러벤드 Paul Feyerabend, 그리고 이머 라카토슈 Imre Lakatos 등이 논쟁에 참여했다. "과학 혁명이 초래하는 패러다임의 변화는 이성만으로는 설명할 수 없는 종교적 개종과 흡사하다"는 쿤의 주장은, 과학은 합리적이고 누적적인 지식의 축적으로 이 역사를 통해 인간이 점점 진리에 가까이 간다고 생각했던 과학철학자들을 자극했다.

1970년대 후반 이래로, 쿤의 개념들은 인문 · 사회과학 분야에서 객관적인 지식이나 이해가 불가능함을 주장하는 이론적 근거가 됨으로써, 인간의 지식을 보편적인 진리의 발견이 아니라 부분적이고 한시적인 맥락에서의 '구성'으로 보는 1980~90년대의 포스트모더니즘적·사회구성주의적 인식론의 기초가 되었다. 쿤에 동의하든 안 하든 그의 저작은 자연 세계와 인간 세상에 대한 우리의 지식을 근본부터 다시 생각하지 않을 수 없게 한 것이었다. 이 글은 과학사학자로서 쿤의 업적과 관련된 중요한 논쟁 하나를 분석함으로써, 쿤의 과학사 연구가 어떻게 그의 철학적 개념들과 관련이 있는가를 심층적으로 분석하기 위해 씌어졌다.[1]

1. 과학사학자로서의 토머스 쿤

쿤의 과학철학에 비해 그의 역사 연구는 상대적으로 거의 관심을 끌지 못했다. 그렇지만 쿤은 과학사 분야에서 로버트 보일Robert

---

1) 이 글은 1996년 5월 온타리오의 브록 대학에서 개최된 캐나다 과학사학회에서 발표된 논문을 수정, 보완한 것이다. 영문으로 쓴 이 글의 초고에는 자세한 각주가 달려 있었는데, 한글로 번역하면서 많이 생략했음을 밝힌다. 쿤의 생애와 업적에 대해서는 J. L. Heilbron, "Thomas Samuel Kuhn," *Isis* 89(1998), pp. 505~15 참조. 쿤의 가장 널리 읽힌 저서는 물론 Thomas S. Kuhn, *The Structure of Scientific Revolutions* (Chicago, 1962)이다. 이 책의 개정판에는 후기가 달려 있다. "Postscript 1969," in *The Structure of Scientific Revolutions* 2nd ed.(Chicago, 1970), pp. 174~210. 한글 번역판으로는 토머스 쿤, 김명자 옮김, 『과학 혁명의 구조』(동아출판사, 1992)가 있다. 1960년대 논쟁은 *Criticism and the Growth of Knowledge*, ed. by I. Lakatos and A. Musgrave(London, 1970); 조승옥·김동식 옮김, 『현대 과학철학 논쟁』(민음사, 1987)에 실린 논문에 잘 드러나 있고, 쿤과 사회구성주의와의 관련에 대해선 Barry S. Barnes, *T. S. Kuhn and Social Science* (London, 1982); 배리 반스, 정창수 옮김, 『패러다임』(정음사, 1986)과 Peter Novick, *That Noble Dream: The Objective Question and the American Historical Profession* (Cambridge, 1988), pp. 522~629가 유용하다. 조인래 편역, 『쿤의 주제들: 비판과 대응』(이화여자대학교 출판부, 1997)도 쿤을 이해하는 데 유용한 자료이다.

Boyle의 기계적 철학, 사디 카르노 Sadi Carnot의 열 이론, 에너지 보존 법칙의 동시 발견, 닐스 보어 Niels Bohr의 양자화된 원자 모델 등과 같은 주제들을 가지고 여러 편의 논문을 썼다. 그는 또 코페르니쿠스 혁명 Copernican Revolution과 막스 플랑크 Max Planck의 양자물리학에 대한 매우 중요한 두 권의 과학사 책을 썼다.[2]

역사가로서 쿤은 알렉산더 코아레 Alexander Koyré와 같은 몇몇 역사가들에게 신세를 졌지만, 다른 학자들의 해석에 도전했다. 가령 쿤이 해석한 코페르니쿠스와 플랑크는 조지 사턴 George Sarton이 본 코페르니쿠스나 마틴 클라인 Martin J. Klein이 본 플랑크와는 사뭇 다르다. 과학사학자로서 쿤은 역사적인 자료들을 늘 독특하고 독창적인 방식으로 읽었다. 과거의 자료들을 읽는 쿤의 독창적인 방식은 과거의 과학에 숨겨져 있는 구조와 의제 agenda를 밝혀내는 그의 새로운 역사 해석의 기초가 되었다. 역사가로서의 쿤은 그의 제자들을 포함한 일부 과학사학자들에게 커다란 영향을 미친 한편, 그와 의견을 달리하는 사람들을 자극하기도 했다.

나는 이 글을 통해 내가 '쿤 식의 Kuhnian 사료 읽기'라고 부르는 것이 쿤의 과학사와 과학철학을 잇는 연결 고리라는 점을 보이려 한다. 이 글에서 제기하고 또 그 해답을 모색할 질문들은 다음과 같다.

---

2) Thomas S. Kuhn, "Robert Boyle and Structural Chemistry in the Seventeenth Century," *Isis* 63(1952), pp. 12~36; "Carnot's Version of Carnot's Cycle," *American Journal of Physics* 23(1955), pp. 91~95; "Energy Conservation as an Example of Simultaneous Discovery," in *Critical Problems in the History of Science*, ed. by Marshall Clagett(Madison, 1959), pp. 66~104; (with J. L. Heilbron) "The Genesis of the Bohr Atom," *Historical Studies in the Physical Sciences* 1(1969), pp. 211~90; "Mathematical versus Experimental Traditions in the Development of Physical Science," *Journal of Interdisciplinary History* 7(1976), pp. 1~31. 과학사에 대한 쿤의 저술은 *The Copernican Revolution*(Cambridge, Mass., 1957); *Black Body Theory and the Quantum Discontinuity, 1894~1912* (Oxford, 1978)가 있다.

1) 쿤 식의 사료 읽기란 무엇인가? 2) 쿤은 왜 이따금씩 다른 역사가들과 상당히 다른 방식으로 과학의 역사를 읽었는가? 3) 쿤의 독특한 사료 읽기와 그의 철학적 개념들은 어떠한 관계를 맺고 있는가? 이러한 질문들에 답하는 것은 쿤의 철학적인 개념들을 올바르게 이해하고, 하나의 학문 분야로서의 과학사에 끼친 그의 영향을 평가하는 데 꼭 필요한 일이다. 이러한 분석에 기초해서 이 글의 마지막 부분에서 나는 쿤이 과학사에 미친 영향과 다른 분야에 미친 영향, 예를 들어 과학사회학sociology of science과 같은 인접 학문들에 미친 영향이 왜 다른가에 대한 한 가지 해답을 제시하려 한다.

이를 위해 나는 먼저 '양자 논쟁 Quantum Controversy'이라고 불리는 널리 알려진 논쟁을 다시 분석해보겠다. 왜냐하면 여기에서 막스 플랑크의 양자 가설의 성격을 쿤과 다른 역사가들이 어떻게 다르게 해석하는가를 봄으로써 '쿤 식의 사료 읽기'를 보다 분명히 이해할 수 있기 때문이다. 그런 다음 나는 쿤의 역사 연구 방법론 일반을 검토할 것이다. 여기서는 쿤의 과학사에서 가장 본질적인 부분이, 독해가 불가능한 과거의 텍스트를 이해 가능하고 명료하게 해주는 열쇠를 그 텍스트 속에서 찾는 것임을 밝힐 것이다. 왜 과거의 텍스트는 독해가 사실상 불가능에 가까운 것일까? 그 열쇠는 무엇이며 어떻게 찾을 수 있을까? 왜 대부분의 사람들은 불가해한 텍스트를 이해 가능하고 심지어 명료한 것으로까지 여기는 것일까? 쿤 식의 역사 연구 방법과 긴밀하게 연관되어 있는 이러한 질문들을 검토한 후 나는 쿤에게 있는 '주관'과 '객관'간의 긴장과 이 둘의 협력적인 상호 작용을 검토할 것이다. 결론으로 나는 쿤이 과학을 문화로 보았지만, 과학에 대한 역사적 이해를 일종의 '객관적 지식'으로 보았음을 보일 것이다.

2. 막스 플랑크와 양자역학의 불연속 개념의 도입

양자역학의 역사는 막스 플랑크로부터 시작된다. 일반에게 널리 알려진 이야기는 19세기말 고전 물리학에 여러 난제들이 나타났다는 사실로 시작된다. 그 난제들 중에는 에테르가 존재하지 않는다는 것이 보인 마이컬슨과 몰리 Michelson-Morley의 실험, 맥스웰 J. C. Maxwell의 전자 이론에 도전한 흑체 복사 현상 black-body radiation, 그리고 빛의 파동 이론으로는 설명하기 어려운 광전 효과 photoelectric effect 등이 있었다. 막스 플랑크는 고전적인 전자기 이론과 통계 이론들을 동원하여 두번째 수수께끼인 흑체 복사 문제를 풀어보려고 했으나 실패했다. 1900년, 그는 에너지 스펙트럼의 양자화에 관한 이상한 가설을 도입함으로써 이 문제를 풀었는데, 이는 고전 물리학의 기초적인 전제들과 전혀 양립 불가능한 것이었다. 그 가설은 물리학자들 사이에 센세이션을 불러일으켰고, 그들을 찬성과 반대의 두 파로 갈라놓았다. 플랑크의 가설은 종국에는 양자물리학이라는 완전히 새로운 프로그램의 출발점이 되었고, 양자물리학은 그 후로 아인슈타인 A. Einstein의 광자 photon 개념, 보어의 양자화된 원자 모델, 파울리 W. Pauli의 양자화된 원자 구조, 하이젠베르크 W. Heisenberg의 불확정성 원리, 그리고 보어의 상보성 이론 등으로 구체화되면서 발전했다.

여기서 보듯이 플랑크와 양자 가설의 탄생 이야기는 과학 혁명의 한 예를 보여주는 생생한 모델로 간주되었다. 플랑크의 이야기는 눈에 두드러진 고전 물리학의 위기로부터 출발했고, 한 천재가 대담한 가설을 제기함으로써 문제를 풀었으며, 이 새로운 가설이 오랜 논쟁을 불러일으켰고, 이렇게 만들어진 새로운 물리학은 잠시 동안 기존의 물리학과 공존했지만 궁극적으로는 위기를 심화시켰다는 전형적인 과학 혁명의 과정을 보여준다는 것이다. 논쟁은 논리적인 설득에 의해서가 아니라, 1910년대와 20년대를 통해 자연을 수리적으로 표현하는 데 익숙한 젊은 물리학자 세대가 늙은 물리학자들과 세대 교체를 함으로써 끝이 났다. 이 유명한 이야기는 양자물리학을 다룬 대부분의 대학 교재들 첫 챕터에 실려 있다. 이러한 교과서적인 이야기의 출처가 어디인지 꼬집어 말하기 힘들지만, 막스 플랑크의 회고가 주된 출처 중 하나임은 분명하다. 1910년부터 막스 플랑크는 노벨 상수상 연설을 비롯하여 많은 대중 연설에서 양자물리학을 소개하기 시작했고, 후에 『과학은 어디로 가는가 Where Is Science Going?』에 그 이야기를 좀더 철학적인 용어로 꼼꼼하게 다시 써놓았다.[3]

　『과학 혁명의 구조 Structure of Scientific Revolutions』(1962)에서 쿤은, 아리스토텔레스와 코페르니쿠스, 보일, 뉴턴, 라부아지에 Lavoisier, 아인슈타인 등을 예로 들며 여러 과학 혁명들에 나타난 다양한 특징들을 설명했다. 플랑크에 관한 이야기가 과학이 정상 상태에서 혁명적인 국면으로 옮겨가는 완벽한 과학 혁명의 모델처럼 보임에도 불구하고 쿤이 양자물리학의 역사에 대해서는 많은 얘기를 하지 않았던 것은, 아마도 그가 양자물리학의 역사에 대하여 별다른 연구를 하지 않았기 때문일 것이다. 그러나 사실 플랑크의 이야기를 자세히 살펴보면 여기에는 정상 과학과 혁명적 과학을 어떻게 구별할 것인가 하는 문제와 관련해서 상당히 골치 아픈 난제가 숨어 있음을 알 수 있다. 정상 과학에서 혁명적 과학으로의 전이를 생각해보자. 쿤이 제기한 정상 과학은 어떤 문제들이 기존 패러다임에서 풀수 없는 것으로 판명될 때 혁명적인 국면으로 이동한다. 그러나 과학

---

3) Max Planck, *The Origins and Development of the Quantum Theory* (Nobel Prize Address; Oxford, 1922); *Where is Science Going?* (London, 1933).

혁명의 방아쇠를 당기는 문제들과 결국에는 기존의 패러다임에서 해결되는 문제들 사이에 어떤 차이점이 있을까? 돌이켜 보건대, 후대의 과학자들과 역사가들은 후자에 비해 전자에 많은 관심을 쏟았다. 상대성과 양자물리학으로 가는 문을 연 마이컬슨—몰리의 실험과 흑체 복사 현상은, 가령 고전 물리학에 의해 효과적으로 해결된 패러데이 효과Faraday effect와 홀 효과Hall effect에 비해 상대적으로 많은 관심을 받아왔다는 말이다. 그렇지만 당대의 과학자들에게도 그랬을까? 19세기말에 살았던 과학자들에게도 마이컬슨—몰리 실험과 흑체 복사 현상이 고전 물리학에 속하는 다른 문제들보다 더 신비하고, 도전적이고, 혁명적인 것으로 비쳐졌을까?

자신의 첫번째 저서인 『코페르니쿠스 혁명 *Copernican Revolution*』에서 쿤은, 코페르니쿠스가 수학적인 행성 천문학 mathematical planetary astronomy에 속하는 다분히 기술적인technical 문제를 해결하려고 노력하던 와중에 거의 자기도 모르는 사이에 태양 중심설에 도달하게 되었다고 주장했다. 지구 중심적 세계관으로부터 태양 중심적 세계관으로의 혁명적인 이동이 겉으로 보기에 사소한 기술적인 문제를 푸는 과정에서 나온 것이다.[4] 플랑크의 양자 가설은 코페르니쿠스와 정반대의 경우로 보였다. 플랑크의 진술에 기반을 둔 유명한 이야기에 따르면, 흑체 복사 현상을 포함한 풀리지 않는 미스터리들 때문에 19세기말 물리학계는 위기 의식으로 팽배한 듯했으며, 플랑

---

4) Kuhn, *Copernican Revolution*, p. 143에서 그는 "코페르니쿠스가 괴물 같다고 생각한 것은 수리천문학이었지 우주론이나 철학이 아니었으며, 수리천문학의 개혁이 그를 지구가 움직인다는 결론으로 이끌었다"고 언급하고 있다. 이후 쿤의 제자 중 한 명인 노엘 스웨드로는 코페르니쿠스가 외행성들의 역행 운동을 에피사이클 epicycle 없이 설명하려고 노력하던 중 태양 중심적인 우주론에 도달했음을 설득력 있게 보여주었다. Noel Swerdlow, "The Derivation and First Draft of Copernicus Planetary Theory," *Proceedings of the American Philosophical Society* 117(1973), pp. 423~512.

크는 자신의 양자 가설의 혁명성을 명백하게 이해하고 있었던 듯 보였다. 아마도 이것이 쿤이 플랑크를 본격적으로 연구하게 된 한 가지 이유였을 것이고, 이 연구는 그의 두번째 과학사 책인『흑체 이론과 양자 불연속성 *Black Body Theory and the Quantum Discontinuity*』(1976, 이하『흑체 이론』으로 표기)을 탄생시켰다.

쿤의 저서는 플랑크와 양자역학의 탄생에 대해 놀랄 만한 새로운 이야기들을 밝혀냈다. 먼저 쿤은 흑체 복사 문제가 많은 물리학자들의 주의를 끌지 못했음을 보여주었다. 단지 소수의 실험물리학자들과 그보다 더 적은 소수의 이론물리학자들만이 이 문제에 관심을 가졌다. 그런 다음 그는 플랑크의 가설이 본질상 고전적인 것임을, 그리고 더욱 놀랍게도 플랑크 자신도 1908년 저명한 이론물리학자 로렌츠H. A. Lorentz가 그를 설득하기 전까지는 자신의 가설이 지닌 혁명성을 알지 못했음을 설득력 있게 논증하였다. 그 혁명적인 의미를 처음으로 알아본 사람은 플랑크가 아니라 1906년의 알버트 아인슈타인과 파울 에른페스트Paul Ehrenfest로, 플랑크 자신은 그들의 연구 논문을 간과했다. 양자 혁명은 플랑크의 유명한 1900년 논문이 아니라, 아인슈타인과 에른페스트의 덜 알려진 1906년 논문들로 시작되었다고 쿤은 주장했다. 요컨대 자신의 성취를 설명하는 플랑크의 이야기에 개입된 작위성을 폭로함으로써 쿤은 양자역학의 시초를 1900년에서 6년 뒤인 1906년으로 옮겨놓은 것이다.

3. 왜 쿤은 플랑크를 독특하게 읽었는가

이 6년 간의 편차는 쿤의 과학 혁명관과 관련된다. 공약불가능성 incommensurability과 변칙anomaly을 생각해보라. 잘 알려져 있다시

피 쿤은 기존의 패러다임과 새로운 패러다임간의 공약불가능성(다른 패러다임을 구성하는 언어가 1:1로 번역되지 않는다는 뜻)을 과학 혁명의 여러 가지 특징 중 가장 결정적이고 흥미로운 점으로 제시했다. 그러나 그의 책 『흑체 이론』에서 그는 공약불가능성을 명백하게 언급하지 않았고, 이 점은 쿤에게서 더 깊은 사회학적인 통찰을 기대했던 사람들을 실망시켰다. 그러나 사실 이런 실망은 근거 없는 것이었다. 그들은 여전히 플랑크의 1900년 논문을 전환점으로 보고, 공약불가능성을 1900년을 기준으로 오래된 패러다임과 새로운 패러다임 사이에서 찾을 수 있으리라 기대했기 때문이다. 그렇지만 아인슈타인과 에른페스트가 1906년에 처음으로 양자의 불연속성이라는 개념을 내놓았고 플랑크는 1908년 이후에야 그것을 채택했을 뿐이라면, 분기점은 여러 해 더 지난 시점에서 찾아야 한다. 쿤이 『흑체 이론』에서 암시하고 후에 그의 논문 「플랑크를 다시 보기 Revisiting Planck」에서 명백히 밝혔듯이, 플랑크가 사용하던 어휘가 '에너지 요소 an energy element'에서 '양자 quantum'로, 그리고 '공명자 resonator'에서 '진동자 oscillator'로 바뀐 것이 모두 1908~1909년 무렵이라는 사실은 고전 물리학과 양자물리학 사이의, 그리고 고전 물리학자로서의 플랑크와 양자물리학자로서의 플랑크 사이의 공약불가능성을 보여주는 좋은 예이다.[5]

5) 과학사회학자 트레버 핀치 Trevor Pinch는 『흑체 이론』이 과학을 사회적 영향에서 유리된 활동으로 묘사했다고 쿤을 비판했다. Martin J. Klein, Abner Shimony, and Trevor Pinch, "Paradigm Lost? A Review Symposium," *Isis* 70(1979), pp. 429~40, p. 439. 쿤에 의하면 플랑크가 사용한 '에너지 요소'는 고전 역학적인 어휘고 '양자'는 새로운 물리학의 배경에서만 제대로 이해될 수 있는 용어다. 마찬가지로 '공명자'는 특정한 주파수에만 반응하는 물체로서, 이는 에너지 요소를 고전 물리학적인 방법으로 제한하기 위해 플랑크가 도입한 개념이며, 이에 반해 '진동자'는 이런 제한 없이 에너지의 양자화를 낳을 수 있는 새로운 양자역학적인 개념이다. 쿤은 플랑크의 언어가 이렇게 바뀐 것이 고전 역학과 양자역학 사이의 '공약불가능성'

마찬가지로 변칙 anomaly이라는 문제(기존 패러다임으로 풀 수 없었고 그렇기 때문에 과학 혁명의 방아쇠를 당긴 난제)에 대해서 쿤이 직접 언급한 바는 없지만 이 또한 비슷한 방식으로 이해할 수 있을 것이다. 양자 혁명의 시발점이 1906년이라면 변칙은 1900년 무렵 빈 Wien 법칙과 이에 맞지 않는 경험적 관찰들간에 발생한 불일치 같은 것이 아니다. 변칙은 플랑크의 1900년 논문 이전이 아니라 에른페스트와 아인슈타인의 1906년 논문들이 나오기 직전의 시기에서 찾아야 한다. 내 생각에, 플랑크의 수학적인 공식들 그 자체가 변칙이라 부를 수 있는 가장 유력한 후보이다. 다른 말로 하자면, 레일리 Rayleigh와 제임스 진스 James Jeans에 의한 1905년의 발견, 즉 플랑크의 놀라운 공식들이 고전 물리학과 양립 불가능하다는 사실의 발견이야말로 원숙한 플랑크보다 더 젊은 세대에 속하는 아인슈타인과 에른페스트로 하여금 플랑크의 복사 법칙 radiation law으로부터 혁명적인 양자 이론을 고안하고 제시하도록 추동한 수수께끼였던 것이다.

쿤에 앞서 물리학사를 연구하는 학자들은 플랑크와 그의 양자 가설에 대하여 상세히 설명했다. 마틴 클라인 Martin J. Klein은 저명한 물리학 사가로서 플랑크에 대하여 여러 편의 뛰어난 글을 썼다.[6] 쿤은 클라인에게 도전했으나, 플랑크의 여러 논문들에 있는 기술적 세부 항목들 technical details에 대한 해석에 이르면 두 사람의 차이는 매우 미묘하다. 그러나 몇몇 기술적 세부 항목들에 대한 두 사람의 서로 다른 해석을 깊이 분석하면, 그 속에 숨어 있는 한층 근본적인 차

을 드러내준다고 보았다. 이에 대해서는 *Black Body Theory*, pp. 200~01과 Thomas Kuhn, "Revisiting Planck," *Historical Studies in the Physical Sciences* 14(1984), pp. 231~52, p. 238 참조.

6) Martin J. Klein, "Max Planck and the Beginnings of the Quantum Theory," *Archive for History of Exact Sciences* 1(1960~62), pp. 459~79; idem, "Planck, Entropy, and Quanta, 1901~1906," *Natural Philosopher* 1(1963), pp. 83~108.

이가 드러난다. 쉽게 말하자면 그 차이는 다음과 같다. 클라인은 플
랑크가 고전 물리학과 본질적으로 양립 불가능한 자신의 가설의 진
정한 의미를 곧 깨닫지 않을 수 없었다고(즉, 즉각 깨달았다고) 보는
반면에, 쿤은 1908년 로렌츠가 플랑크의 식이 고전 물리학과 본질적
으로 양립 불가능하다고 말해주기 전까지 플랑크 자신은 아무런 갈
등이나 문제 의식을 느끼지 못했다는 것이다.[7]

　이러한 논쟁의 저변에 깔린 문제는 플랑크처럼 명석한 과학자가
자신의 공식이 지닌 비고전적인 함의들을 전혀 모르는 일이 과연 가
능한가 하는 것이다. 클라인은 이것이 말도 안 된다고 여겼음에 틀림
없다. 그러나 텍스트상에 드러나는 몇몇 혼란스런 점(예컨대 플랑크
가 1906년의 『강의 Lectures』에서 자신의 '복사 법칙'에 대해 완전히 고
전적인 분석을 시도했다는 것)을 설명하기 위해 클라인은, 플랑크가
가끔은 자기 가설의 의미를 다소 혼동했다고 보는 것이 꽤 일리가 있
음을 인정했다. 그러한 종류의 혼동은 과학의 변화가 빠르게 일어나
는 시기에는 오히려 정상적이라는 것이 클라인의 견해인데, 이는 이
론이 급변하는 시기에는 가장 뛰어난 과학자들도 새로운 과학 이론
의 혁명적 의미를 완벽하게 파악할 수 없기 때문이었다.

　쿤은 이러한 견해에 동의하지 않았다. 혼동은 플랑크의 머릿속에
있지 않고 무의식적으로 현재의 지식을 과거에 들이밀면서 지나간
사건을 자신들의 눈으로 이해하려 애쓴 역사가들의 머리에 있다고
역설했다. 역사가들이 플랑크의 물리학과 별관계 없는, 자신들에게
친숙한 기존의 양자물리학의 용어와 시각으로 플랑크의 글을 이해하
려 했기 때문에 플랑크가 가끔 혼동한 것으로 간주했다는 것이다. 쿤

---

7) 쿤과 클라인의 차이에 대한 아주 좋은 분석으로 Peter Galison, "Kuhn and the
　Quantum Controversy," *British Journal for the Philosophy of Science* 32(1981), pp.
　71~85 참조.

은 혼동 속에서 위대한 과학적 발견이 이루어졌다는 것 discovery from confusion을 터무니없는 얘기로 생각했다. 거기에는 전후 관계를 적절히 보지 못함으로써 야기된 혼란스러운 역사 이해(오해)가 있을 뿐이었다.

4. 쿤 식의 사료 읽기와 '본질적 긴장'

쿤의 역사 서술 관점은 역사가들에게 흥미로운 문제 하나를 던진다. 쿤의 관점은 역사가가 텍스트의 의미를 이해하고 그 뒤에 있는 가히 객관적이라 할 만한 의미에 도달할 수 있음을 시사한 것으로 보이기 때문이다. 이것은 현재의 시각과 관심사로부터 완전히 분리되어 과거의 맥락에 자신을 몰입시킴으로써 얻어질 수 있었다. 쿤에 따르면, 과거의 텍스트는 첫눈에 이해하기 어려운 수수께끼와 불가사의들로 가득 차 있었는데, 그 본질적인 이유는 과학이라는 것이 전체적인 배경을 고려해야 이해될 수 있는 '문화'와 흡사하기 때문이었다. 하나의 과학 텍스트는 낯선 alien 문화의 일부분이기 때문에 전체와 분리한 채 이해할 수 없는 것이었다.

쿤에 의하면 이 낯선 땅으로 들어갈 수 있는 한 가지 비결은 (위대한) 과학자가 쓴 텍스트에 드러난 명백한 오류를 발견하고 이를 이해하는 것이다. 위대한 과학자들이 명백한 오류를 범한 이유를 이해하게 되면 우리는 텍스트를 그것이 씌어진 배경에 놓고 볼 수 있게 된셈이기 때문이다. 그러면 이해한다고 생각했던 텍스트의 일부분이 매우 다르며 심지어 이해 불가능한 것으로 보이기 시작한다. 쿤은 이과정을 "역사가 자신의 시대에 통용되는 것과 여기저기 체계적으로 다른 [어휘에 대한] 고어 사전 lexicon"을 역사가가 얻어내는 과정으로 본다. 이 고어 사전이 있어야만 역사가들은 "그들의 연구 대상인 과학에 기본이 되는 진술들을 면밀히 조사할 수 있다." 텍스트의 모든 구절이 이해되고 텍스트에 있는 모든 변칙적인 점들이 사라질 때까지 이런 작업을 계속하는 것이 바로 내가 부르는 바, '쿤 식의 사료 읽기'이다. 이런 방법론은 쿤의 역사와 철학 에세이 모음집인 『본질적 긴장 Essential Tension』의 서문에 명료하게 선언되어 있다.[8]

이런 쿤 식의 방법론을 잘 보여주는 예로 나는 세 개의 일화를 언급하려 한다. 첫번째로, 쿤은 1947년 어느 날에 있었던 '개안 enlightenment'의 순간이 그전에는 이해하기 힘들었던 아리스토텔레스의 저술을 갑자기 이해할 수 있게 해주었다고 여러 차례에 걸쳐서 회고했다. 이 '개안'의 경험은 물리학자였던 그를 결국 과학사라는 학문으로 이끈 계기가 되었다. 두번째 일화는 로버트 보일과 관련된다. 쿤은 자기 학생들에게 자신이 보일의 글을 거의 이해하지 못하다가 어느 날 모든 미스터리를 풀 수 있는 근본적인 단서를 발견하고 텍스트의 불가해성을 단숨에 극복했다고 말하곤 했다(이때의 단서는 보일의 동력적인 원자 입자론에서 나온 원소들의 상호 변환 transmutability이었다). 그날 밤, 그는 보일이 분명히 어떠어떠한 이야기들을 했을 것이라고 추측해볼 수도 있었다고 한다. 자신의 추측이 맞는지 알기 위해 보일이 쓴 다른 글을 확인하고 싶어 안달이 난 쿤은 다음날 아침 도서관으로 달려갔으나, 너무 이른 시간이었기 때문에 닫힌 문 앞에서 얼마간 기다려야 했다. 마침내 도서관이 문을 열었을 때 그는 도서관으로 줄달음쳤고, 만족스럽게도 보일의 텍스트에서 예상했던 구

---

8) Thomas Kuhn, *Essential Tension : Selected Studies in Scientific Tradition and Change*(Chicago, 1977), p. xii; "Dubbing and Redubbing : the Vulnerability of Rigid Designation," in C. W. Savage ed., *Scientific Theories* (Minneapolis : University of Minnesota Press, 1990), pp. 298~318, p. 298.

절들을 발견하고 자신이 옳았음을 확인했다는 얘기다.[9]

세번째 예는 플랑크에 대한 것이다. 쿤은 양자 가설을 처음 주창했다고 알려진 플랑크의 1900년과 1901년 논문들을 '숱하게' 읽었으나, 1895~1899년 사이에 씌어진 플랑크의 초기 저서들을 읽은 후, 즉 "플랑크의 고전적인 흑체 이론에 거의 동화된 후에는 더 이상〔자신과〕다른 이들이 그전에 보통 읽었던 방식으로는〔플랑크가 1900~1901년에 쓴〕첫번째 양자 이론 논문을 읽을 수 없었"고, 마침내 "플랑크의 새 이론이 여전히 고전적"이라는 사실을 깨닫게 되었다고 회고했다.[10] 그는 과학사 전공 학생들과 함께 현대 물리학사에 관한 주요 사료들을 읽으며 학생들에게 자신의 방법론을 사용해서 사료를 읽도록 훈련시켰다. 쿤 식의 사료 읽기는 한편으로는 『본질적 긴장』에서 표명되고 여러 역사서들을 통해 논증되었지만, 대학원 세미나나 박사 논문 지도와 같은 친밀한 개인적 접촉을 통해 그의 제자들에게 전수되었다.

쿤의 철학적인 개념들은 본질적으로 자신의 개인적이고 주관적인 경험에 근거를 두고 있다. 공약불가능성이란 개념은 과거의 텍스트가 지닌 의미를 이해할 수 없었던 그의 경험에 기원했다. '게슈탈트 전환gestalt switch'이라는 개념 역시 텍스트의 의미가 이해할 수 없는 것에서 이해할 수 있는 것으로 바뀌는 경험에 기반했다. 이러한 기초 위에 쿤은 '언어 학습language learning'이라는 개념을 발전시켰다. 이러한 철학적인 개념들에 힘입어 그는 비누적적 · 한시적 · 집단적 · 사회적 · 문화적인 과학 지식이라는, 과학에 대한 큰 그림을 그려냈는데 이는 과학의 보편성과 객관성에 대한 일반적인 믿음에 대

---

9) Kuhn, *Essential Tension*, p. xi. 보일에 대한 얘기는 1976년 프린스턴에서 쿤의 세미나에 참가했던 서울대학교의 김영식 교수로부터 들은 것임을 밝힌다.
10) *Black Body Theory*, p. viii.

한 강력한 도전이었다.

그러나 쿤의 방법론에는 객관과 주관 사이에 '본질적인 긴장'이 있었다. 그의 '주관적인 경험'이 과거 텍스트에 대한 일종의 '객관적인 이해'를 낳은 것이다. 그런데 과거의 과학에 대한 쿤의 '객관적인' 이해는 자연과학을 다른 인간 문화적 활동들과 마찬가지로 '주관적인' 것으로 만드는 결과를 낳았다. 왜 이런 일이 일어난 걸까? 쿤의 역사적 방법론과 과학 지식의 가설 연역적 hypothetico-deductive 구조 사이에 닮은 면이 있음을 보는 것은 흥미로운 일이다. 쿤 식의 독해에 따르면, 텍스트의 어떤 부분은 그것을 풀 열쇠를 발견하기 전까지는 이해하기 힘든 것이다. 그러나 일단 열쇠를 찾기만 하면 실험을 통해 그것이 맞는 열쇠인지 아닌지 확인할 수 있는데, 이 실험은 그 열쇠를 통해 텍스트의 다른 부분들을 이해해보는 것이다. 만일 효과가 있으면 텍스트에 어떠한 진술들이 있을 것이라고 예상해볼 수도 있다. 그 열쇠가 맞는 열쇠라면 이런 예측한 진술들이 발견될 수도 있다.

그렇지만 여기에 아이러니가 있었다. 1960년대 이후 과학철학에 의하면, 자연과학에서 하나의 가설이 여러 개의 테스트를 통과하고 예측된 결과를 내더라도 이것이 그 가정을 필연적으로 참이라고 보장하는 것이 아니었다. 쿤은 이 믿음을 깨려고 몹시 애를 쓴 사람들 중 하나로서 그 일을 꽤 성공적으로 해냈다. 그렇지만 쿤의 역사 이해는 이런 가설 연역적 과학과 흡사해졌다. 역설적으로 그는 자기도 모르는 사이에 과학적인 방법론이 지닌 '객관적인 힘'을 과학으로부터 빌려와 역사 연구에 적용시켰던 것이다. 그는 과학을 하나의 문화의 형태로 만들었지만 과학의 역사는 쿤이 용도 폐기한 이전 형태의 과학과 흡사해졌다.

쿤의 이러한 '본질적인 긴장'에는 한 가지 이유가 있다. 물리학에서 과학사로 학문적 전공을 바꾼 이후 쿤은 과학에 대한 수많은 이야기와 담론들이 과학자들 자신의 입에서 나온 것임을 알게 되었다. 초기 왕립 학회의 회원이었던 토머스 스프랫 Thomas Sprat이 왕립 학회의 기원을 서술했고, 18세기말 최고의 화학자 조지프 프리스틀리 Joseph Priestley가 자기 시대에 이르는 전기와 화학의 역사에 대한 영향력 있는 책을 썼으며, 19세기 영향력 있는 과학자 휴얼 W. Whewell 역시 과학사 책을 저술했고, 물리학자인 휘터커 E. T. Whittaker는 19세기와 20세기의 광학과 전자기학의 역사를 썼다. 많은 과학자들이 자서전과 회고록 그리고 동료 과학자들에 대한 조사(弔辭)를 썼고, 자신들이 중요한 발견을 이룬 순간들의 기억을 글로 기록했다. 그리고 과학 교재의 첫 장에 자기 분야의 역사를 기술한 사람들도 과학자들이었다. 많은 경우 이러한 글들이 역사가들의 연구의 출발점이 되었고, 어떤 경우에는 이런 글들이 구할 수 있는 유일한 자료가 되기도 한다.

그런데 이런 과학자들의 이야기가 심각하게 사실을 오도하는 것이라면 어쩔 것인가? 쿤은 과학자들이 자신들의 업적을 얘기하는 것과 그가 그들의 텍스트에서 실제로 찾아낸 내용 사이에 근본적인 불일치가 있음을 발견했다. 코페르니쿠스의 『천구의 회전에 대해서 De Revolutionibus』를 '혁명적'이라기보다는 '혁명을 만들어가는 revolution-making' 단계로 보면 우리는 코페르니쿠스를 더욱 잘 이해할 수 있다는 것이 쿤의 새로운 주장이었다. 중세 시대에 있었던 아리스토텔레스의 물리학 이론들은 그것들이 단순히 그릇되거나 형편없다는 우리의 현대적인 전제 없이 보아야만 이해 가능했다. 닐스 보어의 양자 원자 모델에 대한 유명한 논문 세 편은 보어 자신의 기억이 틀린 것이라고 간주해야 제대로 이해되었다. 플랑크의 텍스트가 플랑크 자신의 회고가 틀렸다고 보아야 제대로 이해되었던 것과 마찬가지이다.

어떤 면에서, 쿤의 역사적 프로젝트는 과학에 대해 광범위하게 받아들여지던 과학자들의 담론과 이미지에 대항하는 하나의 싸움으로 볼 수 있다. 다른 모든 투쟁과 마찬가지로 이런 싸움에는 강력한 무기가 필요했다. 그리고 그의 무기는, 맥락context을 중시하는 그의 방법론에 일종의 특권적인 위치를 부여하고 그를 통해 텍스트에 대한 '객관적'인 이해에 도달할 수 있다는 방법론이었다. 쿤을 이렇게 이해할 때 이제 우리는 『과학 혁명의 구조』에 나오는 첫 문장들을 한층 더 잘 이해할 수 있다.

일화나 연대기 이상의 보고로 볼 때, 역사는 현재 우리를 사로잡고 있는 과학의 이미지에 결정적인 변형을 가져올 수 있다. 그 이미지는 주로 고전적 서적들 그리고 최근의 교재들에 기록되어 있는 완결된 과학적 업적에 대한 연구로부터 과학자들 자신에 의해 그려졌다. 〔……〕 본 에세이는 그것들로 인해 우리의 이해가 근본적으로 왜곡되어왔다는 사실을 보여주려 한다. 이 글의 목적은 연구 활동 자체에 대한 역사적 기록으로부터 과학에 대한 전혀 다른 개념을 얻을 수 있음을 보이는 것이다.[11]

하나의 의문이 남는다. 과학에 대한 역사적인 평가에 있어 쿤과 같은 역사가들과 과학자들은 왜 의견이 다른가? 단순히 과학자들이 사료들을 수박 겉 핥기 식으로 읽는 솜씨 없는 역사가들이기 때문인가? 아니면 차세대 과학자들을 효과적으로 교육시키기 위해서 역사적인 사실들을 왜곡하거나 구부리는 그들의 성향 때문인가? 혹은 역사가

---

11) Kuhn, *Structure of Scientific Revolutions*, p. 1.

들이 과거의 전통과 현재의 학문 사이에 있는 차이와 불연속성들을 있는 그대로 보길 원하는 반면, 과학자들은 그 둘간의 매끄럽고 멋진 연속성을 원하기 때문일까? 분명 이 모든 사항들이 타당하긴 하나, 여기에는 한층 본질적인 문제가 있다.

쿤에 따르면, 과학자들이 과학의 역사에서 가장 중요하게 생각하는 개념은 '단위 발견 unit discovery'이다. 유례 없이 독특하여 과학의 새로운 장을 여는 단위 발견은 과학자들에게는 과학의 역사를 건설하는 '벽돌'이다. 발견을 한 사람과 그것이 이루어진 순간은 정확하게 가려질 수 있고 또 그렇게 되어야만 한다. 예를 들면, 양자 가설은 특정 시각에 특정인에 의해 발견되어야만 했고, 에너지 보존 법칙 역시 특정 시각에 특정인에 의해 발견되었다는 식이다. 과학자들에게 과학의 발전이란 불연속적인 단위 발견들의 연쇄에 다름아니다. 단위 발견이 과학자들에게 중요한 이유는 그것이 그들의 크레디트 credit를 쌓는 기초가 되었다는 데 있다. 최초의 발견자는 노벨 상을 수상하지만 두번째 사람은 역사의 장막 뒤에 묻힌다. 과학사회학자 로버트 머턴 Robert K. Merton이 지적했듯이, 과학자들이 순위 경쟁을 벌이는 이유가 여기에 있다. 어떤 발견과 그 발견자가 알려지면, 다른 과학자들은 자신들이 동시 발견을 했다고 하거나, 최소한 최초의 발견과 동일하다고 해석할 수 있는 매우 흡사한 발견을 했다고 주장한다. 이것이 과학사에 동시 발견이 흔한 한 가지 이유다.

반면, 역사가들은 과학적 발견을 불연속적인 단위가 아니라 연속체 또는 본질적으로 연속적인 과정으로 여긴다. 산소의 발견을 예를 들어 쿤이 설명했듯이, 산소가 언제 발견되었는지를 정확히 가려내는 일은 지극히 어렵거나 사실상 불가능하다. 그 이유는 결정적인 정보가 부족해서가 아니라 그 발견이 어느 한 순간에 이루어지지 않았고, 본질적으로 오랫동안 지속된 과정이었기 때문이다. 쿤이 발견으로 간주한 이 과정은 기존에 알았던 어떤 기체(프리스틀리가 주장한 '탈플로지스톤된 공기 dephlogisticated air')가 질소와 함께 공기를 구성하는 새로운 기체라는 것을 인식하게끔 한 새로운 배경을 만드는 과정이었다. 라부아지에와 그 추종자들은 이런 이론적·수사학적·분류적·사회적인 배경을 만들어나갔던 것이다. 따라서 이를 놓고 어느 순간에 산소가 발견되었다고 할 수는 없는 것이었다. 일반적으로 과학자의 연구 결과는 그것에 새로운 의미가 부가되어야만 하나의 발견으로 간주된다. 그렇지만 과학 혁명이 일어나는 동안에는, 이러한 새로운 의미 형성이 오래된 세상을 새로운 분류 체계를 사용해서 보는 것과 같은 복잡한 과정을 수반한다. 하나의 과학적 발견은 유일하거나 별도로 떨어진 것이 아니라 연속적이다. 동시적인 발견들이 그토록 많은 또 다른 이유가 여기에 있는 것이다.[12]

5. 쿤과 사회구성주의: 공통점과 차이점들

쿤의 철학적인 개념들과 그 개념들이 지닌 상대주의적 함의들이 1980년대와 90년대의 구성주의적·사회적 과학 연구, 즉 과학지식사회학 Sociology of Scientific Knowledge(SSK: 이에 대해선 이 책의 제1장과 제2장을 참조)에 상당한 영향을 미쳤음은 잘 알려진 사실이다. 사회구성주의자들 social constructivists은 쿤을 나름대로 해석했다. 이들은, 쿤이 과학적 발견을 과학자들이 사회적 교섭을 통해 논쟁중인 문제들에 대한 합의를 창출해내는 과정으로 보았다고 생각했다. 또한 쿤이 이러한 합의 도출 과정에 사회적인 이해 관계가 지배적이거나,

---

12) Kuhn, "Revisiting Planck," p. 251; "The Historical Structure of Scientific Discovery," *Science* 136(June 1962), pp. 760~64 in *Essential Tension*, pp. 165~77.

적어도 중요한 인자로 개입함을 주장했다고 생각했다. 이런 이해가 일반적이지만, 이것은 쿤의 요지를 잘못 짚어낸 것이다. 무엇보다 쿤 자신이 사회구성주의의 정신적 지주로 간주되는 것을 달가워하지 않았다. 오히려 그는 이따금씩 새로이 부상하는 과학사회학, 특히 스트롱 프로그램 Strong Program(이 책의 제1장을 참조)에 대해 매우 비판적이었다.[13]

앞선 분석을 기초로 이제 우리는 쿤 식의 과학사와 1980년대의 과학사회학간의 공통점과 차이점들을 보다 분명하게 볼 수 있다. 공통점은 텍스트의 '불완전성'이라는 개념을 공유하는 점이다. 쿤과 과학사회학자들 모두에게 과학 텍스트는 그 자체로 완전하지 않다는 의미다. 사라진 요소가 있으며 그것을 발견하는 것이 연구 프로그램의 출발선을 구성한다는 데 그들은 동의한다. 그렇지만 어디서 그 사라진 부분을 찾느냐 하는 문제에서 그들은 의견을 달리한다. 쿤에게 있어 사라진 요소는 대체로 지적인 것이고 탐색의 실마리는 텍스트 안에 있는 반면, 과학사회학자들에게 그것은 사회적·문화적인 것이고 실마리는 사회·문화적 배경 속에 있다. 일부 과학사회학자들은 쿤이 내적 방법론자 internalist(과학의 사회·문화적 배경보다 과학 내용을 중요하게 간주하는 사람)라고 불평했지만, 쿤은 텍스트를 주의 깊게 읽지 않고 사회적 요인들을 들어 과학을 설명하려 하는 경향을 달가워하지 않았다. 그렇지만 쿤과 사회구성주의자들 사이에 공통점도 있었다. 무엇보다 쿤과 사회구성주의자들은 텍스트에서 곧바로 드러나지 않는 '숨은' 요소를 찾음으로써 과거의 과학에 대한 '객관적인' 이해를 얻을 수 있다는 믿음을 공유했다. 구성주의자들은 현대 과학의 신화를 폭로하려 하지만 쿤이 그랬던 것처럼 역사 분석에 있어 일

---

13) 스트롱 프로그램에 대한 쿤의 비판은 Thomas Kuhn, *The Trouble with the Historical Philosophy of Science* (Cambridge, Mass., 1992) 참조.

종의 '과학적인 방법'에 의지했던 것이다.

사회구성주의의 최근 성과는 쿤의 과학관과 역사관을 흥미있는 방향에서 재조명한다. 최근 사회구성주의자들은 과학적 실천과 과학자에 대해 근본적으로 새로운 이미지를 만들어왔다. 사회적 이해 관계들을 과학에 유입시킬 것을 주장함으로써 그들은 과학적 활동과 정치·법률·군사와 같은 다른 인간 활동들 사이의 차이를 지워버린다. 과학자의 실천과 정치가의 실천 사이의 경계도 많이 허물어졌다. 사실 우리는 최근 구성주의자들의 연구에서 새로운 사실이나 인공물 artifact을 만들어내려고 주변의 다양하고 이질적인 '밑천 resource'을 동원하고 조작하는 데 분주한 새로운 과학자상을 쉽게 발견할 수 있다.

최근에는 이러한 과학적 실천이 유연한 flexible 것인가 아니면 제한된 constrained 것인가에 대한 논쟁이 있었다.[14] 과학자는 어느 정도까지는 주변의 다양한 밑천들을 자유롭게 동원할 수 있지만, 동시에 이밑천들이 실천의 범위를 제한하는 구속 요인들로서 과학자를 압박하는 것도 사실이다. 한 이론을 통해 문제를 풀 수도 있지만, 그 이론 때문에 막힌 문제를 해결하지 못할 수도 있는 것이다. 결국 과학자들이 밑천을 주무를 수 있는 데는 유연성이 있지만, 그럼에도 불구하고 이 유연성에는 한계가 있다는 말이다. 과학자가 그 한계에 접근할 때마다 유연성은 갑자기 그를 구속하는 아주 견고한 규제의 그물이 된다. 이때가 사람들이 일컫는 바 '자연이 말하는 Nature talks' 순간인 것이다.

---

14) 이 논쟁에 대해서는 Jed Buchwald, ed., *Scientific Practice: Theories and Stories of Doing Physics*, pp. 13~41 and pp. 42~55에 각각 실려 있는 Peter Galison의 "Context and Constraints"와 Andy Pickering의 "Beyond Constraint: The Temporarity of Practice and the Historicity of Knowledge" 참조.

이러한 사회구성주의적 과학관은 역으로 역사가의 실천을 새롭게 조명해준다. 역사의 기술에 역사철학적인 관심을 포함시킨다 해도 이것이 역사적 진실성이나 정당성을 전혀 가늠할 수 없는 가상의 이야기를 만드는 것은 아니다. 역사에 관한 내러티브가 모두 동일한 정도의 진실성과 설득력을 지니는 것도 아니다. 이에는 이유가 있다. 역사적인 사실들을 걸러내는 역사적 사료들은 역사가의 실천의 밑천이면서 동시에 역사가의 실천을 구속하는 하나의 구속물이기도 하기 때문이다. 비록 역사가들의 실천이 기본적으로는 역사적인 사건들의 연대기적 나열이 아닌 그 사건들에 대한 이야기 구성과 해석에 연관되어 있지만, 역사에서도 '역사적 사실' 들은 말하는 법이다. 역사 연구의 실천은 과학적 실천만큼이나 복잡하다. 과학적 실천과 역사 연구에 있어서의 실천에 수반되는 이러한 복잡성의 발견이야말로 아마도 우리가 쿤에게 진 가장 큰 빚일 것이다.

제5장

포스트모던 과학 논쟁
― 로버트 보일과 토머스 홉스 논쟁 다시 읽기[1]

과학사학자들은 과학철학자나 과학사회학자와 마찬가지로 논쟁을 과학 이론의 형성 과정을 분석할 수 있는 하나의 창으로 이용해왔다. 여러 이론들이 경쟁하는 논쟁이 지속되는 동안에는 대개 한 이론이 다른 이론들에 비해 월등히 우세하지는 않는데, 이러한 상황은 논쟁이 종결되고 한 이론이 널리 받아들여지게 되는 상황과 매우 다르다. 논쟁이 어떻게 그 종결점에 이르게 되었는지를 이해하고, 한 이론이 어떻게 다른 이론들에 대해 우위를 점하게 되었는지를 분석함으로써 과학사학자들은 과학의 본질을 통찰하는 데 큰 도움을 얻어왔다. 이 모든 논쟁은 '과학이 형성되는 과정'을 볼 수 있는, 다시 말해, 과학이라는 '블랙 박스'를 열어볼 수 있는 아주 독특한 기회를 우리에게 제공했다.

지난 20~30년 동안 과학의 역사를 통해 벌어진 많은 과학 논쟁들이 분석되었고 이에 대한 지식이 축적되어왔다. 볼타 A. Volta 대 갈바니 L. Galvani, 빛의 파동설 대 입자설간의 논쟁처럼 잘 알려진 논쟁들

---

1) 이 글의 초고는 1996년 5월 온타리오의 브록 대학에서 있었던 캐나다 과학사학회에서 발표되었다. 토머스 쿤에 대한 글(제4장)과 마찬가지로 이 글의 영어 원본에는 자세한 각주가 달려 있었는데, 여기서는 이 중 많은 부분을 생략했음을 밝힌다.

이 새로운 각도에서 재조명을 받았을 뿐만 아니라, 19세기 말엽 영국 기술자와 과학자들 사이에 벌어진 '실천 대 이론' 논쟁과 같이 비교적 덜 알려진 논쟁들이 심도 깊게 분석되었다. 지난 20년 간 과학사를 통해 벌어진 논쟁에 관한 책과 논문이 적어도 각각 수십 권, 수백 편이 쏟아졌을 것이다.

그럼에도 불구하고 이런 논쟁들에 대한 포괄적인 해석은 나타나지 않았고, 과학자들이 어떤 방식으로 어떤 이유에 의해 합의에 이르는가 하는 큰 질문에 대한 만족할 만한 일반적인 해답은 찾지 못했다. 마찬가지로 우리는 역사상의 논쟁들을 분류할 만한 유용한 분류 체계를 고안해내지도 못했다. 왜 논쟁에 대한 역사적인 지식은 축적되었지만 이러한 큰 문제에 대한 이해는 크게 달라진 것이 없을까? 포스트모던 시대에 살고 있는 만큼 과학사학자들이 커다란 차원의 문제나 이론에 별 관심을 갖지 않는 것이 부분적인 이유가 되기도 하지만, 더 중요한 이유는 과학 논쟁에 또 다른 차원의 논쟁이 중첩해 있기 때문이다. 즉, 지나간 과학 논쟁들을 어떻게 해석할 것인가를 놓고 벌이는 역사가들 사이의 논쟁이 그것이다. 이렇게 과학 논쟁은 과거 과학자들의 논쟁과 현재 해석가들의 논쟁, 즉 역사상의 논쟁과 역사해석적인 historiographical 논쟁이라는 이중적인 차원을 포함한다.

이 글은 17세기에 벌어진 진공에 대한 로버트 보일 Robert Boyle과 토머스 홉스 Thomas Hobbes의 논쟁에 개입되어 있는 이런 이중의 차원을 —— 과거 과학자들의 논쟁과 현재 해석자들의 논쟁, 또는 역사적 차원에서의 논쟁과 역사해석적 차원의 논쟁 —— 분석해보고자 한다. 나의 목적은 이 역사상의 논쟁을 해석하는 데에 해석자들의 역사해석적 관심이 어떻게 개입되어왔는지를 밝히는 데 있다. 이 논쟁과 관련하여, 스티븐 섀핀 Steven Shapin과 사이먼 섀퍼 Simon Schaffer는 그들의 문제작 『리바이어던과 진공 펌프』에서 자신들의 철학적 상대주의와 역사적 구성주의constructivism에 부합하는 결론을 제시했다. 반면 브루노 라투어Bruno Latour는 동일한 논쟁을 이들과는 매우 다른 관점에서 해석하였다. 이들은 서로가 서로의 해석을 비판하면서 논쟁했다. 섀핀과 섀퍼는 스트롱 프로그램의 영향하에 과학의 사회사 social history of science를 제창한 대표적인 과학사회학자와 과학사학자였고, 라투어는 『실험실 생활』(1979)부터 시작해서 『아라미스』(1994)까지 '구성주의'와 '행위자 네트워크 이론actor-network theory'의 새 장을 개척한 과학사회학자이다(제1장 참조). 이들의 논쟁은 1980~90년대 과학학(통상 과학학이라 하면 과학사 · 과학철학 · 과학사회학 · 과학정책학 등을 포괄하는 간학문interdisciplinary을 지칭함)계에서 벌어진 가장 대표적인 논쟁이었다.

내가 이들의 논쟁을 '포스트모던 과학 논쟁'이라고 부르는 데는 이유가 있다. 무엇보다 1985년 출판된 섀핀—섀퍼의 『리바이어던과 진공 펌프』는 많은 사람들에 의해 '포스트모던' 과학사의 대표적인 저술로 간주되었기 때문이다. 이들이 객관적인 실험을 '해체'해서, 실험이 만들어내는 사실matter of fact 속에 들어 있는 사회성을 밝히고, "홉스가 옳았다"고 주장함으로써 지식의 상대성을 강조했기 때문이었다. 라투어는 이에 동의하지 않았다. 『리바이어던과 진공 펌프』에 대한 아주 흥미로운 라투어의 서평은 「포스트모던? 아니, 단지 비-모던amodern!」이라는 제목이 붙어 있다.[2] 나는 이번 장에서 왜 라투어가 이 책의 주장을 포스트모던이라고 간주하지 않았는지, 아니 그가 왜 '포스트모던' 자체를 별로 달가워하지 않았는지 보이고자 한다.

2) Steve Shapin and Simon Schaffer, *Leviathan and the Air-Pump: Hobbes, Boyle, and the Experimental Life* (Princeton, 1985). Bruno Latour, "Postmodern? No, Simply Amodern! Steps towards an Anthropology of Science," *Studies in History and Philosophy of Science* 21(1990), pp. 145~71.

섀핀—섀퍼와 라투어간의 근본적인 차이는 과학 지식이 법률이나 철학 등의 다른 형태의 지식과 어떻게 다른지를 이해하는 데 있다. 섀핀과 섀퍼가 과학 지식과 법률과 같은 다른 지식 사이의 유사성을 강조하고 차이를 무시한 데 비해 라투어는 이 둘이 근본적으로 다름을 강조했던 것이다. 나는 이런 차이가 20세기 후반 서구 사회에서 과학의 인식론적·사회적 기능에 관한 한층 더 근본적인 견해 차이에 근거하고 있음을 보일 것이다.

1. 섀핀과 섀퍼의 『리바이어던과 진공 펌프』: 실험이란 게임의 규칙

진공에 대한 로버트 보일과 토머스 홉스간의 논쟁은 스티븐 섀핀과 사이먼 섀퍼의 저서 『리바이어던과 진공 펌프 *Leviathan and the Air-Pump*』(1985)에서 철저히 검토된 바 있고, 그 이후로 많은 사람들에 의해 다시 언급되었다. 섀핀과 섀퍼의 저서에서 가장 흥미로운 부분은 실험적 사실 experimental fact이 역사적 산물 historical fact로 다루어진다는 점이다. 지금은 실험을 통해 나온 지식은 엄연한 사실로 간주되지만, 실험적 사실의 위상은 17세기 과학 혁명기에는 그리 탄탄하지 못했음을 보였다는 것이다. 진공 펌프가 정상적인 자연 상태에는 존재하지 않는 진공이라는 새로운 공간을 만들어내는 현상을 예로 들어보자. 진공처럼 인공으로 만들어진 상태를 자연철학의 합당한 연구 대상으로 볼 수 있는가 아니면 그렇게 볼 수 없는가 하는 문제는 17세기 당시에는 자명하지 않았다. 이유인즉 전통적인 아리스토텔레스 학파의 자연철학은 실험을 통해 자연에 개입하는 것이 비자연적이고 자연의 참다운 흐름을 변질시킨다고 여겼기 때문이다.

그러나 이러한 비판에도 불구하고, 보일을 비롯한 왕립 학회의 설립자들은 자연철학의 새로운 연구 방식으로서의 실험의 타당성을 확립하고, 실험적 사실의 위상을 자명한 사실로 격상시키는 데 성공했다.

새핀과 섀퍼는 그와 같은 과정이 1660년대 왕정 복고Restoration라는 영국의 독특한 사회적 맥락에서 가능한 일이었다고 주장한다. 혁명과 종교 전쟁을 치른 후, 사람들은 민주적 무정부 상태와 종교적 분쟁 모두에 진력이 나 있었다. 사람들은 새 왕인 찰스 2세가 자기 아버지의 죽음에 대해 복수하는 것을 원치 않았고, 사회와 철학이 안정되고 확실해지기를 바랐다. 이러한 사회적 분위기 속에서 로버트 보일이 이끄는 자연철학자들은 실험이 입증한 사실들이야말로 안정된 사회를 위해서는 바람직하지 않은 정치적 당파주의, 종교적 분파주의, 모든 종류의 철학적 급진주의와도 무관하다고 주장했다.

현대 정치학의 시조로 불릴 만한 철학자 토머스 홉스는 위의 자연철학자들과는 반대로, 자연철학이 철학이나 사회의 다른 분야들로부터 간단히 분리될 수 없을 뿐 아니라, 사회의 목표를 이루는 데 봉사해야 한다고 주장했다. 홉스에게 자연철학을 비롯한 모든 철학적인 지식은 본질상 사회적인 것이었다. 그러므로 그는 실험으로 사실을 만들었다고 주장한 보일과 같은 자연철학자들에게 반기를 들었다. 홉스의 주장에 따르면, 진공 펌프는 진공 상태를 만들어낸 것이 아니었는데, 이는 언제든 다시 펌프 안으로 되돌아가 빈 공간을 채울 미묘한subtle 공기가 있기 때문이었다. 홉스의 이런 결론은 실험에 의해서가 아니라, 철학의 제1원리로부터 도출된 것이었다. 홉스는 이런 해석을 가지고 보일의 실험을 비판했다. 진공 속에서 촛불이 꺼지는 현상이나 새가 질식해서 죽는 것같이 보일이 공기가 없기 때문에 생긴다고 주장했던 현상들을, 홉스는 펌프로 밀려들어가는 미묘한 공기의 빠르고 강력한 움직임으로 인해 발생한 강한 회오리바람에 의해 생긴 현상이라고 설명했다. 섀핀과 섀퍼의 표현대로, 만일 실험이 하나의 '삶의 형태' 혹은 '언어 게임'이었다면, 실험이 사실을 생산해낸다는 점을 인정하는 것이야말로 '게임의 규칙들' 중 가장 중요한 규칙이었다. 홉스는 실험이 사실을 만들어낼 수 없다고 주장함으로써 실험에 의거한 자연철학이라는 이름의 게임을 그 근본 규칙부터 부정해버린 것이었다.

그 논쟁의 결과는 어떠했는가? 자연철학자들은 자신들의 게임의 규칙을 거부한 홉스를 왕립 학회에서 따돌리는 데 성공했다. 보일이 이기고 홉스가 진 것이다. 섀핀과 섀퍼는 이 논쟁의 결말이 본질적으로 사회적인 것이라고 주장하고 있다. 보일을 위시한 자연철학자들이 분쟁에 진력이 난 사람들로 하여금 자연철학이야말로 합의의 도출에 이상적인 모델임을 설득하는 데 성공했기 때문에 보일이 승리했다는 것이다. 17세기 영국의 자연철학자(과학자)들은 자연철학에서 벌어지는 격렬한 논쟁은 대학살이나 전쟁이 아닌 합의와 동의에 이를 수 있음을 보여주었다.

자연철학적 논쟁이 어떻게 합의에 도달할 수 있었을까? 실험을 통한 자연과학에서 '합의'라는 과정은 개인의 영역에서 집단의 영역으로의 이동을 포함한다. 다시 말해, 과학자들은 자기 실험실에서 실험을 하고 이를 직접 보지 못했던 사람들에게 그 결과를 설득해야 한다는 것이다. 로버트 보일 같은 과학자는 그의 개인 연구실에서 수행된 실험을 직접 보지 못한 사람들에게 어떻게 실험의 사실적 타당성을 확신시켰을까? 섀핀과 섀퍼는 여기서 '목격자 늘리기 multiplying witness'라는 매우 흥미로운 개념을 소개하는데, 이것은 다양한 방법을 통해 실험을 목격한 사람의 수를 증가시키는 것을 말한다. 실험 기구를 복제하거나, 많은 사람이 모인 공공 영역에서 실험을 수행하는 일 모두 목격자를 늘리는 방법들이다. 그렇지만 가장 근본적인 전략은 청중에게 '가상의 목격 virtual witnessing'을 제공하는 방식이다. 가상의 목격이란 실험의 모든 세부 사항들을 알려주는 지극히 자세한 보고 방식이었다. 심지어 그것은 실패한 시도들까지 모두 자세하게 묘사했다. 실험이 언제 이루어졌는지, 얼마나 지속되었는지, 몇 번이나 이루어졌는지, 어떤 기구들이 사용되었고 어떻게 준비되었는지, 누가 실험에 입회했는지 등의 모든 사항들이 아주 자세하게 기록되고 보고되었다. 이러한 가상의 목격은, 새로운 현상을 묘사하는 전통적인 아리스토텔레스적인 방식, 즉 정밀한 디테일보다는 일반적인 진술들을 기록하는 방식과 전혀 다른 새로운 보고 방식이었다. 자연에 일어나는 현상에 대한 기술이 아니라, 자연에 일어났던 현상에 대한 기술이었다.[3]

그런데 가상의 목격이 홉스에 대한 보일의 승리와 어떤 연관을 맺고 있었을까? 여기에 섀핀과 섀퍼의 핵심적인 주장이 있었다. 가상의 목격이 중요한 까닭은 '목격'이란 개념이 당시 법조인들과 일부 온건한 성직자들에게도 중요했기 때문이다. 비슷한 시기에, 사람을 반역 혐의로 재판하려면 최소한 2명 이상의 목격자가 있어야 한다는 새로운 법률(1661년의 클라렌든 법령이 한 예)이 제정되었다. 또한 일부 온건한 성직자들은 종교적인 목격을 진실한 신앙의 바탕으로 간주했다. 그것이 자신들을 교조주의자들, 카톨릭 교도들 그리고 급진주의자들과 구별지어준다고 생각했기 때문이었다. 프랜시스 베이컨을 통해 법률 분야로부터 목격이라는 개념을 채택해옴으로써, 보일과 그의 동료 자연철학자들은 사실상 자연철학자들과 온건파 성직자들,

---

3) 왕립 학회가 생기고 실험적 사실을 보고하는 새로운 방법이 널리 받아들여졌다는 점에 대해서는 다른 역사학자들도 견해를 같이한다. Peter Dear, "Toitus in Verba : Rhetoric and Authority in the Early Royal Society," *Isis* 76(1985), pp. 145~61; Daniel Garber, "Experiment, Community, and the Constitution of Nature in the Seventeenth Century," *Perspectives on Science* 3(1995), pp. 173~205 참조.

그리고 새롭게 부상하던 법조인들 사이에 '동맹'을 만들어낸 것이었다.[4] 이 동맹은 사회와 철학의 안정을 바라던 동맹이었다. 섀핀과 섀퍼의 주장에 의하면, 보일의 자연철학에 힘을 부여한 것도 이 동맹이었고 홉스를 패배시킨 것도 이 동맹이었다. "가장 많은, 그리고 가장 강력한 동맹을 가진 자가 이긴다." 이것이 섀핀과 섀퍼의 핵심적인 주장이었다. 이러한 이해를 바탕으로 그들은 "홉스가 옳았다"는 말로 책을 끝맺는다. 보일의 새로운 자연철학 지식은, 도덕률·목격·신빙성 그리고 신뢰성을 포괄하고 있다는 점에서 법률·종교 지식과 근본적으로 다르지 않았다. 보일의 진공 펌프 실험에 의해 도출된 새로운 자연 질서는 본질적으로 왕정 복고 시기 영국의 새로운 사회 질서에 의해 형성된 것이었고, 따라서 과학과 사회가 무관하다고 주장한 보일이 아닌 과학과 사회의 뗄 수 없는 관계를 역설한 홉스가 옳았다는 것이다.

안정을 위해서는 다수의 목격을 통한 합의 도출이 결정적이었다. 그러나 여기에 새로운 문제가 있었다. 누구나 신뢰할 만한 증인이 될 수 있었을까? 당시 자연철학자들은 증인들 사이에 엄격한 위계 질서를 두었다. 국왕이 가장 신뢰할 만한 증인이었고 대주교가 그 다음, 그리고 데번셔의 공작, 여타 귀족들 순이었다. 왕립 학회 회원들도 신뢰할 만했다. 그러나 사회적으로 낮은 계급의 기술자들은 그들 자신이 보일의 대부분의 실험을 준비하고 실제로 수행했음에도 불구하고 신뢰할 만한 증인이 될 수 없었다.[5] 보일이 사람들을 믿을 수 없는

---

4) Barbara Shapiro, "The Concept of 'Fact': Legal Origins and Cultural Diffusion," *Albion* 26(1994), pp. 227~52는 베이컨을 통해 '사실 fact'이라는 개념이 법에서 과학으로 이전했음을 주장하고 있다.

5) Steven Shapin, "The House of Experiments in Seventeenth-Century England," *Isis* 79(1988), pp. 373~404; "The Invisible Technician," *American Scientist* 77(1989), pp. 554~63.

'속인'과 믿을 수 있는 '진정한 철학자'라는 두 범주로 구분한 이유가 여기에 있었다. 실험으로 사실을 수립하는 것은, 일부의 사람들이 다른 사람들보다 더 큰 권력을 지니고 그런 만큼 더 신뢰를 받는 위계적 사회 구조를 극복했다기보다는 오히려 위계를 만들어내고 강화했다. 과학은 증인을 신중하게 선택하고 홉스와 같은 이들을 믿을 만한 증인의 범주에서 배제함으로써 객관성과 개방성의 외피를 걸쳤던 것이다. 섀핀과 섀퍼가 책의 결말부에서 인정하듯, 이것이 열려 있으면서도 닫혀 있고, 민주적이면서도 권위적인 특성을 가지는 현대 과학의 기원인 것이다.

과학적인 지식과 다른 형태의 지식들 사이에 본질적인 차이가 없다는 생각은 사회구성주의 프로그램의 하나의 기반이다. 에든버러 학파의 스트롱 프로그램은 과학적/비과학적 명제들, 합리적/비합리적 개념들, 자연/문화, 과학/사회 등이 서로 대칭을 이루고 있음을 주장했다. 스트롱 프로그램의 목표는 이 대칭들을 사용하여 현대 서구 과학의 신비를 벗겨내는 것이었다. 가령 그 학파의 일원들은, 합리성이란 관점에서 볼 때 아프리카 종족의 우주론과 20세기 천문학자들의 빅뱅 이론 사이에는 본질적인 차이가 없다고 주장했다. 섀퍼와 섀핀은 스트롱 프로그램의 막대한 영향을 받았을 뿐 아니라 사실상 그것을 형성하는 데 기여했다. 특히 섀핀은 1970년대부터 에든버러 학파의 창립 멤버였다. 그들의 역사 연구는 과학 지식에 사회적인 성격이 있다는 믿음과 과학과 다른 인간 활동들 사이에는 본질적인 차이가 없다는 생각을 강화시켜주었다. 『진리의 사회사 *A Social History of Truth*』라는 야심찬 제목으로 출판된 보일에 대한 스티븐 섀핀의 최근 저서는 보일의 시대나 우리 시대를 통틀어서 과학 지식과 다른 지식들 사이에 신빙성·시민성 civility, 그리고 신뢰성이라는 공통 분모가 있다는 그의 믿음을 매우 자세히 서술한 책이다.[6]

2. 라투어의 반론과 '근대'를 구성하는 두 개의 주춧돌

이 책의 제1장에서 상세히 설명하고 있지만, 라투어의 출발은 과학자의 실험실이었다. 그는 실험실을 과학자가 가장 강해질 수 있는 공간으로 본 과학사회학자이다. 그의 초기 논문은 「내게 실험실을 달라, 그러면 세상을 들어올리리라」는 제목을 달고 있기도 했다. 그렇다면 어떤 점에서 실험실이 그토록 유별난 것일까? 달리 말하면 법정이나 교회와 같은 다른 공간들과 실험실의 차이점은 무엇일까? 실험실은 비인간 행위자 non-human actor들로 가득 차 있다는 것이 그의 답이다. 새로운 효과를 만들어내는 장치, 기록 장치 · 탐지 장치 · 화학물들 · 감지 장치, 그리고 컴퓨터 등의 다양한 실험 기기들과, 전자와 미생물과 같은 각기 다른 종류의 비인간 행위자들이 가득 차 있는 곳이 실험실이라는 얘기였다. 실험실에서 벌어지는 일은, 라투어의 용어로 표현하자면, 과학자와 비인간 행위자들간의 '힘겨루기'이다. 과학자는 이런 비인간 행위자들을 '치환해서 translate' 새로운 '징집 enrollment'을 만드는데('치환'과 '징집'에 대해서는 제1장을 참조), 이를 성공적으로 해낼 수 있다면 과학자는 비인간 행위자들의 힘을 이용해 새로운 권력을 얻게 된다. 그렇게 함으로써 과학자는 인간과 비인간 행위자들로 구성된 이질적인 동맹을 구축한다는 것이다. 인간과 비인간 행위자들간의 이러한 협력은 우리 시대의 현대 과학을 이루는 핵심이자 정수를 나타내며 이것이 바로 과학을 그토록 특별하게 만든다는 것이 라투어의 핵심적인 주장이다.

라투어의 구성주의가 널리 알려지기 이전인 1981년에 라투어는 미

---

6) Steven Shapin, *A Social History of Truth: Civility and Science in Seventeenth-Century England* (Chicago, 1994).

셸 칼롱Michel Callon과 공저한 논문에서 토머스 홉스에게 주의를 기울였다. 이 논문에서 라투어와 칼롱은 홉스의 리바이어던을 예로 들면서 미세 행위자micro-actor들과 거대 행위자macro-actor들 사이의 관계를 탐색했다. 잘 알려진 바대로, 홉스의 리바이어던인 군주는 모든 사람이 한 사람에게 모두를 대변할 권한을 부여하는 계약을 통해 성장한다. 그러므로 리바이어던의 권력은 더도 덜도 아닌 모든 국민의 권력의 총합이다. 라투어의 비판의 초점은 이런 사회적 계약 이외에 리바이어던의 성장에 필수적인 다른 사회적 요인들을 홉스가 빠뜨렸다는 데 맞춰진다.

> 그(홉스)는 군주를 막강하게 하고 계약을 지엄하게 만드는 것이 군주가 몸담고 있는 궁전과 그를 에워싸고 있는 최신식 군대와 그에게 봉사하는 온갖 종류의 기록 및 기록 장치라는 사실을 빠뜨리고 말하지 않았다. (……) 리바이어던을 만들기 위해서는 인간 관계와 협력, 우정 이외에 조금 더 많은 것을 징집 enrol할 필요가 있다.[7]

간단히 말해서, 라투어는 홉스가 리바이어던의 성장에 결정적인 비인간 행위자들의 역할에 주의를 기울이지 않고, 오직 인간들 사이의 관계에만 주목했음을 비판한 것이다.

새핀과 섀퍼의 『리바이어던과 진공 펌프』가 출간된 후에야 라투어는 왜 비인간 행위자들이 홉스의 리바이어던과 분리되어 있는지 알게 되었다. 홉스는 자연과학과 공민과학 civil science에 관심이 있었으

---

7) Michel Callon and Bruno Latour, "Unscrewing the Big Leviathan: How Actors Macro-structure Reality and How Sociologists Help Them to Do So," in K. Knorr-Cetina and A. V. Cicourel eds., *Advances in Social Theory and Methodology: Toward an Integration of Micro and Macro Sociologies* (Routledge, 1981), pp. 277~303.

며, 동시대인들에게 기하학과 광학에 대한 책을 쓴 과학자로도 잘 알려져 있었다. 그러나 그는 보일의 실험 프로그램에, 특히 진공 펌프를 이용하여 진공을 만들어낼 수 있다는 보일의 주장에 반대했다. 여기서 라투어는 흥미로운 배척 행위를 발견했던 것이다. 최초로 리바이어던과 같은 거대 행위자의 성장에 관심을 두고, 과학에 사회적 성격이 내재함을 믿은 홉스는 공민과학과 자연과학 두 분야에 존재하는 비인간 행위자들을 간과했다. 반면 자연철학 연구에 진공 펌프와 같은 비인간 행위자들을 최초로 사용하고, 왕립 학회의 설립을 선도한 보일은 자연철학과 사회에서 벌어지는 세속사와의 어떤 관련도 (종교적 의미를 담고 있는 경우를 제외하면) 부인하였다. 그러나 보일의 부인과 홉스의 간과에도 불구하고 인간과 비인간으로 구성되어 있는 이질적인 연계망(즉 현대의 기술과학technoscience)은 바로 이 17세기 후반부터 괴물처럼 자라나기 시작했던 것이다.

섀핀과 섀퍼에 대한 라투어의 비판은 위와 같은 생각에 기초했다. 섀핀과 섀퍼는 외견상으로는 정치철학을 전혀 포함하지 않은 보일의 실험철학과, 실험에 대해 조금의 관심도 없는 홉스의 정치철학 사이에 있는 엄밀한 인과 관계를 보였다고 주장했다. 그렇지만 라투어의 견해에 따르면, 그들의 분석이 실제로 보여준 것은 둘간의 분리, 즉 홉스의 정치철학으로부터 보일의 실험철학이 분리되어갔다는 사실이었다는 것이다. 라투어는 이 분리를 대단히 흥미롭고 중요하게 여겼다. 왜냐하면 과학자들이 정치와 산업에 종사하는 사람들의 도움을 얻기 위해 왕립 학회라는 단체를 만들어 이들과 연계를 맺으려 한 17세기 과학 혁명기(1660년대)에 과학이 정치 · 사회와 아무런 연관이 없다는 생각이 동시에 부상했기 때문이다.[8] 라투어는 보일의 자연철

---

8) Latour, "Postmodern? No, Simply Amodern."

학이 왕정 복고기의 사회 질서에 의해 구성되었다는 섀핀과 섀퍼의 주장을 전적으로 부정한 것은 아니다. 오히려 라투어의 입장은 섀핀과 섀퍼의 주장 자체는 별로 새로울 것이 없다는 데에 가까웠다. 이보다 훨씬 더 흥미로운 사실은 현대 과학의 모순된 특성, 즉 과학이 정치 · 사회와 밀접하게 연관되어 있으면서 동시에 과학은 정치 · 사회와 무관하다는 생각이 동일한 시점에서 생겨났다는 점이다. 이 이상하고 모순적인 현대 과학의 특성은 그가 명명한 "근대라는 헌법 Modern Constitution"을 떠받치고 있는 하나의 주춧돌로서, 현대 과학을 외부로부터의 어떠한 공격에도 거의 끄떡없도록 지탱해주는 중요한 기제인 것이다.[9]

섀퍼와 섀핀과 마찬가지로 라투어 역시 우리 사회에서 과학만능주의의 만연을 염려해왔다. 그러나 그는 과학 지식과 실천을 우리의 일상 지식과 실천과 동일시함으로써 그저 과학을 탈신비화하는 것으로는 아무것도 얻을 수 없다고 생각했다. 위에서 언급한 예를 들자면, 아프리카 종족의 우주론이 빅뱅 이론만큼 합리적이라는 스트롱 프로그램의 주장은, 심리적인 만족감은 줄지 몰라도, 허블 망원경을 만들기 위해 왜 미국 정부가 수억 달러를 투자하는지 이해하는 데는 도움이 되지 못한다는 얘기다.

이와 같이 보일—홉스 논쟁에 대한 라투어의 평가는 섀핀과 섀퍼의 관점과 전혀 다른 그의 역사해석적인 관점을 반영한다. 중요한 차이점 하나를 분석해보자. 섀핀과 섀퍼는 자연철학자들과 법조인들의 목격 witnessing에서 유사성을 발견했다. 이에 반해, 라투어는 그들간의 차이점에 주의를 기울였다. 법조인들에게 목격은 기본적으로 인간과 관련된 것이었지만, 자연철학자들에게는 진공 펌프 작동과 같

---

9) Bruno Latour, *We Have Never Been Modern* (Harvard University Press, 1993).

은 비인간 행위자들에 대한 목격이 중요한 것이었다. 이 점은 보일과 홉스의 보다 근본적인 차이, 나아가 그들간의 비대칭으로 귀결된다. 보일과 홉스의 근본적인 차이는 보일이 진공 펌프라는 기구, 즉 비인간 행위자를 사용했다는 데 있다는 것이 라투어의 결론이었다. 가장 강력한 힘과 동맹을 맺은 자가 승리한다면, 보일은 홉스가 접근하지 못했던 값비싸고 복잡한 진공 펌프(오늘날의 사이클로트론에 해당할 만큼 진귀했던 기구)라는 가장 강력한 동맹자와 동맹을 맺었기 때문에 승리한 것이었다.[10]

그렇기 때문에 홉스에 대한 보일의 승리는 두 가지를 상징한다. 첫 번째는 이미 얘기했듯이, 과학과 사회 사이의 관계가 밀접히 연결되면서 동시에 분리되기 시작했다는 것이다. 라투어는 이것을 '근대라는 헌법'을 지탱하는 한 주춧돌이라고 불렀다. 보일의 승리가 상징하는 두번째는 이때부터 인간과 비인간 행위자가 이질적인 동맹을 맺기 시작했다는 것이다. 이 인간과 비인간 사이의 잡종적인 결합이 근대라는 헌법을 떠받치는 두번째 주춧돌이다. 라투어의 근대는 이렇게 두 개의 주춧돌 위에 지어진 집이다. 그런데 우리는 근대를 이렇게 생각해왔는가? 우리는 근대의 시작을 17세기 과학 혁명으로 간주했지만, 과학 혁명을 통해 이루어진 것이 이런 두 개의 주춧돌이라고 생각했는가?

3. 보일―홉스 논쟁과 근대 과학의 의미

라투어의 해석은 또 다른 역사학자의 비판의 표적이 되었다. 마거

---

10) Latour, *We Have Never Been Modern*, pp. 22~23, p. 31.

릿 제이커브Margaret Jacob는 라투어가 보일과 홉스간의 본질적인 차이를 완전히 무시했다고 그를 비판했다.[11] 제이커브에 따르면 홉스는 왕에게 거의 절대적인 권력을 부여하길 원한 유물론자이자 전제주의자였던 반면, 보일은 교회가 그 나름의 권한을 소유하길 원한 경건한 입자론자이자 과두 체제 옹호자였다. 제이커브는 라투어가 이러한 차이점을 무시했기 때문에, 만일 홉스가 이겼다손 치더라도 우리의 과학과 사회가 크게 다른 모양이 되지 않았을 것이라는 주장을 할 수 있었던 것이라 반박했다. 대신 그녀는, 만일 홉스가 이겼다면 과학자는 단순한 공복이고 과학적 진리는 국가에 봉사해야만 한다는 더 유해한 실증주의가 지배하게 되었을 것이라고 주장했다.

그렇지만 홉스가 이겼다손 치더라도 우리의 과학과 사회가 크게 다른 모양이 되지 않았을 것이란 얘기가 라투어의 주장의 요지라는 점에 동의하기 어렵고, 나아가 과연 라투어가 실제로 그러한 주장을 했는지도 의심스럽다.[12] 그러나 라투어에 대한 제이커브의 비판의 근저에는, 서구의 민주 사회가 발전하는 데 영국의 실험과학이 미친 긍정적인 기여를 라투어가 무시한 것에 대한 그녀의 불만이 깔려 있어서 흥미롭다. 실험과학은 자율적이고 자치적이며 자유로운 의사 교환이 존중되는 새로운 사회 공간을 창출함으로써 시민 사회의 발전에 기여했고, 전제주의자 홉스에 대한 온건한 실험철학자 보일의 승리는 바로 이러한 시민 사회의 성장을 도모했다는 것이 제이커브의 주장이다.

---

11) Margaret Jacob, "Reflections on the Ideological Meanings of Western Science from Boyle and Newton to the Postmodernists," *History of Science* 33(1995), pp. 333~57.

12) 라투어는 "홉스가 옳았다"는 섀핀과 섀퍼의 주장에 대해 "천만에, 홉스가 틀렸다. 지식과 권력이 하나인 일원론적인 사회를 처음으로 만든 그가 어떻게 옳을 수 있겠는가"라고 이를 반박하고 있다. Latour, *We Have Never Been Modern*, p. 26.

여기에 관련된 문제는 우리 시대의 과학이 열려 있고 민주적이라고 간주할 수 있는가 하는 문제이다. 민주주의 사회에서 과학이 번성할 수 있다는 생각은 1930년대와 40년대에 로버트 머턴 Robert Merton에 의해 제창되었고, 머턴 계열의 과학사회학자들 사이에서 상당한 지지를 얻었다. 머턴은 17세기의 실험과학이 지닌 민주적인 가치들이 청교주의라는 종교적 배경하에서 번성했다는 사실을 발견했다. 머턴은 과학의 네 가지 규범(보편주의 · 집단주의 · 공평무사함, 체계적인 회의주의)으로 자신이 발견한 것을 체계화시켰고, 이러한 규범들과 민주주의 사회가 소중히 여기는 가치들간의 유사성을 정립할 수 있었다. 실험과학이 민주주의에 필수불가결한 시민 사회를 만드는데 매우 중요한 역할을 수행했음을 주장한 마거릿 제이커브는 머턴이 창시한 전통에 서 있었다.[13]

반대로 섀핀—섀퍼, 라투어 모두는 오늘날의 실험과학이 개방성과 민주적인 가치들을 지녔는지 의심한다. 연구비의 80퍼센트를 군사적 목적을 위해 국방부로부터 조달받는 과학이 어떻게 민주적일 수 있는가? 대중에게 철저하게 닫혀 있는 과학이 어떻게 개방성이란 특징을 가졌다고 할 수 있는가? 핵 시대를 사는 과학사학자들이, 민주적인 과학이 미래 사회를 위한 모델이라는 머턴주의 과학사회학의 규범적 진술에 만족한 채로 있어야 하는가? 과학에서 열린 사회 공간을 찾는 대신, 라투어와 섀핀—섀퍼는 과학에서 근본적으로 모순되

---

13) Robert K. Merton, "The Puritan Spur to Science"(1938), "Science and the Social Order"(1938), "The Normative Structure of Science"(1942), in *The Sociology of Science: Theoretical and Empirical Investigations* (Chicago, 1973), pp. 228~78; 석현호 · 양종회 · 정창수 옮김, 『과학사회학』, I, II(민음사, 1998). 머턴의 과학사회학과 민주적인 사회 사이의 관계에 대한 문화적 분석으로는 David A. Hollinger, "Science as a Weapon in Kulturkempfe in the United States during and after World War II," *Isis* 86(1995), pp. 440~54 참조.

고 역설적인 특징을 발견하고 실험과학이 시작된 17세기 영국으로까지 그 기원을 탐색했던 것이다. 적어도 이런 면에서, 비록 논쟁의 당사자이긴 하지만 섀핀―섀퍼와 라투어는 공통점을 지닌다. 한마디로 그들은 현대 과학을 해체하고 있는 것이다.

이제 결론을 지어보자. 섀핀과 섀퍼, 라투어, 제이커브와 같은 사람들은 보일과 홉스의 논쟁이 어떻게, 왜 종결되었는지에 대하여 의견을 달리한다. 이 글은 그들간의 차이가 20세기 후반기의 과학의 정수가 무엇인가에 대한 역사해석적 차이에 근거하고 있음을 보이려 했다. 보일과 홉스의 논쟁을 해석함에 있어 섀핀과 섀퍼는 과학자와 법률가·성직자들간의 사회적인 동맹의 역할, 과학과 법률 분야에서 '목격'이란 개념의 유사성, 사회에 의해 구성되는 과학, 과학에서 증인들 사이의 위계, 그리고 과학의 사회적 성격에 대한 홉스의 견해가 지닌 타당성 등을 강조하였다. 이와 달리 라투어는 인간과 비인간 행위자들간의 이질적인 동맹, 과학과 법률 분야에서 목격이란 개념의 상이함, 과학과 사회의 상호 구성, 그리고 과학과 사회가 분리되어 있으면서 동시에 밀접히 연결되어 있는 특성을 강조했다.

이들은 모두 현대 과학의 모순적인 특성을 감지하고 그 역사적 기원을 탐색함으로써 과학을 '해체'하는 공통점을 가지고 있다. 그렇지만 여기에도 미묘한 차이점이 있다. 섀핀과 섀퍼는 현대 과학의 모순적 성격에 초점을 맞추었다. 즉 과학은 민주적인 동시에 권위적이고, 개방적인 동시에 폐쇄적이고, 건설적인 동시에 파괴적이라는 점을 주목했던 것이다. 스트롱 프로그램에 영향을 받은 섀핀과 섀퍼는 과학의 합리성과 객관성이 이러한 모순되는 특성들을 가리는 덮개에 불과하다고 보았다. 그들은 현대 과학과 인간의 다른 사회 활동들간의 유사성을 드러냄으로써 과학의 신비를 벗기려고 노력했다. 이들은 과학과 다른 사회 활동들의 유사성을 동맹·협상·구성·목격

위계 질서·신빙성 등 이론과 실천의 다양한 차원에서 찾아냈다. 섀핀과 섀퍼는 보일과 홉스의 논쟁에서 보일의 승리가 위와 같은 과학과 인간의 다른 활동 사이의 유사성을 덮어버리는 결과를 가져왔음을 주장한 것이다. 이 글의 머리에서 얘기했지만, 논쟁에 대한 분석이 과학이라는 '블랙 박스'를 여는 것이라면, 이들은 보일—홉스의 논쟁을 통해 현대 과학을 해체해서 그것이 법이나 종교와 같은 인간의 다른 활동과 비슷한 것임을 드러내려 했다.

　그와 반대로 라투어는 이런 식으로 과학의 신비를 벗기는 것은 근대 과학을 비판하는 데 별로 효과적이지 못하다는 데서 출발한다. 근대 과학은 인간과 비인간의 잡종적인 동맹을 만들어 사회를 형성하는 데 한몫을 하지만, 이와 동시에 사회로부터 일정 정도 유리되어 있다. 이를 비판하는 '근대적' 시각은 과학의 이런 두 가지 특성을 —비인간 행위자들과의 동맹과 사회로부터의 분리— 서로 아무 상관 없는 것으로 보고 있다. 그러나 보일과 홉스의 논쟁에서 라투어가 발견한 것은 이 두 특성들이 같은 기원을 가지고 있었다는 사실이다. 자연철학이 사회·정치적 문제와 아무런 연관이 없다고 본 보일이 실험실에서 비인간 행위자들을 끌어들여서 최초의 잡종을 만들어냈고, 과학이 본질상 사회적이고 인위적이라고 믿었던 홉스가 자연철학 연구에서 기구와 실험의 사용에 반대했던 것이다. 그때부터 사람들 사이에는 인간—비인간 행위자들의 동맹이 과학—사회에 관한 문제들과 아무런 관련도 없을 뿐만 아니라, 과학과 사회가 서로 별개의 것이라는 믿음이 광범위하게 퍼졌다. 이러한 이중적인 분리가 라투어가 말하는 바, 근대 과학을 천하무적으로 만들어주는 '근대라는 헌법'이다. 따라서 이 두 특성이 처음부터 긴밀하게 연결되어 있었음을 인식하는 것이 막강한 과학을 '해체'하는 첫걸음이다. 즉, "우리는 한번도 근대인 적이 없었다We Have Never Been Modern"는 것을 인식해야만 우리는 우리의 현재, 그리고 미래까지 변화시킬 수 있다는 것이다. 라투어는 이러한 인식이 있어야만 우리가 "괴물의 번식을 억제하고, 그 방향을 바꾸고, 그리고 통제"할 수 있다고 주장한다. 수백 년 전에 일어난 보일과 홉스의 논쟁을 해석하는 일은 현재 과학에 대한 관심뿐만 아니라, 미래 과학에 대한 비전까지도 연루되어 있는 것이다.

제3부

기술의 역사와 문화

제6장

과학과 기술의 상호 작용
──지식으로서의 기술과 실천으로서의 과학

　과학과 기술의 관계를 이해하는 것은 우리가 살고 있는 현대 사회 속에서 과학과 기술이 수행하는 사회적·정치적 역할을 이해하고, 과학 기술 연구를 기초로 한 기술·경제적 혁신의 바람직한 방향을 모색하기 위해 꼭 필요한 작업이다. 그렇지만 과학과 기술의 관계에 대해서는 "과학 기술 혁명을 거치며 과학과 기술은 결합해서 하나가 되었다"거나 "현대 기술은 과학의 내용과 방법이 응용된 응용과학 applied science이다"라는 식의 소박하고도 현실의 과학 기술의 관계와는 거리가 있는 견해들이 비판 없이 널리 받아들여지고 있다. 이 글의 목적은 이러한 소박한 견해를 뛰어넘는 데 있다. 이를 위해 나는 1970년대 이후 서구 기술사학자들에 의해 주장된 '지식으로서의 기술'이란 기술의 특성과, 1980년대 이후 과학사·과학철학·과학사회학에서 강조된 '실천으로서의 과학'이란 과학에 대한 새로운 이미지가 과학과 기술의 관계에 대한 이해를 어떻게 새롭게 하는가를 제시할 것이다. 이에 기초해서 우리는 과학과 기술이 하나로 뭉뚱그려지지도 않았고, 모든 기술이 과학의 응용도 아니지만, 현대 과학과 기술은 그것들의 이론과 실천이 교차하고 상호 작용하는 다양한 종류의 '접점들 interfaces'을 계속 만들어왔고, 또 만들고 있음을 볼 수

있을 것이다.[1]

1. 과학자 사회와 기술자 사회

과학과 기술이 결합해서 하나가 되었다는 주장을 선뜻 받아들이기 어려운 이유 중 하나는 과학자와 기술자의 교육 과정이, 그 유동성에도 불구하고, 분리되어 있다는 데 있다. 우리는 대학의 학부, 석사과정에서 공학을 전공하고 과학으로 전공을 바꾸어서 석사, 박사과정을 이수하는 경우나 그 반대의 경우를 어렵지 않게 보지만 이러한 경우가 보편적인 것은 분명히 아니다. 대학의 교육 과정에서 과학과 공학은 마치 과학과 의학처럼 분명하게 구분되어 있으며, 이 경계를 뛰어넘는 일은 대부분 한쪽의 전공을 포기하는 일을 의미한다. 또한 과학과 공학의 교육 과정에는 중요한 질적 차이도 존재한다. 예를 들어 과학 교육에서는 자연 현상에 대한 합리적 이해, 근본적 원리의 추구, 실험, 분석과 종합의 능력, 이론 체계의 중요성, 과학 언어(예를 들어 수학)의 숙달 등이 중시된다. 또 많은 경우 과학 연구의 궁극적 목적으로 자연에 대한 체계적 지식의 창조적 구성이 강조된다. 반면에 기술자들의 교육에서는 실제 사람이 만든 인공물artifact에 대한 이해, 효과적인 디자인, 효율, 기술적 법칙의 응용과 이를 위한 과학의 변형 등이 강조된다. 분야에 따라 조금씩의 차이는 있지만 기술 교육

---

1) 이 글은 『창작과비평』 제86호(1994년 겨울)에 실렸고, 이후 송성수 편, 『우리에게 기술이란 무엇인가』(녹두, 1995)에 재수록되었다. 근대 과학과 기술의 관계에 대한 역사적인 논의로는 김영식 · 임경순, 『과학사신론』(다산출판사, 1999), pp. 223~36, 301~19 참조. 과학과 기술의 관계에 대한 최근 역사철학적인 논의로는 Sungook Hong, "Historiographical Layers in the Relationship between Science and Technology," *History and Technology* 15(1999) pp. 289~311 참조.

에서는 상대적으로 근본적 원리나 이론의 중요성이 과학에 비해 덜하다.

이는 과학자와 기술자 집단이 서로 다른 가치 체계를 지닌 상이한 집단임을 암시한다. 기술자 사회의 가치는 '효용 efficiency'과 '디자인 design'으로 압축해서 표현할 수 있다. 효용과 디자인을 추구하는 기술자들의 활동은 철저하게 기존의 기술적 · 경제적 조건과 가능성의 테두리 안에서 이루어지며, 실질적으로 소용이 없는 이론은 기술자들의 사회에서는 별로 주목받지 못한다. 반면 과학자들이 이론의 응용 가능성을 깊이 염두에 두고 연구하는 경우는 거의 없다. 과학자들은 하나의 이론이 얼마나 깊은 인식론적 수준에서 자연 현상을 설명하고, 다른 현상을 예측하는가에 관심이 있다. 물론 많은 과학자들이 자신의 연구가 언젠가는 인류의 복지에 기여할 것이라고 생각하고 있지만 이런 믿음이 그들의 연구의 내용이나 범위를 결정해주는 것은 아니다.[2]

서구의 경우를 보면 과학자들의 집단과 기술자들의 집단은 그 역사적 뿌리부터가 매우 다른 것이었음을 볼 수 있다. 과학자 사회가 17세기 과학 혁명기부터 모습을 갖추었음에 비해 기술자 사회는 19세기 이후 형성되기 시작해서 19세기말~20세기초에 현재의 모습을 갖추었다. 서구 많은 나라에서 토목 · 도시 공학자 civil engineer와 기계공학자 집단이 가장 먼저 형성되었고 이후 화학공학자 · 전기공학자들의 집단이 나타났다. 영국의 경우 19세기 초엽부터 대학에 기술을 가르치는 교수 자리가 생겼지만, 대학이 본격적으로 엔지니어를

---

2) 과학자 사회와 기술자 사회의 차이에 대해서는 E. T. Layton, "Mirror-Image Twins: The Communities of Science and Technology in 19th-Century America," *Technology and Culture* 12(1971), pp. 562~80; 효용과 디자인에 대해서는 R. J. McCrory, "The Design Method—A Scientific Approach to Valid Design," in F. Rapp ed., *A Contribution to a Philosophy of Technology* (D. Reidel, 1976), pp. 153~73 참조.

육성하기 시작한 것은 19세기 후반이었다. 이들 첫 세대 엔지니어는 독자적인 교육 방법, 독자적인 시험과 제도적 장치를 통해 엔지니어를 교육하고 그들에게 자격을 부여했으며, 스스로의 규범과 가치 체계를 세워나갔다.[3] 과학자와 기술자 집단의 이러한 차이는 과학과 기술의 상호 작용이 흔히 생각하는 것보다 훨씬 복잡하고 미묘한 것일 수 있음을 암시하고 있다.

2. 과학과 기술: 정의 내리기의 문제

우리가 처음으로 해야 할 일은 과학과 기술의 정의를 내리는 것이다. 과학과 기술의 관계를 규명하는 작업을 위해 과학, 기술을 명확하게 정의하는 것은 매우 중요한데, 예를 들어 과학을 "생산을 비롯해서 인간이 자연을 변형시키기 위해 실제적으로 필요한 지식"이라고 정의한다면 과학과 기술은 고대부터 지금까지 줄곧 밀접한 관련을 맺어온 것으로 파악되기 십상이기 때문이다. 한 가지 손쉬운 방법은 과학과 기술의 차이를 부각시킴으로써 과학, 기술의 정의에 접근해보는 것이다. 1960년대까지의 과학사학자나 기술사학자는 '대상object'에서 과학과 기술의 분명한 차이점이 존재한다고 생각했다.

---

3) 과학자들의 집단이 거의 전적으로 연구와 교육에 종사하는 사람으로 이루어진 반면 기술자들의 집단은 조금 더 다양하다. 아직도 현장 기사 중에 많이 남아 있는 장인, 개별 발명가, 기업가이자 기술자entrepreneur-engineer 등도 기술자의 집단에 속한다. 또 기술자 사회가 과학자 사회와 다른 점 하나는 이것이 과학자 사회보다 위계적hierarchical이라는 데 있다. 현대 기술자 집단의 주류는 엔지니어이며, 이들은 교육 · 발명 · 연구 · 개발과 같은 기술의 전영역에서 활동하고 있다. E. W. Constant, "Communities and Hierarchies: Structure in the Practice of Science and Technology," in R. Laudan ed., *The Nature of Technological Knowledge: Are Models of Scientific Change Relevant?* (D. Reidel, 1984), pp. 27~46 참조.

즉, 과학(과학자)은 자연을 다루고 기술(기술자)은 인공artifact, man-made world을 다루고 있다고 간주했던 것이다. 이들은 이로부터 과학의 법칙law은 보편적이고 미래 예측적이지만, 기술의 규칙technological rule은 구체적이고 처방적prescriptive이라는 주장을 이끌어내기도 했다.[4] 그렇지만 이런 아리스토텔레스 식의 차이는 곧 과학과 기술의 본질적인 차이가 될 수 없음이 드러났다. 많은 경우 과학의 대상인 자연은 자연 그대로의 자연이 아닌 '인간이 만든' 자연이었으며, 기술자들의 인공도 자연과 유리된 인공이 아니라 '자연의 연장'으로서의 인공이었던 것이다.[5]

또 다른 방법은 '동기motivation'와 '과정procedure'에서 과학과 기술의 차이를 찾아보는 것이었다. 즉, 과학의 동기는 지적 호기심이고, 기술의 동기는 실질적인 유용성utility이라는 것이다. 또 과학은 가설 연역적이고, 검증하는 과정을 거치지만 기술은 가설을 응용하고 무엇을 실현시키는 과정을 중시한다는 것이다. 비슷한 구분으로 과학과 기술의 '목적aim'에서의 차이도 종종 지적되었다. 직접적인 동기가 무엇이든 최종(따라서 종종 겉으로는 드러나지 않고 감추어진) 목적을 볼 때, 궁극적으로 과학 활동은 자연을 이해하기 위해서, 기

---

4) 대표적인 논의로는 M. Bunge, "Technology as Applied Science," *Technology and Culture* 7(1966), pp. 329~47 참조.

5) 간단한 예로 물리학에서의 옴의 법칙을 생각해보자. 옴의 법칙은 자연에 존재하는 자연 법칙이며 따라서 보편적이다. 그렇지만 실제로 옴의 법칙은 인공적으로 만들어준 전압원에 역시 인공적인 도체를 연결하고 도체에 흐르는 전류를 인공적인 기기를 통해 측정할 때 성립한다. 이러한 상황은 '순수한 자연' 어디에도 존재하지 않으며, 단지 과학자의 실험실에서 과학자의 실천과 측정, 기기와 인공물의 결합을 통해 나타날 뿐이다. 이와 같이 생각하면 왜 기술자들의 전신·전등·전화·발전기와 같은 인공물들이 자연 법칙인 옴의 법칙의 영향력을 벗어날 수 없는지 자명하다. 이에 대한 흥미있는 철학적 논의로는 I. Hacking, *Representing and Intervening: Introductory Topics in the Philosophy of Natural Science* (Cambridge, 1983), pp. 220~32 참조.

술 활동은 인공물을 만들고 개량하기 위해서 이루어진다는 것이다.[6]

물론 이러한 구분들에 문제가 없는 것은 아니다. 동기만을 보더라도 새로운 기술을 만들어내거나 기존의 기술을 개량하는 기술자들의 동기가 유용성에만 있는 것이 아니라, 호기심·상상력에도 있을 수 있다. 맥스웰J. C. Maxwell 같은 19세기 물리학자가 장론을 이용해서 모터의 효율을 분석한 논문의 목적이 회전하는 장의 특성을 더 잘 이해하기 위함인지, 모터의 효율을 높이기 위함인지 구별하는 것은 쉽지 않다. 그렇지만 더 근본적인 문제는 위에서 언급한 대상·동기·과정·목적에서의 과학과 기술의 구분이 모두 과학과 기술에 대한 '소박한' 생각에 근거했다는 데 있다. 위에서 언급한 대상·동기·목적에서의 과학과 기술의 차이를 다시 상기해보자. 어떤 경우에나 과학은 인간의 '지적 활동'과 그 결과 나타난 '지식'으로, 기술은 '육체적 활동'과 그 결과 생긴 '인공물'로 전제되어 있다. 과학의 결과는 지식의 축적으로, 기술의 결과는 물건의 탄생과 개량으로 나타난다. 쉽게 표현해서 과학은 지식이고 기술은 물건이며, 과학은 이론이고 기술은 실천이다. 또, 과학은 정신 노동의 산물이고, 기술은 육체 노동의 산물이다. 여기에는 기술이 지식일 수 있고, 과학이 실천일 수 있다는 생각이 결여되어 있는 것이다.

---

6) J. K. Feibleman, "Pure Science, Applied Science, Technology, Engineering: An Attempt at Definition," *Technology and Culture* 2(1961), pp. 305~17; H. Skolimowski, "The Structure of Thinking in Technology," *Technology and Culture* 7(1966), pp. 371~83.

3. 지식으로서의 기술과 기술의 독자성

일반적으로 기술의 지식이라고 얘기되던 것들은 차라리 없느니만 못했다. 가장 흔한 얘기로 '주먹구구'가 있으며, 또 다른 예로는 '시행착오,' '상식,' '노하우 know-how,' '숙련 지식' 등이 있다. 단순한 육체 노동에 필요한 사고와 별반 다를 것이 없다. '경험의 일반화'와 같은 표현은 그래도 기술의 지식적인 측면을 높이 사준 경우이다. 과학 지식의 특성을 묘사하기 위해 사용되는 현란한 철학적인 용어와 비교하면 초라하기 짝이 없다. 문제는 여기서 끝나지 않는다. 기술을 소박하게 인식하고 있는 사람들일수록 기술의 초라한 상태가 '힘들었던 옛날' 얘기라는 것을 기꺼이 인정한다. 그들은 요즘의 기술이 대장장이의 주먹구구가 아니며, 엄청난 양의 '지식'과 합리적인 '방법'의 기반 위에서 놀라운 속도로 발전하고 있음을 강조한다. 그렇다면 어떻게 옛날 기술에는 없었던 지식을 20세기 기술은 가지고 있는 것인가. 이를 위해 유명한 '응용과학 applied science' 명제가 탄생했다. 즉, 19세기 후반 이후의 기술 지식은 과학의 응용이라는 것이다. 예를 들어 전기 기술은 맥스웰의 전자기 이론의 응용이며, 화학 기술은 화학의 응용, 철강 기술은 재료 과학의 응용, 디젤 엔진은 열역학의 응용이라는 식이다. 20세기 들어 나타난 새로운 기술도 마찬가지이다. 반도체 기술은 고체물리학의 응용, 유전공학은 DNA 발견 이후의 현대 생물학의 응용, 핵 발전은 핵물리학의 응용, 컴퓨터를 비롯한 정보 통신 기술은 사이버네틱스와 고등 수학·물리학의 응용이라는 것이다.

현대 기술이 과학의 응용이라는 생각은 과학과 기술의 관계를 불균등한 것으로 만들었다. 예를 들어 홀 R. Hall과 같은 과학사학자는 기술이 과학에 미치는 영향으로 1) 측정 계기를 비롯한 실험 기기의 과학으로의 유입, 2) 기술에서의 데이터가 과학자들의 연구 대상이 되는 경우를 든 반면에, 과학이 기술에 미치는 영향으로는 과학 '이론'의 기술에의 응용을 들고 있다. 과학철학자인 마리오 붕게Mario Bunge는 과학을 1) 순수과학과 2) 응용과학으로, 현대의 기술 지식을 1) 실재를 나타내는substantive 지식과 2) 대상의 작동과 관련된 조작적operative 지식으로 구분한 뒤, 이 기술 지식 중 1)은 과학의 이론이 직접 응용된 것이며, 2)는 과학의 방법이 응용된 것이라고 주장했다.[7] 이들의 주장에 따르면 결국 현대 기술은 응용과학 이외에는 다른 어떤 것도 될 수 없으며, 과학이 기술에 미치는 영향은 이론적이고 근본적인 것임에 반해, 기술이 과학에 미치는 영향은 기기의 제공과 같은 부차적인 것에 불과했다. 결국 기술의 지식적 측면을 경시하는 것은 "기술은 응용과학이다"라는 주장과 통하며, 이는 결국 과학과 기술 상호간의 영향을 불균등하고 위계적으로 만들었던 것이다.

1960년대말부터 소수의 기술사학자들을 중심으로 이 응용과학 명제에 대한 비판이 가해졌다. 비판자들은 "기술은 응용과학이다"라는 명제에 대항할 새로운 모토를 만들었는데 그것은 "지식으로서의 기술" 또는 "기술은 지식이다"라는 것이었다. 이를 처음으로 지적한 사람이 누구인가는 분명치 않지만(역사적으로는 아리스토텔레스도 기술을 지식으로 정의했다) 우리의 논의를 위해서는 경제사학자 로젠버그 N. Rosenberg와 기술사학자 레이턴E. T. Layton이 지식으로서의 기술이란 개념을 정립하는 데 많은 영향을 미친 사람이라고 보아도 무방할 것이다. 로젠버그는 기존의 경제학자들이 기술의 미시 세계를 너

---

7) A. R. Hall, "On Knowing, and Knowing How to……," *History of Technology* 3(1978), pp. 91~103; Bunge, *op. cit.*, 주 4.

무 등한시한 채로 단지 발명invention과 혁신innovation의 구분을 근거로 혁신의 경제적인 의미만을 추구하고 있는 것을 비판한 경제사학자이다. 로젠버그는 경제학자들의 이러한 사고의 저변에는 기술과 공학의 지식을 과소 평가하는 ── 따라서 어떤 개념화만 이루어지면 마치 모든 기술적 문제가 해결된 것처럼 간주하는 ── 경향이 존재한다고 지적하면서, 경제학이 기술의 문제를 제대로 다루기 위해서는 기술 지식의 발전 과정에 더 많은 관심을 기울여야 한다고 강조했다.[8]

레이턴의 연구의 출발은 미국의 기술자 집단의 성장이었다. 그는 이 연구로부터 19세기말~20세기초 기술자들이 과학자 집단과 비견할 만한, 나름대로의 지식 · 방법론 · 제도를 갖춘 집단으로 성장했다는 결론을 이끌어냈으며, 과학자 사회와 기술자 사회의 관계를 '거울에 비친 쌍둥이mirror-image twin' (쌍둥이처럼 닮았지만 모습이 역전되어 있다는 뜻)라는 유명한 표현으로 비유했다. 그는 여기서 한 발 더 나아가 기술의 본질은 지식이라고 선언하면서, 기술 지식에 대해 다음과 같이 설명했다.

기술은 확실히 고대부터 합리적인 원리와 이론적인 구조에 근거해 왔다. 최근에 이르러서는 이러한 합리적인 요소들이 체계적인 지식의 형태, 즉 어떤 의미의 과학으로 탈바꿈했다. 그리고 과학과 기술간의 상호 영향의 모델에 가장 큰 문제를 던져주는 것은 바로 이 기술의 이론적인 부분이다.[9]

─────────────

8) N. Rosenberg, "Problems in the Economist's Conceptualization of Technological Innovation," in *Perspectives on Technology* (Cambridge, 1976), pp. 61~84; "How Exogenous is Science?" in *Inside the Black Box: Technology and Economics* (Cambridge, 1982), pp. 141~59.
9) E. T. Layton, "Technology as Knowledge," *Technology and Culture* 15(1974), p. 37. '거울에 비친 쌍둥이' 개념에 대해서는 Layton, *op. cit.*(주 2) 참조.

레이턴은 또한 기술 지식의 핵심으로 '디자인의 능력'을 제시했다. 기술에 지식 · 디자인을 포함시켜 파악하면 기술이라는 것은 "인간이 만든 인공품 · 물건 · 도구 · 기능 · 디자인, 추상적인 관념"에 이르는 매우 넓은 스펙트럼을 가진 것으로 인식될 수 있다. 레이턴은 이에 근거하여 과학과 기술과의 관계도 수직적 · 위계적 관계가 아닌 수평적 · 대칭적 모델로 인식해야 한다고 주장했다. 레이턴의 모델에 의하면 과학과 기술은 그것들의 모든 영역에서 서로 영향을 미치며, 그 핵심은 과학 지식과 기술 지식과의 상호 작용이다.

기술의 본질을 지식이라고 한다면 기계, 생산 수단, 산업 설비와 같이 흔히 기술이라고 간주했던 '물건'들의 사회적 · 역사적 중요성을 떨어뜨린다는 반론이 있을 수 있다. 그러나 지식으로서의 기술은 인공물로서의 기술과 상충되거나 후자의 의미를 깎아내리는 것이 아니라, 오히려 그 의미를 더 깊은 차원에서 인식하게 해준다. 예를 들어보자. 산업 혁명기의 기계의 발달에 대해 많은 사람들이 "경제적 요구(필요)가 기계의 발달을 낳았다"는 설명에 만족해한다. 당시 직물 시장의 확대는 직물 기술을 낳았고, 이의 수송의 필요는 철도와 기차를 낳았고, 동력의 필요는 증기 기관과 전기를 낳았다는 식이다.[10] 경제적 견인만을 기술 발전의 원동력으로 보는 입장은 "경제의 요구가 있으면 그에 해당하는 기술은 발전하게 마련이다"라는 간단한 가정하에 서 있으며, 이 가정의 밑바닥에는 "기계로 상징되는 기술은, 복잡하긴 해도 결국 부품들의 조합이고, 이를 만드는 데 숙련

---

10) 산업 혁명의 기술 변화와 사회적 · 경제적 요인간의 상호 작용에 대한 마르크스K. Marx의 분석은 소박한 '경제적 견인economic pull' 주의자들의 주장과 거리가 멀다. D. A. MacKenzie, "Marx and the Machine," *Technology and Culture* 25(1984), pp. 473~502가 마르크스와 기술의 문제에 대한 좋은 길잡이가 될 수 있기에 여기서의 상술은 피한다.

과 경험 이상의 어떤 다른 것이 필요하겠는가"라는 기술 지식에 대한 경시가 깔려 있다. 그렇지만 이러한 주장은 왜 가스등 기술과 전신 기술이 기술적으로도, 경제적으로도 그 최고조에 달했을 때 전등과 전화가 나타났는지, 왜 역사를 통해 상당한 요구가 있었던 기술이 그 시대에는 발전하지 못한 예가 보편적일 만큼 많은지, 아니 왜 현재 우리가 살고 있는 시대에서 모든 요구에 맞는 기술들이 전부 나타나지 않는지를 전혀 설명하지 못한다. 지식 그 자체가 아닌 생산 수단, 기계가 상품을 만들어내는 것은 분명하지만 그런 기계가 만들어지고 그것이 생산 과정에 맞게 변형·적용되고, 그것의 효율이 증가하고, 그것이 새로운 기계로 대체되는 과정은 기존의 기술의 바탕 위에 창조적인 기술 지식의 발현을 통해서이다.[11]

---

11) 기술의 지식적인 측면을 인식하는 것은 기술과 과학의 관계만이 아닌 기술과 사회와의 관계를 파악하는 데에도 중요한 역할을 한다. 그 이유는 기술 지식의 생성 발전에 경쟁, 경제 법칙, 사회 관계, 이데올로기 등 제반 사회적 관계들이 '피드백 feedback'과 '정보의 변형'의 과정을 거쳐 다시 침투하기 때문이다. 따라서 이 기술 지식의 동역학적 메커니즘은 사회·경제의 요구가 최종 기술 산물 속에 어떻게 구현되는가를 보여줌으로써 기술낭만주의와 기술만능주의를 극복하고 기술과 사회에 대한 비판적인, 그렇지만 비관적이지는 않은, 시각의 출발이 된다. 올바른 정책만 세우고 기술자들에게 바른 세계관을 교육하면 기존의 파괴적이고, 비인간적이며, 자본주의적인 기술을 대체하는 대체 기술, '작은 기술,' 민주적인 기술이 만들어질 것처럼 생각하는 기술낭만주의나, 열차·전동기·냉장고 같은 일상적 기술은 물론 핵 기술, 경영 기술, 거대 기술, 군사 기술과 같은 '미묘한' 기술까지도 '기술'이란 이름을 걸고 있는 한 사회와 무관하게 '보편적'이고 유용한 것임을 강조하는 기술만능주의는 모두 기술이 사회적으로 형성된 지식이라는 점을 간과하고 있다. 전자는 새로운 기술의 발명, 기존 기술의 개량이 고유한 기술적 전통 위에서 이루어지는 창조적 지식의 발현임을 이해하지 못한 결과이고, 반면에 후자는 사회의 여러 요소가 기술 지식의 형성에 영향을 미치고 그 기술 지식이 인공물에 각인되는 과정을 간과하고 대신 기술의 완성품에만 주목한 결과이다. 백인들만의 쾌적한 공원을 만들기 위해 뉴욕의 한 공원으로 통하는 다리의 높이를 흑인들이 주로 타는 버스의 천장 높이보다 낮게 설계했다는 예에서도 볼 수 있듯이, 엔지니어의 머릿속에서 일어났던 기술적 디자인(다리의 설계)과 이데올로기(인종차별주의)의 상호 작용은 그 결과 나타난 다리 속에 완전히 감추어져버렸던 것

기술 지식의 의미가 낮게 평가된 이유 중 하나는 기술의 역사와 관련이 있다. 19세기 이전까지 기술의 담당자였던 기술자·장인·발명가들은 전문 잡지에 논문을 발표하지도 않았고, 자신의 연구 과정을 기록하지도 않았다. 그들이 만든 물건이 유적으로나 박물관에 남아 있는 경우에도 그 속에서 창조적 사고, 연구의 흔적을 발견하는 것은 쉽지 않은 일이다. 그렇지만 사실 이보다 더 중요한 이유는 기술 지식에 '암묵적 지식 tacit knowledge'의 측면이 많아서이다. 간단히 말해서, 암묵적 지식이란 말이나 글로 표현할 수 없는 지식이다. 예를 들어, 자전거를 잘 타는 사람이 아무리 말과 글로 자전거 타는 방법을 설명한다 해도, 그 사람의 지식이 다 드러나거나 전수되지 않는다는 것과 흡사한 성질의 지식이다. 이런 암묵적 지식은 기예 art(근대 사회에서 art는 craft, technology와 종종 같은 의미로 사용되었다)에서 많이 나타나며, 보통 '접촉'을 통해 이전된다. 18세기 영국의 운하 건설에 선구적 역할을 했던 브린들리 James Brindley는 문맹이었고, 그의 디자인 비법은 그를 보조했던 조수들에게 '구전'되었다. 또한 기술의 지식은 문자 이외에도, 그림·설계도와 같이 시각적 지식 visual knowledge을 통해 전파되는 경우가 많다. 물론 현대 기술과 공학의 경우 이러한 암묵적 지식의 영역이 많이 감소된 것은 사실이지만, 그럼에도 불구하고 이는 아직도 기술 지식의 중요한 특성으로 남아 있다.[12]

이다. 기술과 사회의 제반 요소의 상호 작용에 대한 논의로는 D. A. MacKenzie ed., *The Social Shaping of Technology* (Open Univ. Pr., 1985); B. Pfaffenberger, "Fetishised Objects and Humanised Nature: Towards an Anthropology of Technology," *Man* 23(1988), pp. 236~52 참조.

12) 암묵적 지식, 시각적 지식에 대해서는 M. Polanyi, *Personal Knowledge* (Chicago, 1968); E. S. Ferguson, "The Mind's Eye: Non-Verbal Thought in Technology," *Science* 197(1977), pp. 827~36 참조.

1973년 "산업 시기의 과학과 기술의 관계"에 대한 기술사학자들과 과학사학자들의 학회(Burndy Library Conference)는 기술의 본질은 지식이고 과학과 기술의 관계는 독자적인 지식들간의 상호 작용으로 이해해야 한다는 인식 아래 열렸다. 이 학회에서 발표된 대부분의 논문은 과학이 기술에 영향을 미치고, 기술은 다시 사회에 영향을 미친다는('과학→기술→사회') 어셈블리 라인 식의 과학과 기술의 관계를 비판하고, 과학과 기술이 과학 지식과 기술 지식 사이의 동등한 수준의 상호 작용을 통해 상호 영향을 주고받음을 지적했다.[13] 그렇지만 당시에 발표된 논문들이 깊이 다루지 못한 문제는 기술 지식의 특성에 대한 것이었다. 특히 우리가 현재 '공학 engineering science'에서 볼 수 있는 체계화된 기술 지식의 특성은 무엇인가, 과학적 공학 scientific engineering의 성립에는 과학이 응용되었다고 할 만큼 과학의 영향이 크지 않았는가, 만일 그렇지 않다면 현대 공학은 과학과 어떻게 다른가, 또 공학과 과학은 어떻게 상호 영향을 주고 있는가와 같은 문제들이 해결해야 할 과제로 남겨졌다.

1973년 학회에서 20세기 초엽 전기 기술자들이 어떻게 고전압 송전의 문제를 해결했는가를 분석해서 발표한 휴스Thomas Hughes는 공학의 내용과 방법이 과학을 따온 것이 아니라 엔지니어의 적극적 실천의 결과임을 강조함으로써 이후 공학을 이해하는 데 하나의 넓은 틀을 제공했다.

이 엔지니어들의 작업은 과학적이라고 유형지워질 수 있는 방법을

---

13) 한 역사학자가 1973년 학회를 가리켜 "노회한 어셈블리 라인 식의 시각, 응용과학 시각의 뒤늦은 장례식"이라고 표현했을 만큼(G. Wise, "Science and Technology," *Osiris* 1[1985], p. 236), 여기서 발표된 논문들은 미국 기술사학회지 공식 저널인 『기술과 문화 *Technology and Culture*』 17호(1976)에 수록되어 큰 반향을 불러일으켰고, 이후 '응용과학' 주장은 실제로 거의 자취를 감추었다.

사용하고 있었던 것처럼 보인다. 그들이 인용하는 권위나 그들이 사용하고 논문을 실었던 학술지는 체계적인 (공학) 지식을 나타냈다. 엔지니어들은 의식적으로건 무의식적으로건 일반적인 명제나 법칙을 만들려 했으며, 또 그것을 사용했다. 그들은 수학을 분석 수단과 언어로 사용했고, 가설을 만들었다. 그리고 자연과 실험실에서 이 가설을 검증하기 위해 실험을 고안했다. 이것들이 보통 과학적이라고 얘기되는 엔지니어들의 작업과 방법의 특징들이다.[14]

실제로 1970년대 후반부터 나오기 시작한 과학적 공학, 공학적 방법, 공학 연구에 대한 기술사적인 분석들은 1) 공학이 과학적이라고 불릴 수 있는 여러 근거를 가지고 있지만, 그럼에도 불구하고 2) 과학과는 다른 '무엇'이 있다는 점을 여러 각도에서 밝혀냈다.

공학의 기원에 대한 새로운 연구는 공학의 출발이 과학의 응용과는 거리가 있었음을 보여주었다. 구조공학, 열기관, 조선공학의 이론화에 큰 기여를 해서 흔히 공학의 창시자라고까지 불리는 19세기 영국 엔지니어 랭킨 W. Rankine에 대한 연구는 그가 기존의 뉴턴 역학을 구조물에 적용하는 것에 한계를 느끼고 응력 stress과 변형 strain과 같은 새로운 개념을 사용해서 공학의 기초를 세웠음을 보여주었다. 기술사학자들은 19세기 중엽 이후 등장한 '과학적 공학 scientific engineering'이 마치 과학의 이론을 기술에 응용한 것과 유사한 형태를 띠고 있지만, 그 내면에는 엔지니어들이 과학의 법칙이 인공적인 기술에 직접 적용될 수 없음을 인식하고 과학과는 다른 독자적인 지식 체계를 세웠음을 강조했다. 또한 전기공학처럼 흔히 과학이 직접 응용되었다고 간주되었던 분야에서도 과학은 상당한 변형을 거치며

---

14) T. P. Hughes, "The Science-Technology Interaction: The Case of High-Voltage Power Transmission System," *Technology and Culture* 17(1976) p. 659.

그 결과 나타난 공학 이론은 그것이 출발점으로 삼았던 과학과 별로 비슷하지도 않았다는 사실과, 초기 안테나 공학에서처럼 필요한 과학 이론이 존재하지 않는 경우에는 기술자들이 독자적인 공학 이론을 창조하곤 한다는 점도 지적되었다.[15]

빈센티 W. Vincenti는 20세기 항공공학을 예로 공학의 본질에 대한 새로운 이해를 제시했다. 예를 들어 과학과 공학이 모델을 사용하는 공통적인 방법을 가지고 있다는 주장에 대해 빈센티는 과학자들의 우주 모델, 원자 모델, 에테르 모델 등이 주로 눈에 보이지 않는 대상을 나타내기 위해 만들어졌음에 비해, 기술자들의 모델은 실제 크기의 조작이 번거롭거나 불가능해서 채용한 것이 대부분이었음을 지적하면서, 와트가 증기 기관의 개량에 사용한 실린더의 모델과 보일의 기체 모델과의 차이를 강조했다. 또 그는 실험에 대해서도 과학에서는 사실을 만들어내거나 이론을 검증하기 위해 실험을 하며, 이 경우 대상을 축소하거나 실험에서 개입하는 변수를 임의로 고정하는 '종합 대조 실험 controlled experiments'이 거의 없는 반면 기술에서의 실험은 종합 대조 실험이 대부분임을 보였다. 그는 또한 공학자들이 실제 엔진과 같은 대상 —— 너무 복잡해서 유체역학의 방정식을 푸는 것은 불가능한 —— 의 전반적인 특성을 알아내기 위해 고안한 개념들이 세세한 해를 구해야 될 필요가 있는 물리학자들에게는 거의 쓸모가 없다는 사실에서도 과학과 공학의 차이를 강조했다. 이상의 예들은 공학 이론이 쓸모 있는 인공물을 '디자인'하고 만드는 것을 그 궁극적인 목적으로 하고 있으며, 이를 위해 대상의 최적 조건 optimization

---

15) D. Channel, "The Harmony of Theory and Practice: The Engineering Science of W. J. M. Rankine," *Technology and Culture* 23(1982), pp. 39~52; R. A. Buchanan, "The Rise of Scientific Engineering in Britain," *British Journal for the History of Science* 18(1985), pp. 218~33; H. G. J. Aitken, *Syntony and Spark: The Origins of Radio* (New York, 1976).

condition이나, 최대 효율maximum efficiency를 얻어내는 데 관심이 있고, 이런 점에서 보통 과학 이론과 차이가 있음을 지적한 것이다.[16)]

공학 지식의 특성들을 차치하고라도 공학을 '기술의 지식'으로 생각하는가 또는 과학과 기술이 중첩되는 '교집합'으로 생각하는가에 따라 과학과 기술의 관계를 이해하는 방식은 상당히 달라지게 된다. 1980년대 기술사학자들은 공학을 과학으로부터 '상대적으로 자율적인' 기술의 지식으로 간주했으며, 결과적으로 점차 과학과 기술을 독자적으로 발전하면서 상호 작용하는 두 개의 독립된 분야로 간주하기 시작했다. 그렇지만 이러한 상호 작용은 미미한 것이어서 이들은 실제로 기술의 발전에 과학은 본질적으로 중요하지 않고, 과학의 발전에도 기술은 본질적으로 중요하지 않은 것으로 간주했다.[17)]

그러나 지식으로서의 기술에서 출발해서 기술의 독자성을 강조한 이러한 주장은 20세기 후반에 벌어지고 있는 반도체, 전자 통신, 약학, 의료 산업, 생명공학 등에서 나타나는 과학과 기술의 상호 작용이라는 현상을 잘 설명하지는 못한다는 점을 제외하고서도, 한 가지 심각한 문제를 안고 있었다. 그것은 기술을 지식으로 본 대신, 과학도 그대로 지식으로, 즉 이론적인 활동으로만 보았다는 것이다. 과학은 이론이고, 정신 활동이며, 그 결과 축적된 '조직화된 지식'인가? 기술의 지식적 측면이 강조되기 시작하던 1970년대말과 1980년대초,

---

16) 『기술과 문화 *Technology and Culture*』의 지면을 통해 발표된 빈센티의 여러 논문들은 책으로 묶여 출판되었다. W. G. Vincenti, *What Engineers Know and How They Know It: Analytical Studies from Aeronautical History* (Johns Hopkins Univ. Pr., 1991).

17) 예를 들어 M. Kranzberg, "Scientific Research and Technical Innovation," *National Forum* 51(1981), pp. 27~28; B. Barnes, "The Science-Technology Relationship: A Model and a Query," *Social Studies of Science* 12(1982), pp. 166~72; A. Keller, "Has Science Created Technology," *Minerva* 22(1984), pp. 160~82 참조.

몇몇 과학사학자 · 과학철학자 · 과학사회학자들은 '실천으로서의 과학'이란 명제를 가지고 과학에 대한 이해를 정반대 방향으로 돌려놓기 시작했다.

4. 실천으로서의 과학과 과학 기술의 다양한 상호 작용

과학자가 하는 가장 중요한 일이 이론적 사고라는 생각은 한편으로는 그 뿌리가 무척 깊으면서도 또 다른 한편으로는 매우 현대적인 것이다. 이는 플라톤, 아리스토텔레스와 같은 그리스 시대 자연철학자들의 주장이었지만, 17세기 과학 혁명기 동안 실험과학의 대두와 함께 상당 부분 자취를 감추었다. 그렇지만 과학의 본질이 이론이란 생각은 20세기 이론물리학, 20세기 과학철학 —— 논리실증주의, 쿤 Thomas Kuhn의 과학철학, 핸슨N. R. Hanson의 관찰의 이론 의존성 등 —— 그리고 코아레 A. Koyré의 플라톤주의 지성사의 영향을 강하게 받은 구미 과학사학자들에 의해 다시 부활해서 과학에 대한 강력하고 단일한 이미지를 형성하게 되었다. 과학의 본질이 이론이라는 주장에 의하면 실험은 이론을 검증 · 반증하거나, 이론 형성에 필요한 데이터를 제공하는 부수적인 활동 이상의 의미를 갖기 힘들었다.

1980년대에 들어서야 이러한 기존의 과학철학이 실제로 대부분의 과학자들이 수행해왔고 현재 수행하고 있는 일과 거리가 멀다는 것이 드러나기 시작했다. 실험에 대한 깊이 있는 철학적 · 역사적 이해는 실험이 항상 이론 의존적인 것은 아니었으며, 과학자들이 이론을 검증하기 위해서만 실험을 하는 것도 아니고, 측정을 통해 데이터를 얻어내는 과정이 기계적이지도 않으며, 실험 기기가 과학자들이 생각했던 대로 움직여주지도 않는 것처럼 실험이 이론과는 독립적인

'그 자신의 삶'을 가짐을 드러냈다(이 책의 제1장 참조). 80년대 과학사·과학철학·과학사회학에서 나타난 이와 같은 '실험에의 귀환'은 더 나아가 실험실을 과학의 고유한 공간으로, 그리고 실험실에서 기기를 만들고, 이를 가지고 자연에 개입하고, 측정하고, 이들을 조작해서 새로운 '현상 phenomena'이나 '효과 effect'를 만들어내는 것이 근대 과학 이후 과학의 가장 고유한 특성이라는 '실천으로서의 과학'의 새로운 이미지를 만들어냈다. 이는 과학에 대한 몇 가지 새로운 이해를 가능케 했다. 기술과 마찬가지로 과학의 실험에도 숙련과 같은 '장인적 전통 craft tradition'과 '암묵적 지식'이 있으며, 소위 '첨단' 과학적 기기는 기술의 영역에서 과학의 영역으로 떨어져 내려오는 것이 아니라 많은 경우 과학자들이 실험실 내의 필요에 의해서 직접 또는 기술자와의 협력을 통해 제작하고, 실험실의 활동은 과학자(보통 교수) 혼자만의 작업이 아니라 교수, 조교, 다양한 수준의 학생들, 테크니션 technician, 그리고 기기 제작인 등의 협력을 기초로 한 협동이라는 것들이 그 새로운 이해의 예들이다.[18]

  이와 같은 이해는 과학과 기술의 관계를 새롭게 파악하는 데 매우 중요한 단서를 제공한다. 간단히 말해, 과학자들이 실험실 laboratory에서 수행하는 실천의 모습과 엔지니어의 실천의 모습에 별반 다른 점이 없다는 것이다. 이들은 모두 어떤 특정한 목적을 달성하기 위해 기기와 대상을 조작하고, 이로부터 특정한 효과를 얻어내려 하며, 이를 얻어내지 못했을 경우 그 동안 축적된 다양한 방법을 사용해서 기기나 대상, 이들의 배열 형태를 바꾸고, 기계나 기기의 '효율'을 높

  18) 실천으로서의 과학에 대한 논의로는 B. Latour, *Science in Action: How to Follow Scientists and Engineers through Society* (Cambridge, Mass., 1987); Hacking, *op. cit.*(주 5); P. Galison, *How Experiments End* (Chicago, 1987); A. Pickering ed., *Science as Practice and Culture* (Chicago, 1992) 참조.

이기 위해 여러 가지 방법을 사용한다. 암묵적 지식, 숙련, 경험에 근거한 직관, 실험 결과를 안정화stabilization시키는 과정 등 과학자들의 실천에 관련된 다양한 요인들은 장인 · 기술자들의 작업장 workshop에서의 그것들과 별반 다르지 않다.

과학자의 실천에 주목함으로써 우리는 과학과 기술의 상호 작용을 새롭게 이해할 수 있다. 실험실에서 만들어진 과학적 '효과'들 중 많은 것들이 (비록 어느 정도의 시간 간격은 있지만) 기술 · 산업으로 유입되어 쓸모 있는 인공물로 탈바꿈하며, 실험실에서 만들어진 많은 기기들이 산업화되어 그 시대의 첨단 산업을 구성하고, 실험실에서 키워진 인력이 기술 · 산업에서 중요한 연구 · 개발을 수행한다.[19] 물리과학의 경우만 보더라도, 패러데이의 실험실에서 발견된 전자기 유도 효과는 이후 발전기와 전동기의 기초가 되었다. 19세기 최고의 수리물리학자 톰슨William Thomson(이후 켈빈 Kelvin 경이 됨)의 실험실에는 당시 해저 전신에서 사용하던 도선, 전신 기기 등이 가득했다. 그는 전신선의 저항을 재는 과정에서 전기 단위와 표준의 필요성을 인식한 후, 과학자 · 기술자들로 구성된 표준 위원회를 결성해서 최초의 전기 표준들을 만들었고, 맥스웰과 레일리의 캐번디시 연구소는 이렇게 만들어진 표준 저항을 재측정하고 유지하는 일을 담당했다. 헤르츠H. Hertz의 실험실에서 발견된 전자기파 효과는 이후 모든 무선 통신의 출발점이 되었으며, 과학자의 연구 대상이었던 진공 유리구 속의 방전은 이후 플레밍J. A. Fleming과 드 포리스트Lee de

---

19) 특히 실험실에서 사용되는 기기가 어떻게 과학과 기술을 매개하는가에 대한 논의로는 D. J. de Solla Price, "The Science/Technology Relationship, the Craft of Experimental Science, and Policy for the Improvement of High Technology Innovation," *Research Policy* 13(1984), pp. 3~20; N. Rosenberg, "Scientific Instrumentation and University Research," *Research Policy* 21(1992), pp. 381~90 참조.

Forest에 의해 이극 진공관과 삼극 진공관으로 발전했다. 물리학자들의 실험실에서 나타났던 원자의 연쇄 핵분열 반응 효과는 이차 대전이라는 특수 상황 속에서 불과 몇 년 내에 원자 폭탄을 낳았다.

뿐만 아니라 우리는 실천으로서의 과학에 주목함으로써 과학자의 실험실과 기술자의 작업장의 거리가 어떻게 좁혀졌는가를 이해할 수 있다. 물리학 실험실을 모델로 19세기 말엽 기계 · 전기공학과에 실험실이 만들어졌으며, 실험을 통한 공학 교육과 연구가 시작되었다. 과학자들이 산업 기술의 문제에 자문을 하는 것은 18세기에 나타났지만, 19세기 후반에 전기 · 화학 산업에서 보편화되었다. 과학자들의 자문과 엔지니어링 실험실들의 설립이 가속화되다 19세기 후반에 화학 산업, 20세기 초엽에 전기 산업에서 기업 내에 실험실들이 생기기 시작했다. 이러한 연구소에서는 대학에 존재하는 과학과 공학의 벽을 허물고 제품 생산과 관련된 연구에 과학자와 엔지니어의 협동 연구를 가능하게 하는 새로운 '공간'을 창조했다.[20] 20세기에 들어와서는 공학 분야의 제도화가 뚜렷해짐에 따라 공학과 관련 과학 분야 사이의 광범위한 상호 영향이 뚜렷해졌다. 응집 물질 물리학 Condensed Matter Physics과 양자 전자공학 Quantum Electronics은 반도체 · 레이저 등 20세기 중엽의 신기술을 놓고 서로 많은 영향을 주고받았으며, 이후 광섬유의 개발을 놓고 나타났던 광학물리학자와 레이저 기술자들 사이의 상호 작용도 비슷한 예이다. 또한, 19세기에는 과학자 겸 엔지니어 scientist-engineer들이 개개인의 과학과 기술에서의 경험을 종합해서 공학 분야의 기초를 세우곤 했는데, 공학이 제도적으로 정착

20) 제너럴 일렉트릭 회사 GE, 벨 회사 Bell, 뒤 퐁 회사 Du Pont와 같은 대기업 연구소에 대한 대표적 연구로는 L. Reich, *The Making of American Industrial Research: Science and Business at GE and Bell, 1876~1926* (Cambridge, 1985); D. A. Hounshell and J. K. Smith Jr., *Science and Corporate Strategy: Du Pont R & D, 1902~1980* (Cambridge, 1988) 참조.

된 20세기에 들어서서는 공학의 많은 분야가 '과학적 공학'을 표방, 관련 과학에서 데이터·원리·법칙과 기타 정보를 적극적으로 이용했다.[21]

물론 과학적 효과·기기·인력이 과학자의 실험실에서 기술로 유출되는 것만은 아니다. 그 역방향의 유입도 매우 중요하다. 증기 기관이 에너지 보존 법칙을 비롯해서 열역학의 발전을 가져온 수많은 문제들을 물리학에 제공해왔음은 널리 알려져왔다. 벨이 전화를 발명하자마자 과학자들이 그것을 미세한 전류의 측정 장치로 사용하기 시작했듯이, 다양한 기술·기계들이 (종종 예측지 않던 용도로) 과학자들의 실험실로 끊임없이 들어왔다. 최근 컴퓨터의 광범위한 사용은 과학자들의 여러 가지 계산을 편하게 해주는 정도를 떠나서 과학의 큰 흐름 자체를 바꾸는 엄청난 영향을 미치고 있다. 반도체의 발명은 고체물리학 분야의 비중과 연구 인력을 엄청난 수준으로 늘렸으며, 레이저는 광학에 대해 비슷한 결과를 낳았다. 실험실에서 일했던 기기 제작자·테크니션들의 과학에의 공헌은 과학사를 통해 거의 무시되어왔던 주제이나, 최근에 이들의 중요성에 대한 몇몇 선구적인 연구들이 나오고 있다.[22] 특히 전자공학에 기초한 복잡하고 정밀한 기기를 사용하는 현대 거대 과학의 경우 엔지니어와의 협동 연구와 그에 따른 역할 분담은 필수적이다.[23]

---

21) 20세기 미국 대학에서 공학 교육 과정의 설립과 과학의 영향에 대한 연구로는 B. Seely, "Research, Engineering, and Science in American Engineering Colleges: 1900~1960," *Technology and Culture* 34(1993), pp. 344~86 참조. 공학에서 과학 원리를 강조하는 '과학적 공학'에 대해 공학 본연의 '디자인' 중심의 교육을 해야 한다는 비판은 아직도 존재한다. 일례로 E. S. Ferguson, *Engineering and the Mind's Eye* (Cambridge, Mass., 1992)는 최근 엔지니어링에서의 실패 사례들이 디자인 교육의 부재에 있음을 강조하고 있다.

22) 예를 들어 S. Shapin, "The Invisible Technician," *American Scholar* 77(1989), pp. 554~63 참조.

실제로 기초 과학 연구를 통해 얻어진 20세기의 중요한 기술적 발견이라는 것들을 살펴보면, 과학적 관심과 기술적 관심, 과학자와 기술자, 대학과 산업체가 떨어져 있지 않고, 처음부터 뭉뚱그려져서 관여했음을 알 수 있다. 트랜지스터의 개발(1948)에는 양자물리학에 정통한 바딘 J. Bardeen과 같은 물리학자의 이론적 기여가 결정적이었지만, 이러한 기여는 반도체에서 기존의 유리관 증폭기와 발진기를 대신하는 새로운 기술의 가능성을 보고 1930년대부터 이의 발전을 위해 물리학자·화학자·전자공학자의 협동 연구를 몇 년 간 추진했던 벨 연구소 Bell Lab라는 산업체의 배경 속에서 꽃을 피울 수 있었다. 레이저의 발명과 개발에도 처음부터 물리학자들의 관심과 새 발진기에 대한 양자 전자공학자들의 관심의 상호 작용이 매우 중요한 요소였다. 1930년대 터보제트 엔진의 개발과 같은 기술 혁명에서도 과학자 출신 기술자들의 기여가 중요했다.[24] 역으로 산업체에서의 기초 연구는 종종 순수 과학에서의 중요한 발전을 가지고 왔다. 빅뱅 이론을 결정적으로 지지하는 증거로, 펜지어스와 윌슨에게 노벨 물리학상을 안겨준 우주 배경 복사의 발견은 마이크로파 통신에 위성을 사용할 때 이를 방해하는 노이즈 noise를 분석하기 위해 이들 천체물리학자를 고용한 벨 연구소에서 이루어졌다. 이러한 예들이 제시하는 것은 과학 연구와 산업 기술의 '거리'가 가까울 때 이 둘에게 모두

---

23) Peter Galison and Bruce Hevly eds., *Big Science: The Growth of Large-Scale Research* (Stanford University Press, 1992); Peter Galison, *Image and Logic: A Material Culture of Microphysics* (Chicago University Press, 1997).

24) 반도체에 대해서는 L. Hoddeson, "The Discovery of the Point-Contact Transistor," *Historical Studies in the Physical Science* 12(1981), pp. 41~76, 레이저에 대해서는 J. L. Bromberg, "Engineering Knowledge in the Laser Field," *Technology and Culture* 27(1986), pp. 798~818, 터보제트 혁명에 대해서는 E. W. Constant, *The Origins of the Turbojet Revolution* (Johns Hopkins Univ. Pr., 1980)을 각각 참조할 것.

유익한 결과를 낳을 수도 있다는 것이다.

과학자의 실험실에서 발견되는 효과, 기기, 훈련받은 인력 등이 모두, 즉시, 그리고 직접적으로 기술 혁신을 낳지 않음은 명백하다. 실험실에서 발견된 어떤 효과나 물질이 기술화되기까지는 적게는 몇 달, 길게는 수십 년까지의 시간이 걸리며, 또 어떤 연구가 실용성을 띨 것인가조차 처음에는 분명치 않다.[25] 또 대부분의 과학 연구는 직접 산업 기술화되지 않고 과학 분야의 발전 자체에만 기여한다.[26] 그렇지만 과학과 기술 사이에 존재하는 시간의 간격, 응용의 간접성이 "과학과 기술이 서로의 발전에 미치는 영향은 무시할 만하다"라는 결론을 정당화시켜주지는 않는다. 우리가 과학을 추상적인 이론과 지식 체계로 생각하는 데서 벗어나서, 과학을 다양한 수준의 이론, 실험실에서의 실천, 기기, 숙련 등의 복합체로 생각하고, 마찬가지로 기술을 단지 인공물로 생각하는 데서 벗어나서 다양한 수준의 지식 · 실험 · 숙련 · 디자인 능력 · 인공물 등의 복합체로 생각한다면 우리는 과학과 기술이 다양한 접점 interface들에서 만나고 이런 접점들

---

25) 패러데이의 전자기 효과(1831)가 실용적인 발전기로 진화하기 위해서는 40년이 필요했으며, 그 사이 수많은 기술자 · 장인들의 실제적인 기여가 있어야 했다. 1940년대 발견된 자기 공명(NMR)의 효과가 의학 기기에 응용되는 데는 30년이 걸렸다. 그렇지만 과학에서의 발견이 기술에 응용되기까지의 시간이 점차 짧아지고 있음은 분명한데, 1970~80년대 이루어진 과학에 근거한 기술 혁신에 대한 사례 연구는 과학 연구와 기술 혁신 사이의 시간 간격이 평균 7년임을 보여주고 있다. 이에 대해서는 E. Mansfield, "Academic Research and Industrial Innovation," *Research Policy* 20(1991), pp. 1~12 참조.

26) 미국 얼라이드 케미컬 Allied Chemical사의 연구소에서 기록된 10년 간의 분석에 따르면 75명의 연구원들이 10,000여 건의 아이디어를 내놓았고, 이 중 1,000여 건이 보고서화되었으며, 이 중 100여 건이 특허로 접수되었고, 이 중 대략 10건이 상업적으로 중요했으며, 이 중 1건이 산업 전반에 큰 영향을 미칠 만큼 중요한 것이었다. J. J. Gilman, "Research Management Today," *Physics Today* (March 1991), pp. 42~48.

이 19세기부터 다양해지고 보편화되어왔음을 알 수 있다. 내가 강조했던 것은 과학과 기술의 관계가 이론이 실천에 응용되는 것만이 아니라, 과학의 다양한 요소들(과학자의 실험실에서 발견된 새로운 효과, 이론과 법칙, 기기, 훈련받은 인력)이 기술의 다양한 요소들(인공물에 대한 이해, 기술 법칙, 디자인 과정, 숙련)과 섞이고 있다는 것이다. 과학과 기술은 교육·학회·규범과 같은 제도에서 어느 정도 분리되어 있지만, 기술자들의 실천 속에 과학의 다양한 요소들이 사용되고 있으며, 과학자들의 실천에 기술의 다양한 요소가 깊이 관련되어 있듯이 실제 구체적인 연구 속에서 이 둘의 경계를 찾는다는 것은 무척 어렵다. 또한 이러한 상호 작용을 위해 기업의 연구소, 대학의 특수 연구소(예를 들어 대학의 반도체 연구소)처럼 과학과 기술의 경계가 모호한 새로운 공간이 끊임없이 만들어졌다. 지금까지의 긴 논의를 통해서 우리가 얘기할 수 있는 것은 현대 기술이 마치 전부 과학의 응용인 양 생각하는 것이나, 현대 기술은 과학과 무관한 독자적인 영역인 양 생각하는 것(따라서 산업 기술의 발전을 위해선 기술 연구와 개발이면 충분하다는 생각) 모두 잘못되었다는 것이다. 모든 과학 연구가 기술·산업적 응용을 낳는 것은 아니지만, 그리고 모든 기술이 과학 이론·법칙의 응용은 더더욱 아니지만, 과학과 기술은 서로가 만나는 다양한 종류의 접점들을 만들어왔고 이런 경향은 계속 증대되고 있다.[27)]

---

27) 1990년 에인트호벤 Eindhoven에서 "19~20세기 기술 발전과 과학"이란 주제로 열린 역사학회는 1973년 '번디 도서관 학회 Burndy Library Conference'에서 기술 지식의 독자성을 중심으로 정리된 과학과 기술과의 관계를 비판하면서 과학과 기술의 밀접한 상호 작용을 강조했다. 에인트호벤 학회에서 발표된 논문들은 P. Kroes and M. Bakker eds., *Technological Development and Science in the Industrial Age: New Perspectives on the Science-Technology Relationship* (Dordrecht, 1992)에 실려 있다. 나의 결론과 궤를 같이하는 과학과 기술의 관계에 대한 사회과학자들의 분석으로는 Mansfield, *op. cit.*(주 25) ; K. Pavitt, "What Makes Basic Research

5. 과학과 기술의 관계, 그 정책적 함의

우리는 지금까지의 논의에 비추어 몇 가지 실질적인 함의를 이끌어낼 수 있다. 그 중 하나는 우리가 그 동안 혼란스럽게 사용하던 여러 개념들을 조금 더 분명히할 수 있다는 것이다. 예를 들어 '연구 개발Research and Development' (R & D)과 같이 '연구'와 '개발'을 한꺼번에 묶어서 생각하는 것은 '연구'와 '개발' 사이에 존재하는 실질적인 차이를 무시하는 것이다. 앞서 지적했듯이 연구의 경우 그 결과를 응용성과 관련해서 처음부터 예측하기는 무척 어렵고, 이에 대한 지원은 장기적이고 파생적인 효과를 생각한 연구 인력의 교육, 실험에 대한 지원 등에 초점이 맞추어져야 한다. 반면 개발의 경우는 생산과 관련된 목표와 그 목표를 어떻게 이룰 것인가가 처음부터 분명하고, 그 과정들에 대한 정량적인 평가가 가능하다. 사실 '연구 개발'이라는 용어 자체도 2차 대전 중 과학 기술자들의 전쟁 연구와 관련해서 사용되기 시작했으며, 이후 과학 연구가 기술 개발을 낳는다는 단순한 기술 발전 모델이 보편화되면서 널리 쓰이기 시작했던 말이다.

그렇지만 순수 연구pure research와 응용 연구applied research 사이에 확고한 경계를 상정하는 것은 또 다른 오류이다. 산업 기술과 거의 무관한 몇몇 과학 분야(예를 들어 입자물리학·우주론·순수 수학 등)를 제외하면, 순수 연구와 응용 연구 사이의 경계는 그렇게 분명한 것은 아니다. 게다가 순수 연구는 산업 기술과 무관한 것이고, 응

Economically Useful?" *Research Policy* 20(1991), pp. 109~19; H. Brooks, "Research Universities and the Social Contract for Science," in L. M. Branscomb ed., *Empowering Technology: Implementing a U. S. Strategy* (Cambridge, Mass. 1993), pp. 135~66 참조.

용 연구는 산업 기술의 요구를 충족하는 것이라는 식으로 이를 구분하고, 이에 근거해서 자연과학(대학)은 순수 연구를 공학(대학)은 응용 연구를 한다는 식으로 역할을 분담하는 것은, 과학과 기술의 접점이 다양해지고 보편적으로 되어가는 역사적 경향을 무시하고 오래된 대학의 학제에만 근거한 것이다.[28] 그렇지만 대학에서 이루어지는 모든 연구가 개별 산업의 구체적인 필요를 충족시키는 것이어야 한다고 주장하는 것은 과학이 다양한 방법으로 기술에 기여하는 가능성을 충족시키지 못함으로써 산업 기술의 장기적인 경쟁력 고양에 역효과를 낳을 수 있다.

그렇다고 산업체의 연구소에서는 제품과 관련된 실제적인 '개발'(D)만 담당하고 대학에선 '연구'(R)만을 담당하면 된다고 생각하는 것도 또 다른 오류이다. 산업체에서 제품의 개발에 필요한 연구 결과들이 대학에서 산업체로 자동적으로 흘러들어가는 것은 아니기 때문이다. 여러 통계 자료는 오히려 자체 연구에 투자를 많이 하는 기업이 대학에서의 연구 결과를 기술 혁신에 잘 이용함을 보여주고 있다. 최근 국내에서는 (낮은 과학 수준에 비해 기술 혁신은 성공적인) 일본과 (높은 과학 수준에도 불구하고 기술 혁신은 실패한) 소련의 비교로부터 마치 한 나라의 과학과 기술에는 큰 관련이 없는 것 같다는 식의 논의가 비교적 설득력을 얻고 있는데, 이는 1970~80년대 일본이 필요한 연구를 국제 공동 연구와 학술지 등의 정보를 통해 계속 흡수해서 소화했고, 1980년대에는 자체 연구에 투자가 강화되고 있음을 무시한 것이다. 이러한 사례 연구가 시사하는 바는 첨단 산업에서 경쟁하는 기업은 자체 과학 연구에 많은 투자를 못 하더라도 최소한 대학이나 다른 연구소에서 진행되는 최신 연구를 항상 수집·분석·평

---

28) 독일에서 생명공학 기술의 후발의 이유로 새로운 분야, 간학문 분야에 대한 독일 대학의 경직성이 주로 언급됨을 상기할 필요가 있다.

가할 수 있는 역량을 갖추어야 한다는 것이다.[29]

기술의 지식 knowledge적인 특성은 최근 기술 이전 technology transfer의 과정에 대한 연구에서 관련 지식, 숙련의 습득 없이 인공물 hardware만의 이전은 그 효과를 충분히 거두지 못한다는 사실이 알려지면서 함께 조금은 알려졌다. 그렇지만 과학의 실천으로서의 특성은 아직도 우리에게 생소한 실정이다. 예를 들어보자. 기술은 그 필요와 특성에 있어서 '국지적 local'인 것이고 과학은 그 특성상 '전 지구적인 global' 것이기에, 한국과 같은 신흥 공업국에서는 과학은 외국 첨단 과학을 빌려오고 자체 기술 개발에 주력해야 한다는 주장이 있다. 그렇지만 이는 실천으로서의 과학의 여러 특성을 보지 못한 얘기이다. 산업 기술에 기여하는 과학은 학술지 논문에 나와 있는 그래프·표·방정식만이 아니라, 오히려 이런 결과를 내기까지 실험실 안에서 습득된 숙련, 기기, 그리고 인력들인 것이다. 노하우는 기술에만 있는 것이 아니라 과학에도 있다. 이것이 바로 정부와 기업이 장기적인 기초 연구를 지원해야 하는 중요한 이유이다.

과학과 기술공학, 순수 연구와 응용 연구, 연구와 기술 혁신 사이의 간격을 좁히는 데는 과학자·엔지니어·산업가·정책가와 조언자들의 생각의 전환이 필요하다. 과학과 기술공학, 순수와 응용의 간격이 좁아진다는 것이 과학자를 마치 장사꾼처럼 만든다고 생각할 어떤 이유도 없다. 오히려 과학의 실용적 가치에 대한 적극적인 인식 (과학이 인류의 모든 문제를 해결할 수 있다는 마술사 식의 선전이 아닌)은 사회 속에서 과학의 위치를 훨씬 더 건강한 것으로 만들 수 있다. 과학이 다양한 방법으로 산업 기술은 물론 공학과 관련을 맺어온

29) 기업체의 기초 연구에 대해서는 Mansfield, op. cit. (주 25), 일본의 예에 대해서는 D. Hicks et al., "Japanese Corporations, Scientific Research, and Globalization," Research Policy 23(1994), pp. 375~84 참조.

것은 근대 과학의 가장 중요한 특성이며, 앞에서 살펴보았듯이 과학의 산업 기술에의 기여는 결과적으로 과학과 기술을 모두 풍요롭게 했다. 물론 한국의 우수한 대학의 자연대학에 지원하는 고등학생들은 과학이 자연의 진리를 찾는 고귀한 정신 노동이라는 생각에 사로잡혀 과학자가 되고 싶어할 수 있지만, 이들보다 성숙한 과학자들이 같은 생각에만 젖어 있다면 그것이 오히려 더 문제일 수 있다.

지금까지의 논의를 직접 한국의 과학 기술 정책과 관련된 실제적인 문제로 확장시키는 데는 수많은 종류의 불확실성이 존재한다. 어떠한 분야의 연구가 '현재' 유용한가는 현재의 기술, 산업의 필요로부터 알 수 있지만, 어떤 연구가 '미래'에 혁신적인 기술 발전을 낳을 것인가는 점치기 힘들다. 우리는 기초 연구에 얼마만큼의 투자가 장기적으로 가장 좋은 결과를 낳을 것인가를 알지 못하며, 한국에서 바람직한 연구·개발 비용의 비율이 어떻게 되는지도 알지 못한다. 정책에 대한 많은 논의는 미국이나 영국 등의 선진국에서 빌려온 것인데, 우리는 한국의 과학과 기술의 특성에 대해서도 아직 모르는 것이 많다. 아니, 더 근본적으로 우리는 어떤 경우 창조적인 과학 지식과 기술 지식이 탄생하는지, 이러한 지식이 어떤 경우에 유용한 인공물로 변환되는지, 그리고 그러한 변환에는 어떤 요소가 개입하는지도 모르고 있다. 한마디로 우리는 과학과 기술에 대해서 아직도 너무 많은 것을 모르고 있다고 해도 과언이 아니다. 과학과 기술에 존재하는 이러한 불확실성을 점차 우리가 이해할 수 있는 것으로, 그리고 결국은 조금씩 통제할 수 있는 것으로 만들기 위해서 과학사학자·기술사학자·경제학자·과학정책학자, 그리고 과학자·기술자들은 각각의 제도적 경계를 허물고 진지하게 고민할 필요가 있다. 이렇게 제도적 벽을 허무는 일이 바로 한국에서의 '과학기술학 Science and Technology Studies'의 출발인 것이다.

제7장

서양 기술사학의 최근 연구 동향
──지난 15년 간『기술과 문화』를 중심으로

　기술이 사회에서 차지하는 비중이 점차 높아지고, 기술의 역사가 기술을 이해하는 데 핵심적으로 중요함에도 불구하고 서양 기술사학 (서양의 기술사 연구)에 대한 국내의 이해 수준은 아직 초보적인 실정이다. 기술사 일반에 대한 번역서 몇 권과 페미니즘이나 기술론과 관련해서 독자를 가짐직한 기술사 책 두어 권, 그리고 논문 몇 편이 번역되어 있는 것이 전부다.[1] 과학사와 과학사회학은 서울대와 고려대를 비롯한 대학원 과정에서 수업이 개설되고 있고 이를 전공하는 학생들도 있지만, 기술사와 관련해서는 아직 이런 수업조차 제대로 이루어지고 있지 못하다.

　기술사에 대한 이해의 부족은 과학학 Science Studies의 뿌리내림을 위해서도 불행한 일이다. 과학은 철학적이고 세계관적인 측면 이외에도 기술과 산업에 응용되어 생산력으로서 사회적인 힘을 가지는 특성이 있는데, 기술사에 대한 이해의 부족은 과학과 기술의 차이와 공통점에 대한 오해를 낳고, 이는 다시 과학에 대한 오해를 가중시키

---

[1] 프레드리히 클렘 지음, 이필렬 옮김,『기술의 역사』(미래사, 1992); 조지 바살라 지음, 김동광 옮김,『기술의 진화』(까치, 1996); 송성수 편,『우리에게 기술이란 무엇인가: 기술론 입문』(녹두, 1995).

는 원인이 되기도 한다. 아래의 글은 기술사 전반에 대한 한국의 열악한 상황을 조금이라도 개선하고자 하는 의도를 가지고 씌어진 글이다. 서양에서, 특히 구미의 학자들에 의해 이루어진 기술사 연구에 대한 소개가 거의 전무한 상황에서 나는 지난 15년 간의 서양 기술사 연구를 개괄함으로써 이런 공백을 아주 조금이나마 메우려 했다. 물론 이 짧은 글이 기술사 연구에서 이룬 중요한 업적을 소개하는 데는 수박 겉 핥기 정도밖에는 되지 않음이 분명하지만, 그럼에도 불구하고 기술사에 대한 본격적인 학습과 연구를 위한 관심을 불러일으키는 하나의 발판은 될 수 있을 것이다.[2]

1. 『기술과 문화』와 서양 기술사학의 흐름

서양의 기술사학의 기원을 보는 데는 여러 가지 설이 있다. 멀리 보면 기술사는 18세기 계몽 사조 시기에 계몽 사상가들이 기술과 공업의 공정과 역사를 분류하고 정리했을 때 이미 시작했다고 볼 수 있다. 그렇지만 학문으로서의 기술사는 기술사학자들이 대학과 박물관에 자리잡고, 다양한 방법론을 사용해서 전문 기술사 연구를 하기 시작한 20세기 중반 이후에야 본격적으로 뿌리를 내렸다고 할 수 있다. 기술사의 역사를 후자로 국한한다고 해도, 짧은 지면에 북미와 유럽 각국의 서양 기술사학의 최근 제반 흐름을 정리한다는 것은 가능하지 않은 일이다. 실제로 미국 기술사학회 내에서도 최근 영국과 독일 정도를 제외한 유럽 각국의 기술사 연구 현황과 업적에 대해 너무 모르고 지적 교류가 적다는 자성의 목소리와 함께, 기술사학회 뉴스레

---

2) 이 글은 송상용 교수 회갑 기념 논문집에 수록될 예정이다.

터 Newsletter에 각국의 최근 기술사 동향이 정기적으로 실리기 시작한 실정이다.[3]

그럼에도 불구하고 나는 이 글에서 서양 기술사학의 최근 동향을 개괄적으로 볼 수 있는 현실적으로 가능한 한 가지 방법을 택했다. 이는 지난 15년 간 미국 기술사학회 학회지인 『기술과 문화 *Technology and Culture*』에 출판된 논문들을 분석함으로써 최근 서양 기술사학의 흐름을 개괄하는 것이다. 널리 알려져 있듯이, 미국의 기술사학회 The Society for the History of Technology(SHOT)와 그 학회지 『기술과 문화』는 1957년 멜빌 크랜츠버그 Melvil Kranzberg, 톰 휴스 Tom Hughes 와 같은 일군의 기술사학자와 당시 미국 과학사학회지 『아이시스 *Isis*』의 편집인이었던 헨리 겔락 Henry Guerlac의 면담이 실패하면서 탄생했다. 이들은 겔락에게 기술사 논문에 할당된 『아이시스』의 지면을 늘려달라고 요청했지만, 이 면담은 '파국'으로 끝났으며, 이후 이들은 과학사학회에서 독립해서 기술사학회와 독자적인 학술지 『기술과 문화』를 창간했다.[4] 이렇게 만들어진 기술사학회는 짧은 기간에

---

3) Klaus Plitzner, "History of Technology in Austria," *SHOT Newsletter* no. 59(March 1993), pp. 4~6; Hans-Liuder Dienel and Paul Erker, "The History of Technology in Germany," no. 62(December 1993), pp. 4~6; Per Ostby, "The History of Technology in Norway," no. 63(March 1994), pp. 5~6; Michael Hard, "The History of Technology in Sweden," no. 64(June 1994), pp. 5~8; Amitabha Ghosh, "History of Technology in India: A Critical Review," no. 66(December 1994), pp. 5~7. 최근 소련(러시아)의 기술사학의 동향에 대해서는 Slava Gerovitch, "Perestroika of the History of Technology and Science in the USSR: Changes in the Discourse," *Technology and Culture* 37(1996), pp. 102~34. *Technology and Culture*는 이후 *T&C*로 줄여 씀.

4) John Staudenmaier, *Technology's Storyteller: Reweaving the Human Fabric* (Cambridge, Mass.: MIT Pr., 1985), p. 1. 최근에 기술사학자 브루스 실리 Bruce Seely는 기술사학회의 이 '창조 신화'를 역사적으로 분석하면서, 겔락과의 면담의 파국보다는 미국 공과대학에서 있어왔던 인문학 교육의 요구와 케이스 웨스턴 대학 Case Western University에서 이런 교육을 통해 기술사라는 학문을 제도적으로

주목할 만할 발전을 이루었다. 양적 팽창은 회원의 수가 지금 1,500여 명에 이르고 있다는 사실에서 잘 드러난다. 학문적으로는 기술의 발전을 경제적 수요나 순수 과학이 결정한다는 '경제 결정론'과 '응용과학 명제,' 그리고 기술이 사회와는 무관한 독자적인 발전 논리를 지니고 있다는 '기술 결정론'을 비판함으로써, 기술사의 독자적인 영역과 방법론을 구축했다. 또한 기술사학자들은 기술의 디자인을 사회적 배경과 연관지어 파악하는 '배경주의 contextualism'나 기술을 개별 기술이 아닌 '기술 시스템 technological system'으로 보는 것과 같은 새로운 방법론을 제시했고, 이는 과학사·경제사·과학사회학 등 인접 학문 분야에 적지 않은 영향을 미쳤다.

『기술과 문화』는 원고의 투고, 다루는 주제, 그리고 잡지의 구독 모두에 있어 '국제적'인 특성을 강조하고 유지해왔다. 또, 1970년대의 예를 보더라도 '기술 시스템'의 개념과 방법론을 주장했던 휴스의 논문, '기술 패러다임 technological paradigm'의 개념을 처음 제시한 콘스탄트 Edward Constant의 논문, 유능한 기술자는 기술과 그 기술의 사회적 수요를 동시에 창조한다는 사실을 코닥의 이스트먼 George Eastman의 예를 들어 보인 젠킨스 Reese Jenkins의 논문들은 모두 이들의 단행본이 출판되기 전에 『기술과 문화』에 출판되어 널리 읽혔고 큰 반향을 불러일으켰다. 책으로 출판되진 않았지만 기술이 응용과학이 아님을 보인 레이턴 Edwin Layton의 논문, 벨 Alexander Graham Bell과 엘리샤 그레이 Elisha Gray의 전화의 동시 발명을 비교한 하운셸 David Hounshell의 논문 등도 널리 읽힌 논문의 예이다. 이러한 사실들을 음미해보면 『기술과 문화』에 출판된 논문들이 기술사학의 흐

뿌리내려보려 했던 크랜츠버그의 야심이 기술사학회를 낳은 원동력이었음을 설득력 있게 주장하고 있다. Bruce Seely, "SHOT, the History of Technology, and Engineering Education," *T&C* 36(1995), pp. 739~73.

름을 잘 나타내고 있을 뿐만 아니라, 이를 이끌고 있다고 해도 과언이 아님을 알 수 있다.[5]

실제로 이 글의 더 큰 한계는 다른 곳에 있다. 무엇보다 분석의 시기를 1995년말로 국한함으로써 기술사의 가장 최근 동향에 대한 논의가 빠졌다는 것이다. 특히 1994년 '주관이 뚜렷한' 존 스토덴마이어John Staudenmaier가 공개 경쟁을 거쳐 『기술과 문화』의 새 편집인으로 선출되고, 1996년 37권 1호부터 이 새 편집인이 편집한 학회지가 출판되기 시작했다는 사실에 비추어 볼 때 이 문제는 무척 흥미로워지지만, 이는 다음 기회로 미루려 한다.[6] 또 다른 문제는 기술사 연구의 중요한 부분인 '박물관 전시museum exhibits'에 대한 부분을 다룰 수 없다는 것이다. 서구의 많은 기술사학자들이 박물관에서 큐레이터curator(전시 기획자)로 일하고 있을 뿐만 아니라, "조지 3세의 기구," "가사 노동 보조 기술의 역사"와 같은 전시회를 통해 과거의

---

5) Thomas Hughes, "The Electrification of America : The System Builders," *T & C* 20(1979), pp. 124~61 ; Edward W. Constant II, "A Model for Technological Change Applied to the Turbojet Revolution," *T & C* 14(1973), pp. 553~72 ; Reese V. Jenkins, "Technology and the Market : George Eastman and the Origins of Mass Amateur Photography," *T & C* 16(1975), pp. 1~19 ; Edwin Layton, "Technology as Knowledge," *T & C* 15(1974), pp. 31~41 ; David A. Hounshell, "Elisha Gray and the Telephone : On the Disadvantage of Being an Expert," *T & C* 16(1975), pp. 133~61.

6) 『기술과 문화』의 첫 편집인은 멜빌 크랜츠버그였다. 크랜츠버그는 창간호부터 1981년 22호까지 편집인을 역임했고, 이를 1982년 스미스소니언 박물관의 로버트 포스트Robert Post에게 넘겨주었다. 포스트는 23호부터 1995년 36호까지 13년 간 『기술과 문화』의 두번째 편집인을 역임했다. 세번째 편집인이 된 스토덴마이어는 『기술과 문화』의 창간호에서 70년대말까지 출판된 논문에 대한 분석으로 펜실베이니아 대학에서 박사학위를 받고, 이후 이를 보완, 1985년에 『기술의 이야기꾼 Technology's Storyteller』(주 4 참조)라는 제목으로 출판해서 큰 반향을 불러일으켰다. 그는 현재 디트로이트 메리 칼리지 대학University of Detroit Merry College에서 기술사를 가르치고 있으며 헨리 포드 박물관Henry Ford Museum에 관여하고 있다.

기술을 복원하고, 기술과 사회와의 관계를 일반 대중에게 알리는 데 큰 공헌을 해왔다. 『기술과 문화』도 박물관 전시회에 대한 분석 논문을 매호 게재하고 있는데, 이 논문들은 분석 대상에서 제외했음을 밝히고자 한다.[7]

　여기서의 분석은 1981년부터 1995년까지 15년 간 『기술과 문화』에 출판된 274편의 본격적인 논문을 대상으로 하고 있다. 짧은 논문이나 시론적인 연구를 발표하는 연구 노트Research Note는 분석의 대상에 포함시켰지만, 학회 보고, 연구 논문의 형태를 띠지 않은 학회장의

---

7) 박물관과 기술사의 관계는 밀접하면서 동시에 중층적이다. 이미 언급했듯이 박물관은 기술사학자들이 자리를 잡고 전문적인 연구를 수행하고 그 결과를 논문과 전시회의 형태로 발표할 수 있는 '사회적 공간'을 제공한다. 박물관 전시회를 소개한 논문의 예로 Larry Stewart, "The King George III Collection at the Science Museum," *T & C* 35(1994), pp. 857~67; Carolyn C. Cooper, "The Ghost in the Kitchen: Household Technology at the Battleboro Museum," *T & C* 28(1987), pp. 328~32 참조. 사회적으로 민감한 기술의 전시는 종종 논쟁을 불러일으키곤 하는데, 최근 언론의 집중적인 조명을 받은 예가 스미스소니언 박물관의 "이놀라 게이Enola Gay" (일본에 원폭을 투하했던 비행기의 이름) 전시회의 취소였다. 이에 대해서는 "History and the Public: What Can We Handle? a Round Table about History after the Enola Gay Controversy," *Journal of American History* 82(1995), pp. 1029~1144 참조. 한편 과거 기술의 연구와 복원을 통해 기술사학자들은 책을 통한 연구에선 얻을 수 없는 새로운 이해를 얻곤 하는데, 예를 들어 그로스의 미국 소모(梳毛) wool carding 기술과 노동자들의 숙련에 대한 훌륭한 연구 논문은 박물관 전시회와 관련해서 과거의 기술과 노동을 복원하려 했던 십수 년에 걸친 그의 연구의 산물이었다. Lawrence F. Gross, "Wool Carding: A Study of Skills and Technology," *T & C* 28(1987), pp. 804~27 and idem, "Problems in Exhibiting Labor in Museums and a Technological Fix," *T & C* 34(1993), pp. 392~400. 또 박물관은 그 자체로 기술사학자와 과학사학자의 연구 대상이 되기도 하는데, 스미스소니언 박물관과 내적 기술사의 관계, 뉴욕 자연사 박물관과 미국의 가부장제에 대한 좋은 연구로 각각 Arthur P. Molella, "The Museum That Might Have Been: The Smithsonian's National Museum of Engineering and Industry," *T & C* 32(1991), pp. 237~63, Donna Haraway, "Teddy Bear Patriarchy: Taxidermy in the Garden of Eden, New York City, 1908~1936," in *Primate Visions* (NY: Routledge, 1989), pp. 26~58 참조.

연설문, 에세이 리뷰 등은 분석의 대상에서 제외했다.

나는 먼저 이 15년을 3년씩 5개의 시간 단위로 나누고, 각각의 3년 동안 『기술과 문화』에 출판된 논문의 편수와 쪽수를 조사했다(〈표-1〉 참조).

〈표-1〉

	논문 편수	논문 쪽수	논문 한 편당 쪽수(평균)
1981~1983	40	890	22.3
1984~1986	45	1117	24.8
1987~1989	55	1312	23.8
1990~1992	59	1473	25
1993~1995	75	2190	29.2
총계	274	6982	

〈표-1〉에서 분명히 드러나듯이 지난 15년 간 『기술과 문화』에 실리는 논문의 편수는 꾸준히 증가했고 1980년대초와 1995년경을 비교하면 거의 두 배 가까이 늘어났음을 보이고 있다. 지면도 지난 15년 간 2.5배에 가까운 증가세를 보였고, 논문 한 편당 쪽수도 22.3쪽에서 29.2쪽으로 30% 정도 늘어났다. 이는 기술사를 연구하는 전문 학자의 증가와, 기술사 교육 기관의 증가, 회원의 증가, 미국 이외의 학자들의 원고 투고의 증가, 인접 분야 학자들의 원고 투고의 증가[8] 등 다

---

8) 지난 15년 간 논문을 투고한 수백 명의 저자들에 대한 자세한 분석은 이 글의 범위를 훨씬 뛰어넘는 작업이다. 내가 분석한 270여 편의 논문들의 저자 중 가장 많은 5편의 논문을 발표한 필립 스크랜턴 Philip Scranton은 럿거스 대학 Rutgers University의 역사학과에 재직중인 경제사학자이고, 그 다음으로 4.5편의 논문을 발표한 로버트 고든 Robert Gordon은 지구물리학자이다. 다음으로 많은 4편의 논문을 실은 월터 빈센티 Walter Vincenti는 기술사로 전공을 바꾼 항공공학 엔지니어이고, 3편의 논문을 실은 존 로 John Law는 과학기술사회학자이다.

양한 요소의 복합적인 결과라고 볼 수 있다.

　이러한 전체적인 양적 증가를 염두에 두고, 이 274편의 논문을 1) 지리별, 2) 시기별, 3) 주제별, 4) 방법론별로 분류하고 분석했다. 이 분석 결과에 대한 자세한 논의는 이후 각각의 절에서 다룰 것이다.

2. 지리별 분류: 미국 기술사의 증가

　먼저 나는 기술의 지리적 범주를 I) 서양, II) 비서양Non-Western, III) 서양과 비서양의 기술을 함께 다루는 경우의 큰 세 가지 범주로 나누었다. 이 중 서양(I)은 다시 i) 중-남부 유럽(영국 · 독일 · 프랑스 · 그리스 · 이탈리아, 스페인 반도), ii) 북유럽과 러시아(덴마크, 스칸디나비아 반도, 소련과 구 러시아), iii) 미국, iv) 캐나다와 오스트레일리아, v) 서양의 i~iv 중 두 지역 이상에 해당하는 것의 5가지 소범주로 나누었다. 비서양(II)은 i) 멕시코와 남미, ii) 아시아와 인도, iii) 중동, iv) 아프리카, v) 비서양의 i~iv 중 두 지역 이상에 해당하는 것의 5가지 소범주로 나누었다. 여기서 분석 대상으로 삼은 274편의 논문 중 기술에 대해 철학적인 논의를 하는 논문이나 기술사 방법론에 대한 논문들 14편을 제외한 260편의 논문들이 이 지리적 분류의 대상이 되었다. 결과적으로 보았을 때, 260편의 논문 가운데 중동(II. iii)과 아프리카(II. iv)의 기술을 다룬 논문, 그리고 비서양의 두 지역 이상(II. v)을 다룬 논문은 한 편도 없음이 드러났다. 분석 결과는 〈표-2〉에 나타나 있다.

　먼저 이 표에서 볼 수 있는 사실은 『기술과 문화』에 실린 대부분의 논문이 서양 기술에 대한 논문이라는 것이다. 분석 대상인 260편의 논문 중 15편을 제외한 245편, 즉 94.2%가 서양 기술만을 다룬 논문

〈표-2〉

시기	서양(I)					비서양(II)		서양+비서양(III)	합계
	i. 중·남부 유럽	ii. 북유럽, 러시아	iii. 미국	iv. 캐나다 오스트레일리아	v. i~iv 중 두 지역 이상	멕시코, 남미	아시아 (인도 포함)		
1981~1983	11	2	18	0	5	0	2	1	39
1984~1986	9	1	21	2	9	1	1	0	44
1987~1989	11	0	27	1	12	0	1	1	53
1990~1992	19	0	21	1	8	0	5	1	55
1993~1995	14	2	43	0	8	0	0	2	69
계	64	5	130	4	42	1	9	5	260

이고, 이에 서양과 동양을 함께 다룬 논문 5편을 합하면 96.2%가 서양 기술을 논하고 있다. 약 5%에 해당하는 비서양 논문들의 대부분은 중국과 일본 등 동양 기술에 대한 논문들이다. 멕시코와 남미의 기술에 대한 논문은 지난 15년 간 오직 한 편에 불과하며, 이미 언급했듯이 중동과 아프리카 기술사에 대한 논문은 한 편도 없다. 『기술과 문화』가 국제적 학술지를 지향하고 있지만, 아직 대부분의 논문이 서양 기술사 일변도임을 잘 드러내고 있다.

  서양 기술사만을 다루는 논문 245편 중 반이 넘는 130편의 논문이 미국 기술사에 관련되어 있으며, 미국 기술사를 다루는 논문이 계속 증가세에 있다는 것은 놀라운 일이 아니다. 『기술과 문화』는 미국 기술사학회의 공식 학술지일 뿐만 아니라(미국 기술사학회는, 미국 과학 사학회처럼, '미국'이란 수식어를 쓰지 않고 그냥 기술사학회라고 한 다), 1970년대를 통해서 미국식 매뉴팩처링 시스템 American system of manufacturing과 미국 기술에 대한 논문을 지속적으로 게재해서 이 주제에 대한 관심을 고양하고 기술사의 초점을 영국 산업 혁명에서 19~20세기 미국으로 옮기는 데 큰 역할을 했다. 이러한 경향은 1980 년대와 90년대에도 계속되고 있다고 볼 수 있다. 미국에 이어 영국·프랑스·독일과 같은 기술 선진국들에 대한 논의가 전체의 25%가 넘고 있으며, 북유럽·러시아·캐나다·오스트레일리아 기술에 대한 논문은 모두 합쳐서 9편에 불과하다. 서양 기술이라 하더라도 기술을 일찍 발전시킨 미국·영국·독일·프랑스의 기술사에 아직까지는 대부분의 논문이 집중되어 있는 현실을 보여준다.

지난 15년 동안 러시아와 소련 기술에 대한 3편의 논문이 출판되었는데, 그 중 신들러 Hans Schindler의 논문은 러시아와 소련의 백유 white oil 정제 기술을 다루고 있고, 에스퍼 Thomas Esper의 논문은 19 세기 우랄 지역에서의 농노제의 존속이 기술 발전을 저해했다는 기존의 견해를 비판하면서, 사회를 '산업/전산업' 또는 '농노제/자본제'로 나누는 것이 실제로는 서구 사회를 모델로 한 기술과 사회 변화의 단선적인 개념에 근거하고 있기 때문에 이런 개념이 러시아의 경우에 적용되기 힘듦을 지적하고 있다. 주목해서 볼 논문은 최근에 발표된 조지프슨 Paul Josephson의 논문인데, 그는 여기서 1917년 혁명 이후 스탈린의 거대한 댐 건설, 흐루시초프의 과학 도시 건설, 브레주네프의 신 시베리아 횡단 철도 건설 등 레닌부터 브레주네프에 이르는 소련 기술 정책의 '거대 기술 시스템'에 대한 선호를 '기술적인 오만 technological arrogance'으로 특징짓고, 이의 근원이 소비에트 마르크시즘의 낙관적 기술주의, 정치인·관료·과학 기술자의 중앙 집중식 정책 결정, 대량 생산의 선호, 거대 기술의 전시 효과, 자연과 인간을 개조할 수 있다는 비전에 있었음을 주장하고 있다.[9]

미국 기술사에 대한 논문을 조금 더 자세히 분석하기 전에 비서양 기술사의 대부분을 차지하는 동양 기술사에 대해 출판된 논문들 몇 편을 간략히 검토해보자. 루 궤이전(魯桂珍) Lu Gwei-Djen, 니덤 Joseph Needham, 판 지싱(潘吉星) Phan Chi-Hsing이 함께 쓴 논문은 역사적으로 가장 오래된 석사포(石射包)를 다루고 있고, 로스토커 William Rostoker, 브론슨 Benett Bronson, 드보랙 James Dvorak의 논문은 중국의 주철 종을 분석하고 있다. 일본 기술사에 대해서도 세 편의 논문이 실렸는데 미나미 Ryoshin Minami는 19세기 후반부터 일본의 인쇄 산업이 기계화되는 과정에서, 서구와는 달리 증기 기관의 시기를 거의 거치지 않았고 인간의 노동력을 사용하는 단계에서 전기를 동력으로 쓰는 단계로 바로 넘어갔음을 보이고, 이를 후발 산업화 국가의 산업화의 특징으로 제시하고 있다. 일본과 서구의 산업화의 차이는 일본과 프랑스의 양잠 기술과 양잠 산업의 차이점을 분석한 모리스-스즈키 Tessa Morris-Suzuki의 논문에서도 잘 나타난다. 모리스-스즈키는 유럽에서 호평받았던 일본의 비단이 가부장적 사회에서 가능한 일본 여성들의 높은 노동 강도와 이를 통한 고품질의 누에의 생산에 있었음을 보이고, 이는 프랑스 양잠의 노동 절약적이고 에너지의 투입 강도를 높였던 산업화 과정과 사뭇 달랐음을 보이고 있다. 2차 세계 대전 직후 이화학연구소 Riken의 재편 과정을 분석한 콜먼 Samuel Coleman의 논문은 니시나 요시오 Nishina Yoshio와 해리 켈리

9) Hans Schindler, "White Oil: Petrochemical Development in Russia and the West," *T & C* 25(1984), pp. 577~88; Thomas Esper, "Industrial Serfdom and Metallurgical Technology in 19th-Century Russia," *T & C* 23(1982), pp. 583~608; Paul R. Josephson, "'Projects of the Century' in Soviet History: Large-Scale Technologies from Lenin to Gorbachev," *T & C* 36(1995), pp. 519~59.

Harry Kelly의 노력이 이화학연구소를 구하는 데는 성공했지만, 미국의 점령이 이화학연구소의 가장 큰 특징이었던 일본 산업 재벌과의 강력한 유착을 단절시키고 이를 미국식의 순수 연구소로 변형시켰음을 주장하고 있다.[10] 안타깝게도 한국 기술사에 대한 논문은 분석 대상 논문 중 한 편도 없었다.

기술 이전의 문제를 다루고 있는 아시아 기술사에 대한 두 편의 논문은 흥미로운 대조를 보인다. 인도의 '녹색 혁명 Green Revolution'을 분석한 파라일 Govindan Parayil의 논문은 녹색 혁명이 실제로 곡식의 생산성을 높여서 자급을 이루는 데 성공했고, 녹색 혁명과 더불어 관료제와 기타 사회 제도의 적절한 변혁이 동시에 수반된 지역에서는 실제로 빈부의 격차가 줄었음을 주장하면서 녹색 혁명에 대해 회의적인 사람들의 견해를 비판하고 있다. 1992년 어셔 상 Usher Prize[11]을 수상한 파펜버거 Bryan Pfaffenberger의 스리랑카의 관개 기술에 대한 분석은 서구의 기술의 도입이 스리랑카 농촌의 문제를 해결하지 못했음을 보이면서, 그 이유를 기술의 도입에만 관심이 있고 그 기술이 사용되는 스리랑카의 사회·문화적 구조에는 무심했던 영국 기술 관료들과 이 신기술의 잠정적인 해악을 감지했지만 자신들의 정치적 이익을 위해 이를 무시했던 스리랑카의 엘리트 집단의 이해가 일치

10) Lu Gwei-Djen, Joseph Needham and Phan Chi-Hsing, "The Oldest Representation of a Bombard," T & C 29(1988), pp. 594~605 : William Rostoker, Bennett Bronson and James Dvorak, "The Cast-Iron Bells of China," T & C 25(1984), pp. 750~67 : Ryoshin Minami, "Mechanical Power and Printing Technology in Pre-World War II Japan," T & C 23(1982), pp. 609~24 : Tessa Morris-Suzuki, "Sericulture and the Origins of Japanese Industrialization," T & C 33(1992), pp. 101~21 : Samuel K. Coleman, "Riken from 1945~1948 : The Reorganization of Japan's Physical and Chemical Research Institute under the American Occupation," T & C 31(1990), pp. 228~50.

11) 어셔 상은 기술사학회에서 『기술과 문화』에 지난 3년간 출판된 논문 중에 가장 뛰어나다고 인정된 논문에 매년 수여하는 상이다.

232

한 데서 찾고 있다. 기술의 효과에 있어서는 서로 다른 분석을 하고 있지만, 이 두 편의 논문 모두 기술이 자동적으로 부의 보다 평등한 분배와 같은 사회의 발전을 가져오지 않으며, 그 기술이 사용되는 사회적·제도적 배경이 기술 그 자체 못지않게 중요하다는 점에선 의견이 일치하고 있다.[12]

이제 서양 기술의 대부분을 차지하는 미국 기술사에 대한 중요한 몇 편의 논문을 분석해보자. 1980년대 이후『기술과 문화』에 실린 미국 기술사 논문들에서 볼 수 있는 가장 중요한 특징은 미국 기술사에 대한 수정주의적 연구 경향이다. 미국 기술사에 대한 소위 '정통' 해석으로 그 동안 주목받았던 것은 교환 가능한 부품들 interchangeable parts과 미국식 매뉴팩처링 American system of manufacturing의 역사였다. 이 정통적 해석에 따르면 수공업에서 대량 생산으로의 전환은 권총·소총 기술에서 교환가능한 부품을 사용하면서 시작됐고, 이것이 재봉틀·자전거·자동차에 이르는 미국의 19세기말~20세기초의 산업 기술의 기초가 되었다는 것이다. 이 전과정은 궁극적으로 이런 기술(제품)들의 대량 소비를 낳는 대량 생산, 대량 소비 사회의 기반이 되었다는 것이다. 이는 대량 생산을 가능케 했던 기계의 도입이 노동자를 탈숙련화 deskilling시켰다는 해리 브레이버만 Harry Braverman의 주장, 그리고 미국의 산업화 과정에서 제너럴 일렉트릭 General Electric(GE), 제너럴 모터스 General Motors(GM), 포드 Ford와 같은 대기업의 위치가 결정적이었다는 챈들러 Alfred Chandler의 주장과 맞물려서 미국 기술사와 산업사를 이해하는 데 큰 개념틀을 제공했다.[13]

---

12) Govindan Parayil, "The Green Revolution in India: A Case Study of Technological Change," *T & C* 33(1992), pp. 737~56; Bryan Pfaffenberger, "The Harsh Facts of Hydraulics: Technology and Society in Sri Lanka's Colonization Scheme," *T & C* 31(1990), pp. 361~97.

13) Merritt Roe Smith, *Harpers Ferry Armory and the New Technology* (Ithaca: Cornell

사회사나 지성사에서도 볼 수 있듯이 거대 이론grand theory의 해체는 1980년대 이후 역사학의 일반적인 경향이다. 현존하는 소총의 '교환 가능한 부품'에 대한 고고학적 연구를 통해 고든Robert Gordon은 교환 가능한 부품들이 장인과 노동자의 숙련을 제거하기는커녕 더 고도의 숙련을 낳았음을 주장했고, 이에 근거해서 미국식 생산에 대한 급진적인 재평가가 필요함을 역설했다. 산업화 과정에서 소규모 생산의 중요성과 대량 생산 시기에도 '유연한 생산flexible production'이 존재했다는 사실은 필립 스크랜턴Philip Scranton에 의해 몇 차례 강조되었다. 블래즈칙 Regina Blaszczyk은 도자기 산업에 기계에 의한 대량 생산 방식을 도입해서 유명해진 호머 로린 차이나Homer Laughlin China를 분석하면서, 이 회사가 소비자들의 다양한 수요를 충족하기 위해 이미 1930년대에 대량 생산에서 '유연한 대량 생산flexible mass production'으로 옮겨갔음을 보이고 있다. 자이틀린Jonathan Zeitlin은 2차 세계 대전 기간의 미국 · 독일 · 영국의 전투기 생산에 대한 분석을 통해 전투기의 대량 생산이라는 전쟁의 필요와 조종사의 상이한 선호 사이의 갈등이 결국은 대량 생산과 수제 생산craft production 사이의 일종의 '잡종'적인 생산 방식으로 귀결되었음을 보이고 있다.[14]

University Press, 1977); David A. Hounshell, *From the American System to Mass Production, 1800~1932: The Development of Manufacturing Technology in the United States* (Baltimore, 1984); Harry Braverman, *Labor and Monopoly Capital: the Degradation of Work in the Twentieth Century* (New York, 1974); Alfred D. Chandler, Jr., *The Visible Hand: The Managerial Revolution in American Business* (Cambridge, Mass.: Harvard Univ. Press, 1977).

14) Robert B. Gordon, "Who Turned the Mechanical Ideal into Mechanical Reality?" *T & C* 29(1988), pp. 744~78; Philip Scranton, "Manufacturing Diversity: Production Systems, Markets, and an American Consumer Society, 1870~1930," *T & C* 35(1994), pp. 476~505; Philip Scranton, "Diversity in Diversity: Flexible Production and American Industrialization, 1880~1930," *Business History Review* 65(1991), pp. 27~90; Regina Lee Blaszczyk, "'Reign of the Robots': The Homer

3. 시기별 분류: 20세기 기술사의 증가

250편의 서양 기술에 대한 논문(동서양을 함께 다룬 논문 5편 포함)을 고대에서 현대에 이르는 시기별로 분류한 결과는 〈표-3〉에 있다. 시기 구분은『기술과 문화』에서 매년 발간하는『연간 기술사 참고 문헌 *Annual Critical Bibliography*』에 근거해서 I) 선사, 고대, II) 중세, III) 르네상스~17세기, IV) 18~19세기, V) 20세기, 그리고 VI) I~V 중 2개 이상의 시기에 걸쳐 있는 것 등, 6개의 그룹으로 분류했다.

〈표-3〉

	I. 선사, 고대	II. 중세	III. 르네상스 ~17세기	IV.18~ 19세기	V. 20세기	VI. I~V 중 2개 이상	계
1981~83	1	1	4	14	15	2	37
1984~86	0	2	1	14	21	4	42
1987~89	1	0	3	22	19	7	52
1990~92	1	5	1	21	18	4	50
1993~95	0	2	2	13	48	4	69
	3	10	11	84	121	21	250

먼저 알 수 있는 것은, 선사 시대에서 고대·중세·르네상스를 거

Laughlin China Company and Flexible Mass Production," *T & C* 36(1995), pp. 863~911; Jonathan Zeitlin, "Flexibility and Mass Production at War: Aircraft Manufacture in Britain, the United States, and Germany, 1939~1945," *T & C* 36(1995), pp. 46~79. 이러한 수정주의적 해석의 고전은 Michael J. Piore and Charles F. Sabel, *The Second Industrial Divide*(NY, 1984)이다. 역사학자들에겐 Charles F. Sabel and Jonathan Zeitlin, "Historical Alternatives to Mass Production: Politics, Markets, and Technology in 19th-century Industrialization," *Past and Present* 108(1985), pp. 133~76이 널리 알려져 있다.

쳐 17세기에 이르는 수천 년 동안의 기술사에 대한 논문과 18세기에서 20세기까지 300년 동안의 기술사에 대한 논문의 비가 24 대 205, 즉 대략 1 : 8.5로 후자가 압도적으로 높다는 것이다. 『기술과 문화』에 발표되는 논문들의 90% 정도가 18세기 이후 기술을 다루고 있다는 얘기다. 17세기 기술이 '인기' 없다는 사실은, 17세기 과학 혁명을 가장 중요한 역사적 시기로 여기는 과학사와 좋은 대조를 보인다. 이 표에서 볼 수 있는 또 다른 현상은 20세기 기술을 다루는 연구 논문들이 1990년대 들어 증가세에 있다는 것이다. 1993년부터 1995년까지 3년 간 발표된 서양 기술에 대한 69편의 논문 중 70%인 48편이 20세기 기술에 대한 논문이었고, 이 대부분이 80년대말~90년초에 연구되고 투고된 것들임을 감안하면 20세기 기술에 대한 선호는 두드러진 최근 기술사 동향이라고 할 만하다. 그렇지만 흔히 산업 혁명기라고 불리는 18~19세기 기술사 연구도 80년대를 통해서 꾸준히 계속되어왔고, 이는 20세기 기술과 더불어 기술사학자들에게 가장 중요한 연구 소재를 제공하고 있다.

20세기 기술을 다루는 논문들은 고속도로·레이저·컴퓨터 등 20세기 기술의 대표적인 모습들을 다루는 논문에서부터,[15] 우리의 일상 생활 속에서 널리 쓰이고 일상 생활을 바꾸어놓았지만 기술사학자들의 전문 연구 대상으로는 좀 부적합하지 않을까라고 생각되는 콘돔, 주방 쓰레기 분쇄기, 하이파이 Hi-Fi 녹음 재생 기술에 이르기까지 다양하다.[16] 뿐만 아니라 엔지니어링 도면의 제작 방식, 기술이 팝송에

---

15) Bruce E. Seely, "The Scientific Mystique in Engineering: Highway Research at the Bureau of Public Roads, 1918~1940," *T & C* 25(1984), pp. 798~831; Joan Lisa Bromberg, "Engineering Knowledge in the Laser Field," *T & C* 27(1986), pp. 798~818; Nancy Stern, "The Eckert-Mauchly Computers: Conceptual Triumphs, Commercial Tribulations," *T & C* 23(1982), pp. 569~82.

16) Vern L. Bullough, "A Brief Note on Rubber Technology and Contraception: the

미친 영향, 1927년 미국의 방송법 제정 Broadcasting Act, 미국의 적정기술 appropriate technology 운동과 같이[17] 20세기 기술을 둘러싼 기술적 · 문화적 · 법률적 · 사회적 요소들도 기술사학자들에게 좋은 소재가 되고 있다.

4. 기술 주제별 분류

『기술과 문화』에 지난 15년 간 발표된 논문을 그 논문이 다루고 있는 주제별로 분류해보았다. 이를 위해서 먼저 나는 『연간 기술사 참고 문헌』을 기초로 몇 가지 새로운 주제를 첨가, 15가지 주제별 분류 체계를 만들었다. 이 15가지 주제별 분류에 대한 자세한 설명은 〈표-4〉에 있고, 각각의 주제에 대한 지난 15년 간의 출판 논문의 변화 추이는 〈표-5〉에 나타나 있다.

Diaphragm and the Condom," *T & C* 22(1981), pp. 104~11; Suellen Hoy, "The Garbage Disposer, the Public Health, and the Good Life," *T & C* 26(1985), pp. 758~84; Robert E. McGinn, "Stokowski and the Bell Telephone Laboratories: Collaboration in the Development of High-Fidelity Sound Reproduction," *T & C* 24(1983), pp. 38~75.

17) Harold Belofksy, "Engineering Drawing—a Universal Language in Two Dialects," *T & C* 32(1991), pp. 23~46; James M. Curtis, "Toward a Sociotechnological Interpretation of Popular Music in the Electronic Age," *T & C* 25(1984), pp. 91~102; Hugh G. J. Aitken, "Allocating the Spectrum: the Origins of Radio Regulation," *T & C* 35(1994), pp. 686~716; Carroll Pursell, "The Rise and Fall of the Appropriate Technology Movement in the United States, 1965~1985," *T & C* 34(1993), pp. 629~37.

〈표-4〉

	주제	세부 기술
I.	civil engineering	architecture, building(tools for building), bridges, dams, surveying, urban engineering, utilities, water supply, roads and highways, irrigation system
II.	transportation	vehicles, railroads, ships, navigation, canals and boats, ballooning, aircraft and spacecraft
III.	energy conversion	hydraulic engineering(water-driven saw), engines, electric power, lighting, heating, cooling, nuclear and solar energy, storage battery
IV.	materials and processing	metals, mining, chemical industry, oil, gas, rubber, plastic, paper, lumber, textile, glass, dyes, biotechnology
V.	electronics, electro-mechanical technology	electronics, lasers, instruments(microscopes, air-pumps), timekeeping
VI.	computer technology	computers, calculating machines
VII.	communication and recording	printing and publishing, telegraph, telephone, radio, phonograph, photograph
VIII.	agriculture and food technology	flour mills, oil-extraction press, plant breeding techniques
IX.	technology and labor	attitudes toward labour, labour relations, scientific management, management techniques, mass production, factory design, interchangeable parts, Luddism, safety
X.	military technology	technology and war, weapons
XI.	technology education and institutions; patent	technological education, artisanship, courtly artist-engineers-scientists, museums, patent law
XII.	domestic, medical, and leisure technology	technology employed in fine arts, domestic appliances, medical appliances, contraceptive devices
XIII.	technological transfer	technology transfer, transfer of techniques
XIV.	science/technology relationship	interaction between science and technology, the use/misuse of science in technology, interaction between theory and practice
XV.	the nature of technology	the nature of technology, engineering knowledge

〈표-5〉[18]

	I.	II.	III.	IV.	V.	VI.	VII.	VIII.	IX.	X.	XI.	XII.	XIII.	XIV.	XV.	계
81~83	3	5	9	7	1	2	4	0	2	2	2	3	1	5	4	50
84~86	8	6	4	13	1	1	1	0	4	1	4	5	3	4	4	59
87~89	8	8	5	11	2	0	4	2	15	5	4	4	2	7	2	79
90~92	7	8	1	7	2	3	2	4	5	7	18	1	5	5	5	80
93~95	4	10	3	9	12	0	11	3	15	9	8	8	3	6	8	109
계	30	37	22	47	18	6	22	9	41	24	36	21	14	27	23	377

〈표-5〉는 90년대 들어 전자 기술(V), 통신 기술(VII), 기술과 노동
(IX), 기술 교육·제도·특허(XI) 등의 주제에 대한 관심이 증가세에
있음을 보여주고 있다. 전자 기술·통신 기술에 관한 논문의 증가는
20세기 후반의 기술 혁명을 주도하는 기술의 역사에 기술사학자의
관심이 쏠리고 있음을 보여준다.[19] 기술과 노동에 대한 논문과 관심
의 증가는 최근 기술사가 경제사, 특히 기업사 Business History와 밀
접한 연관을 맺기 시작했다는 것과 관련이 있으며, 또 기술사학자들
이 저명한 기술자의 발명품만이 아닌 기술과 공장 노동자·노조·여

---

18) 총 274편의 논문 중 171편의 논문은 한 주제를 다루고 있지만 103편의 논문은 2개
의 주제에 걸쳐 있었다. 나는 후자의 논문이 다루는 2개의 주제를 각각 세는 방법
을 택했다. 따라서 〈표-5〉에서의 총 주제 수는 171+(103×2)=377이 되었다.

19) 컴퓨터 기술(VI)에 대한 논문의 증가가 두드러지지 않는 이유는 『컴퓨팅 역사 연
보 Annals of the History of Computing』라는 독자적인 학술지에 컴퓨터의 하드웨
어·소프트웨어와 관련된 대부분의 논문이 실리기 때문이지 이에 대한 관심이 없
기 때문이 아니다.

성 노동자들의 관계와 같은 '역사적인' 주제에 더 많은 관심을 두게 되었기 때문이다. 기술과 노동 외에도 특허와 특허 분쟁 patent litigation에 대한 관심도 증가하고 있다.[20]

기술 교육과 제도에 대한 문제는 기술사학자들이 처음부터 관심을 둔 문제였다. 이 주제에 대한 최근의 연구는 공학의 과학적 기초에 대한 교육과 기업체에서 필요한 경영 기법과 같은 실제적 지식의 교육이라는 상반된 지향점 사이에서 어떻게 기술 교육이 타협점을 찾았는가라는 역사적 과정에 관심이 모아지고 있다. 버나드 칼슨 Bernard Carlson은 MIT 교수였던 잭슨 Dugald Jackson에 의해 만들어진 MIT—GE 협동 과정을 분석하면서 이 과정이 기초 과학·공학과 경영 기술, 공장 경영 등을 함께 가르치면서 학교와 기업의 가치 value 사이에서 적절한 타협점을 찾았음을 강조하고 있다. 콜린 디벌 Colin Divall은 영국 화학공학자학회 Institution of Chemical Engineer가 기업과 대학의 상이한 가치를 매개하는 역할을 했음을 보이고 있다. 이런 연구는 공학의 이상과 기업의 가치가 완전히 하나가 아니었고 이를 접목시키는 데 상당한 노력이 필요했음을 지적하고 있다. 이와 관련해서 마이크신스 Peter Meiksins는 에드윈 레이턴 Edwin Layton의 『엔지니어의 반란 Revolt of the Engineer』(1971)과 데이비드 노블 David Noble의 『디자인에 의한 미국 America by Design』(1979)에 나타난 엔

20) 『기술과 문화』는 1988년(Vol. 29, No. 4)과 1991년(Vol. 32, No. 4) 각각 "노동사와 기술사," "특허와 발명"에 대한 특집호를 발간했다. 그외의 특집으론 "20세기 엔지니어링"(Vol. 27, No. 4), "Carl W. Condit 기념 논문집"(Vol. 30, No. 2), "생의학, 행동과학의 기술"(Vol. 34, No. 4), "기술사의 핵심적인 문제와 연구 프런티어"(supplement to Vol. 36, No 2) 등이 있다. 특허에 대해서는 위의 특집 외에도 Paul Israel and Robert Rosenberg, "Patent Office Records as a Historical Source: The Case of Thomas Edison," T & C 32(1991), pp. 1094~1101; Sungook Hong, "Marconi and the Maxwellians: The Origins of Wireless Telegraphy Revisited," T & C 35(1994), pp. 717~49와 같은 논문들이 있다.

지니어의 상충적인 이미지의 종합을 시도하면서 엔지니어 집단이 i) 기업을 운영하거나 자문의 위치에 있는 상층 엘리트 엔지니어, ii) 기업가의 윤리에 반대하고 엔지니어 자신들의 이념을 바탕으로 사회를 개혁하기를 원했던 이상주의자들, iii) 기업에 취직해서 안정과 승진의 기회를 원했던 대다수의 대학 졸업 기술자로 이루어졌음을 보이면서, 두번째와 세번째 그룹이 종종 연합하곤 했지만 이들의 서로 다른 이상은 이들의 연합을 매우 불안정하고 임시적인 것으로 만들었음을 보이고 있다.[21]

엔지니어와 기업가의 관계는 엔지니어링과 경영의 관계, 더 나아가선 엔지니어링과 다른 정치적 · 경제적 활동 사이의 관계가 어떠했는가라는 복잡한 문제로 이어진다. 1970년대 젠킨스의 이스트먼에 대한 논문과 토머스 휴스의 에디슨에 대한 선구적인 논문들[22] 이래, 유능한 기술자들이 단지 유능한 발명가일 뿐 아니라 기술 시스템과 기술의 사회 · 문화적 수요 등을 동시에 창조하는 사람이라는 새로운 인식이 널리 퍼지게 되었다. 이러한 인식은 1980년대와 90년대의 연구에도 반영되었는데, 라이치 Leonard Reich의 랭뮤어 Irving Langmuir에 대한 연구는 순수 과학자 출신이었지만 GE에서 40년 동안 산업체의 기초 연구를 성공적으로 수행하고 이를 통해 노벨 상까지 수상한

---

21) W. Bernard Carlson, "Academic Entrepreneurship and Engineering Education: Dugald C. Jackson and the MIT-GE Cooperative Engineering Course, 1907~1932," *T & C* 29(1988), pp. 536~67; Colin Divall, "Education for Design and Production: Professional Organization, Employers, and the Study of Chemical Engineering in British Universities, 1922~1976," *T & C* 35(1994), pp. 258~88; Peter Meiksins, "The 'Revolt of the Engineers' Reconsidered," *T & C* 29(1988), pp. 219~46. 콜린 디벌의 연구를 보완할 수 있는 좋은 연구로는 Terry S. Reynolds, "Defining Professional Boundaries: Chemical Engineering in the Early 20th Century," *T & C* 27(1986), pp. 694~716이 있다.

22) 각주 5 참조.

랭뮤어가 과학자의 태도, 기술자의 디자인 능력, 기업가의 경제적 관심을 함께 지닌 '잡종적' 존재임을 잘 보여주고 있다.[23]

그렇지만 기술자들의 '잡종적인 활동hybrid activity'에 대해서는 두 가지 상반된 역사적 평가가 있을 수 있고, 또 있어왔다. 1994년 어셔상을 수상한 오스마 에이맨Othmar Ammann에 대한 논문에서, 도이그Jameson W. Doig와 빌링턴David P. Billington은 에이맨을 "정치-기술자 겸 사업가politico-technological entrepreneur"라고 규정하면서, 1920년대 당시에 이류 기술자에 불과했던 그가 정치, 기술, 지역 주민의 비전을 결합시킴으로써 당시 세계에서 가장 교간이 긴 조지 워싱턴 다리George Washington Bridge의 설계를 따냈고, 이후 수많은 프로젝트를 성공적으로 수행한 유명한 도시공학자가 되었음을 보이고 있다. 반면 연방 라디오 커미션Federal Radio Commission에서 라디오 스펙트럼의 할당spectrum allocation 문제에 기술적인 자문을 했던 기술자들의 정치-기술의 잡종적 활동을 분석한 슬로튼Hugh R. Slotten은, 이 기술자들이 '공공 이익'이라는 스펙트럼 규제의 첫번째 원칙을 "가장 질 좋은 기술적 서비스"라고 기술 관료식technocratic으로 해석함으로써, 소규모 교육 방송의 참여를 차단하고 라디오 스펙트럼을 거대 방송 기업에 의해 독점하게 하는 결과를 낳았음을 보이고 있다.[24]

〈표-5〉로 되돌아가보자. 아직 속단하긴 이르지만, 증기 기관·수력

---

23) Leonard S. Reich, "Irving Langmuir and the Pursuit of Science and Technology in the Corporate Environment," *T & C* 24(1983), pp. 199~221.

24) Jameson W. Doig and David P. Billington, "Ammann's First Bridge: A Study in Engineering, Politics, and Entrepreneurial Behaviour," *T & C* 35(1994), pp. 537~70; Hugh Richard Slotten, "Radio Engineers, the Federal Radio Commission, and the Social Shaping of Broadcast Technology: Creating 'Radio Paradise,'" *T & C* 36(1995), pp. 950~86.

기관·전기 동력 등 소위 전통적으로 기술사의 단골 주제였던 에너지 변환(Ⅲ) 기술에 대한 관심은, 특히 평균 논문 편수의 증가를 고려하면, 감소 추세에 있다. 이러한 기술들이 대부분 18~19세기 산업혁명을 주도했던 주요 기술임을 생각한다면 이에 대한 관심의 감소는 상대적으로 20세기 기술에 대한 관심의 증가와 관련이 있음을 알수 있다. 전통 기술의 또 다른 대명사인 도시공학(Ⅰ), 재료 기술과 화학공학과 같은 공정 과정 기술(Ⅳ)에 대한 논문도 현상 유지나 감소추세에 있다.

〈표-4〉에서는 따로 분류를 하지 않았지만 환경 기술에 대한 관심은점차 높아가고 있는 추세이다. 비스Michael Bees는 고도로 발달한 교통과 통신 기술 덕분에 농촌과 도시가 새로운 균형을 유지하면서 환경을 보호하고 살 수 있다는 프랑스의 독특한 '하이테크 환경주의high-tech environmentalism'의 역사적 기원을 분석하고 있다. 워커J. Samuel Walker는 1960년대 후반 핵 발전소에서 나오는 더운물이 물고기와 강에 미치는 영향을 놓고 벌어진 논쟁이 원자력 발전소를 석탄발전소의 '깨끗한' 대안에서 새로운 환경 오염의 주범으로 바꾸어놓았음을 보이고 있으며, 라이치Leonard S. Reich는 대서양을 단독으로비행한 찰스 린드버그Charles Lindbergh가 1960년대에 야생 동물 보호에 앞장서고 1971년에는 초음속 비행기의 도입에 앞서서 반대하는 등 생태주의자로 변신했던 과정을 추적하면서 린드버그의 일생을 미국 사회가 과학기술만능주의 사회에서 환경의 중요성을 깨닫는 사회로 바뀌는 변화를 만들어낸 동력의 하나이자 동시에 이 큰 사회적 변화의 일부분으로 파악하고 있다.[25]

---

25) Michael D. Bees, "Ecology and Artifice : Shifting Perceptions of Nature and High Technology in Postwar France," *T & C* 36(1995), pp. 830~62 ; J. Samuel Walker, "Nuclear Power and the Environment : the Atomic Energy Commission and

나는 과학과 기술의 관계에 대한 논문들(XIV)과 기술 지식의 본질
에 대한 논문들(XV)을 구분해보았는데, 90년대에 들어 과학과 기술
의 관계보다는 기술과 기술 지식의 본질에 대한 주제로 연구의 무게
중심이 조금씩 이동하고 있음을 볼 수 있다. 과학과 기술에 대한 논
문 중에는 공학과 과학의 차이를 항공공학을 예로 들어 설명한 빈센
티 Walter Vincenti의 논문, 18세기 "탄도학 혁명 ballistic revolution"에
대한 스틸 Brett D. Steele의 논문, 과학과 기술이 아닌 '이론과 실천'
의 상호 작용을 고찰해야 한다는 마이어 O. Mayr의 주장을 발전시켜
20세기 초엽 영국의 멘델 유전학의 이론과 품종 개량이라는 실천의
관련을 분석한 팔라디노 Paulo Palladino의 논문, 16세기 광산을 둘러
싸고 장인과 학자가 "지식의 공개성 openness of knowledge"이라는
공통 분모를 공유하고 있었음을 보인 파멜라 롱 Pamela Long의 논문
들이 주목할 만하다.[26] 기술의 본성, 기술 지식에 대한 논문 중에는
기술과 농부의 탈숙련을 다룬 피츠제럴드 Deborah FitzGerald의 연구,
마르크스의 기술관을 분석한 매켄지 Donald MacKenzie의 논문, 초기
기술사회학의 흐름을 분석한 맥기 David McGee의 논문, 그리고 컴퓨

    Thermal Pollution, 1965~1971," *T & C* 30(1989), pp. 964~92; Leonard S. Reich,
    "From the Spirit of St. Louis to the SST: Charles Lindbergh, Technology and the
    Environment," *T & C* 36(1995), pp. 351~93.

26) Walter G. Vincenti, "Control-Volume Analysis: A Difference in Thinking between
    Engineering and Physics," *T & C* 23(1982), pp. 145~74; Brett D. Steele, "Muskets
    and Pendulums: Benjamin Robins, Leonhard Euler, and the Ballistics Revolution," *T
    & C* 35(1994), pp. 348~82; Paulo Palladino, "Between Craft and Science: Plant
    Breeding, Mendelian Genetics, and British Universities, 1900~1920," *T & C*
    34(1993), pp. 300~23; Pamela O. Long, "The Openness of Knowledge: An Ideal
    and its Context in 16th-Century Writings on Mining and Metallurgy," *T & C*
    32(1991), pp. 318~55. 오토 마이어의 주장은 Otto Mayr, "The Science-
    Technology Relationship as a Historiographic Problem," *T & C* 17(1976), pp.
    663~73에 나와 있다.

터와 관련된 수많은 은유와 그 의미를 다룬 조기스 B. Joerges의 논문이 흥미롭다.[27]

5. 방법론적 분류와 최근 주목받는 기술사 방법론들

존 스토덴마이어는 그의 책 『기술의 이야기꾼 *Technology's Storyteller*』에서 기술사학자들의 방법론을 내적 방법론 internalist approach, 외적 방법론 externalist approach, 그리고 배경적 방법론 contextualist approach으로 구분하고 1961년부터 1979년까지 배경적 방법론이 점차 증가하고 있음을 설득력 있게 보였다. 여기서 내적 방법론은 기술의 디자인 또는 그 변화에만 초점을 맞추는 방법이고, 외적 방법론은 기술의 디자인을 둘러싼 외적 요소들 —— 기술 단체, 제도, 경제적 · 기업적 · 사회적 · 정치적 요인들 —— 에만 그 초점을 맞추는 것을 의미한다. 배경적 방법론은 기술의 디자인을 다루면서 동시에 외적 요소를 논의하는 방법론을 의미하고 있다.[28]
나는 스토덴마이어의 세 가지 방법론 분류를 받아들이고, 이에 사회구성주의적 social constructionist 방법, 마르크시스트적 방법, 여성주의적 feminist · 문화적 cultural 방법을 덧붙였다. 사회구성주의는 에든버러 학파 Edinburgh School의 스트롱 프로그램 Strong Program에 근

---

27) Deborah FitzGerald, "Farmers Deskilled: Hybrid Corn and Farmer's Work," *T & C* 34(1993), pp. 324~43; Donald MacKenzie, "Marx and the Machine," *T & C* 25(1984), pp. 473~502; David McGee, "Making Up Minds: The Early Sociology of Invention," *T & C* 36(1995), pp. 773~801; Bernward Joerges, "Images of Technology in Sociology: Computer as Butterfly and Bat," *T & C* 31(1990), pp. 203~27.

28) Staudenmaier, *Technology's Storyteller* (주 4 참조).

거한 논문이나, 기술의 사회적 구성론(SCOT), 또는 라투어 Bruno Latour의 행위자 네트워크 이론 actor-network theory 등을 채용한 논문들이다. 마르크스주의적 방법론에는 마르크스주의적 역사 해석과 마르크스의 기술관에 대한 연구를 포함시켰다. 마지막 여성주의적 · 문화적 방법에는 여성주의적 방법론, 기술과 여성에 대한 논문들, 문화 이론이나 비평 이론의 방법을 채용한 논문들이 포함된다. 기타에는 역사 방법론에 대한 논문이나 철학적 논문들을 포함시켰다. 이를 바탕으로 지난 15년 간 『기술과 문화』에 출판된 논문들의 방법론에 대한 분석이 〈표-6〉에 나타나 있다.

〈표-6〉

	internalist	externalist	contextualist	constructivist	Marxist	feminist-cultural	others	계
1981~83	13	10	13	0	0	0	4	40
1984~86	8	12	17	1	1	3	3	45
1987~89	8	14	25	1	1	1	5	55
1990~92	6	24	18	2	2	1	6	59
1993~95	5	22	32	3	0	3	10	75
	40	82	105	7	4	8	28	274

〈표-6〉에서 뚜렷하게 드러나는 흐름은 내적 접근법을 채용한 논문들이 현저하게 감소하고 있다는 것이다. 반대로 외적 접근법과 배경적 접근법을 사용한 논문들은 10편에서 22편으로, 13편에서 32편으로 각각 120%, 146% 증가했다. 이는 『기술과 문화』의 주요 경향이 이제 뚜렷하게 외적 접근법과 배경적 접근법으로 자리잡고 있음을 보여준다. 이는 영국 산업 혁명에 초점을 맞추고 있는 『뉴커멘 학회 회보』에 실리는 논문들이 아직도 대부분 기술의 디자인의 역사적 발

전을 분석하는 내적 접근법을 채용하고 있다는 사실과 좋은 대조를 이룬다. 외적 · 배경적 접근법을 채용한 논문에 비해 사회구성주의적 방법, 마르크스주의적 방법, 여성주의적 · 문화적 방법을 채택한 논문은 아직도 전체의 7% 정도에 불과한 소수이다. 이런 경향은 사회구성주의자들 대부분이 역사를 사회학의 '이론'을 증명하거나 정교화하는 도구로 사용하지만, 역사학자들은 역사 그 자체의 풍부한 세부 사항에 더 관심이 많음을 보여준다.

그렇지만 방법론에 대한 이러한 '거대한 grand' 논의는 전체적인 흐름을 아는 데는 도움이 될지 몰라도 실제 각각의 좋은 연구 논문들이 채용하고 있는 '미세한 micro' 방법론적인 독창성을 잘 드러내지 못한다. 지난 15년 간 축적된 이러한 미세한 방법론적 독창성을 모두 논의하는 것은 이 짧은 글의 범위를 훨씬 뛰어넘는 것이기에, 여기서는 단지 몇 가지 예만을 들어 최근 기술사학계에서 볼 수 있는 방법론적인 새로운 시도를 '맛' 보고자 한다.

먼저 『기술과 '문화'』라는 제목에 걸맞게 기술의 문화적인 연관성을 흥미있게 다룬 논문들이 있다. 전화 기술에 대한 두 편의 논문은 기술의 문화가 기술의 발달과 어떻게 연관되어 있었는가를 잘 보여준다. 피셔 Claude S. Fisher의 연구는 20세기 초엽까지 전화 기술자, 사업가들이 전화를 전신 telegraph의 연장으로 생각했고 따라서 전화를 사업용, 즉 급한 용무를 전달하는 기술로 이해했음에 반해, 중산층 여성들은 전화를 친구나 친지와 잡담을 하는 수단으로 생각했음을 보이면서, 이러한 분석이 왜 1920년대까지 전화 회사가 가정집을 자신들의 주요 고객으로 생각하길 꺼렸는지를 설명해준다고 주장하고 있다. 벨 Bell 회사가 교환수를 통한 수동 연결 방식에서 자동 다이얼로 전환했던 과정이 다른 작은 전화 회사에 비해 상당히 늦었다는 것은 잘 알려져 있는 사실인데, 그린 Venus Green은 이 교환수에서 자동 전화로의 교환이 전화라는 기술에 대해 미국의 중산층이 이전에 가지고 있었던 문화적인 의미와의 단절을 의미하는 것이었고, 이를 인식한 벨 회사는 미국의 중산층이 기술과 기계를 숭배의 대상으로 여기기 시작했던 시기가 도래한 후에야 자동 전화를 도입했음을 주장하고 있다.[29]

　기술의 문화적 측면의 이해는 기술이 가진 다양한 텍스트적 textual · 상징적 특성을 이해하는 데 도움을 준다. 버니바 부시 Vannevar Bush의 미분 해석기 differential analyzer를 분석한 논문에서 래리 오언스 Larry Owens는 왜 부시의 해석기가 2차 세계 대전 이후 급속히 '퇴물'이 되었는가라는 질문을 던지면서, 이에 답하기 위해서는 기계의 텍스트 text적인 ── 사용하는(읽는) 사람에 따라 그 의미가 계속 새롭게 이해되는── 성격을 이해하는 것이 중요하다고 강조하고 있다. 오언스는 그래프와 기타 시각적 효과를 사용한 부시의 해석기가 19세기~20세기 초엽의 공학 교육의 이상을 잘 반영하고 있었으며 따라서 엔지니어의 교육에서 널리 사용되었지만, 이것이 2차 세계 대전을 전후해 나타난 추상적이고 디지털화된 공학과 새 세대의 엔지니어의 교육과는 융화되기 어려웠고 따라서 급속하게 쇠락했음을 보이고 있다. 샤츠버그 Eric Schatzberg의 목제 wooden 비행기와 금속 metal 비행기의 비교는 기술의 상징성이 가진 실제적인 힘을 잘 보여주고 있다. 비행기가 당연히 금속이어야 한다고 생각하는 우리는 목제 비행기를 상상하기조차 어려운데, 불과 2차 세계 대전 당시에만 하더라도 가장 빠르고 성능이 좋았던 영국의 모스키토 비행기가

---

29) Claude S. Fisher, "'Touch Someone': The Telephone Industry Discovers Sociability," *T & C* 29(1988), pp. 32~61; Venus Green, "Goodbye Central: Automation and the Decline of 'Personal Service' in the Bell System, 1878~1921," *T & C* 36(1995), pp. 912~49.

100% 목제였다는 사실은 목제 비행기가 금속 비행기로 바뀌는 과정이 단지 기술적인 우월이나 효용의 차이에 있지만은 않았다는 점을 암시하고 있다. 샤츠버그는 이 변환 과정에서 금속이 가진 '진보 이데올로기 progress ideology,' 즉 금속이 진보나 근대성 modernity과 밀접히 관련되어 있다는 이데올로기가 가장 중요한 요인이었음을 강조하고 있다.[30]

목제 비행기의 예에서 보듯이 성공한 기술과 그렇지 못한 기술 사이의 경계는 최근에 점점 모호해지고 있다. 매켄지 Donald MacKenzie는 레이저 자이로스코프 laser gyroscope가 기계적인 mechanical 자이로스코프를 대체한 과정에 대한 자세한 분석에서, 이 과정이 전자가 후자보다 기술적인 성능이 더 우수해서가 아니라, 전자가 더 우수할 것이라는 사람들의 기대가 이에 대한 투자를 낳고, 이런 투자가 결국은 엔지니어나 기업가로 하여금 어느 순간에 레이저 자이로스코프의 도입을 결정하게 했음을 보이면서, 기술 혁명 technological revolution의 과정이 사람들의 기대의 총체가 불러일으키는 정치적 혁명의 과정과 유사함을 보이고 있다. 컨클 Gregory Kunkle은 GE의 실패한 정전 전자 현미경 electrostatic microscope과 성공한 RCA의 전자기 electromagnetic 전자 현미경에 대한 비교에서 전자의 실패가 기술적 요인에 의한 것이 아니라 기업의 구조와 밀접히 관련된 것이었음을 보이고 있다.[31]

---

30) Larry Owens, "Vannevar Bush and the Differential Analyzer: The Text and Context of an Early Computer," *T & C* 27(1986), pp. 63~95; Eric Schatzberg, "Ideology and Technical Choice: the Decline of the Wooden Airplane in the United States, 1920~1945," *T & C* 35(1994), pp. 34~69.

31) Donald MacKenzie, "From the Luminiferous Ether to the Boeing 757: A History of the Laser Gyroscope," *T & C* 34(1993), pp. 475~515; Gregory C. Kunkle, "Technology in the Seamless Web: 'Success' and 'Failure' in the History of the

기술적 효용·efficiency이 기술 그 자체의 발전을 결정하는 데도 충분하지 않음을 보이는 것은, 기술적 효용의 증진이 사회의 발전을 가져온다는, 또는 사회가 기술적 효용이 증진하는 방향으로 가야 한다는 기술 결정론·technological determinism의 기술 관료적·technocratic인 주장을 비판하는 데 좋은 무기가 된다. 기술 결정론은 이런 주장 외에도 다양한 모습을 띠고 나타나는데, 기술의 발전이 사회와는 무관하다거나, 기술에 내재한 특성이 사회의 일정한 발전을 가져온다는 ── 예를 들어 위에서 아래로 흐르는 물의 속성을 가진 관개 기술을 채용한 사회는 이 기술처럼 위계적인 사회 질서를 가질 수밖에 없다는 식의 ── 주장도 기술 결정론의 한 지류이다. 기술 결정론에 대한 비판은 1970년대부터 최근에 이르기까지 역사학자·철학자·사회학자들에 의해 계속되었고, 특히 기술이 사회적으로 형성되었다는 기술의 사회적 형성론·Social Shaping of Technology은 기술 결정론에 일침을 가하였다. 이들은 기술이 '해석적 유연성 interpretative flexibility'을 가지고 있으며(제1장 참조), 기술 그 자체에 그것의 사회적 용도나 발전을 규정할 것은 아무것도 없고, 기술은 오직 사회적 요인에 의해, 특히 사회의 제 집단의 상호 작용에 의해 결정된다고까지 주장했다. 이에 대한 비판으로, 소총의 발명 이후 전쟁에서 소총을 몽둥이로 사용할 수도 있었지만 모든 사람이 소총을 몽둥이가 아닌 총으로 사용했다는 사실을 볼 때 기술의 해석적 유연성이 생각보다 크지 않다는 주장이 있었지만, 기술의 사회적 구성을 강조하는 사람들은 전

Electron Microscope," *T & C* 36(1995), pp. 80~103. 소위 '실패한' 기술에 대한 고전은 수치 제어 공작 기계 numerically controlled machine tool와 녹음 재생 공작 기계 record playback machine tool에 대한 분석을 바탕으로, 전자의 성공이 MIT-GE-미국 공군의 군산학 복합체의 이해 관계의 결과였음을 주장한 David Noble, *Forces of Production: A Social History of Industrial Automation* (Oxford: Oxford University Press, 1984)이다.

통 일본 사회에서 장교가 문화적 이유 때문에 총이 아닌 칼을 무기로 사용했다는(일반 졸병은 총을 사용했지만) 반례를 들어 기술에 미치는 사회·문화적 요소의 중요성을 강조했다.[32]

흥미로운 사실은 최근 한 소장 기술사학자 가브리엘 헥트Gabrielle Hecht가 자신의 논문에서 "기술 결정론은 죽었다"라고 선언한 것이다. 그녀는 기술 결정론이 죽었기 때문에 이제 기술사학자들이, 정치·경제·사회·문화적인 요소들이 기술을 어떻게 형성했는가라는 문제를 뛰어넘어, 기술을 형성한 과정이 동시에 정치·사회·문화를 형성한 과정임을 이해하고 이를 위해 기술을 이 동시 과정들을 들여다보는 렌즈로 사용해야 함을 주장했다. 프랑스 원자력 발전에 대한 그녀의 분석은 1950년대 프랑스 원자력위원회에서 만든 원전의 디자인이 당시의 혼란스런 사회의 상황 ― 프랑스의 군사 핵 정책, 혼란스런 정치 상황, 원자력위원회의 기술 관료들의 핵 문제에 대한 독주 등 ― 을 고스란히 담고 있었으며, 이렇게 건설된 프랑스의 원전은 이후 프랑스가 핵무기를 가져야 한다는 주장을 지지하는 가장 강력한 근거를 제공했다는 것을 역설하고 있다.[33] 기술과 사회의 관계에

---

32) 기술 결정론에 대한 수많은 논의는 여기선 생략하겠다. 가장 최근의 논의로는 Merritt Roe Smith and Leo Marx eds., *Does Technology Drive History? The Dilemma of Technological Determinism* (Cambridge, Mass.: MIT Pr., 1994) 참조. 기술 결정론에 대한 또 다른 각도에서의 비판으로는 나의 다음 논문이 있다. Sungook Hong, "Unfaithful Offspring? Technologies and Their Trajectories," *Perspectives on Science* 6(1998), pp. 259~87.

33) Gabrielle Hecht, "Political Designs: Nuclear Reactors and National Policy in Postwar France," *T & C* 35(1994), pp. 657~85. 기술의 디자인이 기술적·사회적 통제의 기능을 담고 있다는 존 로John Law의 주장도 주목할 만하다. John Law, "The Olympus 302 Engine: A Case Study in Design, Development and Organizational Change," *T & C* 33(1992), pp. 409~40. 사회적 요소의 기술에의 각인embodiment에 대한 고전은 Langdon Winner, "Do Artifacts Have Politics?" in *The Whale and the Reactor: A Search for Limits in an Age of High Technology*

대한 기술사학자들의 논의는 이 논문에서 보듯이 이제 막 새로운 장으로 접어들고 있다. 기술이 만들어지는 과정에서 기술에 각인된 사회적·문화적 가치와 해석적 유연성으로 대별되는 기술의 다양한 사회·문화적 영향 사이의 흥미로운 관계는 기술사학자들에게 흥미있는 연구 소재를 제공할 것이다.

6. 결론을 대신해서: 기술사 방법론 논쟁

이 글의 결론은 1991년 영국의 전통적인 기술사학자인 뷰캐넌 R. A. Buchanan, 과학사회학자인 존 로 John Law, 일반 역사에서 기술사 쪽으로 방향 전환을 한 필립 스크랜턴 Philip Scranton 사이에 벌어진 기술사 방법론에 대한 논쟁을 살펴보는 것으로 대신하고자 한다. 논쟁의 발달은 뷰캐넌이 존 로를 비롯한 최근의 기술사학자·사회학자들의 논의가 너무 이론으로만 치우치고 과거의 창조적인 발명을 있었던 그대로 재구성하는 노력이 보이지 않는다는 점을 지적하면서 시작되었다. 이에 근거해서 뷰캐넌은 앞으로는 기술사학자들이 '비판적 서술사 critical narrative history' — 관련된 모든 자료를 비판적으로 검토해서 과거에 있었던 창조적인 발명의 사건들을 있었던 그대로에 가장 가깝게 이해하는 역사를 의미 — 를 해야 한다고 강조했다.[34]

뷰캐넌의 논박에 대해 당사자인 존 로는 사회학적·이론적인 이해가 역사 연구에 도움이 되는 예를 제시하면서 소극적으로 자신을 변

(Chicago: Chicago University Press, 1986), pp. 19~39이다.

34) R. A. Buchanan, "Theory and Narrative in the History of Technology," *T & C* 32(1991), pp. 365~76.

호했지만,[35] 스크랜턴은 뷰캐넌이 기술사의 범주를 '발명과 그 확산,' '개인적인 창조성'으로 놀랄 만큼 좁게 한정하고 있다고 하면서 기술사가 이제는 더 이상 발명가들의 발명에만 한정되어서는 안 된다고 뷰캐넌을 신랄하게 비판했다. 또 스크랜턴은 역사를 단지 새로운 이론을 위한 소재 resource로만 사용하려는 사회학자들의 경향을 동시에 비판하면서, 역사 연구는 이론을 위한 소재보다는 기존 사회학 이론의 단순성에 대한 도전으로서 기능해야 함을 역설했다. 그의 다음의 주장은 최근 기술사 연구의 현주소와 앞으로의 방향을 잘 보여주므로 이 글의 마지막 결론으로 인용하기에 부족함이 없다.

우리는 일반적인 이론을 기대하기보다, 기술과 문화가 상호 작용하는 하나의 영역, 즉 사회 속에 존재하는 인간의 수많은 활동의 부분적인 배열의 집합체를 얻어내는 것을 기대하는 것이 바람직할지 모른다. 이러한 연구들이 사람들의 활동에 대한 더 많은 복잡한 정치적 · 경제적 · 사회적 배경의 이해에 의해 풍부해진다면, 더 많은 패턴이 우연적인 것으로 변할 것이며, 다른 시공간에 걸친 많은 비교 연구가 더 가치를 발할 것이고, 이러한 전망은 그 예측적 · 보편적인 모양에 있어서 훨씬 '덜' 과학적인 형태를 띨 것이다.[36]

---

35) John Law, "Theory and Narrative in the History of Technology: Response," *T & C* 32(1991), pp. 377~84.

36) Philip Scranton, "Theory and Narrative in the History of Technology: Comment," *T & C* 32(1991), pp. 385~93.

제8장

여성과 기술
─── 생물학적 결정론과 사회적 결정론을 넘어[1]

현대 여성의 생활은 기술을 떼어놓고는 생각할 수 없다. 가정에서
건 직장 혹은 학교에서건 여성은 작은 생활 용품에서부터 대형 컴퓨
터에 이르기까지 각종 기술과 접면을 만들어가며 살고 있다. 여성은
도구나 기술 시스템을 이용하는 소비자로서뿐만 아니라, 기술을 디
자인하고 개발하는 기술자로서도 일하고 있다. 그럼에도 불구하고
여성 자신뿐만 아니라 사회 전체적으로 기술은 여전히 남성의 일로
여겨지고 있다. 여성 기술자를 예외적인 사람으로 취급하며, 종종
'여자가 아닌 남자'라고 치부해버리는 것은 이런 인식의 반영이다.
여성 공학도들이 늘어나는 추세이고 이화여대에서 공대를 만들었지
만, 한국에서 여성 공학도는 전체 남녀 비율로 따졌을 때 아직도 한
자리 숫자에 머물고 있다. 컴퓨터 프로그램이나 주택 설계 정도는 여
성도 할 수 있는 분야로 인정되지만, 거대한 발전소나 선박 설계는
여전히 남성의 영역으로 간주되고 있다. 남성 노동자들을 감독하는

---

1) 이 글은 원래 베를린 공과대학에서 기술사를 공부하고 있는 박진희와 함께 써서 오
조영란·홍성욱이 편집한 『남성의 과학을 넘어서: 페미니즘을 통해 본 과학, 기술,
의료』(창작과비평사, 1999)에 수록했던 글이다. 이 글을 여기 수록하도록 흔쾌히
허락해준 박진희 선생에게 이 자리를 빌려 감사의 뜻을 전한다.

기술 현장으로 가면, 남녀 비율은 더욱 불균등을 보이며 여성은 찾아보기가 힘들다. 왜 이런 불균등이 나타나는 것일까. 여성과 공학은 물과 기름처럼 잘 맞지 않는 것일까? 아니면 다른 사회 문화적 요인이 여성을 기술에서 멀어지게 하는 것일까?

기술 분야에서 여성을 찾아보기 힘듦에도 불구하고 우리는 대중매체를 통해 기술이 여성 해방을 가져온다는 담론에 접하게 된다. 가전 제품을 현명하게 고른 여성이 하루 대부분을 자유 시간으로 즐기는 이미지가 그것이다. 기술이 여성을 해방시킨다는 생각은 20세기 말엽에 갑자기 나타난 새로운 얘기가 아니다. 20세기 초엽, 전기를 사용한 가사 노동 보조 기술household technology의 발명과 보급은 많은 사람으로 하여금 이 기술이 여성을 지겹고 힘든 가사 노동에서 해방시킬 것이라고 믿게 했다. 먹는 피임약의 개발과 보급은 여성이 주체적으로 피임을 컨트롤하게 함으로써 소위 '성 혁명Sexual Revolution'의 기폭제가 되었고, 이는 1960년대 많은 여성 운동가들이 기술의 발전을 통해 여성 해방이 가능하다고 믿은 또 다른 근거였다. 1970~80년대 소형 컴퓨터와 컴퓨터 통신이 보급되면서, 사람들은 첨단 정보 통신 기술이 남녀 분업을 불분명하게 하고 여성들에게 남성과 동등한 일을 할 수 있는 기회를 제공하리라 생각했다. 역사적으로 이러한 주장들은 모두 옳았던가? 기술은 여성에게 가사 노동과 사회적 노동의 오랜 차별에서 벗어날 기회를 제공했는가? 지금 우리가 가진, 그리고 앞으로 우리가 개발할 기술은 이런 역할을 할 수 있는가?

현대 기술의 사회적 영향에 대한 관심들이 고조되면서, 최근 여성학과 기술사회학 및 기술사학계에서는 여성과 관련된 기술 문제, 그리고 기술과 관련된 여성 문제에 대한 연구들이 활발해지고 있다. 기술 분야에서 여성이 차지하는 비율은 왜 낮은 것일까? 여성은 천성적으로 기술과는 거리가 먼 것인가? 여성과 남성은 기술에 대해 상이한 접근 방식을 보이는가? 가사 노동 보조 기술이나 생식 기술 reproductive technology의 발전으로 인해 여성의 삶에는 어떤 변화가 일어났는가? 이 글은 그간 이루어진 논의 결과를 바탕으로 이런 문제들에 대해 답을 제시하면서 여성과 기술간의 다양한 연관을 살피는 것을 목적으로 하고 있다.

1. 기술은 남성의 영역인가

여성이 공학에 가장 활발히 참여하는 미국에서조차 공과대학에서 여학생이 차지하는 비율은 1990년 통계로 20%를 넘지 않는다. 연구 분야별로 보면 여성 공학도가 거의 없는 분야도 부지기수이다. 독일 대학의 경우 더 심해서 1980년대말의 통계에 따르면 정보·컴퓨터공학의 13%가 여학생이었지만 전기공학이나 기계공학 분야는 여학생 비율이 2~3%를 넘지 않았다. 기업이나 연구소에서 실제 직업을 갖고 일하고 있는 기술자를 보면 여성이 차지하는 비율은 이보다 훨씬 떨어진다. 미국의 경우 여성 엔지니어는 전체 엔지니어의 10% 내외로 무척 미미하다. 영국의 경우 한 통계는 전문 기술 업체에서 일하고 있는 전문 기술자의 5%만이 여성임을 보여주고 있다. 한국의 경우 공과대학의 학부·석사·박사과정에서 여학생의 비율은 각각 7%, 5%, 2%에 불과하고, 공대 여교수의 비율은 1%대에 머물러 있다.

이런 열악한 상황은 여성이 기술 교육에 접근할 수 없었다는 역사적인 사실을 가지고 부분적으로 설명할 수 있다. 여성은 후기 중세와 르네상스 시기부터 기술 발전을 담당했던 길드나 기초적인 과학 과목을 강의했던 대학과 같은 기관에 몸담을 수 없었다. 19세기에 공대나 공학 학과들이 대학에 설립되기 이전에 엔지니어링은 '엔지니어링 작업장 engineering workshop'에서 도제적 트레이닝을 통해 전수되고 교육되었는데, 이 엔지니어링 작업장 역시 여성에겐 개방되지 않았다. 대학의 공과대학이나 공학 학과는 이 작업장을 보완하는 것으로 생겨났고, 따라서 처음부터 대학의 엔지니어링은 소년이 선택하는 분야로 간주되었다(엔지니어 engineer라는 직업이 통상 커다란 엔진 engine을 다루는 사람을 의미했음을 생각해보라). 게다가 19세기를 통해 여성은 대학에 입학하기조차 자유로운 상태가 아니었다. 대학에 여성이 들어갈 수 있게 된 것은 1840년 스위스 정부가 처음으로 대학의 문호를 여성에게 개방하였을 때였다. 뒤이어 1860년경 미국과 러시아가 여성의 대학 입학을 허용하였으며, 독일에서는 이보다 훨씬 늦은 1900년에 여성이 정식으로 입학 허가를 받게 되었다. 따라서 초기 엔지니어링은 남성에 의해 독점되다시피 했고 여성은 남성과 비슷한 비율로 기술자를 양성해낼 수 없었다.

그렇지만 이는 부분적인 설명에 불과하다. 이는 지금 공대의 모든 학과가 제한 없이 여성과 남성 모두에게 열려 있음에도 불구하고 아직도 여성 공학도의 비율이 현저하게 낮은 이유를 설명하지 못하기 때문이다. 이 문제를 설명하기 위해 여성학자들 중에는 기술에 각인된 '남성성 masculinity'을 강조하는 사람들이 있다. 대표적인 예가 '에코페미니즘 eco-feminism'의 설명이다. 에코페미니스트에 따르면, 기술은 자연과 여성에 대한 지배와 통제를 끊임없이 추구해온 남성들이 자신들의 '침입'을 용이하게 하기 위해 만든 수단으로, 본질적으로 남성적인 것이다. 이에 반해 여성은 타고난 출산 기능으로 인해, 자연에 적대적일 수가 없고 자연과 조화를 추구한다는 것이 이들의 설명이다. 남성성은 공격적이고 자연에 침입하고 자연을 '강간'하려 하지만, 여성성은 감성적이며 직관적이고 자연과 협력을 추구하려 하기 때문에 남성성의 전형으로서의 기술은 여성들의 여성성과 대립적일 수밖에 없다는 주장이다. 바로 이런 이유 때문에 여성은 기술을 기피하며, 여성과 기술의 조화는 여성성에 기반한 기술의 개발을 가능케 하는 새로운 사회를 만듦으로서만 비로소 가능하다는 것이다.[2]

  그렇지만 에코페미니스트들의 주장이 모든 페미니스트 사이에서 이견 없이 받아들여진 것은 아니다. 다른 페미니스트들은 생물학적 차이에서 기인한 여성성과 남성성 사이에 근본적인 차이가 존재하지 않는다고 주장한다. 이들은 여성에게 주입된 성 분업의 이데올로기와 불평등한 사회 제도에 의해 여성의 능력이 억눌리고 있다고 생각한다.[3] 기술을 예로 들어 설명한다면, '기술은 남성의 것'이라는 이데올로기를 어릴 적부터 주입받은 여성은 결국 기술 분야로의 진출을 거의 고려하지 않게 되며, 설령 소수의 여성이 이 분야에 어렵게 진출하더라도 남성에게 유리하게 만들어진 각종 제도의 벽에 부딪히

---

2) 에코페미니즘eco-feminism: 자연과 본성적인 친화 관계를 맺고 있는 여성의 특성에 근거하여, 현재 여성의 문제와 환경 문제를 분석하고 해결하고자 하는 이론. 이 주창자들은 여성, 자연, 그리고 제3세계가 가부장적 이데올로기로 각인된 남성적인 서구 근대 과학과 기술에 의해 억압과 착취의 대상이 되어왔으며, 이로 인해 여성 문제, 환경 문제, 제3세계의 빈곤이 유래하고 있다고 본다. 제3세계가 서구의 식민지라면, 여성은 (백인) 남성의 '내부 식민지'인 셈이다. 이들에 따르면, 본래 자연과 친화적인 여성의 본성이 발현될 수 있는 사회의 실현과 생태 문제의 해결은 긴밀한 연관을 맺고 있다. 이 용어는 1974년 프랑수아 도본이 환경을 변화시킬 수 있는 여성의 잠재력을 나타내기 위해 처음 사용하였다. Cat Cox, "Eco-Feminism," in Gill Kirkup and Laurie Smith Keller eds., *Inventing Women: Science, Technology and Gender* (Cambridge: Polity Press, 1992), pp. 282~93 참조.

3) Rosalind Gill and Keith Grint, "The Gender-Technology Relation: Contemporary Theory and Research," in Keith Grint and Rosalind Gill eds., *The Gender-Technology Relation: Contemporary Theory and Research* (London: Taylor and Francis, 1995), pp. 6~7.

면서 자신의 능력을 사장시키게 된다는 것이다. 앞의 에코페미니스트와는 달리, 이들은 여성에게 기술 분야에 대한 집중적인 특별 교육을 실시하거나 제도적 장치를 마련함으로써 여성들에게 가해지는 사회화 과정에서의 불이익을 없애고 자신의 능력을 충분히 발휘하게 하는 여건을 만드는 것이 지금의 문제를 해결하는 방법이라고 본다. 이러한 생각의 근저에는 기술을 남성성이나 여성성과는 무관한 것으로, 즉 성에 대해 중립적인 것으로 보는 생각이 깔려 있다.

최근의 여성과 기술에 대한 연구에는 이러한 생물학적 결정론과 사회적 결정론을 극복하려는 노력으로부터 얻어진 새로운 방법론적 인식이 반영되어 있다.[4] 에코페미니스트들의 생물학적 결정론에서 여성성과 남성성의 구분은 남성에게는 없는 여성의 출산의 경험과 이를 가능케 하는 여성의 정신적·신체적 특성에 근거해 있다. 에코페미니즘의 가장 큰 문제는 이들이 얘기하는 여성성이 전통적으로 여성을 억눌러온 여성의 활동과 심성에 — 출산·육아, 가정 돌보기 등 — 기초하고 있다는 것이다. 그렇기 때문에 이들의 주장은 무척 급진적인 듯 보여도 또 다른 한편으로는 "여성의 본성은 돌보고 사랑하는 것이고 따라서 여성이 할 일은 사랑으로 할 수 있는 육아와 가사 돌보기이다"라는 식의 전통적으로 여성을 억압해온 담론을 재생산할 위험을 가지고 있다. 반면에, 기술과 관련해서 여성성과 남성성의 차이를 단지 사회 제도의 차이로만 돌리는 두번째 사회 결정론적 입장은 기술이 근본적으로 가치 중립적이고 모든 문제는 기술 교육과 같은 제도적 차원에 존재한다는 결론으로 귀결되기 십상이다. 그렇지만 기술에 대한 최근의 연구들은 '젠더 gender' 가[5] 다른 사회·

---

4) 이런 비판적이고 종합적인 관점에 대해서는 주디 바이츠먼의 책을 참조하기 바란다. Judy Wajcman, *Feminism Confronts Technology* (University Park, PA: Pennsylvania State University Press, 1991).

문화적 요인과 더불어 기술의 디자인 · 수용 · 확산 · 변화를 결정하는 중요한 요인임을 보여주고 있다. 젠더와 기술에 대한 최근 연구는 남성성 혹은 여성성을 규정하는 젠더가 역사 · 사회 · 문화적으로 변천을 거듭해왔음에 주목하여, 이 젠더와 기술이 어떤 연관을 맺어왔는가에 주목하고 있다. 즉 젠더와 기술의 상호 형성 과정을 살펴봄으로써 여성성과 남성성의 역사성과 더불어 기술의 사회성을 더 깊이 이해했던 것이다. 이런 연구들은 기술이 젠더와 무관하기는커녕 밀접하게 연결되어 있음을 보여주고 있다.

이런 노력의 일환으로 영국의 사회학자 신시아 콕번 Cynthia Cockburn은 산업 혁명 시기의 남녀간의 노동의 분업을 재해석했다. 산업 혁명기에 산업화의 빠른 진전과 더불어 여성 노동자들이 생산 현장에 대거 투입되고, 점차 남성의 독점적 영역이었던 숙련 노동의 영역까지 편입되기 시작하였다. 이에 자신들의 독점적 지위에 위협을 느낀 남성 숙련 노동자들은 노동조합을 중심으로 단결하고, 여성에겐 노동조합원 자격을 주지 않는 것과 같은 방법을 통해 여성 노동자들이 숙련공으로 진출할 수 있는 길을 차단했다. 이런 조직적인 차단은 결과적으로 여성을 비숙련 노동의 영역에 머물게 했고, 기존에 존재했던 성 분업을 '여성=비숙련 노동=기술적 무능'이라는 산업 시대의 이데올로기로 탈바꿈시켰다. 콕번은 이렇게 습득된 지식과 기술이 이후 계속된 기계 산업의 발전 과정에서 남성들이 종래 자신

---

5) 젠더는 생물학적으로 규정되는 성을 의미하는 자연적 성 sex이라는 개념과 구별하여, 성이 사회와 문화에 의해서 근본적으로 규정된다는 의미를 부각시키기 위해 여성학자들에 의해 쓰이기 시작한 개념이다. 섹스와 젠더를 구분해서 젠더의 사회적 구성을 주목하는 것이 초기 페미니스트의 입장이었다면, 최근에는 젠더와 섹스의 구분이 사회와 자연이라는 양분법적이고 단순한 구분에 근거한 것이고 사회적인 젠더와 전적으로 무관한 생물학적인 섹스는 있을 수 없다는 주장이 설득력을 얻고 있다. Donna J. Haraway, *Simians, Cyborgs, and Women: The Reinvention of Nature* (New York: Routledge, 1991), ch. 7 참조.

의 지위를 계속해서 누릴 수 있는 기반이 되었다고 주장한다. 요컨대, 기술과 남성성의 긴밀한 결합은 생산 현장에서 일어난 여성 노동자에 대한 배제와 성 분업의 강화에 의한 결과라는 것이다. 이 과정을 통해 현대 기술은 남성의 특성을 대변하는 상징이 되었으며, 이런 상징성은 다시 지속적으로 기술과 관련된 성 분업을 강화시키고, 결과적으로 여성을 기술로부터 배제시켜버렸던 것이다.[6]

산업 혁명기 이전에도 기술은 여성보다는 남성에게 충실한 도구였다. 예를 들어, 중세 서양의 농촌에서 '긴 낫scythe'이 '짧은 낫sickle'을 대체한 과정은 여성을 농사일에서 보조적인 역할로 만들어버리는 결과를 낳았다. 긴 낫을 자유롭게 사용할 수 있는 근력을 가진 남자가 농사일의 주도권을 쥐게 된 것이다. 인간의 근력에 덜 의존하는 자동 기계 역시 젠더에 대해 중립적이지 못했다. 방직기의 예를 들어보자. 전통적으로 방직weaving은 여성들의 일이었다. 산업 혁명 이전에 여성들은 단방직기short mule를 사용하고 있었는데, 장방직기long mule와 이중 방직기double mule가 도입되면서, 이 기계에 적합한 남성들이 여성의 숙련 노동을 대체했다. 이후 자동 방직기self-acting mule가 도입되었지만, 이 기계의 사용을 여성에게 가르칠 수 있는 여성 숙련 방직공이 적었고, 그나마 있던 소수의 여성 방직공은 이미 조직된 남성 숙련 방직공의 장벽을 부술 수 없었다. 이런 상황에서 자동 방직기를 다루는 고급 노동은 남성의 고유 영역으로 남게 되었다.

그렇지만 생산 현장에서의 기계의 도입을 남성이 여성을 지배하고 배제하기 위한 '음모'로만 보는 것은 타당하지 않다. 무엇보다 기계의 도입에는 남성—여성의 관계와 함께, 자본—노동의 관계가 존재

---

6) Cynthia Cockburn, *Machinery of Dominance: Women, Men and Technical Know-How* (London: Pluto, 1985).

하기 때문이다. 후자는 종종 전자를 압도하곤 한다. 새로운 식자 기술이 런던 식자공에 미친 영향에 대한 콕번의 또 다른 연구는 이 점과 관련해서 시사하는 점이 많다. 런던 식자공 그룹은 장인 전통과 숙련이 강조되는 직업으로 전형적으로 남성들이 독점력을 행사해왔다. 이들이 사용하던 라이노타이프Linotype 식자 체계는 자신들만이 사용할 수 있는 복잡하고 독특한 자판을 가지고 있었다. 경영자들은 이 식자공들이 가진 힘과 숙련을 파괴하는 방법으로 새로운 전자 광식자electronic photocomposition 방법을 도입했는데, 이 새로운 기술은 보통 타자기와 똑같은 자판을 사용하는 것이었다. 즉, 새로운 광식자 기술의 도입에 따라 전통적으로 남성의 것이던 식자의 영역에서 여성 타이피스트가 남성 식자공과 경쟁할 수 있게 되었던 것이다. 남성들의 독점 영역에 여성이 들어가게 된 것은 새로운 기술의 도입 때문이었지만, 이 기술의 도입에는 노동자의 숙련과 조직력을 약화하고자 했던 경영자들의 필요가 존재했다.[7]

콕번이 생산 현장에서의 성 분업과 이를 통한 여성의 기술로부터의 배제/참여를 연구한 반면, 샐리 해커Sally Hacker는 공과대학의 교육 현장에서 여성이 어떻게 소외되고 배제되는가를 MIT에서의 사례 연구를 바탕으로 분석했다. 그녀는 공학 교육이 과학적 추상성, 엄격한 논리와 수학적 사고, 기술적 능숙을 강조하는 반면 예민함, 유연한 사고와 주위 사람에 대한 배려 등에서 멀어지도록 한다는 사실을 발견하였다. 또한 그녀는 공학 실습 과정에서 학생들이 거의 에로틱한 열정과 흥분이라고 표현될 만한 '쾌락'을 느낀다는 것을 알아냈다. 해커에 의하면 열정과 흥분이 자아내는 공학에서의 쾌락은 사물과 사람에 대한 지배와 통제 가능성으로부터 느끼는 일종의 '권력의

---

7) Cynthia Cockburn, *Brothers: Male Dominance and Technological Change* (London: Pluto, 1983).

즐거움'이다. 이러한 특성들 — 추상성, 엄격한 사고, 권력의 즐거움 — 은 각종 커리큘럼과 학점 제도 등을 통해 학생들에게 내면화되며, 이때 여학생들 스스로에게 내재된 가치는 부정되고 억제된다. 많은 여학생들은 이런 공대 문화에 적응하는 것이 어렵다는 것을 알게 되며, 이 속에서 살아남은 여학생은 자기 부정을 통해 스스로를 여자가 아닌 '사내 중의 하나'로 여기게 되는 일이 흔히 나타난다. 이로써 결국 기존의 남성 중심의 기술자 문화는 강화되고, 여성은 여전히 이들 문화에 소외된 채로 남게 되는 것이다.[8]

공과대학에서 강조하는 덕목 — 추상성, 엄격한 사고, 권력의 즐거움 — 에 여학생이 잘 적응하지 못하는 이유는 무엇인가? 셰리 터클 Sherry Turkle은 여성이 스스로 기술로부터 자신을 배제시키는 원인을 여성과 남성이 외부의 대상과 관계를 맺는 인지 행위의 유형의 차이에서 찾고 있다. 소년과 소녀가 컴퓨터를 사용하는 상이한 방식에 대한 터클의 연구에 따르면, 소년들은 추상적이고 선형적linear인 방식으로 컴퓨터와 관련을 맺고 형식적이고 위계적인 프로그래밍 기술을 발전시킴에 비해, 소녀들은 관계를 맺고relational, 상호 작용하며 interactive, 협상하는 방식으로 컴퓨터를 대하는 것으로 나타난다. 소녀들은 컴퓨터 시스템을 상호 작용이 가능한 요소들로 보며, 이들 요소들에 대한 추상적인 규칙을 찾기보다는 이들을 재배치하는 방식으로 시스템과의 의사 소통을 시도한다는 것이다. 터클은 소년의 방법을 '강한 숙달hard mastery,' 소녀의 방법을 '부드러운 숙달soft mastery'이라고 명명했다. 중요한 점은 이 두 가지 상이한 방식을 놓고 어느 하나가 다른 하나에 비해 우월하다고 말할 수는 없다는 것이다. 그럼에도 불구하고 기존의 컴퓨터 프로그래머의 세계는 이미 강

8) Sally Hacker, *Pleasure, Power, and Technology: Some Tales of Gender, Engineering, and the Cooperative Workplace* (Boston: Unwin Hyman, 1989).

한 숙달의 방법이 지배하고 있고, 이는 여성적인 관점을 열등한 것으로 만들며, 결과적으로 소녀들은 자신들의 독특한 방식을 포기해버린 채 컴퓨터의 세계에서 소외된다는 것이 터클의 주장이다.[9]

여학생이 컴퓨터에 접근하는 방법이 근본적으로 남학생과 다르다는 터클의 주장은 주디 바이츠먼Judy Wajcman에 의해 비판되고 보완되었다. 그녀는 학교의 컴퓨터가 전통적으로 남학생들의 과목으로 인식된 자연과학이나 수학과 같은 과목의 보조물로 기능하며, 이 과정에서 여학생들은 컴퓨터가 남학생을 위한 기기라는 관념을 자연스럽게 습득한다고 보았다. 또한 컴퓨터가 남학생 것이라는 생각은 여성에 대한 사회적인 이미지에 의해 강화된다. 사회에 일반적으로 통용되는 여성성은 컴퓨터를 잘하는 것과는 거리가 있고, 이런 이데올로기의 영향으로 여성은 스스로 남성의 영역에 속하는 컴퓨터와 같은 기술에 거리를 둠으로써 자신의 아이덴티티를 획득하게 된다. 기술은 남성을 상징하는 언어나 기호로 해석되고, 여성은 기술을 자신의 아이덴티티를 부정하는 것으로 받아들인다는 것이다. 그녀는 대부분의 여성을 위한 기술 진흥 프로그램이 실패를 하는 것도 이런 이데올로기의 영향을 받은 여성들이 기술을 적극적으로 거부하는 데 원인이 있다고 본다. 바이츠먼에 따르면 터클의 '강한 숙달'과 '부드러운 숙달'은 인지심리학적 차이가 아니라, 사회적으로 형성된 여성성과 학교 속에서의 성 차별이 빚어낸 사회적 구성의 결과이다.[10]

바이츠먼의 주장은 여성의 생리적·인지심리학적 독특성에 대한 강조가 이미 존재하는 성적 불평등 구조를 강화시키는 결과를 낳을 수 있다는 우려를 반영하고 있다. 우리가 이러한 연구들을 통해 얻을

---

9) Sherry Turkle, *The Second Self: Computers and the Human Spirit* (New York: Simon and Schuster, 1984).

10) Wajcman, *Feminism Confronts Technology*, ch. 6.

수 있는 교훈은 여성성이라는 것이 사회적 · 역사적으로 형성된 것이고 이 형성 과정에 기술이 중요한 요소로 상호 작용했다는 것이다. 이런 연구들은 원래 여성과 기술이 적대적이라기보다는 여성과 기술이 특정한 사회 · 문화적인 조건 속에서 소원한 것으로 규정되어왔음을 보여주고 있다.

2. 기술 발전의 주체로서의 여성: 기술사 속의 젠더

최근 활발하게 진행되고 있는 (여성) 기술사학자나 역사학자들의 연구는 기술과 남성성의 결합으로 기술 자체가 편협하게 정의되고 이해되면서 여성이 기술과 맺고 있던 그 나름의 관계들이 더더욱 보이지 않게 되었다는 문제 의식에서 출발하고 있다. 현재 우리가 기술사에서 여성을 찾아볼 수 없는 이유는 여성이 기술적 창조성을 지니지 못해서가 아니라, 이미 "기술은 남성의 몫이었다"라는 담론에 묶인 기술사학자들의 협소한 역사 서술에 부분적으로 근거하고 있다는 얘기다. 예를 들어, 기술사학자는 증기 기관 · 전기 기술 · 군사 기술 등의 기술에만 관심이 있었지, 어린이 양육과 관련된 젖병이나 식품 저장 기술처럼 여성의 영역에 있던 기술을 그들의 관심에서 제외했다. 증기 기관, 전기 · 군사 기술의 역사에선 여성을 찾아보기 힘들지만, 기술사의 소재를 확장시켜 육아 기술, 조리 기술, 음식 저장 기술, 전통 의료 기술, 가사 노동 보조 기술, 출산 기술(산파술), 피임 기술 등을 살펴보면, 우리는 기술의 디자이너로, 생산자로, 그리고 소비자로서 기술 발전에 적극적인 역할을 해온 여성과 만나게 된다.[11]

이런 여성 기술사학자들의 비판은 최근 기술사학에 불어닥친 '사회구성주의 과학사회학constructivist sociology of science'의 방법론과 많은 공통점을 안고 있었다. 사회구성주의 과학사회학의 한 지류라고 볼 수 있는 '기술의 사회적 구성론Social Construction of Technology'에 의하면 기술의 발전은 경제적 · 기술적 효용의 증대와 같은 기술 내적인 논리만이 아니라, 기술을 둘러싼 다양한 그룹의 이해 관계와 사회 · 문화적 요소가 결합하면서 이루어진다. 이 주장은 기술 발전이 사회와는 무관하다는 기술 결정론과 기술의 발전이 전적으로 기술자에 의해 이루어진다는 주장을 동시에 비판하면서, 소비자 · 공장의 노동자 · 여성과 같은 다양한 계층의 사회 그룹들의 이해 관계가 기술 발전에 중요한 영향을 미쳤음을 강조했다.[12] 이런 사회구성주의적 관점이 여성 혹은 젠더라는 사회 · 문화적인 범주가 기술에 미치는 영향에 대한 연구에 새로운 의미를 부여했음은 물론이다.

루스 코완Ruth S. Cowan은 그간 기술사에서는 심각하게 다루어지지 않았던 가사 노동 보조 기술의 발전과 그 영향을 전반적인 사회 · 문화적 요인과 연관시켜 분석했다. 그녀는 1860년대부터 1960년대까

---

11) 이런 비판에 대해서는 다음 글을 참조. Ruth Schwartz Cowan, "From Virginia Dare to Virginia Slims: Women and Technology in American Life," in Martha Moore Trescott ed., *Dynamos and Virgins Revisited: Women and Technological Change in History* (Metuchen, NJ: Scarecrow Press, 1979); Judith A. McGaw, "No Passive Victims, No Seperate Spheres: A Feminist Perspective on Technology's History," in Stephen H. Cutcliffe and Robert C. Post eds., *In Context: History and the History of Technology* (Bethlehem, PA: Lehigh University Press, 1989), pp. 172~91. 최근 기술과 젠더의 연구의 동향을 개괄한 좋은 논문으로는 Nina E. Lerman, Arwen Palmer Mohun and Ruth Oldenziel, "The Shoulders We Stand On and the View From Here: Historiography and Directions for Research," *Technology and Culture* 38(1997): pp. 9~30이 있다.

12) 기술의 사회 구성론에 대해서는 다음을 참조. Wiebe Bijker, Thomas Hughes and Trevor Pinch eds., *The Social Construction of Technological Systems: New Directions in the Social and History of Technology* (Cambridge, MA: MIT Press, 1987).

지 한 세기 동안의 가사 노동 보조 기술 역사의 분석을 통해 두 가지 새로운 사실을 보여주었다. 먼저, 기존의 경제학자들이 주장하던 '단순한 소비 단위'로서의 가정이 새로운 산업, 즉 각종 상품의 운송업이나 대형 슈퍼마켓의 발달을 초래하기도 하였다는 것이 그 첫번째이다. 두번째는 주부가 가사 노동 보조 기술의 수동적인 소비자만이 아니었다는 것이었다. 주부들은 영양과 위생에 대한 과학적인 지식과 합리적인 가사 노동을 통해 가족의 건강과 행복을 도모하는 것이 자신의 역할이 되어버린 상황을 적극적으로 받아들였고, 이런 상태에서 이들은 집안 환경을 깨끗이 꾸미고 가족들의 영양 상태를 개선하기 위해 가사 노동 보조 기술 및 각종 상품을 구매하여 자신의 일들을 처리하는 방향을 선택했다는 것이다. 코완은 각종 가사 노동 보조 기술의 발전이 생산 업체의 기묘한 광고 전략에 말려든 주부들의 눈먼 소비에서가 아니라, 자신과 가족들의 이해에 맞추어 이들 기술 제품들을 선택 구매한 주부들의 적극적인 소비 활동에 기인한다고 보았다. 가족의 사적인 공간을 중시한 주부들이 세탁소에서 볼 수 있는 커다란 세탁 기계 대신에 가정용 세탁기를 선택했고, 가족의 식사 준비를 위하여 부엌에 가스 레인지 및 각종 전자 제품들을 들여놓고 각종 반가공 식품을 구입 사용하여, 이들 산업 발전을 추동했다는 것이다. 결국 주부들은 소비자로서 이들 특정 기술 발전에 적극적인 역할을 했다고 볼 수 있다는 것이 코완의 해석이었다.[13]

지금까지 남성 중심의 기술사에서는 여성의 활동 영역인 육아나 가사를 '생산'에 상반되는 '소비,' '숙련'에 상반되는 '비숙련'이라

---

13) Ruth S. Cowan, *More Work for Mother: The Ironies of Household Technology from the Open Hearth to the Microwave* (New York: Basic Books, 1983). 이 책은 『과학 기술과 가사 노동』이란 제목으로 국내에도 번역되었다(김성희 외 옮김, 학지사, 1997).

는 이분법적인 틀에 맞추어 분석했고, '소비적인 비숙련 노동'인 가사 노동을 기술과는 무관한 영역으로 간주했다. 콕번이 지적했듯이 '숙련'은 산업화와 더불어 기계를 다루는 남성의 기술 노동을 의미했고, 여기서 배제된 여성의 가사 노동과 가사 기술은 기술사의 연구 대상이 되기 어려웠다. 코완의 연구는 이런 이분법이 가정 home이 사회의 경제 체계 속에서 하고 있는 역할과 주부들의 가사 노동이 전체 산업 발전과 맺고 있는 연관을 무시하게끔 만들었음을 보여줌으로써 기술사에서 여성의 가사 노동의 위상을 새롭게 조명하는 계기를 마련해주었다.

여성의 노동이 단순히 비숙련으로 특징지워질 수 없다는 사실은 19세기 미국의 제지 산업을 연구한 주디스 맥고Judith McGaw도 지적한 바 있다. 그녀는 19세기 미국의 제지 산업의 연구를 통해 검사 작업이나 마무리 작업에 투여된 여성의 노동이 제품의 높은 품질을 유지해서 기업의 시장 점유를 가능하게 했고, 공장주에게 기계화에 투자할 수 있는 자본 축적의 중요한 계기를 제공했음을 보였다. 또한 이러한 여성의 노동은 당시 기계로서는 대체될 수 없었던 '기술'이었지, 결코 '비숙련'이라고 단순히 치부될 수 없는 것이었다(그녀의 저서의 제목 "가장 놀라운 기계 Most Wonderful Machine"는 바로 여성 노동자를 의미하는 말이다). 이것 외에도 맥고는 남성성이나 여성성과 같은 젠더 이데올로기가 기술 및 산업 발전과 맺고 있는 구체적인 연관을 제시했다. 그녀는 19세기 중엽의 제지 산업에서 기술적으로 가능했던 안전 장치가 오랫동안 공장에 도입되지 않았고, 노동조합도 이의 도입을 요구하지 않았다는 점에 주목했다. 맥고는 이 이유를 당시 남성 노동자가 "남자는 위험한 일도 불평 없이 해야 한다"라는 용감한 남성의 이미지를 의문 없이 받아들였다는 데서 찾고 있다. 강인한 남성성의 이데올로기는 남성에게 유리한 안전 기술의 도입을 막는 결과를 낳았던 것이다. 이런 사례들은 여성의 노동에 대한 연구가 가사 노동에 대한 연구와 더불어 산업사·기술사 연구에 중요한 부분이 되었듯이, 젠더 이데올로기 문제를 기술사 연구에 적극적으로 수용하는 것이 기술 발전에 대한 더 깊은 이해에 도달할 수 있게 한다는 점을 보여주고 있다.[14]

　주부나 노동자로서 기술과 관련을 맺는 것이 여성이 기술과 관련을 맺는 유형의 전부는 아니다. 엔지니어로서의 여성의 역할 또한 무시할 수 없다. 기술사를 파헤쳐보면 여성 기술자의 역할이 적지 않았음을 발견할 수 있다. 오텀 스탠리Autumn Stanley는 기술사 연구의 범위를 기존의 전통적인 주제에 한정하지 않을 때, 역사 속에서 얼마나 많은 여성 발명가들과 만날 수 있는가를 보여준다. 그녀는 많은 여성들이 식품 저장, 농작물 재배 기술, 의료 기술 등 예의 여성들의 영역에서뿐만 아니라, 기존의 기술 영역에서도 뛰어난 아이디어 제안자, 발명가 및 보조 연구가 등으로 무궁한 창조력을 보여왔음을 광범위한 자료를 바탕으로 제시하였다.[15] 그녀는 이런 활동들이 서술되고 그 의미가 제대로 평가되기 위해서는 기술의 정의를 '남성이 하는 활동'으로부터 '인류가 하는 활동'으로 재정의해야 하며, '중요한' 기술이라는 카테고리 역시 재정의되어야 한다고 주장한다. 군사 기술만큼 식품 저장 기술이 중요하게 여겨지고, 사냥 기술만큼이나 채취 기술이 동일한 가치를 갖게 될 때 남성의 기술사가 아닌 인류의 기술사가 씌어질 수 있다는 것이 그녀의 주장이다.[16]

---

14) Judith McGaw, *Most Wonderful Machine: Mechanization and Social Change in Berkshire Paper Making, 1801~1885* (Princeton: Princeton University Press, 1987).

15) 그녀는 이들 여성 발명가들의 기록을 모아 한 권의 책으로 편찬하였다. Autumn Stanley, *Mothers and Daughters of Invention: Notes for a Revisited History of Technology* (Metuchen, NJ: Scarecrow Press, 1993).

기술과 여성에 대한 이러한 새로운 시각들은 기술사의 전통적인 주제나 소재마저도 새로운 각도에서 조명하도록 했다. 앤 맥도널드 Anne MacDonald는 특허 자료에 근거하여 미국 여성 발명가들이 살았던 당시의 사회·경제적 배경과 개인적인 가족사 등을 종합하여 정리, 여성 발명가의 삶을 전체적으로 볼 수 있게 해주었다.[17] 여성 기술자들은 종종 남성이 할 수 없는 방식으로 기술의 발전에 기여했는데, 널리 알려진 예가 미국 여성 발명가인 게이브Frances Gabe가 설계한 '스스로 청소하는 집 self-cleaning house'이다. 그녀는 집 구조의 혁신적인 변화 없이는 여성을 청소·빨래·설거지라는 잡일에서 해방시킬 수 없다고 생각하고, 무려 27년 간 연구에 연구를 거듭해서 미세한 물안개가 사람의 도움 없이 스스로 청소를 담당하는 그런 집을 고안했다. 이런 기술은 가사 노동의 지겨움을 몸으로 느껴보지 않은 여성이 아니고서는 꾸준히 연구하기 어려운 성질의 것이었다.[18]

기술을 구성하는 다양한 사회·문화적 요인에 대한 이해가 넓어져 감에 따라 실제 기술 발전을 담당한 주체들도 이전의 기술자나 발명가라는 좁은 범위에서 경영 담당자, 디자이너 및 공장 노동자, 소비자에까지 확대되었다. 기술사를 보는 이러한 확대된 개념틀은 기술사에서 여성이 차지하는 역할에 대한 새로운 시각을 제공해주었고,

---

16) Autumn Stanley, "Women Hold Up Two-Thirds of the Sky," in Joan Rothchild ed., *Machina Ex Dea: Feminist Perspectives on Technology* (New York and Oxford: Pergamon Press, 1983), pp. 5~22.

17) Anne L. MacDonald, *Feminine Ingenuity: How Women Inventors Changed America* (New York, 1992). MacDonald의 책에 대해서는 Judith A. McGaw, "Inventors and Other Great Women: Toward a Feminist History of Technological Luminaries," *Technology and Culture* 38 (1997): pp. 215~16을 참조했음.

18) 게이브의 '스스로 청소하는 집'에 대한 얘기는 Judy Wajcman, "Feminist Theories of Technology," in S. Jasanoff et al. eds., *Handbook of Science and Technology Studies* (London: Sage, 1995), p. 198에 나와 있다.

실제 기술 발전에 대한 이해를 넓히는 데도 기여하고 있다. 무엇보다도 이는 여성의 삶이 기술과 맺고 있는 긴밀하면서도 다양한 연관을 밝혀주었다. 다음 절에서는 논의를 조금 바꾸어서 기술이 여성의 삶에 어떠한 영향을 미치는지를 가사 노동 보조 기술과 임신 출산 기술(또는 생식 기술 reproductive technology)을 중심으로 살펴보도록 하겠다.

3. 기술과 여성의 삶: 가사 노동 보조 기술

우리는 여성의 삶이 기술 발전으로 인해 해방되었다는 얘기를 듣는다. 피임 기술의 발전은 여성에게 성의 자유를 누리게 했고, 가전 제품은 여성을 가사 노동의 육체적 부담에서 자유롭게 하면서 여성의 사회 진출을 대거 가져왔다는 얘기가 그것이다. 실제 주변을 돌아보아도, 기술의 발전이 아니었으면 현대 여성들이 누리는 자유의 많은 부분이 불가능했을 것임을 바로 인식할 수 있다. 부엌의 냉장고, 세탁기 등이 주부들의 일을 많이 덜어주었으며, 각종 의료 기술과 피임 기술의 발달이 아니었으면 여성들은 아직도 원치 않은 임신과 출산의 고통과 위험에 시달리고 있을 것이다.

그러나 이들 기술이 가정과 사회에서 전통적인 성 분업 이데올로기를 약화시키고, 이를 통해 여성의 지위 향상을 가져왔는가라는 질문에 대한 답은 회의적이다. 먼저, 사회학자나 기술사학자들의 연구는 여성이 아직도 50년 전이나 별차이 없는 동일한 시간을 가사 노동으로 보내고 있고, 그들이 종사하는 직업에 있어서도 여전히 이전의 성 분업에 따른 차별을 크게 벗어나지 못했음을 보여주고 있다. 코완은 전기·가스 등 각종 설비 기술의 발달, 식품 가공 산업의 발달이 전통적으로 집에서 행해지던 일들, 즉 빵 굽기나 식품 저장(소금절이 등) 등을 공장으로 이전하는 효과를 가져와서 주부들의 가사 노동을 수월하게 했지만, 전체 가사 노동에 드는 시간을 줄이지는 못했음을 보여주었다. 설비 기술이나 각종 가전 제품의 발달은 육체적 노동의 경감을 가져온 한편, 부수적으로 이들 가전 제품을 수리·관리하는 새로운 노동을 필요로 했기 때문이다. 그리고 무엇보다도 전반적으로 높아진 사람들의 위생 관념이나 자녀 양육에 대한 기대치의 상승은 이와 관련된 각종 가사 노동의 증가를 수반했다. 세탁기는 빨래할 때 드는 노동의 '힘든' 부분을 절감했지만, 세탁 자체를 1주일 입고 한 번씩 하는 것에서 매일 하는 것으로 바꾸었다. 대량으로 생산되어 나오는 각종 식품을 사러 나가는 일이 잦아졌고, 현대 주부는 이 모든 일을 지혜롭게 시간 계획을 짜서 혼자서 처리해야 했다. 주부에게 집중된 가사 노동은 주부의 가족에 대한 한없는 애정의 표현으로 미화되었고, '이상적인' 엄마와 부인의 기준은 높아만 갔던 것이다.[19]

주부의 가사 노동을 가족에 대한 애정의 지표로 보는 이데올로기는 주부들의 개인화를 촉진시켰고, 이런 과정은 남성의 영역이 사회라는 공적 영역 public sphere이고 여성의 영역은 가정이라는 사적 영역 private sphere이라는 전통적인 공/사적 영역의 성(性)적 구분을 더 공고히 했다. 여성 영역의 개인화는 가사 노동의 공동화를 통해 가사 노동의 부담으로부터 주부를 해방시키려 했던 진보적 여성 운동의 노력을 수포로 돌리기도 했다.[20] 여성은 발전된 가전 제품을 이용하

---

19) Ruth Schwartz Cowan, "'The Industrial Revolution' in the Home: Household Technology and Social Change in the 20th Century," *Technology and Culture* 17(1976), pp. 1~24.

20) 독일 사회주의 여성 운동가들은 1900년경 공동 부엌과 공동 세탁실이 있는 다세대 주택 건설로 고립화된 여성들의 가사 노동의 문제를 해결하고자 하였다. 20세기 전반에 미국에서도 비슷한 시도가 다양한 형태의 공동체에 의해 여러 번 있었

여 오히려 늘어난 각종 가사 노동을 혼자의 힘으로 처리하게 되었고, 이는 여전히 가사 노동에 많은 시간을 보내게 되는 결과를 낳았던 것이다. 최근 연구 결과에 따르면, 1960년과 1980년 사이에 일상적인 가사 노동, 예를 들어 음식 준비나 청소에 소요되는 시간은 줄어든 반면, 현대 주부들이 그들의 주요한 가사일이 되어버린 쇼핑이나 아이들 돌보기에 보내는 시간이 눈에 띄게 늘어났고, 반면에 남성이 가사 노동에 소요하는 시간은 전보다 줄었다고 한다.[21] 각종 전자 제품의 발달에도 불구하고 "가사 노동은 주부의 일이다"라는 가정에서의 성적 분업의 이데올로기와 그 현실은 엄연히 존재하고, 어떤 의미로는 강화되기까지 한 것이다.

코완이 미국 중산층 주부의 가사 노동에 초점을 맞추었다면 수잔 클라인버그Susan J. Kleinberg는 19세기 노동자 계층 여성의 삶에 있어서의 기술을 연구했다. 그녀의 연구에 의하면 이들 노동 계층 여성은 기술 발전의 혜택에서 거의 전적으로 제외되어 있었고, 대신 산업화의 결과 남성들의 공장 노동으로 인해 늘어난 때에 찌든 작업복 세탁으로 이중의 고통을 받고 있었다. 조안 바넥Joann Vanek의 연구는 공장 노동과 가사 노동을 동시에 해야 하는 여성 노동자들의 경우, 중산층 여성과 달리 가사를 돌볼 시간이 절대적으로 부족하다 보니 가사 노동 시간이 어쩔 수 없이 줄어들게 되었음을 보여준다. 이를 수많은 가사 노동 보조 기술에 의존하는 중산층 주부의 가사 노동 시간이 별로 변하지 않았다는 통계와 비교해보면 기술 발전이 가사 노동에 미치는 영향이 사회 계층에 따라 얼마나 다른 결과를 가져올 수 있는가를 잘 보여준다고 하겠다.[22]

다. 그렇지만 이들 노력은 가족 단위의 개인주의가 강화되면서 실패했다.

21) Judy Wajcman, "Domestic Technology: Labour-Saving or Enslaving," in *Inventing Women*, pp. 238~54, 특히 p. 246.

이런 연구에서 얻을 수 있는 한 가지 결론은 기술의 발전이 이미 존재하던 성 분업을 소멸시키지 못했을 뿐만 아니라, 오히려 새로운 형태로 재생산해냈다는 것이다. 노동자 계층 여성처럼 경제적으로 기술의 혜택에서 멀어져 있는 계층의 경우는 노동과 가사 노동이라는 이중의 부담에 시달렸고, 중산층 주부의 경우는 가족을 사랑하는 '현대의 주부'라는 이데올로기에 의해 가사 노동에 더 많은 시간을 보내게 되었다. 두 계층 모두 가족이 협력해서 가사 노동을 하는 정도는 기술이 발전함에 따라 오히려 줄었다. 서양에서 전기 청소기가 나오기 이전에 카펫을 청소하는 일은 무척 힘든 노동이었으므로 일년에 한 번씩, 온 가족이 힘을 합쳐서 하게 마련이었다. 전기 청소기는 카펫의 청소를 쉽게 해주었지만 반면에 이 일을 주부의 일로 국한시켰다. 기술은 가사 노동의 힘든 부분을 기계로 대체하면서 여성을 편하게 해준 측면도 있지만 성 분업 자체를 없애지는 못했던 것이다.

4. 기술과 여성의 삶: 출산 관련 기술

이제 논의를 출산 보조 기술 또는 생식 기술reproductive technology로 돌려보자. 여성은 피임약의 개발로 원하지 않는 임신을 사전에 예방할 수 있게 되었고, 시험관 아기in vitro fertilization(IVF)나 인공 수정artificial insemination 기술의 개발로 자신의 인생 설계에 맞추어 임신을 할 수도 있게 되었다. 이런 기술은 임신이나 출산으로 인해 여성이 직장을 갑자기 그만두는 경우를 예방함으로써 여성이 동료 남

---

22) 클라인버그와 바벡의 연구는 Maria Osietzki, "Männertechnik und Frauenwelt. Technikgeschichte aus der Perspektive des Geschlechterverhältnisses," *Technikgeschichte* 59(1992), pp. 45~72, pp. 53~55에서 참조, 인용했다.

성들에 비해 불이익을 받는 경우를 줄인 것이 사실이다. 현재의 가부장제 사회 질서가 상당 부분 임신이나 출산과 같은 여성의 생물학적 한계를 이용해서 고착 · 강화되어왔음을 생각해보면, 많은 페미니스트 이론가들이 이들 새로운 기술을 환영하고 이에 기대를 거는 것은 당연하다. 그럼에도 불구하고 모든 생식 기술이 이런 생물학적 한계를 극복하면서 여성의 해방을 가져올 것이라고 단언하는 것은 문제가 있다. 여기에는 다음과 같은 이유가 있다.

현재 널리 사용되는 시험관 아기와 같은 생식 기술의 성공률은 그다지 높지 못할 뿐만 아니라 여성에게 주는 부작용도 심하다. 최근에도 이 성공률은 10~20% 내외밖에 안 되며 이를 통해 임신을 원하는 여성은 지속적인 호르몬제의 섭취, 정기적인 초음파 진단으로 각종 육체적 · 정신적 부작용에 시달린다.[23] 그럼에도 불구하고 이 기술이 '현대 과학의 축복'으로 널리 받아들여지고 연구가 계속되고 있는 것은, 이것이 현재 각광을 받는 유전학과 긴밀한 연관이 있고, 첨단 기술을 통한 불임 극복을 통해 산부인과의 의학적 지위를 높이려는 의사들의 이해 관계와 여기에 사용되는 호르몬제 등에서 비롯될 경제적 이익을 기대한 제약 회사들의 로비가 이 기술과 얽혀 있기 때문이다. 의사들은 별다른 전문 기술이 필요 없는 인공 수정과 같은 기술보다는 시험관 수정과 같이 전문 의사만이 시술할 수 있는 방법을 선호한다. 무엇보다도 이러한 새로운 기술은 불임을 자연적인 상태가 아니라 병리적인 상태로 규정하고, 이는 모든 여성은 임신을 해야 한다는 식으로 임신과 여성성을 동일시하는 새로운 담론의 기초가 되었다. 출산 보조 기술은 불임 여성에게 새로운 희망을 줌과 동시에 여성성을 임신과 출산이라는 여성의 생리적 특성에 따라 규정하는

23) Helen E. Longino, "Knowledge, Bodies and Values," *Inquiry* 34(1993), pp. 323~40, p. 326.

기존의 성차 이데올로기를 강화하는 결과를 낳기도 했다.[24]

의학의 역사는 임신중에 행해지는 각종 진단이나 출산 관련 기술들이 시험관 수정의 경우와 흡사한 발생 과정을 거쳤음을 보여준다. 17세기까지 출산은 전통적으로 전해지던 지식을 습득한 산파 —— 대개 부인들이거나 과부였던 —— 가 담당하던 일이었다. 이들은 특별한 도구 없이 산모의 자연 분만을 도왔고 산후 관리를 담당했다. 당시 남성 의사들, 즉 외과의들은 자연 분만이 어려운 경우에 한해서만 출산에 관여했고, 특히 산모가 죽은 경우 수술 도구를 사용해서 제왕절개로 아이를 들어내는 일을 담당했다. 그렇지만 18세기에 들어와 분만에 사용할 수 있는 겸자forcep(외과용 도구로 집게와 같은 도구를 말함)가 발명되어, 외과의들이 성공적으로 아이를 받아내는 경우가 늘어가면서, 산파들이 도맡아 하던 자연 분만까지도 점차 의사가 맡게 되었다. 한편, 외과의들은 자신들의 길드guild를 통해 여자 산파들이 이 도구를 이용할 수 없게 만듦으로써 산파의 활동을 위축시켰다. 이렇게 외과의로부터 파생된 초기 산부인과 의사들은 산파들과 자신들의 차이를 강조하기 위해서 겸자와 같은 도구를 불필요하게 많이 사용하면서 자신들의 영역을 확대해나갔다. 점차 근대적 병원에서 이들 발전된 도구에 의존한 의사들에 의한 분만이 일반화되면서, 산파라는 직업은 사라져버리고 출산은 이들 남자 의사들의 손에 놓이게 되었다. 근대 의학 분야에 포함된 출산은 점차 전문 의료 지식에 의해 다루어야 하는 병리학적 현상이 되었으며, 이 과정에서 출산 및

---

24) 이와 관련해서는 다음 논문을 참조. Renate Klein, "Reproductive Technology, Genetic Engineering, and Woman Hating," in C. Kramarae ed., *Knowledge Explosion: Generations of Feminist Scholarship* (New York: Teachers College Press, 1992), pp. 386~94; Wajcman, *Feminism Confronts Technology*, ch. 3; J. Hanmer, "Reproductive Technology: The Future for Women," in *Machina Ex Dea*, pp. 183~98, 특히 pp. 186~88.

임신과 관련된 진단 방법과 의료는 각종 기술에 의존하게 되었다.[25]

일군의 페미니스트들은 남성 산부인과 의사들의 이해와 의료 산업의 경제적 이해가 맞물려 발전한 의료 기술이 대다수 여성의 이익과 무관함을 주장했다. 급진적인 여성주의자들은 현대 기술이 자연에 대한 지배와 정복이라는 이데올로기를 선호하는 남성들에 의해 주도되어왔듯이, 임신과 출산에 관련된 기술도 자연에 비유되는 여성의 몸을 정복하고자 하는 남성 의사들의 지배욕의 결과라고 비판하면서, 여성이 이를 거부해야 한다고 주장한다.[26] 이들의 주장은 나름대로 일리가 있다. 먼저, 불임 치료 기술의 경우 남성에 대한 불임 치료보다 여성의 몸을 통한 해결, 즉 시험관 수정이나 배 이식(胚移植) embryo transfer 기술이 비대칭적으로 발달한 것이 사실이다. 특히 여성의 몸을 통한 기술은 불임 여성에게 선천적으로 불가능했던 '어머니'의 역할을 수행할 수 있게 해주었다는 점에서 환영을 받았지만, 이 과정에서 여성의 몸은 현대 의학 기술의 실험 재료 내지 대상이 되어버리고, 이미 사회적으로도 무시당한 여성의 성생활이나 건강은 더욱 뒷전으로 밀리게 되었다는 점도 주목해야 한다.

예를 들어, 해군의 해저 탐사 기술에서 시작된 초음파 기술이 그 위험에 대한 사전적인 검토 절차 없이 곧바로 일상적인 임신 진단 기술로 투입되어 사용되었고, 무려 15년이나 지난 1980년에야 이의 잠정적 위험에 대한 검토가 시작되었다는 사실은 생식 기술이 얼마나

---

25) Wajcman, *Feminism Confronts Technology*, ch. 3; C. Kohler Riessmann, "Women and Medicalization: A New Pespective," in *Inventing Women*, pp. 123~44, 특히 pp. 127~28.

26) Gena Corea, *The Mother Machine: Reproductive Technologies from Artificial Insemination to Artificial Wombs*(New York, 1985); Patricia Spallone and D. L. Steinberg, *Made to Order: The Myth of Reproductive and Genetic Progress*(Oxford, 1987).

성급하게 여성의 몸에 적용되었는지 보여준다. 이 새로운 기술은 당시 산부인과 의사나 과학자들이 자신들의 연구를 시각적으로 직접 체험할 수 있게 해준다는 점에서 매혹적이었고, 이는 의사가 이 신기술을 적극적으로 도입한 한 가지 이유가 되었다. 또한 산파를 대신해 현대 의료 기술을 이용한 분만이 자리잡기까지 있었던 수많은 시행착오가 분만 도중 사망의 위험을 증가시키기도 했다. 미국에서 현대 병원의 설립과 더불어 산파가 급격히 감소했던 1915년에서 1930년 사이 영아 사망이나 산모 사망이 증가했다는 사실이 그것이다.[27] 이는 남성 의사들의 배타적인 권력 확장이라는 차원에서 실제 여성 환자들에 대한 고려 없이 정착되기 시작한 현대 의료 기술이 지닌 어두운 면이다.

그렇지만 생산 기술이나 가사 노동 보조 기술의 경우와 마찬가지로 모든 생식 기술을 남성 의사들의 '음모'로 보는 데는 문제가 있다. 이런 '음모론'에 동의하지 않는 학자들은 초음파 기술이나 다른 출산 보조 기술의 발전에 여성의 적극적인 개입이 있었고, 이런 기술이 여성들의 이해를 반영하고 있음을 지적하면서, 이를 남성들의 지배 욕망의 구현으로 해석하는 데 반대한다. 이들은 19세기말 사산을 방지하고 출산의 고통에서 해방되고자 하는 중산층 여성들의 이해도 출산에 있어 외과 의사가 중요한 역할을 하게 된 한 가지 이유였음을 지적한다. 또 다른 예로는 여성이 자신의 커리어를 쌓기 위해 이들 생식 기술을 이용해 임신을 조절하는 것을 선호한다든가, 자기 아이의 첫 사진으로 태아의 초음파 사진을 보고 싶어 초음파 검사를 선호하는 경우를 들 수 있다. 가사 기술의 경우와 마찬가지로 여성은 여러 가지 방식으로 생식 기술에 대응하면서 기술 발전을 직·간접으

---

27) Ann Oakley, *Essays on Women, Medicine and Health* (Edinburgh: Edinburgh University Press, 1993), pp. 190~94, p. 128.

로 추동하고 있다는 것이다.[28] 물론 생식 기술과 관련해 모든 여성의 이해가 일치하는 것은 아니다. 서양 여성의 경우 생물학적 혈통이 중시되고 경제적인 여유가 있는 중산층 여성은 시험관 수정을 불임 해결책으로 받아들이고, 독신으로 아이를 갖고자 원하는 여성이나 레즈비언 커플은 인공 수정을 선호한다. 이렇게 이들 다양한 출산 보조 기술은 남성에 의한 여성의 지배보다, 여성들 사이에 존재하는 차이를 반영하기도 한다. 이런 점들을 생각해보면, 급진론자들이 이야기하듯 여성 전체의 이름으로 출산 보조 기술을 전면적으로 거부하는 것은 사실상 불가능하며, 그 이론적인 호소력도 희박하다.

그러나 이 생식 기술이 성 분업의 이데올로기를 자동적으로 없애지 못했다는 사실 역시 주지할 필요가 있다. 생식 기술은 여성의 몸에 집중적으로 적용되는 형태로 발달해왔으며, 남녀의 차별이 엄연히 존재하는 사회에서 법적인 아버지로서의 권한이 정자 제공자에게까지로 확장되어 결국은 기존의 남성 권한을 강화시키는 식으로 성 분업 이데올로기를 강화하고 있기도 하다.[29] 우리에게 절박한 문제는 기존의 젠더 이데올로기를 극복하고, 남녀간의 평등을 지향하며, 사람의 건강이 중시되는 의료 기술·생식 기술의 구체적인 모습을 그려나가는 데 있다.

---

28) Rosalind Petchesky, "Foetal Images: The Power of Visual Culture in the Politics of Reproduction," in Michelle Stanworth ed., *Reproductive Technologies: Gender, Motherhood, and Medicine* (Cambridge: Cambridge University Press, 1987).

29) 인공 수정법은 법적인 아버지를 필요 없게 만드는데, 사실상 현존 사회 법질서 안에서는 반드시 법적인 아버지가 필요하게 되어 있다. 이에 영국이나 미국에서는 정자를 제공하는 생물학적 아버지에게 이 권리를 부여하거나, 아이의 엄마가 반드시 법적인 아버지를 지정하도록 하였다. 곧 남성들의 입장에서 보면, 아이에 대한 자신들의 법적인 권한이 확대된 것이다. 결국 현재 가부장적 질서 안에서 기술로 인해 확대된 여성의 기회가 어떻게 제약될 수 있는지를 보여주는 예라고 할 수 있다. Hanmer, "Reproductive Technology," p. 185.

5. 새로운 '여성주의적' 기술은 가능한가

　지금까지 우리는 엔지니어링에서 여성의 배제, 여성의 기술에 대한 기여, 가사 노동 보조 기술과 생식 기술이 여성의 삶에 미친 영향 등을 살펴보면서, 기술과 젠더와의 관련을 분석했다. 우리가 살펴본 연구들은 여성을 기술로부터 소외시켰던 메커니즘이 남성 주도의 사회·문화 속에 형성된 각종 제도적·이데올로기적인 장치였지, 여성의 본성 또는 여성의 삶이 실제 기술과 동떨어져 있었기 때문이 아님을, 그리고 기술이 본질적으로 여성에 대해 억압적인 것이 아님을 보여주었다. 그러나 이런 문제의 규명이 남성의 이해와 긴밀하게 연관된 현대 기술을 어떻게 변화시킬 수 있는가에 대한 직접적인 답을 주지는 않는다. 지금까지 기술이 남성성의 동반자로 발전해왔다면 이런 관계를 어떻게 변화시킬 수 있을 것인가?

　이를 위해 무엇보다도 기술이 무엇인지, 기술과 젠더는 어떤 관계에 있는지 편견 없이 파악하는 것이 중요하다. 기술은 그 '본성'에 있어서 여성에 대해 억압적이지도, 해방적이지도 않다. 물론 이 얘기는 기술이 사용하는 사람에 따라 좋은 것으로도, 나쁜 것으로도 사용될 수 있다는 식의 기술의 가치 중립성을 옹호하는 주장이 아니다. 지금까지 우리의 논의를 바탕으로 생각해보면, 젠더는 기술을 형성하는 데 있어서 하나의 중요한 요소이며, 기술은 젠더의 내용을 만드는 과정에서 역시 하나의 중요한 요소이다. 기술의 발전에는 젠더 이외에도 다른 여러 가지 사회적·경제적·이데올로기적인 요인이 개입하며, 이 중 어떤 것은 젠더 요인의 본래 함의를 뒤집어버릴 수도 있다. 여성에게 억압적으로 작용할 수도 있는 기술도 여성의 노력에 따라 여성의 평등에 유리하게 만들 수 있으며, 여성의 편리함을 위해

봉사하는 듯이 보이는 기술도 사회의 다른 역학 관계에 따라 실제로
는 남녀의 불평등을 강화시킬 수 있다는 뜻이다.

기술의 '본질'이 여성에 대해, 자연에 대해, 인간에 대해 억압적이
라고 생각하는 것은 사실 기술의 '본질'이 있고, 우리는 이를 쉽게
알 수 있다는 증명되지 않은 가정에 근거하고 있다. 이런 생각은 대
개 현대 과학 기술은 여성을 지배·억압하고 이에서 해방되기 위해
서는 억압적이지 않고 해방적인 과학 기술을 만들어야 한다는 주장
으로 이어진다. 그렇지만 지금까지 우리가 살펴본 생산 기술·가사
노동 보조 기술·생식 기술의 예들은 여성과 기술의 관계가 '억압인
가 해방인가'라는 양분법보다 훨씬 복잡함을 보여준다. 기술의 발달
과정에 각인된 사회적 요인들은 분명히 존재하며, 이런 사회적 요인
이 기술의 방향을 어느 정도는 특정한 방향으로 몰고 가는 것도 사실
이다. 그렇지만 이런 초기의 방향이 절대적이고 돌이킬 수 없는 기술
의 '운명'은 결코 아닌 것이다. 자본가들이 노동자들을 탈숙련화시킴
으로써 이들을 쉽게 통제하려는 의도에서 도입한 기술이 노동자들에
의해 변형되어 더 고급의 숙련 노동의 필요를 만들어내는 것과 같은
'역전'은 기술사에서 자주 찾아볼 수 있는 예이다. 워드 프로세서의
도입이 타이피스트라는 전통적인 여성의 직업을 없앨 것이라는 예측
은 대략 들어맞았지만, 복잡한 사무용 컴퓨터 프로그램을 잘 다루는
고급 여성 인력이 대거 탄생한 것은 예측하지 못한 현상이었다.

이러한 맥락에서 포스트모더니스트 사회주의 여성학자인 도나 해
러웨이 Donna Haraway는 사이보그 cyborg 메타포에서 여성과 기술의
바람직한 관계를 찾고 있다.[30] 사이보그는 기계와 유기체의 잡종으로

---

30) Haraway, *Simians, Cyborgs, and Women*, pp. 148~57. 이 챕터는 도나 해러웨이,
「사이보그를 위한 선언문: 1980년대에 있어서 과학, 테크놀러지, 그리고 사회주
의 페미니즘」, 홍성태 엮음, 『사이보그, 사이버컬처』(문화과학사, 1997), pp.

기존의 유기체/무기체라는 이분법으로는 정의할 수 없는 개체를 의미한다. 이 같은 사이보그를 대량으로 양산하고 있는 현대 사회 속에서 해러웨이는 '여성'에 대한 정의 역시 사이보그화되고 있음을 강조한다. 자연/문화, 정신/육체라는 전통적인 이분법 논리에 기반하여 '여성'을 정의할 수 없을 만큼, 실제 여성은 시대와 지역마다 다르게 살고 있고 또한 변해왔다는 것이다. 경계를 긋는 것이 아니라 사이보그화를 통해 경계를 허물고, 여성과 기술의 새로운 결합을 만드는 것이 편협한 남성 중심의 가치 체계에서 벗어나는 것이라는 주장이다. 여성이 기술과 결합하는 사이보그화의 정도가 커질수록 여성은 전통적인 몸의 정치학body politics에 수동적인 대상이 될 가능성이 적어진다는 것이 이런 주장의 배경이다.

이에 대해 바이츠먼은 기술과 사회의 변화 사이에는 어떤 결정론적인 연관이 있는 것이 아님을 들어, 여성들이 기술에 직·간접적으로 주체적으로 참여함으로써 기존의 질서에 변화를 가져올 수 있을 것이라고 보고 있다.[31] 기술 연구·정책 등에 여성의 참여를 늘리고, 현재 진행되는 군사 기술이나 환경 오염 기술에 대한 비판을 더욱 근본적으로 수행하며, 전문 기술 지식에 새겨진 젠더 이데올로기에 대한 비판 및 성적 분업의 철폐 등이 실행되어야 함을 우선으로 두고 있다. 정확한 정의가 불분명한 '여성성'에 근거한 기술 개발을 주장하기보다는 이들 젠더 이데올로기를 넘어서는 새로운 사회 형성에 맞는 가치 체계를 마련해 이에 따르는 기술 개발에 힘써야 한다는 주장이다.

지금은 기술과 여성에 대한 과거의 도식에서 벗어나 현재의 변화를 예의 주시하면서, 여성과 기술에 대한 새로운 인식을 정립할 때이

147~209에 번역되어 있다.

31) Wajcman, *Feminism Confronts Technology*, pp. 195~97.

다. 이를 위해서는 무엇보다 기술 속에 각인되어 기술을 규정하는 젠더의 요소와, 기술이 발현시키는 새로운 젠더의 가능성이라는 두 가지 다른 경향의 역학 관계를 인식해야 한다. 기술은 젠더와 무관한 것도 아니지만, 그렇다고 젠더에 전적으로 종속되어 있는 것도 아니다. 우리는, 아니 특히 여성들은 기술의 변화에 대해 적극적이고 참여적인 태도를 가져야 하며, 기술을 사회 문제 해결의 마법사로 보는 기술지상주의와 기술을 혐오하고 이를 회피하는 기술 공포증을 다 배격해야 한다. 기술에 대한 적극적·비판적·참여적인 태도가 더 많은 여성을 기술로 이끌 수 있고, 이런 여성들의 노력이 여성에게 친화적 gender friendly인 기술의 내용을 채워줄 수 있을 것이다.

제9장

몸과 기술

—도구에서 사이버네틱스까지

상식적으로 생각할 때 몸body과 기술technology처럼 다른 것도 없다. 몸은 살아 있는 유기체이고, 기술은 그렇지 못하다. 몸은 자연적인 진화의 결과이고 지금 이 순간에도 진화하고 있지만, 기술은 인간의 발명의 산물이며, 따라서 인간 없이는 한 발짝도 앞으로 나아갈수 없다. 몸은 외견상 약하고 몇십 년 살다가 죽으면 썩어 없어지지만, 기술은 외견상 강하고, 신라 시대 첨성대가 아직 경주에 남아 있듯이 그 수명이 반영구적인 것이 많다.

그렇지만 몸과 기술의 관계를 자세히 들여다보면 그 경계가 처음 생각했던 것처럼 그렇게 분명하지 않음이 드러난다. 이 둘의 접점은 여러 군데서 발견된다. 먼저, 기술을 인간의 몸의 연장extension이라고 볼 수 있는 측면이 있다. 예를 들어, 원시 도구들을 비롯해서 이로부터 진화한 수많은 도구와 공작 기계들은 인간의 손의 연장이라 볼수 있고, 망원경이나 현미경 같은 기기는 인간의 눈의 연장, 계산기와 컴퓨터는 인간의 두뇌의 연장이라 볼 수 있다. 또, 기술과 인간은 '공동 진화co-evolution'를 계속해서, 이제는 이 인간과 기술의 복합체인 사이보그cyborg가 인간 존재의 한 양식이 되어버렸다는 담론도 우리 시대 인간의 몸과 기술의 경계가 예전처럼 분명하지 않음을 보여주고 있다. 안경과 지팡이와 같은 간단한 기술은 물론, 의수·의족, 인공 장기, 심장 박동 보조기와 같은 기계를 몸에 이식한 사람들이 점점 더 많아지고 있으며, 최근에는 사람의 움직임이나 두뇌 활동과 같은 행동이나 지각을 모사simulation한 기술이나 스스로 환경에 맞게 진화하고 '생식reproduction'하는 컴퓨터 프로그램——소위 인공 생명artificial life이라고 불리는——도 등장해서 주목을 끌고 있다.

이 글은 몸과 기술의 관계를, 위에서 언급한 두 가지 다른 각도에서 조명해볼 것이다.[1] 나는 먼저 기술을 인간의 몸의 연장으로 바라본 19세기 철학자들과 20세기 인류학자들, 과학기술사학자들의 논의를 분석할 것이다. 이를 위한 배경으로 과학 혁명기의 기기의 사용, 기계적 철학에서의 인간과 기계의 공통점과 차이점에 대한 인식, 산업 혁명과 진화론의 영향, 영혼의 세속화를 얘기한 뒤, 도구와 기술을 인간 몸과 신경계의 연장이라고 최초로 지적한 19세기 기술철학자 캅Ernst Kapp의 생각을 논의할 것이다. 그리고는 두번째 주제로 넘어가서 2차 세계 대전 동안 노버트 위너Norbert Wiener에 의한 사이버네틱스cybernetics의 출발과, '피드백에 의한 통제'라는 사이버네틱스의 기본 원리가 인간과 기계의 인터페이스는 물론, 사회와 자연을 어떻게 새롭게 이해하게 되었는가를 서술하겠다. 사이버네틱스는 인간과 기계의 유사성에 대해 급진적인 재해석을 시도했는데, 이 분야의 역사가 국내에 거의 소개되지 않은 관계로 나는 이에 대한 조금 자세한 서술을 시도했다. 결론에서는 사이버네틱스에 대한 앞의 논의에 바탕해서 80년대 이후 문화 연구Cultural Studies나 여성 연구Feminist Studies에서 종종 언급되는 도나 해러웨이Donna Haraway의 '사이보그cyborg'에 대한 담론을 소개하려 한다. 여기서는 사이보그

---

1) 이 글은 『몸 또는 욕망의 사다리』(한길사, 1999)에 수록되었다.

가 포스트모던 시기에 해방적 여성의 존재 양식이 되어야 한다는 해러웨이의 주장과 이에 대한 비판을 간단히 살펴볼 것이다.

1. 인간의 몸의 연장으로서의 기술: 과학 혁명기에서 19세기까지

인간의 몸이 본격적으로 기계와 관련을 맺기 시작한 것은 17세기 과학 혁명 Scientific Revolution에 이르러서였다. 갈릴레오 같은 자연철학자는 망원경을 통해 관찰한 천체의 구조가 자연에 존재하는 실재이지 망원경이라는 기기 instrument가 만든 인공적인 현상이 아님을 강조하기 위해, 망원경이라는 기계의 기능이 인간 눈의 시각을 몇십배 멀리 볼 수 있게 해준 것이지 환상을 만들어낸 것이 아님을 주장했다. 비슷한 시기에 발명된 현미경도 인간의 육안으로는 볼 수 없는 미시 세계 microworld의 기묘한 모습을 처음으로 드러냈는데, 이런 기묘한 세계가 실제로 존재하지만 단지 육안으로는 볼 수 없는 것에 불과하다는 사실을 강조하려 했던 자연철학자들 역시 현미경이 인간의 눈의 시력을 엄청나게 높여준 것이지, 새로운 판타지를 만들어내는 마술 상자가 아니라는 주장을 폈다. 이런 기기는 금성의 위상 변화나 눈에 보이지 않던 생물체를 드러냄으로써 인간이 자연을 관찰하는 능력을 증대하고 자연에 대한 새로운 이해를 가져옴으로써, 과학 혁명기의 중요한 연구 전통을 형성했다. 발명 초기에 논쟁의 대상이 되었던 이러한 기기는 곧 자연의 연구를 위해 필수불가결한 것으로 받아들여졌다.[2]

---

2) 갈릴레오의 망원경에 대해서는 Albert van Helden, *The Invention of the*

망원경이나 현미경 같은 과학 기기가 감각 기관의 지각 능력을 증대하는 것으로 여겨지면서 몸과 기술의 하나의 접점을 만들었다면, 몸과 기술과의 또 다른 접점이 인간의 몸에 대한 '기계적' 인식에서 찾아졌다. 동물이 복잡한 기계에 다름아니라는 생각은 레오나르도 다 빈치 같은 르네상스 철학자, 데카르트 같은 초기 기계적 철학자 mechanical philosopher의 사상에서부터 찾을 수 있다. 갈릴레오의 제자인 보렐리 Giovanni Borelli는 1680년에 출판된 『동물의 운동』이란 책에서 이런 생각을 체계화시켜서 새의 비행, 물고기의 운동은 물론 사람의 근육 운동, 호흡과 같은 운동을 물리학의 법칙과 기계적 작용으로 이해하려는 체계적인 시도를 전개했다. 예를 들어, 그는 사람의 근육에 수축하는 부분이 있음을 주장했고, 이 수축이 화학적인 효소 작용과 같은 반응에 의해 일어난다고 설명했다. 보렐리는 지레와 도르래를 사용해서 사람이 물건을 들고 나르는 운동을 설명했고, 이에 필요한 힘을 물리학의 법칙을 사용해서 계산하기도 했다. 이런 전통은 18세기 계몽 사조를 통해 계속 이어져서, 보어하브 Herman Boerhaav 같은 의사는 인간의 인체가 다양한 파이프의 네트워크와 파이프를 흐르는 액체들을 저장하는 용기로 이루어진 체계임을 역설했다.[3]

물론 17세기 과학 혁명기를 통해 득세한 기계적 철학 mechanical philosophy이 "사람은 기계에 불과하다"는 식의 주장을 폈던 것도 아니고, 이런 생각이 계몽 사조를 통해 널리 받아들여진 것도 아니었다. 무엇보다도 인간에겐 기계에게 없는 독특한 '영혼 soul'이라는 것이 존재한다고 믿어졌었고, 사유와 믿음으로 대별되는 이런 영혼의

Telescope (Philadelphia, 1977)를, 현미경에 대해서는 Catherine Wilson, *The Invisible World: Early Modern Philosophy and the Invention of the Microscope* (Princeton, NJ: Princeton University Press, 1995)를 참조.

3) Roy Porter ed., *Cambridge Illustrated History of Medicine* (Cambridge: Cambridge University Press, 1996), pp. 160~62.

기능과 그 세계는 무기물이나 동물에는 없는 인간만의 특성이라 간주되었다. 18세기 전반부의 계몽 철학자인 라 메트리 La Mettrie 같은 무신론자가 그의 『인간 기계론』과 같은 책에서 인간의 영혼을 물질적인 작용만으로 설명하려고 시도했지만, 그의 철학은 이단으로 규정받았고 그는 목숨을 부지하기 위해 프랑스에서 네덜란드의 레이덴 Leiden으로 도망쳐야 했다. 정신 활동으로 드러나는 영혼의 작용은 인간과 기계, 인간과 다른 생물, 인간과 무생물을 구분하는 중요한 경계였다.[4]

18세기 계몽 사조 시기에는 자동 인형automata에 대한 관심이 유난히 높았고, 그 제작도 활발했다. 자크 보캉송Jacques Vaucanson이 만든 진짜 오리와 구별하기 힘든 자맥질하는 기계 오리, 바이올린을 연주하는 기계 원숭이, 그림을 그리는 소년 인형, 체스를 두는 기계 인간——이 체스 머신은 나중에 속에 사람이 들어가 있는 가짜임이 밝혀졌지만——등이 사람들의 관심과 상상력을 자극했다. 그렇지만 18세기 사람들은 기계나 자동 인형에 대해 얘기할 때, 이것들이 인간의 몸의 기능이나 운동을 '모방imitation'한 것이라고 생각했지, 인간의 몸의 일부라거나 몸을 '연장extension'한 것이라고는 생각하지 않았다. 예를 들어, 18세기말에 등장한 자동 방직 기계에 대한 설명에서 사람들은 이 기계가 방직을 할 때 인간의 다양한 손동작을 아주 정확하게 모방해서 작동하는 것이라고 얘기했지, 이런 기계가 인간의 몸의 연장이거나 일부라고 얘기하지는 않았던 것이다.[5]

---

4) 라 메트리의 유물론과 심신 이론에 대해서는 송상용, 「L'Homme machine의 분석」, 송상용 편저 『과학사 중심 교양과학』(유성문화사, 1980), pp. 298~314; 조영란, 「라 메트리의 심신 이론과 18세기 생물학」, 『한국과학사학회지』 제13권, 1991, pp. 139~54 참조.
5) 18세기의 자동 인형에 대한 논의로는 Otto Mayr, *Authority, Liberty & Automatic Machinery in Early Modern Europe* (Baltimore: Johns Hopkins University Press,

18세기 사람들이 기계의 기능과 운동을 인간의 기능과 운동의 '모 방'이라고 생각했던 데에는 다음과 같은 몇 가지 이유가 있었다. 먼 저 앞서 말했듯이 자동 인형이나 자동 방직기와는 달리 인간은 '영 혼'을 가지고 있는 존재라는 것이 가장 큰 이유였다. 그리고 인간을 비롯한 생물은·신에 의해 만들어진 고정된 종fixed species이라고 생 각했던 것이 그 두번째 원인이었다. 인간의 몸이라는 것이 변화하지 않고 고정된 것이라면, 인간의 몸과 기계 사이에 유기적인 관계는 물 론, 어떤 미미한 종류의 상호 작용도 발견하기가 쉽지 않았기 때문이 다. 마지막으로 사람들은 기계를 사람이 만든 것으로, 따라서 완벽하 게 이해할 수 있고 통제할 수 있는 것으로 생각했다. 17세기 과학 혁 명기에 널리 퍼졌던 생각 중 하나는, 사람은 신이 만든 것을(예를 들 어 자연) 완벽하게 이해할 수 없지만, 사람이 만든 것은(예를 들어 사 회나 기술) 완벽하게 이해할 수 있고 통제할 수도 있다는 생각이었다. 기계는 인간에게 종속된, 인간의 의도와 명령에 따라 충실하게 움직 이는 수동적인 도구에 불과한 것이었다.[6]

따라서 사람들이 도구나 기계를 인간 몸의 모방이 아니라 유기적 '연장'이라고 명시적으로 생각하기 시작한 것은 다음의 세 가지 사회 적·지적 배경이 형성된 이후였다. 먼저, 생리학자나 정신병을 치료 하던 의사들의 노력에 의해 인간의 영혼에 대한 사람들의 종교적· 철학적 집착이 조금 완화되었음을 들 수 있다. 예를 들어, 헬름홀츠

1986); Jessica Riskin, "The Defecating Duck, or Scenes from the Early History of the Idea of Automation"(a paper read at the annual meeting of the History of Science Society, San Diego, 1997).

6) 인간이 만든 것은 완벽히 이해할 수 있고, 통제할 수 있다는 신념은 과학 혁명기에 나타난 대표적인 생각 중 하나였다. 이에 대해서는 Amos Funkenstein, *Theology and the Scientific Imagination from the Middle Ages to the Seventeenth Century* (Princeton, NJ: Princeton University Press, 1986) 참조.

와 같은 생리학·물리학자들은 인간의 생리를 물리적이고 화학적인 작용으로 설명했으며, 이는 이후 독일 심리학에까지 큰 영향을 미쳤다. 또한 19세기 후반 정신과 의사들은 영혼이란 말 자체가 과학적인 유용성이 없다고 주장하면서, 기억memory과 같은 현상에 연구의 초점을 맞추면서 영혼을 이런 과학적 범주로 대체했다. 이 결과, 19세기 말엽이 되면 영혼이란 개념은 최소한 과학과 의학에서는 별로 의미가 없는 말이 되었다.[7]

두번째로, 기계가 단지 사람이 만든 '수동적인' 물건이 아니라는 생각이 다양한 형태로 나타났다는 점을 들 수 있다. 인간이 만든 물건을 인간이 완벽하게 통제할 수 있다는 신화가 깨진 것은 메리 셸리 Mary Shelley의 『프랑켄슈타인 Frankenstein』(1818)이 상징적으로 보여주고 있다. "당신이 나를 당신보다 더 힘세게, 더 크게, 더 유연하게 만들었음을 기억하시오. [……] 내가 당신의 피조물임을, 내가 당신의 아담임을 기억하시오. 그렇지만 나는 아무 잘못도 없이 낙원에서 추방당한 타락 천사요. [……] 나는 너그럽고 착했지만, 당신이 나를 악마로 만들었소……" 프랑켄슈타인이 만든 괴물의 절규는 19세기 초엽에 활동했던 셸리와 같은 로맨티시즘-미스터리 작가가 사람이 만든 것들에 대해 사람이 통제력을 상실하고 있었음을 어렴풋이나마 느끼고 있었음을 보여주고 있다. 셸리와 그녀의 동시대인을 둘러싼 거대한 변화는 '산업 혁명'으로 상징되는 거대한 산업화였다. 거의 같은 시기의 철학자 토머스 칼라일 Thomas Carlyle 역시 자신의

---

7) 헬름홀츠와 독일 생리학자들에 대해선 Timothy Lenoir, "Teleology without Regrets: The Transformation of Physiology in Germany, 1790~1847," *Studies in History and Philosophy of Science* 12(1981), pp. 293~354를, 기억에 대한 프랑스 정신과 의사들의 연구가 영혼이란 개념을 대체한 과정에 대해선 Ian Hacking, *Rewriting the Soul: Multiple Personality and the Sciences of Memory* (Princeton: Princeton University Press, 1995) 참조.

시기를 '기계의 시기'라고 정의하고 "외부적이고 물질적인 것만이 기계에 의해 움직여지는 것이 아니라 인간의 내부적이고 정신적인 것까지도 기계에 의해 움직이고 있다"고 하면서 "인간은 손에서뿐만 아니라 머리와 가슴에서까지 기계적이 되었다"고 간파했다.[8]

마지막으로, 사람 자체가 오랜 진화의 산물이고 지금도 진화하고 있다는 사상이 다윈의 『종의 기원』(1859)에 의해 제기된 것이 인간과 동물의 생물학적 경계를 의미 없는 것으로 만들었을 뿐만 아니라, 인간을 진화라는 메커니즘을 통해 이해하게 됨으로써 인간과 기술의 '공동 진화'를 생각할 수 있는 단초를 제공했음을 생각해볼 수 있다. 특히 다윈의 영향을 받은 사상가들은 원시 인간이 사용했던 도구가 인간의 진화에 매우 중요했음을 강조했다. 다윈의 영향하에 인간의 진화와 기술의 진화를 연결시켜서 생각한 사람으로는 마르크스와 엥겔스가 있다(이들 모두 영혼의 형이상학적·종교적 집착에 반대했던 유물론자였음은 주목할 필요가 있다). 마르크스는 그의 『자본론』에서 동물의 기관의 진화와 사회 속에서의 기술의 진화를 비교하면서 다음과 같이 언급했다.

> 다윈은 자연의 기술 natural technology의 역사, 즉 식물과 동물의 기관 organ을 이 피조물의 생명을 보존하기 위한 생산적 도구의 근원으로 보는 것에 우리의 관심을 불러일으켰다. 사회 조직의 물질적 토대를 만드는 '인간의 생산적인 기관'(노동이나 기술과 같은 것: 저자 주)의 근원에 대한 역사 역시 같은 주목을 받아야 하지 않을까?[9]

---

8) 메리 셸리의 『프랑켄슈타인』과 칼라일에 대한 논의는 Bruce Mazlish, *The Fourth Discontinuity: The Co-Evolution of Humans and Machines* (New Haven and London: Yale University Press, 1993), pp. 41~44, 71에 의존했음.

9) Karl Marx, *Capital* vol. 1(London: J. M. Dent & Sons, 1951), pp. 392~93, n. 2. 여

엥겔스는 이보다 더 직접적으로 기술과 인간의 진화를 연관지었다. 그는 인간이 직립하고 손을 자유롭게 쓸 수 있게 된 시점이 인간을 동물의 세계로부터 해방시킨 결정적 순간이라고 보았다. 엥겔스는 여기서 한 걸음 더 나아가 도구의 사용과 이를 통한 노동이 인간을 직립하게 하고 손을 해방시킨 동인으로 간주했다. "인간의 손은 노동을 하는 기관일 뿐만 아니라 노동의 결과이다." 즉, 인간의 진화가 기술의 사용을 낳은 것이 아니라, 기술을 사용한 노동이 인간의 현재 모습으로의 진화를 가져왔다는 것이다. 이런 해석에 의하면 이성보다 도구의 사용이 인간이라는 종의 시작이 되며, 따라서 인간은 호모 사피엔스Homo sapiens가 아니라 호모 파베르Homo faber이다.[10]

영혼의 세속화, 산업 혁명과 기계에 대한 새로운 인식, 진화론에 입각해서 기계를 인간 몸의 '연장'이라고 분명하게 주장한 최초의 철학자는 독일의 에른스트 캅Ernst Kapp이었다. 독일 출신이지만 독일에서 추방당해 미국 텍사스에서 농기구와 기계를 사용해서 오랫동안 실제 농사일을 한 경험이 있는 그는, 1877년 『기술의 철학적 원리』란 책에서 기술을 인간의 몸의 연장으로 간주했다.

기서는 Mazlish, 위의 책, p. 6에서 재인용했음.
10) 엥겔스와 Homo faber에 대한 논의로는 Margaret Lock, "Decentering the Natural Body: Making Difference Matter," *Configurations* 5(1997), pp. 276~77 참조. 도구와 인간의 진화의 관계에 대한 현대 인류학적인 개괄로는 Sherwood L. Washburn, "Tools and Human Evolution," *Scientific American* 203(1960), pp. 63~75 참조. 이런 논의를 기술사에 도입한 것으로는 André Leroi-Gourhan, "Introduction(to the Birth and Early Development of Technology)," in Maurice Daumas ed., *A History of Technology and Invention: Progress through the Ages* volume 1(New York, 1969), pp. 12~57 참조.

여기서 밝혀지고 강조될 도구와 인간의 기관organ 사이의 본원적 관계는──의식적인 발명이라기보다는 무의식적인 발견에 더 가까운 그런 관계──도구 속에서 인간이 스스로를 연속적으로 생성했다는 것이다. 효용성과 힘이 증대되어야 하는 인간의 기관이 이 과정을 통제하는 요소이기 때문에, 도구의 적합한 형태는 오직 인간 기관으로부터만 나올 수 있다. 풍요한 정신적 창조물이 인간의 손·팔·이빨에서 나왔다. 구부러진 손가락은 갈고리가 되었고, 손바닥의 움푹 파인 곳은 그릇이 되었다. 칼·창·노·삽·갈퀴·괭이에서 우리는 팔·손·손가락의 일상적인 위치를 발견한다. 이러한 도구는 사냥·어획, 정원에서 쓰이는 도구에 다시 적용되었다.[11]

캅은 더 나아가서 철도를 인간의 순환계의 외화externalization로, 전신을 인간의 신경망의 연장으로, 언어와 국가를 인간의 정신 작용의 연장으로 파악했다.

도구의 사용이 인간의 진화에 영향을 미쳤다는 엥겔스의 주장이나 기술이 인간의 몸과 정신의 연장이라는 캅의 주장은 이후 많은 사람들에 의해 반복되고 정교화되었다. 프랑스 철학자 베르그송Henri Bergson도 그의 『창조적 진화』에서 비슷한 견해를 피력했고, 인류학자들은 도구가 인간의 진화에 미친 영향을 놓고 논쟁했다. 여기서 한 걸음 더 나아가, 버날J. D. Bernal과 같은 마르크스주의 과학사학자는

---

11) Ernst Kapp, *Grundlinien einer Philosophie der Technik: Zur Entstehungsgeschichte der Kultur aus neuen Gesichtspunkten* (Fundamentals of a Philosophy of Technology: The Genesis of Culture from a New Perspective) (Braunschweig, 1877). 캅에 대한 논의는 Carl Mitcham, *Thinking through Technology: The Path between Engineering and Philosophy* (Chicago: The University of Chicago Press, 1994), pp. 20~24; Ernst Cassirer, *The Philosophy of Symbolic Forms: Mythical Thought* volume two(New Haven: Yale University Press, 1955), pp. 215~18 참조.

물리학과 같은 자연과학도 인간의 감각-운동 기관의 연장 extension of the human sensory-motor arrangement을 다루는 것이라고 주장했다. 최근에는 맥루언 Marshall McLuhan 같은 미디어학자가 TV나 컴퓨터와 같은 미디어를 인간의 대뇌와 신경계의 연장으로 기술하기도 했다.[12] 사이버스페이스 cyberspace라는 말을 처음 사용해서 널리 알려진 윌리엄 기브슨 W. Gibson의 『뉴로맨서 Neuromancer』라는 공상과학소설에서도 인간과 컴퓨터의 인터페이스가 극도로 발달하는 식으로 인간의 몸이 진화해서 만들어진 인간-기계의 새로운 잡종이 묘사되고 있다. 인간과 기계의 경계가 흐려지는 것은 최근 널리 얘기되고 있는 사이보그에 대한 대중적·학문적 담론에서도 찾아볼 수 있다.

기술이 인간의 몸의 연장이라는 주장은 얼마만큼 타당한가? 분명한 것은 모든 기술을 인간의 몸이나 정신 기능의 연장이라고 보는 것에는 문제가 있다는 것이다. 예를 들어, 해시계 sundial가 인간 신체의 어느 부분의 연장인가를 생각해보자. 해시계는 인간 몸의 연장이라기보다는 자연의 모방에 가까운 기술이다. 하루 혹은 1년과 같은 일상의 시간이라는 것이 사람의 신체가 아니라 지구의 공전과 자전에 의해 정의되기 때문이다. 『기술의 진화』를 저술한 바살라 George Basalla도 철조망과 같은 기술은 인간의 몸이나 기존의 기술에서 진화한 것이 아니라 자연에 존재하는 가시덤불에서 진화한 것이라고 주장했다. 여기서 보듯이 기술에는 인간의 몸의 외화라고 볼 수 있는 것도 있지만, 자연의 체화 embodiment라고 볼 수 있는 것도 많이 있다. 20세기 전반부에 활발히 활동한 기술철학자 멈퍼드 Lewis

---

12) J. D. Bernal, *The Extension of Man: A History of Physics before Quantum* (Cambridge: MIT Press, 1972); Marshall McLuhan, *Understanding Media: The Extensions of Man* (MIT Press, 1964); Mitcham, 앞의 책, p. 175. 버날과 맥루언의 책 모두 제목에 "인간의 연장"이란 용어를 사용했음에 주목할 필요가 있다.

Mumford는 여기서 한 걸음 더 나아가 기술적 추상 abstraction으로부터 나온 정보 기술과 같은 것들은 몸의 외화도, 자연의 체화도 아닌 상징적 기술 symbolic technology이라고 보고 있다.[13]

이런 문제 이외에도, 모든 기술을 인간의 몸의 연장이라고 보는 것은 전근대적인 도구 tool와 근대적인 기계 machine 사이의 중요한 차이를 무시한다고 보는 견해도 있다. 망치나 삽과 같은 전근대적인 도구가 사람이 몸 속에 가지고 있는 힘을 사용해서 사람이 할 수 없는 일을 함에 비해, 증기 기관과 같은 기계는 사람에게는 없는 증기라는 자연력을 빌려서 일을 한다는 것이다. 또 다른 차이로는 도구가 주로 사람과 동물에서 볼 수 있는 직선 반복 운동을 주로 수행함에 비해, 근대 산업 혁명을 가져온 중요한 기계들은 천체나 전자 electron와 같은 자연에서 볼 수 있는 무한 회전 운동을 주로 수행한다는 점도, 인간의 몸의 외화라고 볼 수 있는 도구와 그렇게 보기 힘든 기계와의 차이라고 할 수 있다. 이러한 문제 때문에 요즘 기술사학자나 철학자들은 "기계가 인간의 몸의 연장이다"라는 주장을 '19세기' 기술철학의 전형적인 주장으로 보고 있다. 이런 주장이 전혀 의미가 없는 것은 아니지만, 모든 기술을 몸의 연장으로 보는 것은 서로 다양한 기술이 가진 미묘하고 흥미있는 차이를 무시해버리는 결과를 낳기도 하기 때문이다.

2. 피드백과 위너의 사이버네틱스

기술의 역사에 대한 분류 체계 가운데 잘 알려진 것 하나는 헤르만

---

13) George Basalla, *The Evolution of Technology* (Cambridge: Cambridge University Press, 1988); Lewis Mumford, *Technics and Civilization* (New York, 1934).

슈미트Herman Schmidt라는 독일 철학자가 이를 1) 도구의 시기, 2) 기계의 시기, 3) 자동 기계automata(여기서는 인간이나 동물의 행동을 모방해서 만든 '자동 인형'과의 구별을 위해 automata를 자동 기계로 번역함)의 시기로 나눈 것이다. 도구의 시기에는 손과 같은 인간의 기관을 강화·보완하고, 더 편하게 하는 방향으로 기술이 발전했고, 다음으로 나타난 기계의 시기는 자연에 있는 유기 에너지 organic energy(동물의 힘과 같은 에너지)를 무기 에너지 inorganic energy(증기의 힘과 같은 에너지)로 대체해서 사용하기 시작한 시기였다. 이와 달리 자동 기계의 가장 중요한 특징은 '피드백feedback'이다. 다른 말로, 인간과 같은 유기체의 활동에서 흔히 볼 수 있는 '감각과 운동의 순환적인 과정 circular sensory-motor process' ──예를 들어 밝은 데선 동공이 작아지고 어두운 데선 커지고 하는 것──과 유사한 작용을 하는 것이 자동 기계라는 얘기다.[14]

이러한 피드백 메커니즘의 역사는 멀리 잡으면 기원전 250년 로마의 기술자 크테시비오스Ktesibios가 만든 물시계의 부판(浮瓣) floating valve까지 거슬러올라간다. 크테시비오스는 물시계에 물을 공급하는 탱크와 물을 받는 수조 사이에 부판을 설치해서 탱크에서 물을 공급하는 압력을 수조의 수위에 따라 달라지게 함으로써 물의 공급을 시간에 따라 균일하게 하는 장치를 만들었다. 그렇지만 현대적인 의미의 피드백 메커니즘은 증기 기관의 보급과 더불어 시작된 조속기(調速機) governor였다. 조속기는 증기 기관의 피스톤의 운동이 정상보다 빨라지면 이를 느리게 하고, 이것이 느려지면 다시 빠르게 하는 기계였다. 19세기 대표적 물리학자 중 한 명이었던 맥스웰J. C. Maxwell은 미분 방정식을 이용해서 이 조속기가 안정된 평형 상태를 이루는 조

---

14) 슈미트의 분류와 자동 기계에 대한 논의는 Arnold Gehlen, *Man in the Age of Technology* (New York: Columbia University Press, 1980), pp. 16~23을 참조했음.

건과 그 조건을 만족하는 새로운 조속기의 디자인을 제시하기도 했다.[15] 이후 조속기와 같은 기계는 '서보 기구' 또는 '서보메커니즘 servomechanism'(자동 제어 장치)으로 불리기 시작했으며, 이 자동 제어 장치는 20세기 들어 전함에서 상대편 적함에 포를 발사할 때 적함의 운동을 보정해서 이를 자동 추적한 뒤 미래의 위치를 예측해서 포를 발사하는 기계에 널리 사용되었다.[16]

그렇지만 19세기 동안 조속기와 같은 서보메커니즘을 기술할 때 피드백이란 용어가 사용된 것은 아니었다. 피드백이란 말 자체는 20세기 전기공학에서 쓰이기 시작했던 말이다. 하이파이 오디오와 같은 기술의 기반이 되었을 뿐만 아니라, 위너 Norbert Wiener의 사이버네틱스에 큰 영향을 미쳤던 '음(陰)피드백 증폭기 negative feedback amplifier'(출력을 다시 집어넣어서 입력과 상쇄되게 하는 증폭기)는 1927년 벨 회사의 자회사인 웨스턴 전기 회사에서 일하던 해럴드 블랙 Harold Black에 의해 발명되었다. 블랙은 장거리 전화에서 소리의 찌그러짐을 없애는 한 가지 방법으로 출력과 입력을 상쇄하는 증폭기를 고안했다. 이는 출력과 입력을 합하는 보통 증폭기와는 다른 그 반직관적 특성 때문에 특허를 받는 데 꽤 오랜 시간이 걸렸다. 그렇지만 음피드백 증폭기는 1930년대 중반부터는 서서히 전기공학에서 쓰이기 시작했고, 30년대 후반이 되면서 전화·라디오에 필수불가결한 기술로 자리잡게 되었다.[17] 기계공학에서 출발해서 전함 등에 사

---

15) Otto Mayr, *The Origins of Feedback Control* (Cambridge: MIT Press, 1970).

16) David Mindell, "Automation's Finest Hour: Bell Labs and Automatic Control in World War II," *IEEE Control Systems Magazine* 15(1995), pp. 72~80; "Engineers, Psychologists, and Administrators: Control System Research in Wartime: 1940~45," *ibid.* 15(1995), pp. 91~99.

17) 피드백이란 개념의 역사에 대해선 H. W. Bode, "Feedback: The History of an Idea," in Richard Bellman and Robert Kalaba eds., *Selected Papers on Mathematical*

용되고 있었던 '자동 제어 장치'와 전기공학에서 출발해서 전화의 증폭에 사용되던 '피드백 메커니즘'이 결합하게 된 데에는 2차 세계 대전이 촉매 역할을 했다. 전함의 포가 적함이 아닌 적기를 겨냥하게 되면서, 기존의 자동 제어 장치가 빠른 적기 앞에 무용지물이 되어버렸기 때문이다. 적기의 움직임을 예측해서 미리 포를 쏘는 것은, 적함의 움직임을 예측해서 포를 쏘는 것과는 질적으로 다른 문제였다. 게다가 이것은 비행기 조종사의 행동 유형의 예측을 포함하는 복합적인 문제였다. 바로 이 점 때문에 전장에서 실용적으로 사용할 수 있는 '대공 예측기 anti-aircraft predictor'의 개발은 쉽지 않은 전략 과제 중 하나였다.

2차 세계 대전 중 미국의 군사 연구를 주관했던 NDRC(National Defence Research Council)는 당시 MIT의 수학자였던 위너에게 이 대공 예측기에 대한 연구를 요청했다. 위너는 이 문제의 핵심을 적기가 움직이는 일반적인 유형을 나타내는 커브를 발견하는 것이라고 보았다. 위너는 이를 알아내기 위해 MIT의 첫 컴퓨터라고 할 수 있는 미분 연산기 differential analyzer를 사용해서 미분 방정식을 풀기도 하고, 복잡한 수학적 모델을 세우기도 하고, 통계적 방법을 사용하는 등 가능한 모든 방법을 사용했다. 또 그는 전기공학의 피드백 증폭기를 사용해서 대공 예측기를 디자인하기도 했다. 이런 연구를 통해 위너는 서보메커니즘과 피드백 메커니즘을, 기계공학과 전기-전자 공학을 결합시킨 것이다.

그렇지만 그의 연구의 중요성은 여기서 그치지 않았다. 1941~43년에 걸친 연구 과정에서 위너는 한 가지 재미있는 사실을 발견했는데, 그것은 "적기의 조종사가 마치 서보메커니즘처럼 움직인다"는 것

Trends in Control Theory (New York, 1964), pp. 106~123 참조.

이었다. 비행기라는 거대한 물체가 조종사의 명령에 따라 움직여주는 데는 약간의 시간 time lag이 필요하고 따라서 조종사는 이 시간의 차이에 의해 운동이 지연된 것만큼을 더 보충하기 위해 다음 명령을 수행하는 경향이 있다는 것이다. 즉, 적기의 움직임을 정확히 예측하기 위해선 비행기의 운동과 조종사의 조종을 독립된 기계와 인간이 아닌 연결된 하나의 서보메커니즘으로 간주해야 한다는 것이 그의 발견이었다.[18)]

위너의 대공 예측기는 실용적인 형태로 개발되지 못했다. 짧은 시간과 예산의 부족도 문제였지만, 돌이켜보면 컴퓨터와 같은 전자 계산기가 지금처럼 발달하지 못했던 이유가 컸다. 그렇지만 위너는 서보메커니즘의 본질이 피드백 루프 feedback loop에 있고, 조종사라는 인간이 마치 서보메커니즘처럼 움직인다는 자신의 발견의 중요성을 간과하지 않았다. 그는 멕시코 출신의 생리학자이자 그의 오랜 친구인 로젠블루스 Arturo Rosenblueth를 만나 자신의 생각을 얘기했고, 로젠블루스는 인간에게서도 서보메커니즘처럼 피드백 루프가 조금 손상되었을 때 나타난다고 간주할 수 있는 병이 있음을 지적해주었다. 게다가 로젠블루스는 '항상성 homeostasis'(생명체가 항상 어떤 평형 상태로 돌아가려 하는 생리적 경향)이란 개념을 제창했던 캐넌 Walter Cannon과 공동 연구를 수행했던 경험이 있던 사람이었다. 물론 캐넌의 항상성은 공학적인 개념이 아니라 생리학적인 개념이었다. 위너와 로젠블루스는 기계화된 피드백에 근거해서 사람 및 다른 동물의 활동을 재해석하기로 하고, 위너의 조교 비글로 Julian Bieglow와 함께

---

18) 노버트 위너의 생애와 업적에 대한 개설서로는 Pesi Massani, *Norbert Wiener* (Basel: Birkhauser, 1990)가 있다. 위너의 자서전도 그의 생애와 업적을 개괄하는 데 매우 유용하다. Norbert Wiener, *Ex-Prodigy: My Childhood and Youth* (New York: Simon and Schuster, 1953); *I Am a Mathematician* (Cambridge: MIT Press, 1956).

수행한 생명체의 피드백 루프에 대한 연구를 「행위, 의도, 목적론」이란 논문으로 1943년 출판했다.[19]

위너, 로젠블루스, 비글로가 함께 저술한 이 논문은 피드백 루프라는 개념을 사용해서 인간을 포함한 동물의 다양한 행동을 설명한 최초의 논문이었다. 지금은 고전이 된 이 논문은 동물의 행동을 의도 purpose를 가진 것과 그렇지 않은 것으로 나누고, 의도를 가진 행동을 다시 목적을 향한(또는 목적을 따라가는) 것 teleological과 그렇지 않은 것 non-teleological으로 나누었다. 목적을 향한 행동이 바로 '피드백에 의해 통제되는' 의도를 가진 행동이다. 개구리가 혀를 쑥 내밀어 파리를 잡는 것은 파리를 잡으려는 의도를 가진 행동이지만, 목적을 향한 행동은 아니다. 개구리는 한번 혀를 내밀면 파리의 위치 변화에 따라 혀의 운동을 지그재그로 바꿀 수 없기 때문이다. 반대로 야구 선수가 공을 쫓아가는 행동은 목적을 향한 것인데 그는 공의 위치를 순간순간 인식하면서 자신이 갈 방향과 속도를 조절하기 때문이다. 위너는 배를 쫓아가서 파괴하는 어뢰를 목적을 향한 행동이며 의도를 달성하는 행동을 하는 개체로 보았다. 배가 방향을 바꾸어도 이를 감지해서 쫓아가는 것이 피드백에 의한 통제에서만 가능하기 때문이다. 물론, 위너가 기계 부품으로 구성된 어뢰와 공을 쫓아가는 사람이 동일하다고 얘기한 것은 아니다. 위너는 이들이 같은가 다른가라는 질문 자체를, 인간의 활동과 어뢰의 활동에 '피드백에 의한 통제'라는 아주 중요한 공통점이 있음을 지적함으로써 의미 없는 것으로 만들었다.

---

19) Arturo Rosenblueth, Norbert Wiener, and Julian Bigelow, "Behavior, Purpose, and Teleology," *Philosophy of Science* 10(1943), pp. 10~18. 캐넌의 항상성에 대해서는 Donald Fleming, "Walter B. Cannon and Homeostasis," *Social Research* 51(1984), pp. 609~40 참조.

이들의 논문이 출판된 같은 해, 신경생리학자 매컬로크 Warren McCulloch와 수학자이자 엔지니어였던 그의 젊은 조수 피츠 Walter Pitts가 공동 저술한 「신경 작용에 내재한 개념에 대한 논리적 해석학」이란 논문이 출판되었다. 이들은 여기서 인간의 두뇌를 신경의 연결망으로, 이 연결망에서 정보의 전달을 전기 릴레이 relay 회로의 불 대수학 Boolean algebra으로 해석했다. 간단히 말해서 두뇌와 신경의 구조는 개폐 스위치 on-off switch들의 복잡한 연결망이고 이 스위치의 개폐의 조합에 의해 논리적인 정보가 전달된다는 것이었다. 이들은 생화학이나 신경생리학의 개념과 용어가 아닌 수학과 전기공학을 사용해서 인간의 뇌와 신경을 기술했다.[20] 매컬로크와 피츠의 논문은 유기체를 피드백에 의한 서보메커니즘으로 규정한 위너에게 깊은 영향을 미쳤다. 무엇보다 위너는 이들의 모델에서 전기적 정보의 전달에 의한 피드백과 통제라는 것이 유기체의 특성임을 다시 확인할 수 있었다. 피드백의 중요성과 보편성에 대한 위너의 믿음은 이들의 연구에 의해 더 강화되었다.

1944년부터 위너는 피드백을 생리학·심리학·사회 현상에 적용하기 위해 그의 주장을 인접 분야로 설파하기 시작했다. 1945년에 전쟁이 끝나면서 위너와 매컬로크는 메이시 재단 Macy Foundation에서 재원을 확보해서 유기체와 자연, 사회의 시스템에서 볼 수 있는 피드백에 대한 일련의 학회를 개최했다. 여기에는 위너, 로젠블루스, 피츠, 매컬로크는 물론, 마거릿 미드 Margaret Mead와 같은 인류학자, 막스 델브뤼크 Max Delbrück와 같은 분자생물학자, 노이만 John von Neumann과 같은 물리학자처럼 다양한 분야의 사람들이 대거 참여했다.[21] 1947년 위너는 피드백에 의한 통제라는 자신의 핵심적인 개념

---

20) Warren McCulloch and Walter Pitts, "A Logical Calculus of Ideas Immanent in Nervous Activity," *Bulletin of Mathematical Biophysics* 5(1943), pp. 115~33.

을 사이버네틱스 cybernetics (그리스어에서 조종 · 통제를 뜻하는 쿠버네틱스 kubernetics에서 위너가 만들어낸 말)라는 단어에 집약했고, 같은 제목의 책을 출판했다. 이 책은 통신 이론이나 컴퓨터, 제어공학과 같은 공학 분야만이 아니라, 생물학 · 생리학 · 사회학 · 생태학 ecology 등에 큰 영향을 미쳤다.[22] 위너의 '피드백과 통제 feedback and control' 라는 개념은 그것이 탄생한 대공 예측기에 대한 전쟁 연구라는 국소적 배경 local context을 훨씬 뛰어넘어 자연과학 · 공학 · 사회과학의 다양한 학문 분야에서 널리 쓰이는 개념이 되었다. 과학의 단일성을 믿었던 위너에게 사이버네틱스는 서로 다른 학문을 연결하면서 과학의 통일성을 제공하는 것이었으며, 무엇보다 인간과 기계의 행동을 모두 피드백에 의한 통제라는 단일한 원인으로 기술함으로써 인간과 무생물의 경계를 흐리게 하는 것이었다.

위너는 사이버네틱스가 자연과학 · 공학 · 사회과학을 모두 포괄하는 독립된 학문으로 발전할 것을 기대했지만, 피드백에 의한 통제라는 사이버네틱스의 중심 개념은 몇 가지 다른 방향으로 흩어지면서 상이한 형태로 기존 학문에 영향을 미쳤다. 무엇보다 사이버네틱스는 섀넌 Claude Shannon의 정보 이론 information theory과 결합하면서 사회생물학 sociobiology · 분자생물학 molecular biology과 같은 생물학 분야의 발전에 큰 영향을 미쳤다. 사회생물학은 동물과 같은 유기체들의 세계를 사이버네틱 기술 체계 technological system로 생각했고, 유기체들의 상호 작용을 사이버네틱 부품들간의 정보의 전달과 통제

---

21) 일련의 메이시 학회 Macy Conference에 대해서는 Steve Heims, *The Cybernetics Group* (Cambridge: MIT Press, 1991)이 가장 자세한 서술이다.

22) Norbert Wiener, *Cybernetics, Or Control and Communication in the Animal and the Machine* (Cambridge: MIT Press, 1948). 위너는 1950년에 이 책의 대중적인 판을 출판했다. Norbert Wiener, *The Human Use of Human Beings* (Boston: Houghton Mifflin, 1950).

로 보았다. 항상성 homeostasis이라는 생리학적 원리에 기반한 유기체의 세계는 피드백과 정보 전달이라는 공학적 원리에 기반한 사이버네틱스의 세계로 대체되었다.[23] 그렇지만 정반대 방향의 인식도 생겨났다. 예를 들어, 죽은 땅 덩어리에 불과하다고 간주되던 지구는 사이버네틱스의 개념을 사용해서 기술되면서 살아 있는 유기체와 흡사한 것이 되었다. 가이아 Gaia 개념을 제창한 러브록 James Lovelock은 지구를 "지구의 생명계·기상계·바다·토양을 전부 포함하는 복잡한 개체, 또는 생명체가 사는 데 최적합한 물리적·화학적 환경을 찾는 사이버네틱, 피드백 체계의 총체"로 규정했다. 사이버네틱스의 개념을 사용해서 지구를 '총체적으로' 재정의하면서 전지구적 환경 문제에 대한 새로운 관심이 부각되었던 것이다.[24]

사이버네틱스의 또 다른 영향은 이제는 아주 널리 쓰이는 말이 되어버린 '사이보그 cyborg'(cybernetic + organism)에서 찾을 수 있다. 사이보그는 1960년 시뮬레이션 과학자인 클라이니스 Manfred Clynes 와 임상 정신병학자 클라인 Nathan Kline이 우주 여행에 적합한 새로

---

23) 사이버네틱스와 사회생물학에 대해선 Donna Haraway, "Signs of Dominance: From a Physiology to a Cybernetics of Primate Society," *Studies in the History of Biology* 6(1983), pp. 129~219; "The High Cost of Information in Post World War II Developmental Biology," *Philosophical Forum* 13(1981/2), pp. 244~78, 사이버네틱스와 분자생물학에 대해서는 Lily E. Kay, "Cybernetics, Information, Life: The Emergence of Scriptural Representations of Heredity," *Configurations* 5(1997), pp. 23~91 참조.

24) 러브록의 가이아와 사이버네틱스의 관계를 포함해서 사이버네틱스, 시스템 이론, 오퍼레이션 리서치 Operation Research(OR)처럼 2차 세계 대전 중 발달한 군사 연구와 2차 세계 대전 이후의 환경학의 연관에 대한 흥미있는 분석으로는 Donna Haraway, "Cyborgs and Symbionts: Living Together in the New World Order," in Chris Hables Gray ed., *The Cyborg Handbook* (London: Routledge, 1995), xi~xx; Andrew Pickering, "Cyborg History and the World War II Regime," *Perspectives on Science* 3(1995), pp. 1~48 참조.

운 인간-기계의 복합체를 상정하면서 만들어낸 말이다. 이들의 기본 철학은 인간과 기계 모두 독립적으로 존재할 때는 약하지만, 인간-기계의 복합체인 사이보그는 인간보다도, 기계보다도 더 완벽하다는 말로 압축될 수 있다. 이들이 만든 첫 사이보그는 우주에서 '항상성'을 유지하기 위해 화학물을 계속 주사하는 삼투압 펌프를 몸에 삽입한 쥐였다.[25] 이후 사이보그는 페미니스트 SF 소설, 도나 해러웨이 Donna Haraway 같은 사회주의 페미니스트 이론가의 저술, 「터미네이터」, 「스타 트렉」, 엑스맨 X-Men 같은 대중 문화에 널리 등장하게 되었다. 1984년 윌리엄 기브슨 William Gibson은 그의 SF 소설 『뉴로맨서』에서 cybernetics에서 cyber만 떼어내서 원래 사이버네틱스가 가진 '통제'의 의미를 희석하고 대신 '네트워크'의 의미만을 살린 뒤, 사이버스페이스 cyberspace라는 신조어를 만들었다. 사이버스페이스는 이후 사이버펑크 cyberpunk, 사이버머니 cybermoney, 사이버민주주의 cyber-democracy, 사이버섹스 cybersex 등 정보 시대의 수많은 용어를 낳으면서, 사이버 문화라는 새로운 담론의 중심적인 개념이 되었다.

3. 결론을 대신해서: 사이보그의 현재적 의미

몸과 기술은 17세기 과학 혁명기 기계적 철학의 영향하에 기술의 메타포를 사용해서 인간의 신체의 일부를 묘사하면서 관련을 맺기 시작했다. 인간의 각막은 렌즈로, 인간의 손의 운동은 복잡한 도르래와 지레의 운동으로 묘사되기 시작한 것이 그 예이다. 데카르트 같은

---

25) Donna Haraway, 앞의 논문.

기계적 철학자는 동물이 아주 복잡한 기계에 불과하다고 주장하기도 했다. 반면에, 기계를 사람의 기관의 연장 또는 투영 projection과 같은 메타포로 이해하기 시작한 것은 19세기 중반 이후이다. 나는 이 글의 전반부에서 이 과정에 영혼이란 개념의 세속화, 기계의 비예측성에 대한 인식, 진화론이 영향을 미쳤음을 주장했다. 진화론의 영향이 기계나 도구를 어떻게 새롭게 보았는가는 마르크스와 엥겔스에게서 드러난다. 기계가 신체 기관의 외화·연장이라는 개념은 독일 철학자 에른스트 캅에서 가장 잘 드러나며, 이후 베르그송, 카시러 Ernst Cassirer, 인류학자 겔렌 Arnold Gehlen, 미디어학자 맥루언 등에 의해 반복 주장되었다.

2차 세계 대전 기간 동안 위너의 전쟁 연구로부터 발전한 사이버네틱스는 인간의 활동과 기계의 운동을 은유적으로 연관짓는 것을 뛰어넘어 이 둘 사이에 '피드백에 의한 통제'라는 공통점이 있음을 주장했다. 인간의 육체와 중추 신경은 최적 조건을 유지하는 아주 복잡한 서보메커니즘에 다름아니었던 것이다. 사이버네틱스는 유기체와 그 군집을 정보의 전달·통신·통제의 군사 용어로 설명했지만, 역으로 지구와 같은 대상을 유기체의 항상성이라는 용어로 설명했다. '살아 있는 지구' 혹은 '숨쉬는 지구'라는 가이아 이론의 얘기가 더 이상 생소하지 않은 것은 사이버네틱스의 개념이 이미 우리의 문화적 언어로 깊숙이 자리잡았음을 보여준다. 위너의 사이버네틱스는 이후 자연과학과 사회과학의 다양한 분야에 큰 영향을 미쳤고, 인간의 몸과 기계를 인식하는 근본적인 변환을 낳았다. 이로부터 인간과 기계의 '잡종'인 사이보그가 탄생하면서 인간의 몸과 기계의 잡종에 대한 새로운 문화적 담론들을 낳았다.

앞에서 언급했지만 최초의 사이보그는 사람이 아니라 삼투압 조절기를 몸에 이식한 쥐였다. 그렇지만 1960년대 이후 의수나 의족은 물론, 인공 장기 · 인공 관절 · 인공 피부를 이식한 사람들이 점차 늘어나기 시작했다. 인간과 기계의 접합은 SF 소설에서만이 아니라 병원에서도 끊임없이 계속되었던 것이다. 사이보그 예찬론자들은 지금 미국 인구의 10%는 이런 의미에서 사이보그라고 하기까지 한다. 그렇지만 무엇보다도 사이보그는 우리의 판타지에, 미디어에, 만화에, SF 소설에, 메타포에 가득 존재한다. 마르크스와 엥겔스의 「커뮤니스트 메니페스토Communist Manifesto」를 연상시키는 「사이보그 메니페스토 A Cyborg Manifesto」에서 도나 해러웨이 Donna Haraway는 사이보그가 포스트모더니즘 시기에 해방적인 여성의(특히 유색 여성의) 존재 양식이 되어야 한다고 강조하고 있다. 해러웨이의 주장은 다양한 방식으로 해석되었지만, 나는 그녀의 주장을 "여성이 더 사이보그화될수록(물론 이는 은유적인 표현이다), 여성은 자신의 몸에 외부에서 가해지는 '몸의 정치학body politics'에 덜 종속적으로 된다"는 식으로 이해하고 있다. 예를 들어 에코페미니스트 eco-feminist들은 여성이 남성적인 기술이 아닌 여성적인 자연으로 회귀해야 함을 주장함에 비해, 해러웨이는 현대 기술의 적극적인 이용 없이는, 즉 여성이 사이보그가 되지 않고서는 해방도 있을 수 없다고 강조하는 것이다.[26]

여기서 흥미로운 사실은 사이보그라는 개념의 근원이 된 사이버네틱스가 남성적이고 파괴적이며 인종 차별적인 위너의 전쟁 연구(대공 예측기 연구)에서 나왔다는 것이다. 군사 연구에서 탄생한 사이보그가 여성의 해방을 위한 포스트모던 시기의 존재 양식이 될 수 있는가? 과학사학자 피터 갤리슨 Peter Galison은 바로 이 점을 들어 해러

---

26) Donna Haraway, "A Cyborg Manifesto: Science, Technology, and Socialist-Feminism in the Late Twentieth Century," in her *Simians, Cyborgs, and Women: The Reinvention of Nature* (London: Routledge, 1991), pp. 149~81.

웨이 같은 페미니스트나 포스트모더니스트들이 즐겨 사용하는 사이보그 또는 사이보그화(化)라는 개념에 문제가 있을 수 있음을 지적하고 있다. 사이보그라는 것이 2차 세계 대전 동안 독일군 조종사라는 적에 대한 '기계화된 타자mechanized enemy other'로서 처음 고안되었으며, 따라서 이런 군사 연구의 뿌리는 지금의 사이보그에서도 찾아질 수 있다는 것이다.[27] 실제로 미디어의 사이보그는 「터미네이터 Terminater」, 「로보캅 Robocop」, 「스타 트렉」의 보그 Borg, 「스타 워즈」의 다스 베이더 Darth Vader처럼 어둡고 남성적인 이미지가 대부분이다.

갤리슨과 달리 도나 해러웨이는 사이보그가 패륜아 unfaithful offspring적인 성향을 가지고 있음을 강조하고 있다. 그를 낳은 군사 연구라는 부모를 저버리는 패륜아라는 것이다. 사이버네틱스와 사이보그의 탄생과 성장이 2차 대전과 냉전 시기의 군사 문화를 특징짓는 '명령·통제·통신·첩보'(command, control, communication and intelligence: C3I)의 배경 속에서 이루어졌지만, 사이보그라는 잡종은 이러한 남성적이고 군사적인 기술 문화마저도 희석시켜버리는 잠재력을 가지고 있다는 것이다.[28] 핵전쟁에서도 살아남을 수 있는 미국의 군사 명령 체계를 만들려는 시도로 시작한 알파넷 Arpanet이 지금은 미국과 러시아의 고등학생이 채팅을 하는 데 쓰이는 인터넷으로 바뀌었듯이, 사이보그의 몸의 정치학은 반역과 역설로 특징지워진다는 것이 해러웨이의 입장이다.

몸과 기술의 잡종 사이보그를 어떻게 보아야 할 것인가? 사이보그는 완벽히 통제하거나 예측할 수는 없지만, 그렇다고 프랑켄슈타인

---

27) Peter Galison, "The Ontology of the Enemy: Norbert Wiener and the Cybernetics Vision," *Critical Inquiry* 21(1994), pp. 228~66.

28) Donna Haraway, 앞의 논문.

의 괴물과도 또 다른 존재가 아닐까? 자동 인형에 대한 오랜 관심이 결국은 사람의 근본에 대해 가진 관심 때문이었다면, 역설과 반역으로 특징지워지는 사이보그의 존재학은 국소화와 지구화가 동시에 진행되고, 몸이 기계에 의존하는 경향과 몸에 대한 '인간적인' 갈망이 더욱 강해지는 20세기 말엽 우리 자신이 존재하는 모습 그 자체와 크게 다르지 않은 것은 아닐까?

제4부

생명과학, 정보 기술의 사회적 문제들

제10장
인간 복제 문제에 대한 새로운 고찰[1]

　인간 복제는 20세기의 마지막을 장식하며 20세기와 21세기를 연결하는 중요한 과학적 이슈가 될 것임에 분명하다. 과학자들은 현금의 기술 발전을 감안할 때 2000년에 지구상의 어디에선가 복제 인간이 만들어질 것이고, 그 복제 인간이 새 천년 millennium이 시작하는 2001년경에 태어나리라고까지 예측하고 있다. 미국은 2003년까지 인간 복제를 금하고 있는데, 2003년에 이 법이 그대로 존속될지 아니면 개정될지 예견하기 힘든 실정이다. 1800년에 허셜 W. Herschel에 의한 적외선과 볼타 A. Volta에 의한 볼타 전지의 발견이 있었고, 1900년에는 양자역학의 탄생을 가져온 막스 플랑크 Max Planck의 양자 가설의 제창이 있었다면, 2000년에 이루어질지도 모르는 복제 인간은 생물학이 물리학으로부터 과학의 여왕 자리를 넘겨받는다는 것을 보이는 하나의 지표이기도 하다. 인간 복제가 허셜, 볼타, 플랑크의 발견보다 더 충격적이고 센세이셔널함은 말할 필요도 없음은 물론이다.

　1997년까지 생물학자들은 고등 생물을 복제하는 것이 기술적으로

---

1) 이 글은 1997년 12월 15일 한림대학교 인문학연구소 주최로 대우 재단에서 있었던 '생명과학 기술과 생명 윤리 심포지엄'에서 발표된 「동물 복제의 파문」이란 논문을 보완한 것이다.

불가능하다고 확신했다. 영화나 소설에 자주 등장하는 복제 인간은 무식한 대중의 한갓 공상에 불과했던 것이다. 그렇지만 이런 믿음은 1997년 2월, 스코틀랜드 로슬린 연구소Roslin Institute의 이언 윌멋 Ian Wilmut과 그 연구팀이 '돌리 Dolly'라는 복제 양의 성공을 발표하면서 산산조각이 났다. 양이 복제될 수 있다면 인간이 복제되지 못할 특별한 이유가 없었던 것이다. 이후 인간 복제는 연구실에서, 언론에서, 의회에서, 시민들 사이에서 열띤 토론의 대상이 되었다. 윌멋 박사의 발표가 있은 지 10개월이 지난 1997년 12월, 미국의 물리학자이자 생물학자인 리처드 시드Richard Seed는 인간을 복제하는 병원을 세우겠다고 공표했고, 이는 사람들에게 프랑켄슈타인을 만든 미친 과학자의 이미지를 연상시키면서 인간 복제에 대한 시민 단체·종교 단체·환경 단체의 광범위한 반대 운동을 불러일으켰다. 그로부터 1년 후, 한국 경희의료원의 이보연 박사팀은 핵 이식으로 만든 인간 배아를 4분열시키는 데 성공했다고 발표했고, 이 발표는 이 실험을 인간 복제로 볼 수 없다는 과학자들의 논평에도 불구하고 인간 복제에 대한 경종을 다시 한번 울리게 했다. 이런 일련의 사건을 겪으며 미국과 영국을 비롯한 서구의 여러 나라는 급히 인간 복제를 규제하는 법률을 심의했거나 통과시켰다.

돌리 이후 사람들은 인간 복제를 혐오와 공포가 뒤섞인 시각에서 바라보았다. 인간 복제는, 히틀러를 복제해서 세계 제패를 꿈꾼다든지, 마이클 조든의 DNA를 몰래 복제해서 돈을 번다든지, 장기 이식이나 영생을 얻기 위해 자신을 복제한다든지, 인간을 대량으로 찍어내서 군대를 양성하는 식의 미래에 대한 끔찍한 이미지와 붙어다녔다. 인간 복제는 자기 도취적인 사람이나, 정신 이상자나, 범죄자들에게 도움이 되는 기술이라는 것이 일반적인 생각이었다.[2] 이런 극단적인 생각이 아닐지라도, 인간 복제는 정자와 난자가 만나서(그것이 결혼을 통해서건 그렇지 않건) 아이를 만든다는 수십만 년 동안 반복된 생식 행위를 통하지 않고도 자식을 만들 가능성을 제시함으로써, 우리 자신·인간성·개성·가족·섹스에 대한 기존의 관념을 그 뿌리부터 흔들었다. 1998년 영국에서 보통 사람들을 대상으로 행해진 설문 조사를 보면, 복제를 통해 이익을 얻을 수 있는 사람들조차——동성애자, 폐경기의 여성, 불임 부부——인간 복제를 허용해서는 안 된다고 생각하고 있음을 보여주고 있다.[3]

그렇지만 시간이 지나면서 인간 복제 문제를 다른 각도에서 조금은 긍정적인 시각으로 접근할 수 있다는 생각 또한 일군의 과학자들과 생명윤리학자들에 의해 제기되었다. 이런 생각은 다음의 두 가지 주장의 결합에 의해 이루어졌다. 먼저, 인간 복제를 생식 보조 기술 reproductive technology의 일부로 볼 수 있다는 것이 그 첫번째였다. 인공 수정 artificial insemination, 자궁외 수정 in vitro fertilization, 그리고 대리모가 모두 자유롭게 허용되고, 생식의 자유가 헌법에 의해 보장되는 미국의 경우 복제를 생식 보조 기술의 연장으로 보고 이를 용인해야 한다는 주장은 자연스러운 것이었다. 1970년대초, 자궁외 수정(소위 시험관 아기)이 처음 시술되었을 때 종교계와 미디어는 과학자들이 실험실에서 괴물을 만들어냈고 신의 영역에 침범해서 아이를 가질 수 없는 부부에게 아이를 만들어주는 죄를 범했다고 경악했지만, 지금은 한 해 수천 명의 아이가 이 기술의 도움으로 태어나듯이,

---

2) Willian Saletan, "Hitler the Philanthropist, Clone Your Wife, and Other Tales from a Week of Media Clone Madness. A Newt in Every Home?" *Slate*(1 March 1997). 이 글은 인터넷 http://www.slate.com/WeekClones/97-03-01/WeekClones.asp에서 볼 수 있다.

3) Wellcome Trust, *Public Perspectives on Human Cloning*(London, 1998). 이 문헌은 http://www.wellcome.ac.uk/wellcomegraphic/a2/AWTpubREcln.html에서 볼 수 있다.

제10장 인간 복제 문제에 대한 새로운 고찰 313

인간 복제도 조만간 이런 생식 보조 기술의 일부로 자리잡으리라는 것이다.

두번째 근거는 복제로 만들어진 인간이 핵을 추출했던 사람 donor 과 동일하지 않은, 고유한 개인이라는 인식이었다. 즉 극단적인 경우로 히틀러를 복제해도, 환경이 다르기 때문에 제2의 히틀러는 나올 수 없다는 것이다. 일란성 쌍둥이는 모든 유전자가 동일한 복제 clone 인데 대부분의 경우 서로 성격도 다르고 어떤 경우엔 한 명은 동성애자고 다른 한 명은 이성애자인 경우가 있듯이, 복제 인간도 고유한 인간성과 개성의 소유자이지 부모의 판박이 replica가 아니라는 것이다. 설령 영생(永生)이나 탐욕을 위해 자신을 복제한다고 해도, 복제된 사람은 자기와는 전혀 다른 사람일 수밖에 없다. 그렇다면 복제를 무조건 반대할 것이 아니라, 복제가 생식의 유용한 수단으로 사용되는 길을 열어주면서 사회적으로 문제가 되는 복제를——예를 들어 핵을 추출하는 과정에서 당사자의 동의가 없는 복제——규제하는 쪽으로 나아가야 한다는 것이 이런 주장의 골자이다. 이 글은 1997년 돌리 사건 이후 이러한 주장이 나오게 된 배경과 그 과정에 대한 분석이다.

1. 1997년 2월: 돌리의 탄생과 인간 복제 문제의 대두

1997년 2월 23일 로슬린 연구소 Roslin Institute의 과학자 이언 윌멋 Ian Wilmut과 그의 동료들, 그리고 이 연구소를 지원하는 피피엘 제약회사 PPL Therapeutics라는 제약 회사의 연구원들은 '돌리'라고 이름붙여진 복제 양의 실험의 성공을 발표했다.[4] 발표 당시 7개월이 된 정상적인 암양 돌리는 지금까지 태어난 어떤 동물과도 달리, 어미 양의 체세포에서 핵을 떼어내서 이를 핵을 제거한 난모 세포 oocyte에 이식해서 만들어진, 어미의 복제 또는 어미의 '늦은 쌍둥이 delayed twin'였다. 이를 만들어내는 것이 용이했던 것은 결코 아니었다. 연구 팀의 성공은 277번의 시도 중 유일한 것이었다. 이전까지 동물의 복제를 만들었던 경우가 없었던 것은 아니었지만, 이 경우 정자와 난자가 결합해서 만들어진 배아 세포 embryonic cell의 배아 분열 embryo splitting에서 핵들을 추출, 이 핵들을 도너 donor로 이용해서 쌍둥이를 만든 것이었음에 비해, 윌멋 박사의 피조물 돌리는 정자와 난자의 결합이라는 생식 과정을 거치지 않고 체세포의 핵과 난자의 세포질의 결합만으로 만들어졌다는 사실에 그 새로움이 있었다. 개구리조차 체세포의 핵 이식을 통해 정상적으로 복제된 적이 없었으니 양의 복제가 얼마나 큰 충격이었는지를 쉽게 상상할 수 있다.[5]

과학자들은 돌리에 쓰인 테크닉이 발생 development 동안 핵의 변화, 배아의 분열, 핵과 세포질의 상호 작용, 쉬운 유전자 조작, 가장 좋은 동물 품종의 복제, 유전적으로 동일한 동물의 확보, 노화의 연구에 도움이 된다는 이유를 들어 이를 환영했다. 돌리 연구를 지원하고 돌리에 사용된 특허를 소유한 피피엘 제약회사는 사람에게 필요한 단백질을 만드는 DNA를 가지고 있는 동물 transgenic animals을 체세포 복제를 통해 보다 쉽게 만들고자 하는 연구의 일환으로 윌멋 박사의 연구를 지원했다. 실제로 윌멋 박사는 돌리 발표 몇 달 후에, 인

---

4) I. Wilmut 외, "Viable Offspring Derived from Fetal and Adult Mammalian Cells," *Nature* 385(27 Feb. 1997), pp. 810~13; Gina Kolata, "Scientists Reports First Cloning Ever of Adult Mammal," *New York Times*(23 February 1997). 『네이처 *Nature*』에 출판된 논문은 다섯 명이 함께 썼는데, 이 중 윌멋 박사를 포함한 셋이 로슬린 연구소 사람들이고, 나머지 둘이 피피엘 제약회사의 과학자들이다.

5) 돌리의 탄생과 그 배경에 대해서는 지나 콜라타 지음, 이한음 옮김, 『복제 양 돌리』(사이언스북스, 1998)를 참조.

간의 DNA를 포함하고 있는 양 폴리Polly를 복제를 통해 만들었음을
공표했다. 반면 발생을 연구하는 생물학자들은 돌리가 노화 과정에
중요한 단서를 제공해줄 것에 더 관심을 기울였다. 간단히 말해서 체
세포와 그 속에 있는 DNA는 나이를 먹는데, 그 세포에서 핵을 떼어
내서 복제를 통해 새끼를 만들면 그 새끼의 나이는 어떻게 되는가라
는 문제가 가장 흥미로운 점이었다. 어미의 나이와 같은가? 아니면
다시 한 살부터 시작하나? 후자라면 어떤 메커니즘이 체세포의 나이
를 다시 원점으로 돌리는 것일까? 이 신비로운 힘은 난자의 세포질에
숨어 있는 것일까? 이런 문제들은 과학적으로 흥미있는 문제일 뿐만
아니라, 엄청난 응용 가능성을 내포하는 것들이었다.[6]

그렇지만 돌리는 이런 전문적이고 과학 내적인 이유가 아닌 다른
명백한 이유로 사람들을 경악하게 했다. 양의 체세포로부터 복제 양
이 만들어졌다면, 인간의 체세포로부터도 복제 인간이 만들어질 가
능성이 하룻밤 사이에 급상승했기 때문이다. 발표가 있은 지 3일 만
에 교황청은 결혼을 하지 않고 아이를 낳는 것은 신의 뜻에 위배되므
로 각국이 인간 복제를 금하는 법을 제정해주길 요청했다. 윌멋은 인
터뷰를 통해 "인간이 복제 안 될 이유가 없다"고 확신하면서, 그렇지
만 "사람들이 이 기술을 사람에 쓰기 시작한다면 절망스러울 것이다"
라고 자신의 기술이 오용될 가능성을 걱정했다.[7]

돌리의 발표 이전까지 인간 복제는 헉슬리 A. Huxley의 공상과학소
설, 「브라질에서 온 소년 The Boys from Brazil」「멀티플리시티

---

6) Harry M. Meade, "Diary Gene," *The Sciences* 37(September/October, 1997), pp.
   20~25. [anonymous], "A Sheep in Sheep's Clothing," *Discover* 18(Jan. 1998), p.
   22.
7) "Breakthrough with Sheep Could Herald Human Cloning," *USA Today* (24 Feb.
   1997); "Vatican Calls for Ban on Human Cloning," *Washington Post* (27 Feb. 1997);
   Gina Kolata, *op. cit.*

Multiplicity」와 같은 영화의 소재가 되었지만, 과학자들의 심각한 연구나 고려의 대상은 아니었다. 1972년 미 하원의 위원회는 인간 복제가 '불가능not possible' 하다고 선언했고, 1978년엔 인간 복제가 '오류'이고 '공상적'이라고 했다. 1982년 미 대통령의 자문위원회는 "인간 복제를 가능케 하는 기술은 아마도 결코 존재하지 않을 것이다"라고 단정했다. 1993년 워싱턴 대학의 연구팀이 인간 배아를 인위적으로 분열하는 데 성공했을 때 인간 복제는 다시 사회 문제가 되었는데, 이때도 미국 국립보건연구소National Institute of Health는 "인간 복제는 과학적 실험이라기보다는 문화적 판타지이다"라고 단언했다.[8]

돌리는 이 모든 것을 하루아침에 바꾸어버렸다. 전세계 신문과 뉴스는 복제 양의 소식을 대서 특필했고, 과학 저널 『네이처 Nature』에서 인터넷 토론 그룹에 이르기까지 복제 양이 열어준 복제 인간의 가능성은 토론과 논쟁의 대상이 되었다. 미국의 클린턴 대통령이 이 소식이 알려진 바로 그날 대통령의 생명윤리자문위원회 National Bioethics Advisory Commission(NBAC)에 동물과 인간의 복제 문제를 검토하고 3개월 내에 보고서를 제출하도록 요청했다는 사실은 이를 증명하는 것이었다. 이 위원회는 과학자 · 윤리학자 · 종교계 인사 등 많은 증인의 증언을 청취하고 밤샘 작업 끝에 간신히 마감에 맞추어 보고서를 작성했다. 그해 5월에 미국의 32개 과학자 단체는 새로운 생명을 만들기 위한 목적의 인간 복제를 반대한다는 성명을 냈고, 미국 의사협회도 같은 입장을 취했다. 그렇지만 과학자들은 복제를 모

---

8) 이 점에 대해선 George J. Annas, "Scientific Discoveries and Cloning: Challenges for Public Policy"(미 상원의 공공 보건과 위생 위원회에서 이루어진 증언. 1997년 3월 12일)를 볼 것. 이 문서는 인터넷 http://www.busph.bu.edu/Depts/LW/ Clonetest. htm에서 볼 수 있다.

호하게 정의해서 이를 금지시키면, 이미 수행하던 중요한 생물학 연구까지 금지될 위험이 있음을 지적하면서 복제를 금지하는 법안을 통과시키는 것에는 반대했다.

생명윤리자문위원회는 1997년 7월 인간 복제가 안전의 이유에서 (복제 양 한 마리를 만들기 위해 277개의 배아가 사용되었는데, 이는 사람의 경우 사회적인 용인을 받을 수 없는 수준이었다) 아직 '미성숙'하고 "도덕적으로 수용할 수 없다"는 결론을 내렸다. 그렇지만 복제를 영원히 금하거나, 복제를 형법상의 범죄로 규정한 것도 아니었다. 위원회는 배아에 대한 연구는 언급하지 않고[9] 복제를 통해 아이를 만드는 것에 초점을 맞추었는데, 향후 5년 간 이에 대한 연구를 금하는 모라토리엄을 가질 것을 제안했다.[10] 클린턴 대통령은 이를 인준했고, 뒤이어 상원은 인간 복제를 금하는 법안을 발의했지만 과학자들의 반대 로비의 영향에 힘입어 부결되었다(1998년 2월). 미 의회는 비슷한 법률을 계속 심의중이며, 1997년 캘리포니아 주는 주법으로는 첫 번째로 향후 5년 간 인간 복제를 금하는 법을 통과시켰다.[11] 1997년 12월 유럽의 19개국은 복제를 반대하는 조약에 서명했고, 돌리를 탄생시킨 영국에서는 인간유전자문위원회 The UK Human Genetic Advisory Commission가 인간 복제를 전면 금지하되 배아 복제에 대한

---

9) 미국의 경우 1994년 대통령에 의해 인간 배아에 대한 연구는 연방 정부에서 지원금을 받을 수 없게 되었다. 물론 민간 연구소에서의 연구는 허용되었고, 지금도 계속 진행되고 있다.

10) National Bioethics Advisory Commission, *Cloning Human Beings: Report and Recommendations of the National Bioethics Advisory Commission* (Maryland, June 1997). NBAC가 석 달 동안 이 보고서를 만든 과정에 대한 아주 흥미있는 분석이 Susan Cohen, "A House Divided," *Washington Post Magazine* (12 October 1997), W12에 있다.

11) Kenton Abel, "State Legislation — Human Cloning," *Berkeley Technology Law Journal* 13(1998), pp. 465~80.

318

연구는 허용하는 것을 제안했다.[12]

2. 돌리, 프랑켄슈타인, 핵 이식의 문화적 의미

1997년 2월 이후 지금(1999년)까지 윌멋 박사와 로슬린 연구소, 이 연구를 지원했던 피피엘 제약회사는 세간의 주목의 대상이 되었다. 『타임』과 『뉴스위크』가 인간 복제에 대한 특집을 게재했고, NBC는 1997년 9월 「복제 Cloning」라는 TV 영화를 방영했으며, 1997년말 윌멋 박사는 바버라 월터스가 진행하는 미국의 인기 TV 프로그램 「20/20」에서 선정한 올해의 '열 명의 가장 매력적인 사람 10 most fascinating people' 중 한 명으로 선정되었다.

돌리에 대한 제각각의 반응 중에, 과학자의 호기심이 프랑켄슈타인의 괴물을 만들었다는 우려와 이런 연구를 반대하고 금지해야 한다는 격렬한 주장이 대중 매체와 언론인, 몇몇 생명윤리학자, 종교인에 의해 제기되었음은 주목할 만하다. 사람들이 프랑켄슈타인 박사의 괴물과 윌멋 박사의 돌리를 연상시켜 생각한 데는 몇 가지 현상적인 근거가 있었다. 무엇보다 이를 만든 사람들이 모두 남성 과학자였다는 공통점이 있었다. 그리고 프랑켄슈타인 박사가 전기 자극을 사용해서 자신의 피조물에 생명을 불어넣었듯이, 돌리의 경우에도 아주 약한 전기 자극을 사용해서 떼어낸 핵과 세포질의 결합을 유도했다는 공통점도 있었다.[13] 그렇지만 물론 이 둘에는 흥미있는 차이점

---

12) Mary Riddell, "Just Because the Idea of Cloning Provokes Outrage Doesn't Mean It Should Be Banned," *New Statesman* 127(11 December 1998), p. 10.

13) Andrew Ross, "Dr. Frankenstein, I Presume?" *Sloanmagazine Online* (24 Feb. 1997) at http://www.sloanmagazine.com/feb97/news/news2970224.html; George Annas, "Cloning: Crossing Nature's Boundaries," *Boston Globe* (2 March 1997).

이 더 뚜렷했다. 프랑켄슈타인 박사의 피조물엔 이름이 없었고,[14] 그의 배우자를 만드는 과정에서 박사와 피조물 모두 파멸의 길로 접어들었음에 비해, 윌멋 박사의 피조물은 돌리라는 이름을 가지고 있었고, 프랑켄슈타인의 파국에서 교훈을 얻은 듯 번성하기 위해 배우자를 둘 필요가 없는 돌리를 만들었다. 프랑켄슈타인의 괴물은 박사와 그 약혼녀를 파국으로 몰고 갔음에 비해, 돌리는 자신의 '아버지' 윌멋 박사를 20세기 말엽의 가장 유명한 사람의 하나로 만들었다.

메리 셸리 Mary Shelly의 프랑켄슈타인이, "인간이 만든 피조물은 인간이 완벽히 이해할 수도, 통제할 수도 있다"는 과학 혁명 · 계몽 사조기의 믿음이 산업 혁명기를 거치며 깨어지는 과정을 상징한 것이라면,[15] 돌리의 탄생에 대한 경악에 가까운 반응은 원자탄을 낳은 물리학에 이어 생명과학마저도 인간 통제의 궤도에서 벗어났음을 사람들이 감지했다는 것으로 해석될 수 있었다. 돌리가 만들어진 직후 이루어진 미국의 한 여론 조사에서 응답자의 80%는 인간 복제를 해선 안 된다고 했지만, 50% 이상이 인간 복제가 조만간 실행될 것이라는 견해를 표출했던 것을 보면 사람들이 분자생물학의 발전을 인간이 통제할 수 없는 것 out of control의 일환으로 느끼고 있음을 알 수 있는 것이다. 실제로 원자탄의 경우는 그 재료인 우라늄과 플루토늄을 통제함으로써 확산을 어느 정도는 막을 수 있었지만, 분자생물학의 경우 일단 어떤 기술 technique이 표준적인 기술로 자리잡고 나면, 이 확산과 사용을 통제할 수 있는 길은 거의 없다고 보아도 과언이 아니다. 돌리가 만들어졌을 때 프린스턴 대학의 한 생물학자가

---

14) 프랑켄슈타인 Frankenstein은 피조물을 만든 박사의 이름이지, 피조물의 이름이 아니다.

15) Bruce Mazlish, *The Fourth Discontinuity: The Co-Evolution of Humans and Machines* (Yale University Press, 1993), pp. 38~46.

(인간 복제를) "멈출 수 있는 방법은 아무것도 없다"고 논평한 것이나, 다른 윤리학자가 "이 기술은 원칙적으로 감시가 불가능하다not policeable"고 한 것은 이런 인식의 반영이었다.[16]

돌리와 프랑켄슈타인의 피조물 사이의 가장 큰 차이는 성 sex의 차이였다. 암양 돌리의 순진한 모습에서는 영화 속에서 종종 접하던 프랑켄슈타인의 남성적인 괴물의 흉측한 이미지를 조금도 찾아보기 힘들었다. 돌리의 공식적인 이름은 6LL3였는데, 윌멋 박사 연구팀 중 유머 감각이 뛰어난 한 과학자가 암양의 유선(乳線) mammary gland 세포에서 모세포를 추출했음에 주목, 이것을 가슴이 큰 여배우 '돌리 파튼' 과 연결시키면서 돌리라는 이름을 지었다고 한다.

그런데 여기에는 우연 이상의 재미있는 역사적인 연관이 있다. 유선 세포는 영어로 mammary gland cell인데, 여기서 mammary는 포유류(哺乳類)를 의미하는 mammal의 형용사이다. 이렇게 포유류가 말 뜻 그대로 젖을 먹이는 동물이라는 '매멀 mammal' 이라고 이름지어진 데는 이유가 있었다. 18세기 분류학자 린네 Linné는 당시 건강한 아이를 낳고 수유를 통해 국가를 부강하게 하는 여성의 역할에 주목했고, 이를 강조하기 위해 동물의 젖을 먹이는 기능을 강조해서 젖먹이 동물을 '포유류 mammal' 라고 명명했다. 린네의 매멀은 '공영역/사영역' 또는 '사회/가정' 이라는 근대 서구 사회의 양분법을 상징적으로 드러내고 동시에 이를 암묵적으로 정당화 · 강화한 것이었다.[17]

린네의 매멀이라는 말에 젠더 gender와 관련해서 이러한 숨은 뜻이 있었다면, 돌리에서는 어떤 상징적인 의미를 발견할 수 있는가. 우리

---

16) Gina Kolata, "With Cloning of a Sheep, Ethical Ground Shifts," *New York Times* (24 February 1997).

17) Londa Schiebinger, *Nature's Body: Gender in the Making of Modern Science* (Beacon Press, 1993).

는 돌리의 탄생이 두 세포의 '세포 융합cell fusion'이 아닌 '핵 이식 nuclear transfer'으로 만들어졌다고 발표되었음에 주목할 필요가 있다.[18] 분명히 돌리와 같은 복제의 과학적 효용으로 윌멋 박사를 비롯한 많은 과학자들이 핵과 세포질cytoplasm 사이의 상호 작용과 그것이 발생에 미치는 영향을 들었음에도 불구하고, 과학자들은 DNA에 유기체의 모든 정보가 들어 있고, 이 DNA가 발생을 결정한다는 식의 유전자 결정론을 '핵 이식'이란 말을 통해 암묵적으로 제시하고 있었다. DNA는 세포를 프로그램·통제하는 '주인 노릇을 하는 분자 master molecule'이며, 이는 쉽게 '유전자 결정론genetic determinism'으로 비화할 수 있는 주장인 것이다. 지난 수십 년 간, DNA와 유전자가 활동적인 정자sperm와 대비되어 남성적인 함의를 가진 것으로, 세포와 유기체가 수동적인 난자egg와 비교되면서 여성적인 것으로 묘사되었음은 우연이 아니다. 핵 이식을 통한 DNA의 역할을 강조하는 복제 담론은 유전자 결정론과 그리고 그 이면에 존재하는 20세기 성 차별의 과학과 밀접하게 연관되어 있다.[19]

"유전자가 인간의 청사진blueprint이다" 또는 "유전자가 인간의 행동·심리를 결정한다"는 유전자 결정론에 대한 생물학적·철학적 비판은 인간 게놈 계획이나 생명공학 연구의 우생학적인 함의와 담론들에 그 비판의 초점을 맞추었다. 이런 비판은 인간 게놈 계획이 추진되기 시작하던 1980년 중반부터 특히 거세게 일어나기 시작했으며, 비판자들은 유전자의 작용만을 통해 인간의 특성——지능·재

---

18) Evelyn Fox Keller and Jeremy Ahouse, "Writing and Reading about Dolly," *BioEssay* 19(1997), pp. 741~42.

19) '주인 노릇을 하는 분자' 담론에 대해서는 Evelyn Fox Keller, "Language and Science: Genetics, Embryology, and the Discourse of Gene Action," *Great Ideas Today* (1994), pp. 2~29 참조.

능·성격·질병·성 sexuality——을 설명하는 것을 비판했고, 유전자
의 역할 못지않게 환경의 영향을 강조했다. 이들은 유전자 결정론,
유전자 스크리닝 genetic screening, 그리고 유전자 조작이 사회적 약
자에 대한 차별을 정당화하는 새로운 우생학 eugenics을 낳을 수 있다
고 강조했다.[20] 그렇지만 유전자 결정론에 대한 비판이 인간 복제에
적용되었을 때, 그 결과는 우리가 상식적으로 예상하는 것과는 상당
히 다른 것이었다.

3. 유전자 결정론 비판과 복제에 대한 새로운 이해

복제 인간에 대해 돌리를 만든 당사자인 윌멋의 입장은 1997년
MIT 대학에서의 강연을 비롯한 몇몇 대중 강연을 통해 잘 드러났다.
그는 인간을 복제할 어떤 필요도 존재하지 않는다고 얘기를 시작한
다. "나와 내 아내가 아이가 없다고 칩시다. 그래서 나를 복제하면,
내 아내는 나와 나의 작은 복제와 함께 사는 셈이 되겠지요. 이 세 명
이 한 가정에서 정상적인 생활을 할 수 있을까요? 전혀 아니지요."
그렇지만 그는 개인의 존엄성·특수성 uniqueness 때문에 인간 복제

---

20) Ruth Hubbard and E. Wald, *Exploring the Gene Myth* (Boston: Beacon Press,
1993); Dorothy Nelkin and M. Susan Lindee, *The DNA Mystique: the Gene as a
Cultural Icon* (New York: W. H. Freeman, 1995); Daniel J. Kevles, "Vital Essences
and Human Wholeness: The Social Readings of Biological Information," *Southern
California Law Review* 65(1991/2), pp. 255~78; Robert N. Proctor, "Genomics and
Eugenics: How Fair is the Comparison?" in George J. Annas and Sherman Elias
eds., *Gene Mapping: Using Law and Ethics as Guides* (Oxford Univ. Pr., 1992), pp.
57~92; Diane B. Paul, "Eugenics Anxieties, Social Reality, and Political Choices,"
Social Research 59(1992), pp. 663~83; John Horgan, "Eugenics Revisited,"
Scientific American (June 1993), pp. 122~31.

를 막는 것은 오류라고 지적한다. 유전자가 같다고 같은 인간이 나오리라 생각하는 것은 속류 유전자 결정론이기 때문이다. "아이가 죽어서 그 아이를 복제하면, 그 아이는 다른 아이로 크게 되지요. 인간 복제는 죽은 아이를 그대로 만들려는 압력을 다른 아이에게 가하기 때문에 받아들일 수 없지요."[21] 그의 입장은, 지금 인간 복제를 하는 것은 '비도덕적 unethical'이며 받아들일 수 없지만, 그럼에도 불구하고 복제 인간에 대한 이런 두려움이 인간의 배아 embryo에 대한 실험을 막아서도 안 된다는 것이다. 이를 다른 식으로 해석해보면, 현금의 인간 복제의 시도는 실험의 성공 확률이 적어서 도덕적인 문제가 있지만 앞으로 실험의 성공률이 높아지면 의미 있는 일이 될 수도 있지 않겠는가라는 식으로도 해석될 수 있다. 이는 앞으로 5년 간 인간 복제를 금지한 미국 대통령의 생명윤리자문위원회의 결정의 이면에 있는 논리와 흡사하다.[22]

돌리 발표 후 9개월 가량이 지난 1997년 12월 2일 뉴욕 타임스는 "인간 복제에 대해서, '절대 안 돼 Never'가 빠른 속도로 '안 될 이유가 뭐 있나 Why Not'로 바뀌고 있다"는 제목의 기사를 1면에 실었다. 이 기사는 이런 변화의 가장 큰 이유가 사람들이 지난 70년대 이후, 다양한 종류의 '생식 보조 기술 reproductive technology'의 도입에 익숙해져 있기 때문이라고 설명했다. 인공 수정 artificial insemination, 시험관 아기, 대리모 surrogate mother와 같은 새로운 생식 보조 기술이 도입될 때마다, 사람들은 '겁에 질린 부정'이라는 첫 단계에서 '두려움이 사라진 부정'의 두번째 단계, 이후 '느리고 점진적인 호기심, 연구, 평가'라는 세번째 단계, 그리고 마지막으로 '느린 수용'의 마

21) Ian Wilmut, "Ethics of Cloning"(transcript), *The American Enterprise* 9(Sep/Oct. 1998), p. 57.

22) National Bioethics Advisory Commission, *Cloning Human Beings*.

지막 단계를 거쳐왔다고 하면서, 이러한 경험이 예외 없이 복제 인간에 의한 생식의 경우에도 적용된 것 같다고 분석했다. 그렇지만 이 기사는 사람들이 복제 인간의 가능성을 받아들이는 속도가 이전의 시험관 아기 때보다 훨씬 더 빠르다는 사실이 놀랍다고 언급했다.[23]

이런 경향은 리처드 시드Richard Seed 박사가 복제 클리닉을 만들겠다고 선언하고 곧 이어 인간 복제에 대한 광범위한 반대 운동이 벌어지는 와중에도 수그러들지 않았다. 1998년초, 영국의 영향력 있는 주간지 『이코노미스트 The Economist』는 「복제의 두려움」이라는 사설에서 사람들이 인간 복제를 두려워하는 근본적인 이유가 '자연의 질서'에 거역한다는 점이라고 지적하면서, 복제에 대해 다음과 같이 결론짓고 있다.

이 모든 것 때문에 복제를 영구히 금지해야 하는가? 천만에. 처음에는 의미 없고 또 위험하게 보이던 기술도 나중에 사람들의 행복을 위해 사용된 예가 많이 있다. 지금 일어날 수 있는 최악의 상황은 인간 복제에 대한 공포심에 휩싸여서 유전공학의 가능성 있는 일들에 지원이 끊기거나 이런 일들이 금지되는 것이다.[24]

---

23) Gina Kolata, "On Cloning Humans, 'Never' Turns Swiftly Into 'Why Not,'" *New York Times* (December 2, 1997). 실제로 돌리를 만들었다는 발표가 있었을 때, 나는 같은 과에 재직하는 폴린 마줌다Pauline Mazumdar라는 의학사 담당 교수에게 그녀의 의견을 물어본 적이 있었다. 그녀는 1978년 루이스 브라운Lewis Brown이라는 첫 시험관 아기가 탄생했을 때도 신문과 종교계에서 인간이 괴물을 만들었다고 내내 떠들다가 이 아이가 정상적인 아이와 다름이 없음이 드러나면서 이런 반대가 서서히 사라졌음을 기억하면서, 돌리의 경우도 비슷한 과정을 겪을 것이라고 예측했다. 그녀는 오히려 내게 인간 복제는 레즈비언 커플과 같은 사람들에게 자신들의 아이를 만들 기회를 제공할 수도 있지 않느냐고 담담하게 반문해서 나를 놀라게 했던 기억이 있다.

24) Editorial, "Fear of Cloning," *The Economist* (17 Jan. 1998).

복제에 대한 긍정적인 시각이 1997년말부터 갑자기 등장한 것은 아니었다. 1997년 2월 윌멋의 발표가 있은 직후에도, 복제가 생식 보조 기술로서 사람들에게 도움이 될 수 있고, 복제를 반대하는 대부분의 주장이 감정적인 것이거나 유전자 결정론에 의거한 잘못된 정보에 근거한 것임을 지적한 사람들이 있었다. 워싱턴 포스트지는 「돌리를 두려워해야 하나?」라는 칼럼에서 미국이 복제를 금하는 것은 바람직하지 않다고 주장하면서, 인간 복제에 대한 연구가 더 유익하고 실제적인 효용을 낳을 수 있음을 인식해야 한다고 주장했다. 필라델피아 인콰이어러 The Inquirer지는 복제를 해서 만든 사람이 원래 사람과는 다른, 새로운 사람이 될 것임을 쌍둥이 연구를 근거로 제시했다. 1997년 여름에, 『프리 인콰이어리 Free Inquiry』지는 DNA 구조를 공동으로 발견한 프랜시스 크릭 Francis Crick, 유명한 철학자 콰인 W. V. Quine, 생물학자 리처드 도킨스 Richard Dawkins 등이 서명한 "복제와 과학 연구의 보전을 위한 선언"을 발표해서 큰 파장을 불러일으켰다. 이 선언의 기본적인 주장은 복제가 생식의 한 가지 수단이 될 수 있고, 복제를 해서 만들어진 사람이 단순한 '판박이'가 아니라는 것이었다.[25]

1997년 9월과 11월, 나는 보스턴 대학과 하버드 의과대학에서 열린 인간 복제와 관련된 두 심포지엄을 들을 기회가 있었다. 이 두 심포지엄 모두 뉴욕 타임스가 지적한 "복제 인간을 금지할 이유가 뭐 있는가" 즉 'Why Not'의 의견을 잘 보여주었다. 예를 들어 보스턴 대학 심포지엄에서 논문을 발표한 보스턴 대학 '법률·의학·윤리 프로그

---

25) James K. Glassman, "Should We Fear Dolly?" *Washington Post* (25 Feb. 1997); Faye Flam, "Clones, Like Twins, No Exact Match," *The Inquirer* (26 Feb. 1997); "Declaration in Defense of Cloning and the Integrity of Scientific Research," *Free Inquiry* 17 (Summer 1997).

램'의 조지 아나스 George Annas는 "인간 복제는 새로운 인간 권리의 원리를 국제적인 차원에서 발전시키는 기회가 될 것"이라고 강조했고, 찰스 델리시 Charles Delisi는 "우리가 세상을 복제하지 않는 한 똑같은 인간을 만들어내는 것은 불가능하다"고 지적했다. 하버드 심포지엄에서 논문을 발표한 생명윤리학자 루스 매클린 Ruth Macklin은 "우리는 유전자가 아니기 때문에 인간 복제는 인간 개개인의 고유한 아이덴티티를 파괴하지 않는다"고 강조했다. 같은 심포지엄에서 텍사스 대학 법학자 존 로버트슨 John Robertson은 대통령 생명윤리자문위원회가 인간 복제를 반대한 다섯 가지 이유를 조목조목 비판하면서 "복제된 인간은 그것이 나온 인간과 결코 같지 않을 것이다"라고 덧붙였다. 이들 중 조지 아나스는 불과 몇 달 전 미국 상원의 "과학적 발견과 복제" 청문회에서 "인간 복제는 인간의 공업 생산, 개성의 상실, 과학자의 권력의 추구이기 때문에 금지되어야 한다"고 강도 높은 비판의 목소리를 냈던 사람이었다.[26]

사람들의 생각의 변화는 다른 곳에서도 볼 수 있다. 뉴욕 과학아카데미에서 발간하는 과학 대중지 『과학들 The Sciences』은 "복제의 약속과 위험"이라는 특집에서 인간 복제에 대한 여러 논문들을 엮어서 출간했는데, 이 책의 권두 논문이라 할 수 있는 글에서 스티븐 제이 굴드 Stephen Jay Gould는 고유한 개인과 개성을 만드는 것은 환경이지 유전자가 아님을 강조하면서 "돌리는 우리의 관심과 주의를 불러일으켜야 하지 우리의 혐오, 욕지기, 또는 부주의한 거부를 불러일으켜서는 안 된다. 복제된 인간도, 쌍둥이에서 증명된 것처럼, 명백한

---

26) George Annas, Charles Delisi의 강연은 "Implications of Human Cloning: A Boston University Workshop," *Boston University* (29 September 1997)에서 있었던 것이고, Ruth Macklin의 강연은 "Carbon Copies: Legal, Ethical and Scientific Reflections on Human Cloning," *Harvard Medical School* (20 November 1997)에서 있었던 것이다.

개인이다"라고 강조했다. 같은 책에서 철학자 필립 키처 Philip Kitcher
는 특정한 성향의 아이를 만들려 하지 않고, 다른 방법을 통해서 아
이를 만들 수 없을 때에 한해서 복제가 허용될 수 있다는 주장을 했
는데, 그 근거 역시 복제된 인간이 부모와는 전혀 다른 개성을 가진
인간으로 클 수 있다는 것이었다. 생명윤리자문위원회의 보고서에
대한 비판적인 리뷰에서 르원틴 R. C. Lewontin은 "유전자가 우리의
생 life이다라는 식의 잘못된 관념이 미디어나 속류 과학 전파자들에
의해 퍼졌다면, 국가가 해야 할 일은 복제를 금지하는 것이 아니라
이러한 잘못을 교정하기 위한 대대적인 교육 프로그램을 가동하는
일이다. 우리 개개인의 고유성을 해치는 것은 윌멋 박사가 아니라 유
전자가 우리를 만들었다고 하는 사이비 과학 대중화론자이다"라고
주장했다.[27]

굴드나 르원틴 같은 학자들이 유전자 결정론은 물론 인간 게놈 계
획이나 유전공학, 그것의 우생학적인 함의에 대해 매우 비판적이었
음은 주목할 만하다. 굴드는 흑인이 유전적으로 열등하다고 하는『벨
커브 Bell Curve』같은 책에 대한 가장 강력한 비판자였으며, 르원틴
도 유전학이 거대 자본에 의해 지배되는 것을 강하게 비판하면서 현
대 유전학의 우생학적인 경향을 끊임없이 지적했던 사람이다. 이들
은 모두 유전자가 인간의 행동·지능·성격을 결정한다는 주장을 사
이비 과학으로 간주하고, 이에 대항해서 환경과 교육의 중요성을 강
조했다.[28]

---

27) Stephen Jay Gould, "Individuality: Cloning and the Discomfiting Case of Siamese
Twins," *The Sciences* 37 (September/October, 1997), pp. 14~16; Philip Kitcher,
"Whose Self Is It, Anyway?" *Ibid.*, pp. 58~62; R. C. Lewontin, "The Confusion over
Cloning," *The New York Review of Books* (23 October 1997), pp. 18~23.

28) Stephen Jay Gould, *The Mismeasure of Man* (New York: Norton, 1996); Richard
Levins and Richard Lewontin, *The Dialectical Biologist* (Cambridge, Mass.: Harvard

반면 굴드나 르원틴을 포함해서 유전자 결정론을 비판한 사람들 다수는 인공 수정이나 시험관 아기와 같은 '생식 보조 기술 reproductive technology'에 대해선 관대했다. 생식 보조 기술은 기본적으로 아이를 낳고자 하는 사람들의 욕망을 도와주고 실현시키는 것으로써, 개인의 천부적인 권리에 관한 것이지 국가가 관여할 성질의 것이 아니라고 보았던 것이다. 미국의 경우 국가는 가족의 구성에 관여할 수 없다. 결혼, 주거, 아이를 가지거나 가지지 않는 것, 아이를 기르는 것에 대한 결정은 국가가 관여할 수 없는, 헌법이 보장한 개인의 권리이다. 복제를 해서 나온 아이가 부모의 판박이가 아니라 나름대로의 개성과 인간성을 가진 아이라면, 즉 이것이 단순한 복제 replication가 아니라 가정을 만드는 생식reproduction의 한 방편이라면 국가가 이를 금지할 근거는 무엇인가라는 것이 이들의 질문이었던 것이다. 최근 하버드 대학의 법학자들은 헌법과 판례에 대한 분석을 근거로, 국가가 복제를 통해 아이를 가지는 것을 금지하는 것이 헌법에 위배될 수 있고, 따라서 헌법의 해석을 둘러싼 심각한 법률적인 분쟁을 가져올 수 있다는 해석을 내린 실정이다.[29]

시험관 아기와 같은 기술은 이미 전통적인 관념의 가족 관계를 허물어뜨린 지 오래되었다. 미국의 경우 정자를 제공한 아버지, 기른 아버지, 난자를 제공한 어머니, 아이를 배서 낳은 어머니, 기른 어머니처럼, 한 아이가 다섯 명의 부모를 가지는 것이 가능해졌다. 아이에게서 복제를 만드는 것이 아이의 권리를 침해한다는 해석이 있을 수 있지만, 이는 아이의 아이를 낳는 것이 아니라 아이의 '늦은 쌍둥이'를 낳는 것으로 해석하면 되었다. 아이를 낳는 것이 언제나 사적

University Press, 1985).

29) 'Note,' "Human Cloning and Substantive Due Process," *Harvard Law Review* 111(June 1998), pp. 2348~65.

제10장 인간 복제 문제에 대한 새로운 고찰 329

인 영역이었고 경축할 일이었다면, 복제를 해도 같은 사람이 만들어지는 것이 아니라면, 복제가 정상적인 방법으로는 아이를 낳을 수 없는 사람들에게 새로운 가능성을 열어주는 것이라면, 복제가 인간이나 인간의 장기를 공장에서 찍어내는 것이 아니라 여성의 자궁 속에서 일어나는 10개월 간의 '임신'과 '출산'을 겪어야 하는 것이라면 복제에 대해 공포심과 터부에 가까운 거부 반응을 보일 필요가 없다는 주장이 복제를 긍정적으로 보는 새로운 시각의 근거들이었다.[30] 이런 긍정적인 시각은 복제 문제를 생식 보조 기술의 연장에서 접근하고 있다. 이는 복제를 사회적 해악social harm이라는 측면에서 접근하면서 복제에 반대하는 시각과 뚜렷한 대조를 이룬다. 앞으로 당분간 이 두 입장은 화해하기 어려울 것이고 지속적인 논쟁을 불러일으킬 것이다.

4. 인간 복제와 유전적 차별의 가능성

지금까지 나는 유전자 결정론을 비판한 사람들과 이들의 논리가 인간 복제에 대한 공포심을 걷어내고 이를 생식 보조 기술의 일부로 받아들여지게 하는 데 도움이 되었음을 보이려 했다. 복제를 통해 나온 인간이 '괴물'일 것이다, 복제는 인권에 대한 침해이다, 복제는 인간의 자연적 생식이라는 침범할 수 없는 영역을 침범했다는 주장은, 유전자와 환경이 발생에 미치는 영향, 무엇이 지켜져야 할 인간의 권리인가에 대한 새로운 인식, 시험관 아기와 같은 기술은 이미 인간의 '자연적' 생식 능력을 확장했다는 인식을 통해 극복될 수 있

---

30) 최근 이런 논의를 대표하는 저작으로 Gregory E. Pence, *Who's Afraid of Human Cloning?* (Rowman & Littlefield, 1998)이 있다.

다는 것이다. 이것들이 복제에 대한 최근 논의가 '절대 안 돼'에서 '안 될 이유가 뭐 있는가'로 변한 이유이다. 포유류 복제의 테크닉이 향후 몇 년 간 향상되고, 복제가 복제된 인간에게 심각한 유전적인 문제를 야기하지 않음이 밝혀져서 이것이 새로운 출산 기술로 받아들여진다면, 결국 인간 복제의 문제는 이 새로운 기술에 대한 입법의 문제로 귀결될 가능성이 크다. 복제가 합법인가 불법인가, 어느 경우에 이를 허용할 수 있는가는 '이것 아니면 저것 all-or-nothing' 식의 도덕적인 결단이 아니라 입법 과정을 통한 다양한 요구와 주장의 타협과 절충을 통해 얻어질 가능성이 높다.

그렇지만 마지막으로 복제에 대한 논의가 전혀 새로운 차원으로 발전할 가능성이 있음을 언급해야겠다. 이것은 유전공학을 통한 인간의 향상 genetic enhancement이라는 문제이다. 돌리에 쓰인 테크닉이 주목을 받았던 이유 중 하나는 이것이 원하는 유전자를 선택적으로 주입하는 유전자 조작을 훨씬 용이하게 했기 때문이었다. 앞에서 언급했지만 로슬린 연구소는 벌써 인간의 유전자를 가진 '폴리 Polly'라는 양을 만들어내는 데 성공했다. 이런 기술이 충분히 발전한다면 복제를 통해 만들어진 아이에게는, 예를 들어, 치매에 걸리지 않게 하는 유전자를 미리 이식하는 것이 가능할 수 있다. 최근 간세포(幹細胞) stem cell를 떼어내어 분열시키는 것이 성공했고, 이 과정에 동물 복제에 쓰인 테크닉이 유용하게 사용되었다. 이 간세포 연구는 인간의 장기를 언제든지 복사할 수 있다는 가능성을 열어주고, 유전공학과 유전자 치료에 새로운 전망을 제시하면서 페니실린 이후 최고의 의학적 개가로 평가되고 있다.[31] 이러한 최근의 유전학 연구는 유전공학을 통한 인간의 향상이 질병의 예방과 치료뿐만 아니라, 인간

---

31) Gregg Easterbrook, "Will Homo Sapiens Become Obsolete? Medical Evolution," *The New Republic* (1 March 1999), p. 20.

이 원하는 유형의 사람을 만들어내고 머리카락의 색깔, 눈의 색깔, 피부의 색깔을 바꾸는 '유전공학 성형 수술genetic cosmetic surgery'도 가능하게 함을 시사해준다. 1997년 전세계 극장에서 유전자 조작을 통해 육체적으로나 지적으로 '향상'된 사람들과 돈이 없어서 이를 이루지 못한 사람들 사이의 지배와 갈등을 그린 공상과학영화 「가타카Gattaca」가 개봉되어서 인기를 끌었다. 이 영화는 미래 사회 사람들 사이의 지배—피지배 관계가 유전자 조작을 통해 이루어진다는, 조금은 황당하지만 최근 유전공학의 발전을 볼 때 그 근거가 전혀 없지만은 않은 얘기를 그 줄거리로 하고 있다. 이것은, 시험관 아기와 같은 생식 보조 기술이 가진 자에게만 새로운 가능성을 제공할 뿐 아이를 가지고 싶지만 하루하루 먹고 살기도 힘든 가난한 여성에겐 아무 도움도 안 된다는 비판과 일맥 상통한다.

인간 복제는 괴물을 낳을 것인가? 이제 우리의 논의는 이런 질문에서 "인간 복제는 사회에 존재하는 우생학적인 경향성을 강화할 것인가," "인간 복제는 사회의 차별과 불평등을 강화할 것인가"라는 새로운 질문으로 옮겨갈 시기가 되었다.

제11장
사이버스페이스의 재편과 21세기의 전망

　사이버스페이스가 아주 빠른 속도로 재편되고 있다. 기술사를 하
는 사람이 대개 동의하는 생각은 기술 시스템technological system이
초창기에 유동적일 때는 그 방향이나 내용을 바꾸기가 상대적으로
용이하지만, 그것이 다 자라고 나면 괴물 같은 가속도와 추진력을 가
지게 된다는 것이다. 사이버스페이스의 재편의 결과가 고정되고 어
쩔 수 없는 것으로 다가오기 전에 이를 보다 바람직하게 바꿀 수 있
는 가능성과 방향을 모색하는 데는, 지금까지 지난 몇 년 간 사이버
스페이스에서 무슨 일이 일어났고, 그 방향은 어디를 가리키고 있는
가를 이해하는 것이 중요하다. 사이버 세상이 우리에게 활짝 열린 것
은 불과 몇 년 전의 일이고, 그때 사람들은 열광하거나 절망했다. 그
리고 5년 동안 무척 많은 일이 일어났는데, 1999년인 지금 사이버 세
상에 대해 하는 얘기를 들어봐도 아직 5년 전의 열광과 절망의 담론
밖에는 없는 것이 아닌가 생각이 들 때가 종종 있다. 이 글은 사이버
세상에 대한 낭만적이고 이상적인 분석이 아닌 조금 더 현실적인 분
석을 하려는 목적을 가지고 씌어졌다. 나는 이를 위해 먼저 대략 5년
전의 사이버 세상과 지금의 사이버 세상을 간략히 비교하고, 사이버
사회의 특성을 분석한 다음, 복합 매체로서의 사이버스페이스를 설

명하고, 마지막으로 사이버커뮤니티와 그 사회 · 정치 운동의 가능한 형태에 대해 논할 것이다.[1]

1. 1994/5년의 사이버스페이스

1993년 당시 대학생이었던 마크 안드리센 Marc Andressen이 발명한 모자이크 Mosaic라는 웹 브라우저는 사이버라는 새로운 세상을 사람들의 눈앞에 펼쳐주었다. 물론 1970년대초부터 과학자들은 인터넷을 사용했고, 1989년 하이퍼텍스트를 연결시켜서 정보를 검색 · 교환하는 월드 와이드 웹 World Wide Web이 유럽 입자물리학연구소(CERN)의 팀 버너스-리 Tim Berners-Lee에 의해 만들어졌으며, 캘리포니아의 전문직 종사자들은 컴퓨터와 모뎀을 사용해서 WELL(Whole Earth 'Lectronic Link)이라는 온라인 공동체를 만들어 운영하고 있었지만, 인터넷이 일반에게 쉽게 다가온 것은 모자이크 덕분이었다. 모자이크는 1994년 넷스케이프 Netscape로 탈바꿈해서 새롭게 태어나면서 인터넷 대중화의 원년을 열었다. 사람들은 다투어 넷스케이프를 설치하고 인터넷을 항해하기 시작했으며, 인터넷에 저장된 정보의 양은 기하급수적으로 증가했다. 미국의 대통령이 전자 메일을 만들고 백악관이 홈페이지를 개설한 것도(1993), 마이크로소프트의 빌 게이츠가 인터넷의 중요성을 깨닫고 회사를 인터넷 중심 Internet-centric 회사로 다시 태어나게 하라는 명령을 시달한 것(1995)도 모두 이 무렵이었다. 이렇게 사이버 세상은 갑자기, 아무도 예측하지 못했던 형태로 세상 사람들에게 불쑥 다가왔다. 불과 5년 전 얘기였다.[2]

---

1) 이 글은 『문화과학』 18호(1999년 여름)에 수록되었다.
2) 인터넷의 연대기 중 믿을 만한 것이 "Hobbes' Internet Timeline v 4.0"인데, 이는 인

1994년에 열린 사이버 세상은 별천지였다. 무엇보다 국경이 없었다. 서울에 앉아서 미국·영국·브라질의 홈페이지들을 무한정 여행할 수 있었다. 당장 개별 국가들이 통치를 위해 만든 여러 법률이 마찰을 일으키기 시작했다. 누구의 법이 적용되는 것인지 분명치 않을 때가 많았다. 이론가들은 국민 국가의 존재가 근대 사회의 기본적인 구조임에 착안해서 사이버 세상의 국경 허물기는 모든 경계를 허무는 탈근대의 힘이라고 강조했다. 1990년 EFF(Electronic Frontier Foundation)를 만든 존 페리 발로John Perry Barlow는 "사이버스페이스 독립 선언"이라고 이름붙여진 문헌에서 정부가 사이버 세상에서 손을 뗄 것을 명령하고 있다.[3]

사이버 세상에서는 카피copy가 자유로웠고 순간적이었다. 사진이나 텍스트는 마우스 버튼을 한 번 클릭하면 곧바로 컴퓨터의 하드 드라이브에 복사되었다. 영화도, 음악도 마찬가지였다. 전송 용량이 허용한다면 수백 명, 수천 명이 동시에 카피를 할 수 있다. 정보가 디지털화하면서 생긴 현상이었다. 이를 보고 이론가들은 물질로 이루어진 실제 세상과 '비트bit'로 이루어진 사이버 세상의 차이를 강조했다. 종이·필름·테이프와 같이 책·영화·음악을 매개했던 '물질'이 사라졌다고 감탄했다. 저작권과 특허가 무력해졌고, 물질이 사라진 세상에서는 전혀 다른 법칙과 규범이 적용될 듯싶었다.[4]

터넷에서 쉽게 볼 수 있다(http://info.isoc.org/guest/zakon/Internet/History/HIT.html).

3) 사이버스페이스에 대한 초기 대표적인 문헌으로는 Esther Dyson, George Gilder, George Keyworth, and Alvin Toffler, "Cyberspace and the American Dream: A Magna Carta for the Knowledge Age(Release 1.2, August 22, 1994)," *The Information Society* 12(1996), pp. 295~308 참조. 이 글은 http://www.powergrid.com/1.01/magnacarta-wp.html에서 볼 수 있다. John Perry Barlow의 "Cyberspace Independence Declaration"은 http://info.bris.ac.uk/~lwmdcg/DoI.html(Feb. 1996)에서 찾아볼 수 있다.

사이버 세상은 익명의 세상이었다. 공산권 국가에서 개설된 홈페이지를 방문할 경우에도 비자가 필요 없었고, 성인 인터넷 사이트를 여행할 때에도 아는 얼굴을 만나는 것을 걱정할 필요가 없었다. 전세계 모든 공간이 내게 열려 있었지만, 나는 익명으로 이 공간에서 정보를 취할 수 있었다. 필요한 경우 리메일러 remailer나 어노니마이저 Anonymizer 등을 사용해서 사람들은 아이덴티티를 숨길 수도 있었다. 이런 익명성은 재산 · 지위 · 학력 · 나이 · 성 gender의 차이가 가져오는 권력의 차이를 희석시키는 결과를 가져왔다. 서로 얼굴을 보지 않고 전자 메일을 통해 얘기를 할 경우 대학 학부생이 대학원생과 동등하게 토론을 한다든지, 나이 많은 사람이 보다 효율적으로 일을 할 수 있다는 보고가 쏟아졌다. 이런 이유에서 인터넷은 '위대한 평등자 Great Equalizer'로 간주되었다.[5] 이런 모든 특성은 정보에의 접근이 자유롭고 무제한적이어야 한다고 믿었던 컴퓨터 해방주의자 computer liberation activists나 해커 정신의 계승자들에게 인터넷이 열어준 사이버 세상을 축복과 유토피아로 보게 하기에 충분했다.

반면 어떤 사람들에게는 사이버 세상이 엄청난 위협으로 다가왔다. 카피가 자유로운 사이버 세상은 복사기의 발명 이래 지적 재산권에 대한 최고의 위협이었다. 미국 저술가협회의 압력하에 미국 정부는 1995년 디지털 저작권 digital copyright에 대한 '백서'를 내놓았는데, 이 백서는 인터넷에서의 저작권을 보호하기 위해 웹 브라우저의

---

4) J. P. Barlow, "Selling Wine Without Bottles," http://www.eff.org/
~barlow/EconomyOfIdeas.html. 이 글은 1992~93년에 처음 씌어졌고, 이후 Peter
Ludlow가 편집한 *High Noon on the Electronic Frontier* (MIT Pr., 1996)에 재수록되었다. 비트와 물질의 차이를 극명하게 드러낸 저작으로는 Nicholas Negroponte,
Being Digital(New York, 1995)이 있다.

5) Howard Rheingold, "The Great Equalizer," *Whole Earth Review* (Summer, 1991), p.
6.

특성인 램-카피 RAM Copying(웹 사이트의 내용을 메모리에 임시로 카피하는 것)를 불법으로 할 정도로 규제가 심한 것이었다. 디지털 저작권에선 사용자의 '정당한 사용권 fair-use right'은 깡그리 무시되었다. 서점에서 책을 사면 다 읽고 파는 것이 허용되었지만, 온라인 책 online book의 경우 이런 권리조차 허용하지 않았다. 이 백서가 자국 내에서 엄청난 반대와 비판에 부딪히자 미국 정부는 이 백서를 들고 외국으로 나가서 이의 상당 부분을 국제 저작권협회의 1996년 베른 국제협약에 포함시키는 데 성공했다.[6]

또 다른 위협은 포르노그라피 pornography였다. 사이버 세상이 나이에 따라 사람을 차별하지 않는 것은 아이들이 음란물에 마음대로 접근하는 것을 허용하는 셈이었다. 실제 세상과 달리 사이버 세상에서는 강력한 규제를 제외하고는 이를 통제할 방법이 없어 보였다. 국경이 없다는 것은 이 문제를 악화시켰다. 한국에서는 허용되지 않는 포르노그라피가 미국에 개설된 인터넷 사이트를 통해 급속하게 흘러 들어오듯이, 북미에서도 그곳에서는 허용되지 않는 것들이——예를 들어, 어린아이들의 누드 사진——이것이 합법적으로 허용되는 나라의 웹 사이트를 통해 급속히 유입되었다. 1995년, 사이버포르노 cyber porn는 커다란 사회 문제로 대두되었고,[7] 1996년 미국 의회와 정부는 '통신 예절법 Communication Decency Act' (CDA)을 통과시켰다. 이 법은 인터넷상에 "음란하거나 야한 obscene or indecent" 것을 올려서

---

6) '백서 White Paper'와 베른 협약의 관련에 대한 분석으로는 J. C. Davis, "Protecting Intellectual Property in Cyberspace," *IEEE Technology and Society Magazine* (Summer, 1998), pp. 12~25. 백서에 대한 강력한 비판으로는 Pamela Samuelson, "The Copyright Grab," *Wired* (Jan. 1996)가 있다.

7) P. Elmer-DeWitt, "On a Screen Near You: Cyberporn," *Time* 146(1)(1995), pp. 32~39; Peter Johnson, "Pornography Drives Technology: Why Not to Censor the Internet," *Federal Communications Law Journal* 49(1996), pp. 217~26.

"명백하게 불쾌한patently offensive" 행위에 대한 처벌을 골자로 하고 있었다.

이것이 대략 5년 전의 사이버 세상의 구도였다.

2. 사이버스페이스 1999

1999년의 사이버 세상은 5년 전과는 다른 세상으로 변해가고 있다. 무엇보다 사이버 세상이 '위대한 평등자' 라는 얘기는 사실보다는 신 기루에 가까운 것임이 판명되었다. 사회에서 소외된 계층의 컴퓨터 사용과 인터넷의 접근은 아직도 심한 불균형을 드러내고 있다. 같은 직종에 종사하는 사람 중에 컴퓨터를 자유자재로 사용하는 사람들의 소득이 그렇지 않은 사람들의 소득에 비해 더 높다는 통계치(북미의 경우 15% 정도 높음)를 감안해보면, 인터넷이 세상에 존재하는 불평 등을 '정보 소유자' 와 '정보 결핍자' 라는 서로 다른 계층으로, 20% 의 부자와 80%의 빈자로 더욱 심화시킨다는 주장이 황당한 것만은 아니다. 여성들의 인터넷 사용이 많아졌지만, 유스넷 Usenet상의 대 부분의 토론을 남성들의 거친 언어가 지배하고 있음도 인터넷이 성 차를 쉽게 해결하지 못함을 보여주고 있다. 아마추어들과의 논쟁에 진력이 난 전문가들은 자기들끼리 정보를 교환하기 위해 제한적인 moderated 뉴스 그룹을 이용하거나 회원제를 선호하고 있다. 사이버 공동체는 상이한 사람들을 섞기보다는 사람들을 끼리끼리 모음이 드 러났다.[8]

---

8) Alecia Wolf, "Exposing the Great Equalizer: Demythologizing Internet Equity," in Bosah Ebo ed., *Cyberghetto or Cybertopia? Race, Class, and Gender on the Internet* (Praeger, 1998), pp. 15~32.

338

사이버 세상의 익명성도 허구에 가까운 것임이 밝혀졌다. 기업은 쿠키 cookies 등을 이용해서 자신들의 웹 사이트를 방문하는 사람들의 신상 정보를 파악해서 광고와 마케팅에 사용하고 있으며, 공짜 전자 메일이나 공짜 홈페이지 등을 주고 다양한 신상 정보를 수집하고 있음이 드러났다. 이런 소비자 신상 정보는 비싼 값에 사고 팔리는 실정이다. 실제 백화점이나 거리에선 다른 사람의 눈에 띄지 않고 쇼핑을 하거나 활보하는 것이 가능할지 몰라도, 인터넷 온라인 백화점에서는 오히려 수많은 전자 지문 electronic fingerprint을 남긴다.[9] 최근 인터폴은 한 어린이 포르노그라피 child pornography 조직을 적발하는 것을 시작으로 전세계적으로 이로부터 사진을 다운받은 사람들 수십 명을 추적해서 구속하기도 했는데, 이는 인터넷이 이런 불법 사진의 배포를 용이하게 만든 측면도 있지만 이런 행위를 추적하는 것도 용이하게 했음을 보여주고 있다.

법원의 판결은 온라인 세상에서도 저작권이 명백하게 적용됨을 보여주었다. 일련의 판결과 저작권 소유자들의 위협은 인터넷에서의 명백한 불법 복사 행위를 상당히 위축시켰다. 1995년과 달리 지금은 명백하게 저작권의 보호를 받는 사진이나 텍스트를 자신의 홈페이지에 버젓이 올린 경우를 보기 힘들다. 작년 미 의회와 정부는 온라인 저작권을 강화하고 이를 방해하는 기술 개발을 불법화하는 내용의 '디지털 밀레니엄 저작권법 Digital Millennium Copyright Act'을 통과시켰다.[10] 인터넷상에 국경이 없기 때문에 생기는 분쟁을 다루는 변호사들이 대거 활동을 시작했으며, 이들은 국제 분쟁의 판례를 이용해

---

9) Michael Froomkin, "Flood Control on the Information Ocean : Living with Anonymity, Digital Cash, and Distributed Database," *Pittsburgh Journal of Law and Commerce* 395(1996). 이 논문은 http://www.law.miami.edu/~froomkin/articles/ocean1.html에서 볼 수 있다.

10) http://web.sll.net/education/dmca/index. html.

서 인터넷상의 분쟁을 분석하고 있다.[11] 인터넷상의 교역에 대한 세금과 관세에 대한 협정도 활발히 논의되고 있다. CDA는 위헌으로 판결받고 사문화되었지만, 작년(1998)에 미국 의회와 정부는 다시 '온라인 어린이 보호법 Child Online Protection Act' (COPA)을 통과시켰다.[12] 이것도 지방 법원에 의해 위헌으로 판결받았고(1999년 2월) 결국 대법원에 의해서도 위헌 판결을 받을 가능성이 높은데, 그럼에도 불구하고 인터넷상의 포르노그라피를 규제하려는 법률적인 시도는 이 이후에도 계속될 것이다.

한마디로 1999년의 사이버 세상은 지금 우리가 살고 있는 세상과 점점 닮아가고 있는 중이다. 평등과 자유보다는 차이와 규제가 지배하고, 네티즌들이 자발적으로 만든 네티켓이 아닌 법률가들에 의해 초안이 잡힌 법과 엔지니어들이 설치한 하드웨어와 소프트웨어에 의해 통제되고 있다. 지금의 사이버 세상은 위계적이고, 중층적이고, 또 수많은 울타리로 둘러싸인 세상이다. 그렇다고 사이버 세상이 실제 세상을 판박이하듯 모사하는 것은 아니다. 사이버 세상에서 모든 소통 방식을 규제하는 TCP/IP 프로토콜은 실제 세상에서 보이거나 만져지지 않는다. 성희롱이나 모욕과 같은 것은 실제 세상과 사이버 세상 모두에 동일하게 적용되지만, 가상 공동체에서 '사이버 성폭행 rape in cyberspace'이나 '사이버 살인 kill war'이 중형을 받는 것은 아니다.[13] 실제 세상에서 중요한 경계가 사이버 세상에서는 사라지고,

---

11) Jack L. Goldsmith, "Against Cyberarnarchy," *The University of Chicago Law Review* 65(Fall 1998), pp. 1199~1250.

12) COPA의 전문은 Electronic Privacy Information Center의 홈페이지에서 그 전문을 찾아볼 수 있다. http://www.epic.org/free_speech/censorship/final_hr3783.html.

13) 온라인 성폭행에 대한 아주 흥미있는 분석으로는 Julian Dibbell, "A Rape in Cyberspace," *Village Voice* (December 1993) in http://www.levity.com/julian/bungle_vv.html 참조. 온라인상에서 벌어지는 '사이버 살인 kill war'에 대

실제 세상에서 별것 아닌 것이 사이버 세상에서는 우리를 옴짝달싹
하지 못하게 한다.

이것이 대략 1999년의 사이버 세상의 구도이다.

3. 사이버스페이스의 두 힘: 기술과 법

거시적으로 볼 때 사이버 세상은 두 개의 상반된 경향이 서로 경쟁
하는 전장으로, 아니 이런 경향들이 혼재해서 들끓고 있는 용광로로
보인다. 인터넷은 전세계를 연결하지만 globalization, 실제 일어나는
현상은 국소적인 네트워크가 자꾸 생기면서 localization 이것이 다른
네트워크들과 만나는 것이다. 한국이나 미국 모두 정부 government가
관장하던 도메인 이름 같은 것이 민영화되는 방향으로 가지만, 이것
을 관장하는 민간 기구는 범세계 사이버 세상의 새로운 '통치
governance' 로 부상한다.[14] 인터넷 콘텐트의 90% 이상이 영어로 만
들어지면서 인터넷상에서 미국의 독점이 가속화되고 있지만, 미국도
.com, .org, .net과 같이 자신들이 독점해왔던 도메인의 특권적 위치를
포기하고 .us라는 도메인을 사용해야 한다는 논의가 도메인을 관장하
는 미국의 민간 기구에 의해 진행되고 있다.[15] 분권화 decentralization

해서는 Elizabeth M. Reid, "Communication and Community on Internet Relay
Chat: Constructing Communities," in Peter Ludlow ed., *High Noon on the Electronic
Frontier* (MIT Press, 1996), pp. 397~411 참조.

14) governance라는 개념은 최근 인터넷 도메인 이름을 결정하는 과정에서 자주 등장
하는 단어지만, 이전에도 사회과학자들에 의해 자주 쓰였던 말이다. *Governance
without Government*와 같은 책 제목에서도 볼 수 있듯이, governance는 정부라는
제도, 인적 구성, 국민에 대한 통제 없이 다양한 네트워크, 파트너십, 시장의 작동
원리에 의해 공공 부문의 정책을 자율적으로 수립하는 것을 의미한다. 여기서는
이런 의미로 '통치' 라는 말을 사용했다.

와 새로운 집중화centralization가 동시에 진행되는 것이다. 정보 기술에서도 급변하는 경쟁이 독점을 무력화시키는 경향도 강하고, 동시에 네트워크 외부 효과network externalities에 의해 한번 형성된 독점이 점점 공고하게 되는 경향도 강하다. 즉 독점이 해체되는 경향도, 독점이 공고해지는 경향도 일반 경제 영역에 비해서 훨씬 더 강력하고 급속하다.

미시적으로 볼 때 사이버 세상의 구도는 법과 기술technology에 의해 그려진다. 물론 네티켓netiquette과 같은 규범과 관습도 무시 못할 요소이지만, 법과 기술의 영향에 비할 만하지는 않다. 온라인 포르노그라피의 문제를 보자. 인터넷 포르노그라피의 문제는 CDA, COPA같이 어린이가 볼 수 있는 곳에 성인물을 올리는 것을 불법화하고 처벌하는 법적 조치와, 사이버 패트롤Cyber Patrol과 같은 여과 프로그램filtering program, 패스워드password protection, 성인 확인 기술, 그리고 최근 W3 콘소시엄에서 제시한 PICS(Platform for Internet Content Selection) 표준 같은 기술적 조치가 취해지고 있다. 아마 이두 가지 방법의 혼용에 의해 그 해법이 찾아질 것이다.[16]

저작권의 문제에도 기술과 법이 모두 관련된다. 베른 협약이나 '디지털 밀레니엄 저작권법'과 같은 현재의 사이버 저작권법이 가지는 문제는 이런 법안이 디지털 정보의 특성을 무시하고 단순히 전통적인 저작권 보호의 연장에서 만들어졌다는 것이다. 이런 법안들은 인

---

15) 인터넷 '통치governance'에 대한 좋은 논의로 Lawrence Lessig, "Governance" (Oct. 1998)가 있다. 이 논문은 http://www.cpsr.org/conferences/annmtg98/에서 볼 수 있다.

16) PICS에 대해선 Paul Resnick, "Filtering Information on the Internet," *Scientific American* (March 1997), pp. 62~64; Paul Resnick and James Miller, "PICS: Internet Access Controls without Censorship," *Communications of the ACM* 39(1996), pp. 87~93. 이 두번째 문서는 인터넷상에서 볼 수 있다 (http://www.w3.org/PICS/iacwcv2.htm).

터넷이라는 기술이 가진 특성과 모순되는 것이 많기 때문에 수많은 저항에 부딪힐 것이고, 보다 합리적인 방향으로 완화될 것이 분명하다. 무엇보다 저작권의 로열티를 이용해서 돈을 벌기를 원하는 사람들이 겪게 될 가장 큰 장애는 불법 복사가 아니라, 자신의 저작을 인터넷을 통해 공짜로 배포하기를 마다 않는 사람들과의 경쟁임을 직시해야 한다. 저작권 문제와 관련해서 디지털 워터마크 digital watermark, 디지털 서명 digital signature, 암호화 encryption, 불법 카피를 막는 프로그램들, 불법 카피를 추적하는 스파이더 프로그램 spider program과 같은 새로운 기술이 널리 도입되고 사용될 것이다. 이 중 불법 카피를 추적하는 스파이더 프로그램 같은 기술은 네티즌 개개인의 프라이버시 privacy라는 또 다른 권리와 마찰을 일으킬 것이다.[17]

프라이버시의 문제는 개인·기업·정부가 서로 다른 이해 관계로 마찰을 일으키는 문제인데, 이 해법을 놓고 기술적 해결과 법률적 해결이 긴장 관계에 있다. 개개인의 프라이버시와 기업의 기업 활동이 마찰을 일으키는 영역인 인터넷을 통한 소비자 정보의 수집을 보자. 이는 20세기 과학적 경영이 소비자에 대한 정보의 수집·분석에 기반함을 생각할 때, 앞으로도 지속적인 논쟁의 대상이 될 것이다. 현재 미국의 사이버 인권 운동가들은 정부가 강력한 '온라인 프라이버시 보호법'을 통과시켜야 한다고 주장하지만, 정부와 기업은 이 문제를 P3P(Platform for Privacy Preferences)라는 표준을 만들어서 해결하길 선호한다.[18] 이 표준은 개개인이 자신이 알려줄 수 있는 개인 신상 정보의 수준을 정하고 이 수준치 이상을 요구하는 웹 사이트를 원천 차단하는 방법인데, 이러한 방법이 내포한 문제는 신상 정보의 누출

---

17) Julie E. Cohen, "A Right to Read Anonymously: A Closer Look at 'Copyright Management' in Cyberspace," *Connecticut Law Review* 28(1996), pp. 981~1039.
18) http://www.w3.org/Talks/980624-DoC/

을 원치 않는 사람이 고급 정보를 제공하는 웹 사이트를 전혀 접근하지 못하게 되는 상황을 만들면서, 기업에 유리한 쪽으로 프라이버시 문제를 끌고 갈 가능성을 만든다는 것이다.

반면 암호화encryption의 문제에선 개인과 기업이 이해를 같이한다. 미국의 경우를 보자. 개개인은 철저한 익명과 비밀을 원하는 통신에서 고난도 암호화를 자유롭게 사용하길 원하고, 기업과 은행도 온라인 송수금의 보호를 위해 고난도 암호화를 원하지만, 정부는 범죄 조직과 해외 테러리스트들 때문에 상거래나 개인이 자유롭게 사용할 수 있는 암호화의 수준을 40비트 정도로 묶어두기를 원한다. 반면 은행은 최소한 56비트 암호화를 사용할 수 있게 해주기를 요구하고 있다. 미국 정부는 고난도 암호화를 사용할 경우는 경찰이 원할 때에 한해서 이를 해독할 수 있도록 해주는 칩 Clipper Chip을 장치하는 법을 통과시키려 하지만, 이는 정부에 너무 많은 권력을 집중시킨다는 이유 때문에 사이버 인권 운동가들로부터 거센 저항을 받고 지금 표류중이다. 이 문제는 또 미국 정부와 다른 선진국 정부의 이해가 상충하는 부분이기도 하다. 국제 테러리즘의 위협을 덜 걱정하는 나라의 정부는 이 암호화에 대해 훨씬 더 개방적인 정책을 고수하고 있다.

기술과 법이 사이버 세상을 그려나간다고 하는 얘기는 사이버 세상이 엔지니어와 법률가에 의해서만 통제된다는 얘기가 아니다. 최근 사이버 세상에서 일어나는 분규와 '통치 governance'에 소위 사이버-법률가cyber-lawyer들의 역할이 점점 더 중요하게 부각되고 있고 이런 법률가들 중 일부는 '기술'에 의한 문제 해결을 강조하고 있지만, 우리가 명심해야 할 것은 법이나 기술은 모두 '사회적으로 형성'된다는 것이다.[19] CDA나 COPA가 법원에 의해 거부된 데는 수많은 사람들이 이에 반대했다는 이유가 있었다. 온라인 BBS상에서 일어난 분규를 법적으로 해결할 때에는 BBS 사용자들의 규범과 관습에 상당 부분 의존하기도 한다. 특히 과거의 판례도 없는 미묘한 사항에——예를 들어 프레임framing이 저작권을 침해하는 것인가 아닌가 하는 최근의 문제——대한 법원의 입장은 네티즌의 여론이 어디를 향하고 있는가를 신중하게 고려해서 이를 반영하려고 애쓰는 실정이다. 기술과 법이 사이버 세상의 구도를 그려나간다는 얘기는 보통 사람들이 할 수 있는 일이 없음을 얘기하려는 것이 아니라, 사이버 세상의 구도에 관여하는 효과적인 방법이 기술과 법을 바꾸는 데 있음을 강조하는 것이다.

4. 복합 매체로서의 사이버스페이스

21세기 인터넷은 '교역의 매체'로 부상할 것이다. 인터넷이 상거래를 위해 이용된 것은 1993년 인터넷의 대중화의 역사와 함께 시작한다. 넷스케이프가 인터넷 웹 브라우저 시장을 선점한 이유가 바로 이것이 인터넷을 통해 아주 급속하게 배포되었기 때문이었다. 인터넷이 교역 매체로 사용되는 빈도와 중요성이 증가하면서, 보안security과 저작권이 강화될 것이고, 해킹이 사회의 안정을 무너뜨리는 심각한 범죄로 간주되는 경향이 증가할 것이다. 얼마 전(1999년 3월) 한국에서도 해킹을 '국가적 차원의 범죄'로 규정하고 정부가 이를 소탕할 것을 선언한 적이 있다.[20] 아직까지 스마트 카드smart card 등을

---

19) Wiebee E. Bijker, Thomas P. Hughes, and Trevor Pinch, *The Social Construction of Technological Systems* (MIT Pr., 1987).

20) 조금 오래 전 시기에 대한 분석이긴 하지만, 해킹을 범죄시하기 시작한 과정에 대한 흥미있는 분석으로 Richard C. Hollinger and Lonn Lanza-Kaduce, "The Process

사용한 인터넷 화폐에 대한 시험은 성공적이지 못했지만, 비슷한 시도가 계속해서 있을 것이다.

온라인 사업의 경쟁의 속도는 계속 가속될 것이다. 넷스케이프와 마이크로소프트의 선점·추격·탈환의 싸움에서 잘 드러나듯이 물질 경제material economy에서 10년에 나타날 자리바꿈이 1~2년에 이루어질 것이다. 미국의 경우 정보 산업의 선두 주자들이 이익의 70% 이상을 1.5~2년 사이에 시장에 내어놓은 신제품에서 거두어들일 정도로 신제품의 수명은 줄고, 그 부가가치는 늘고 있다. 소프트웨어건 하드웨어건 이미 시장을 선점한 기업은 자기들의 물건을 공짜로 뿌리면서 시장을 뚫고 들어오는 벤처 기업들과 경쟁해야 하고, 새로운 테크놀러지로 새 시장을 개척한 벤처 기업들은 역시 같은 방법을 사용하는 막강한 대기업들과 경쟁해야 하는 것이다. 한 제품을 가지고 시장을 뚫고 들어갈 때 벌써 업그레이드upgrade와 다음 제품에 대한 비전을 가지고 있어야 할 정도로 기술 개발의 속도는 빨라질 것이다. 기업은 유연해야 하고, 빨라야 하며, 무엇이 자신의 강점인가를 알아야 이 경쟁에서 승자가 될 수 있다.[21]

지금까지 그러했듯이 인터넷은 앞으로도 새로운 '표현의 매체'로 주목을 받을 것이다. 인터넷이 처음 등장했을 때 사람들은 인터넷 혁명과 15세기 인쇄술의 혁명을 비교했다. 이 두 혁명 모두 새로운 표현 매체를 통해 정보의 폭발적인 증가를 가져왔다는 점에서 흡사했다. 그렇지만 이 두 혁명 사이에는 차이점도 두드러졌다. 무엇보다 인쇄술의 혁명이 한 국가의 언어를 더 표준적인 것으로 만들고 중앙

---

of Criminalization: The Case of Computer Crime Laws," *Criminology* 26(1988), pp. 101~26 참조.

21) Kevin Kelly, "New Rules for the New Economy," *Wired* (Sep. 1997); David B. Yoffie and Michael A. Cusumano, "Jodo Strategy: The Competitive Dynamics of Internet Time," *Harvard Business Review* (Jan-Feb. 1999), pp. 71~81.

정부의 통치를 강화함으로써 민족주의와 국민 국가의 부상에 중요한 역할을 했다면, 인터넷 혁명은 이렇게 성립된 국경에, 민족 국가라는 단위에 도전장을 던지는 특성을 가지고 있다. 인쇄술 혁명이 저자로서의 개인의 권리와 개인의 유일한 아이덴티티를 강조하는 개인주의를 낳았다면, 인터넷 혁명은 다중적이고 유연한 아이덴티티를 만든다는 차이도 있었다. 무엇보다 인쇄술 혁명이 고대와 르네상스 사이의 지적인 거리를 고정 fix시켜서 새로운 지식을 만드는 기준을 고정시켰다면,[22] 인터넷의 하이퍼텍스트는 끊임없이 바뀌고, 무한대로 연결되어 있고, 항상 유동적인 지식 생성의 새로운 유형을 창조했다.[23]

지금까지 인터넷은 출판 매체의 경쟁 상대는 아니었다. 인터넷 신문은 인쇄된 신문의 적수가 아니었고, 온라인 책은 인쇄된 책을 대체하지 못했다. 앞으로 당분간도 인터넷은 인쇄된 책을 대체하지 못할 것이다. 그렇지만 지금 개발 단계에 있는 휴대용 전자책 electronic book이 출판 시장에 등장해서 급속하게 시장을 점유할 것임은 분명하다.[24] 인터넷 홈페이지와 통신 공간은 주로 지금까지 학술지 · 신문 · 잡지와 같은 '고급' 표현 매체에 자신의 생각이나 삶을 표현할 기회를 가지지 못했던 사람들이 손쉽게 하고 싶은 얘기를 할 수 있는 공간으로 기능했다. 사람들이 인터넷에 홈페이지를 만든다는 것은 자기만의 작은 인쇄기를 하나씩 가지고 나만의 소식지를 찍어서 가상의 독자에게 배포한다는 것과 흡사했다.[25] 그렇지만 인터넷 출판을

22) Elizabeth L. Eisenstein, *The Printing Revolution in Early Modern Europe* (Cambridge, 1983).

23) Arturo Escobar, "Welcome to Cyberia: Notes on the Anthroplogy of Cyberculture," *Current Anthropology* 35(1994), pp. 211~31, esp. p. 219.

24) "Bad News for Trees," *The Economist* (19 December 1998), pp. 124~26.

25) 홈페이지의 문화에 대한 흥미있는 분석으로 Daniel Chandler, "Writing Oneself in Cyberspace," http://www.aber.ac.uk/~dgc/homepgid.html 참조.

선호하는 또 다른 중요한 집단은 과학 기술자들이다. 보통 논문을 학술지에 투고하고 그 논문이 인쇄될 때까지 소요되는 6개월~2년 정도의 시간은 현대 과학 기술에서 정보의 소통 속도에 비해 볼 때 너무나 형편없이 긴 시간이기 때문이다. 온라인 출판은 이 시기를 단축할 수 있을 뿐만 아니라, 과학자들이 사용한 소프트웨어도 함께 출판할 수 있다는 이점이 있다. 이런 이유 때문에 인터넷 출판의 중요한 한 가지 추진력이 과학 기술 출판 분야에서 형성될 것이며, 점점 더 많은 과학 학술지들이 온라인에만 존재하게 될 것이다.[26]

인터넷을 통한 '정보의 전달'은 더욱 중요하게 떠오를 것이다. 인터넷은 다채널 케이블 TV와 함께 1990년대초 미국 클린턴 행정부가 제시한 '정보 초고속도로 Information Superhighway'(공식 이름은 National Information Infrastructure)의 모델이었다. 케이블 TV와 달리 인터넷은 정보의 쌍방향 소통과 상호 작용이 가능하다는 특성이 있었다. 미국 정부는 초고속 광케이블이 미국의 모든 집과 학교를 연결해서 정치 · 사회적인 이슈에 대한 깊이 있는 해설과 계몽 · 교육 프로그램을 시민과 학생에게 공급하고, 시민은 정보 고속도로를 이용해서 정견을 제출하고 투표를 하는 미래의 청사진을 그렸다. 정보 고속도로에 의해 정치적으로 계몽된 시민은 사이버 민주주의 cyber-democracy의 주체였고, 정보 고속도로는 시민과 정부를 직접 만나게 하는 미래의 민주주의의 젖줄로 기대를 모았다.[27] 물론 기업과 은행

---

26) Andrew M. Odlyzko, "Tragic Loss or Good Riddance? The Impending Demise of Traditional Scholarly Journals," *International Journal of Human-Computer Studies* 42(1995), pp. 71~122; Herb Brody, "Wired Science," *Technology Review* (Oct. 1996), pp. 42~51.

27) 국가 정보 인프라(정보 고속도로)의 개념은 클린턴─고어 행정부가 1993년에 내놓은 *National Information Infrastructure: An Agenda for Action*과 1994년의 *America in the Age of Information*에 잘 분석되어 있다. 정보 고속도로에 대한 고

은 이 네트워크를 송수금·상거래, 제품의 광고를 위해 이용할 수 있었고, 그 대가로 이 건설의 대부분을 담당해야 했다. 그렇지만 이 장의 마지막 절에서 조금 자세히 얘기하겠지만 지난 몇 년 간 인터넷을 통해 시민들의 정치 참여를 유도하겠다는 위로부터의 시도는 그리 성공적이지 못했다.

컴퓨터 통신이나 인터넷을 어떤 매체로 보아야 하고 어떤 메타포를 사용해서 이를 기술해야 하는가는 여러 가지 법률적인 문제와 관련되어 있으며, 앞으로 사이버 세상의 구도를 잡아나가는 데 중요한 변수가 될 것이다.[28] 미국의 경우 출판 매체는 거의 무제한의 표현의 자유를 누리는 반면에 방송 매체는 그 내용이 FCC(Federal Communication Commission) 같은 정부 기구에 의해 통제되기 때문이다. 인터넷에서 표현의 자유를 강조하는 사람들은 인터넷이 인쇄기를 가지고 책을 찍어내는 것과 유사함을 강조하는 반면, 인터넷을 규제하기를 원하는 사람들은 인터넷이 소리나 영상까지 전달한다는 사실을 들어 인터넷을 방송 매체로 규정하기를 원한다.[29] 반면 인터넷 서비스를 제공하는 회사 Internet Service Provider(ISP)는 인터넷을 전화의 네트워크에 비유하는 것을 좋아하는데, 이는 전화로 주고받는 내용이 프라이버시에 해당하기 때문에 전화 회사가 이 내용에 대해 책임지지 않을 수 있기 때문이다.

어의 정의는 그가 1994년 3월 21일 국제 통신연맹에서 행한 연설에 잘 드러난다. 이 연설의 전문은 인터넷에서 온라인으로 읽을 수 있다(http://eserver.org/cyber/al_gore.txt).

28) Mark Stefik, *Internet Dreams: Archetype, Myths and Metaphors* (MIT Pr., 1996).

29) Peter H. Lewis, "About the Freedom of Virtual Press," *New York Times* (2 Jan. 1996).

5. 사이버 공동체

정보 고속도로라는 메타포의 가장 큰 문제는 이것이 정보의 전달에만 초점을 맞추었지 컴퓨터 통신 computer-mediated communication (CMC)을 통한 사람들 사이의 만남과 공동체의 형성을 무시했다는 데 있다. 일찍이 철학자 존 듀이 John Dewey가 지적했듯이, 사회는 통신에 의해서만이 아니라 통신 '속에' 존재한다. 영어로 소통 또는 통신을 의미하는 communication이 공동체를 의미하는 community, 공통점의 commonness와 같은 어원을 가지고 있음에서도 통신이 공동체와 뗄 수 없는 관계에 있음을 쉽게 알 수 있다.[30]

새로운 통신 기술은 항상 새로운 공동체의 형성을 (그리고 기존 공동체의 해체를) 가져왔다. 전신 telegraphy은 뉴스의 전송을 비교할 수 없을 정도로 빠르게 만들었고, 이는 지역 신문을 국가적 단위의 신문 national newspaper으로 바꾼 기술적인 추진력이었다. 사람들은 국가적인 뉴스와 이슈에 유례 없는 관심을 가지기 시작했다. 라디오와 TV를 통해 비슷비슷한 뉴스·스포츠·오락 프로그램을 전국에 방송한 것은 세상에 대한 국민의 지식과 오락에 대한 선호도를 비슷비슷하게 만들면서, 비슷비슷한 시국관과 취향을 가진 균일한 대중 mass이라는 새로운 공동체를 만들었다. 뒤이은 위성 방송은 이를 범세계적인 차원으로 확산했다. 세상의 뉴스가 개개인의 관심사가 되고, 지구촌 오지에서 일어나는 일이 범세계적으로 알려지기 시작했다. 맥루

---

30) 정보 고속도로에 대한 비판으로는 Michael C. McFarland, "Humanizing the Information Superhighway," *IEEE Technology and Society Magazine* (Winter 1995/1996), pp. 11~18을 보라. 소통에 대한 존 듀이의 생각은 James W. Carey, "A Cultural Approach to Communication," *Communication* 2(1975), pp. 1~22에 잘 분석되어 있다.

언 같은 미디어학자는 이 새로운 지구 공동체를 나타내기 위해 지구 촌global village이란 신조어를 만들었다.[31] 인터넷의 역사도 통신 공동체와 관련이 있다. 인터넷의 모체였던 알파넷Arpanet은 프로그램을 공유하고 원거리 로그인 같은 군사적 목적을 위해 만들어졌지만, 과학자들은 전자 메일을 사용해서 동료와 소통하는 수단으로 인터넷을 더 빈번하게 사용했다.

통신을 통한 공동체의 형성은 '접촉'을 통해 시작한다. 그런데 고속도로에서 자동차간의 접촉이 교통량의 적체를 가져오는 사고에 불과하듯이 정보 고속도로라는 메타포에서도 이를 사용하는 사람들 사이의 접촉과 상호 작용은 무시되었다. 1990년대를 통해 인터넷을 사용하는 네티즌들은 정보 고속도로라는 메타포 대신에 가상 공동체 virtual community, 전자 아고라electronic agora, 전자 마을electronic village이라는 공동체 메타포를 선호했다. 공동체 메타포에 따르면 인터넷과 유스넷Usenet은 거대한 전지구적 공동체였고, 그 속에 다양한 온라인 모임 · 토론 그룹 · 게임 그룹 · 메일링 리스트mailing list들이 수많은 공동체를 형성하면서 일종의 "작은 문화들이 모여 큰 생태계를 이루는ecology of subcultures" 것이 사이버 세상이었다. 특히 유스넷을 사용하던 네티즌들은 수많은 논쟁과 시행 착오를 거치면서 외부 기관의 간섭을 배제하고 자기들 나름대로의 공동체의 규범을 만들었던 경험을 가지고 있었다.[32] 사이버 세상을 가상 공동체로 보는 사람들은 국가 기관의 개입과 경제적 이해 관계의 지배를 강하게 거부했음은 물론이다. 이는 사이버스페이스가 마치 국가 권력이나

---

31) Marshall McLuhan, *War and Peace in the Global Village* (Harmondsworth : Penguin Books, 1968).

32) Bryan Pfaffenberger, "'If I Want It, It's OK': Usenet and the (Outer) Limits of Free Speech," *The Information Society* 12(1996), pp. 365~86.

경제적 이해와는 무관한 것이라는 잘못된 이미지를 확산시킨 한 가지 원인이었다.

이상적인 공동체의 운용 원칙으로 지적된 것으로 '선물 주고받기 gift-giving'가 있다. 선물 주고받기가 지배하는 이상적인 공동체에서는 공동체 구성원들의 영향력에서의 차이가 각자가 공동체에 준 선물(기여)에 의해 결정된다. 즉 공동체에 더 많은 기여를 한 사람이 그렇지 않은 사람보다 더 큰 영향력을(또는 권력을) 가진다는 것이다. 이 선물 주고받기라는 메커니즘은 1950~60년대를 통해 사회학자들에 의해 '과학자 사회 scientific community'와 같은 이상적인 공동체의 특성으로 종종 지적되곤 했는데, 1970년대 이후 쑥 들어갔다가 1990년대에 컴퓨터 통신을 통해 형성되는 가상 공동체의 특성으로 새롭게 부각했다. 통신 공동체 WELL에서의 경험으로 『가상 공동체 Virtual Community』라는 책을 써서 사이버 공동체에 대한 논의의 줄기를 잡았던 라인골드 H. Rheingold는 WELL이 선물 주고받기에 의해 운영되는 평등하고 이상적인 공동체임을 흥미롭게 보여주었다.[33] WELL에서의 그의 경험이 일반화되기 힘든 특성이 있지만, 가상 공동체들이 어느 정도는 이런 특성을 공유한다는 것은 부인하기 힘든 사실이다.

온라인 가상 공동체의 중요한 특성은 이것이 실제 세상의 공동체와는 달리 지역적·계층적·시간적 한계를 초월해서 만들어진다는 것이다. 북미에 사는 한국인들이 온라인 공동체를 만들면 이 구성원들은 북미 전역에 흩어진 한국 남녀노소가 된다. 게임 공동체와 유스넷에는 전세계에서 사람들이 모여든다. 가상 공동체의 또 다른 중요한 특성은 소통이 대부분 텍스트를 통해 이루어진다는 것이다 textual communication. 글을 올리는 것 posting articles은 물론, 온라인에서 사

---

33) Howard Rheingold, *The Virtual Community* (London, 1994).

람을 만나서 대화를 하는 것 모두 텍스트에 의거한 소통이다. 이런 텍스트 소통에는 얼굴을 맞대고 하는 소통과는 달리 표정이나 목소리에서 느낄 수 있는 정서 non-verbal cues가 없다. 친근한 "그만 해"와 화가 나서 외치는 "그만 해" 사이에 차이가 없다. 이를 보완하기 위해 만들어진 것이 감정을 나타내는 다양한 부호들이다. 웃는 얼굴(^_^), 낙심한 얼굴(-_-), 땀 흘리는 얼굴(^_^;;;), 윙크(^_* 또는 ^_~), 부끄러운 얼굴(*^_^*), 노려보는 얼굴(--+), 우는 얼굴(T.T) 등 다양한 감정을 텍스트로 표현하는 것은 온라인 공동체만의 특성이다.[34]

온라인 공동체가 텍스트를 통한 소통을 기반으로 구성되기 때문에 공동체에 대한 가장 중요한 기여(선물)는 사이버 공간에 올린 글이다. 그런데 그 기여의 정도가 단지 글의 편수로만 결정되는 것은 아니다. 선물의 중요도를 숫자로 환산해서 점수를 매기기 어려운 것처럼 어떤 글이 공동체에 가장 크게 기여했는가를 점수로 매기기는 힘들지만, 온라인 공동체의 구성원들간의 유대감을 더 깊고 풍부하게 해준 글이 가장 중요한 선물로 간주된다. 그렇기 때문에 철학적으로 심도 깊은 논의만이 아니라, 개인적인 얘기, 유머, 모임 후기와 같은 글도 중요한 몫을 한다. 이런 글들 역시 공동체의 사람들을 서로 이어주고 신뢰를 형성하는 데 중요한 역할을 하기 때문이다.[35]

온라인 공동체의 또 다른 특성은 익명성이다. 람다무 LambdaMOO 공동체와 같은 머드 MUD 게임 공동체는 철저한 익명으로 유지된다. 반면 전혀 익명이 허용되지 않고 실제 세상에서도 잘 아는 회원들끼

---

34) 이런 부호를 이모티콘 emoticon 또는 스마일리 smiley라고 한다. 서양의 이모티콘은 :)(웃는 얼굴)처럼 옆으로 누워 있는 얼굴 모양을 사용한다. 일본과 서양의 이모티콘의 차이는 Kumiko Aoki, "Virtual Communities in Japan," http://solix.wiso.uni-koeln.de/etext/text/aoki.94.txt에 언급되어 있다.

35) 대부분의 사이버 공동체는 유머를 올리는 공간을 가지고 있다.

리 정보를 효과적으로 교환하기 위해 만든 온라인 공동체도 있다. 그렇지만 대부분의 온라인 공동체는, 실제 세상과는 또 다른 아이덴티티를 가지는 정도의 최소한의 익명성은 가지고 있다. 서로를 잘 아는 온라인 공동체에서도 사람들은 서로의 실명보다 아이디 ID를 부름으로써 실제 세상과는 조금 다른 새 아이덴티티를 만들어낸다. 사이버 공동체의 익명성과 구성원들 사이의 거리는 사람들로 하여금 스스로 '되고 싶은 사람'으로 자신의 이미지를 만들고 이를 관리하는 자유를 제공한다. 실제 세상에서 소심한 사람이 사이버 세상에서 적극적이 된다든지, 실제 세상에서 사교성도 부족한 사람이 사이버 세상에서 친구가 많고 인기가 있는 사람이 되는 것이 그런 예이다. 하고 싶었지만 하지 못한 것, 가지고 싶었지만 지금 부족한 것, 되고 싶었지만 되지 못한 자신을 만드는 것을 사이버 세상은 조금이나마 가능하게 해준다. 사이버 세상의 이런 면은 많은 사람들을 가상 공동체로 끌어들이는 흡인력이다.[36]

심리학자들은 자신의 아이덴티티를 마음대로 바꿀 수 있다는 사이버 세상의 특성이 사람들을 인터넷에 탐닉하게 하며, 인터넷 중독 Internet addiction이라는 새로운 증후군을 낳았다고 얘기한다. 이를 주장하는 사람들은 인터넷 중독이 노름에 대한 중독과 비슷한 것이라고 설명한다. 반면 셰리 터클 Sherry Turkle과 같은 이론가는 가상 공동체에서 새로운 아이덴티티를 가지는 경험이 실제 세상에도 도움이 된다는 점을 들어 인터넷 중독이라는 새로운 '비정상'을 만드는 것에 반대한다.[37] 인터넷 중독에 대해선 아직도 심리학자들 사이에

---

36) Sherry Turkle, *Life on the Screen* (New York: Simon and Schuster, 1995).

37) Pam Belluck, "Net Addiction: True Disorder Or Just a Cyber-Psycho-Fad?" *New York Times* (1 Dec. 1996); http://www.techreview.com/articles/Fm96/Turkle.html 에 있는 셰리 터클의 인터뷰.

이견이 있지만, 이를 새로운 각도에서 조망하는 최근의 경험적인 연구는 시사하는 바가 많다. 지난 2년 동안 수백 명의 인터넷 사용자들을 관찰하면서 그들의 심리적 변화를 추적한 홈넷 프로젝트Homenet Project는 인터넷이 이를 사용하는 사용자들의 소외감과 외로움을 증가시켰음을 드러냈다. 또 이 기간 동안 이들은 실제 세상에서 친구를 잃고 있음이 밝혀졌다. 인터넷을 통한 가상 공동체에의 참여와 만남이 자기가 다른 사람과 "연결되어 있다는 좋은 감정 feeling of connectedness"을 제공하긴 하지만, 실제로 자기가 좋아하는 사람을 만나서 대화를 나눌 때 느끼는 든든함이나 유대감을 불러일으키지 못한다는 것이 이 연구의 결론이었다.[38] 사이버 공동체는 그 역사가 얼마 안 됐고, 이런 미묘한 문제에 대해서는 더 많은 연구가 필요한 것은 두말할 나위가 없지만, 많은 사람들이 동의하는 것은 사이버 공동체가 실제 세상에서의 가족·친구·친지들과의 관계를 전적으로 대체할 때는 예기치 않은 문제가 생길 수도 있다는 것이다.

6. 사이버스페이스의 정치·사회 운동

북미의 경우 온라인 가상 공동체는 환경 모임, 페미니스트 모임, 비정부 조직 NGOs와 함께 증가 추세에 있는 몇 안 되는 사회 조직 중 하나다.[39] 정당·노조·교회·학부모-교사 연합 Parent-Teacher

---

38) Amy Harmon, "Researchers Find Sad, Lonely World in Cyberspace," *New York Times* (30 August 1998). 홈넷 프로젝트의 결과는 http://homenet.andrew.cmu. edu/progress/에서 찾아볼 수 있다.

39) 1996년 8월부터 1997년 10월까지 14개월 간 인권, 여권, 어린이의 권리, 노인의 권리에 대한 웹 페이지는 약 41만%, 8만 7천%, 6만 7천%, 3만 6천%의 증가를 보였다. 소수 인종·동성애·노동·평화 운동에 대한 웹 사이트도 각각 2만%, 2

Association(PTA), 자치 단체, 자원 봉사, 이웃과의 만남과 같은 '전통적인' 조직과 모임은 지난 20년 간 모두 눈에 띌 정도의 감소 추세를 보이고 있다. 이혼의 증가와 혼자 사는 사람들의 증가로 대변되는 핵가족의 붕괴, 이웃과 만날 수 있는 공간이 점차 사라지는 사회 공간의 변화, TV나 비디오처럼 집에서 혼자 즐기는 레저 시간의 증가가 지난 20여 년 간 사람들을 시민 사회의 다양한 사회 · 정치 공동체로부터 멀어지게 한 이유라고 할 수 있다.[40] 인터넷과 사이버 공동체가 시민 사회 공동체의 '탈사회화 · 탈정치화'를 불러일으킨 결정적인 요인이라는 데 동의하지 않는 사람도, 인터넷이 이를 가속하고 있음에는 동의한다. 당장 내 주변의 대학 캠퍼스만 보아도 점점 더 많은 학생들이 학교에 마련된 컴퓨터에서 전자 메일을 한다든지 인터넷을 서핑하면서 시간을 보내고 있으며, 인터넷 때문에 대학생들이 기거하는 기숙사 문화도 더욱 개인주의적으로 달라지고 있다.

따라서 이런 가상 공동체들이 사회 · 정치적인 시민 운동 단체의 기능을 할 수 있을 것인가라는 문제는 21세기의 바람직한 사회 질서를 위해 무척 중요한 문제다. 그렇지만 인터넷과 같은 매체를 통한 사회 · 정치적 운동이 쉽지 않음은 지난 몇 년 간 지적되곤 했다. 인터넷은 중산층의 전문직 종사자들이 정당과 후보자에 대한 정보를 얻는 매체로서는 성공적으로 기능했지만 '사이버 민주주의 cyber democracy'를 통해 사람들을 정치적으로 참여시키거나 각성시키지는 못했다. 1992년 미국 대통령 선거에서 로스 페로 Ross Perot는 전자 타운 홀 electronic town hall을 모토로 들고 나왔지만 고대 그리스의 아

만%, 8천%, 1천%의 증가를 보였다. Barney Warf and John Grimes, "Counter-hegemonic Discourse and the Internet," *The Geographical Review* 87(2)(1997), pp. 259~74.

40) Robert Putnam, "Bowling Alone: America's Declining Social Capital," *Journal of Democracy* 6(1995), pp. 65~78.

고라를 연상케 하는 사이버 타운 홀은 다수가 참여하는 온라인에서 의 실시간real-time 토론이 혼돈 그 자체에 불과하다는 것이 밝혀지면 서 금방 포기되었다. 1996년 미국의 대통령 선거에서 각 당은 인터넷 을 중요한 매체로 이용했고 특정 유권자들은 인터넷을 통해 후보에 대한 정보를 얻었지만, 인터넷을 통한 모의 대통령 선거에서는 유권 자들과 자주 전자 메일을 주고받았고 온라인 채팅을 했던 해리 브라 우니Harry Browne라는 알려지지 않은 후보가 클린턴과 보브 돌을 모 두 이겼을 정도로 인터넷 정치와 실제 정치 사이에는 엄청난 거리가 있었다.[41] 인터넷은 1996년 미국의 선거에서 정당이나 후보의 홍보용 매체로 기능했지 쌍방향 소통의 수단이 아니었다. 정부와 국민과의 쌍방향 소통은 1996년 미국 의회의 한 위원회가 홈페이지를 열고 법 안의 심의 과정을 인터넷을 통해 생중계하면서, 국민과의 직접 대화 를 위해 대화방을 개설한 것이 처음이었다. 이때 대략 천 명 정도가 인터넷을 통해 의회의 의정 활동을 접하고 참여한 것으로 드러났다. 인터넷을 통한 국민과 정부와의 대화는 아직도 초기 실험 단계에 있 다.

인터넷을 통한 사회 운동 역시 초기에는 많은 조명을 받았다. 1996 년 네티즌들은, 지방 선거를 인정하지 않고 언론을 통제함으로써 이 에 대항하는 세력을 억누르던 유고슬라비아의 밀로셰비치 독재 정권 이 인터넷 전자 메일과 리얼 오디오Real Audio를 통한 인터넷 라디오 방송을 통제하지 못했으며, 이 인터넷 방송과 전자 메일이 전세계 여 론을 들끓게 함으로써 정권의 잠정적인 항복을 받아냈다는 뉴스에 흥분했다. 이보다 조금 전인 1994년, 멕시코의 사파티스타 Zapatista 민족 해방군 게릴라들이 컴퓨터와 모뎀을 사용해서 자신들의 동정을

---

41) Graeme Browning, "Updating Electronic Democracy," *Database* (June/July 1997), pp. 47~54.

서로 교환했을 뿐만 아니라 투쟁 소식을 전세계로 알렸고, 이를 촉매로 세계 곳곳에서 이들을 지원하는 뉴스 그룹과 메일링 리스트가 만들어져서 이들의 운동을 지원했다는 이야기도 인터넷이 급진적인 정치 운동의 매체로 사용될 신선한 가능성을 시사했다. 그렇지만 시간이 지나면서 이 두 경우에 인터넷의 역할은 상당히 과장된 것이었음이 드러났다.[42)]

사이버 공간을 매개로 한 정치·사회 운동이 어려운 데는 몇 가지 이유가 있다. 인터넷이 사람들을 쉽게 연결하지만, 서로 만나서 시위에 참여하는 것과 같은 '연대감' 을 제공하지는 않는다는 것이 그 한 가지 이유이며, 온라인 공동체에 참여하는 것도 쉽지만 빠져나가는

---

42) 유고슬라비아 내전에서 세르비아 대학생들이 밀로세비치 정부에 대항하기 위해서 인터넷과 이메일을 사용했고, 이것이 외국의 여론을 자극해서 정권이 더 이상 유지되기 힘들었다는 얘기는 David S. Bennahum, "The Internet Revolution," *Wired* (April, 1997)를 통해 널리 소개되었다. 그렇지만 저항의 성공의 제일 원인을 인터넷에서 찾는 것은 문제가 있다. 무엇보다도 성공은 대규모 시위, 시위대에 중립적이었던 군대, 정부에 대한 미국의 위협, UN의 압력이라는 복합적인 요소에 의해 이루어진 것이기 때문이다. Sohail Inayatullah, "Deconstructing the Information Era," *Futures* 30(1998), pp. 235~47, 특히 p. 242를 볼 것. 사파티스타의 경우 해방군 게릴라들은 인터넷은커녕 전화도 제대로 없는 마을을 점령하고 기점으로 삼았었다. 물론 인터넷을 통해 국제적인 지원 그룹이 만들어졌고, 여기에 해방군 지도자 마르코스의 독특한 성향이 수많은 사람들을 매료시켰음은 의심의 여지가 없지만, 인터넷을 통한 지지 운동의 효과는 이 봉기에 세상의 관심을 집중시킴으로써 당시 막 NAFTA에 가입해서 서방 자본의 눈치를 보아야 했던 멕시코 정부가 신속한 유혈 무력 진압의 방법을 사용하지 못했고 이것이 전세를 장기전으로 끌고 감으로써 싸움을 해방군에게 유리하게 했다는 데 있었다. 사파티스타를 지원하는 인터넷 그룹은 시간이 지나면서 NAFTA와 신자유주의를 반대하는 느슨한 네트워크로 발전했다. 이에 대해서는 Oliver Froehling, "The Cyberspace 'War of Ink and Internet' in Chiapas, Mexico," *The Geographical Review* 87(2)(1997), pp. 291~307을 참조할 것. 사파티스타 지원 그룹에 대한 정보는 Zapatistas in Cyberspace라는 웹 사이트(http://www.eco.utexas.edu/faculty/Cleaver/zapsincyber.html)에서 찾아볼 수 있다. 한글로 된 좋은 사이트로 http://plaza1.snu.ac.kr/~hardcore/zap_in_cyber.html가 있다.

것도 쉽다는 것이 또 다른 이유이다. 효과적인 운동은 사람들 사이의 친분을 통해 의식을 공유하고 서로의 관계에 대해 장기적 전망을 공유하는 것을 필요로 하나, 온라인 공동체는 이런 친분과 안정적인 관계가 필요 없다는 특성이 있다. 게다가 실제 세상의 운동 단체는 이념이나 목적을 위해 사람들을 모으고 이 공동의 목적과 개인의 가치가 상호 작용하고 또 마찰을 일으키면서 이것이 개개인으로 하여금 운동에 더 깊이 관여하거나 헌신하는 계기를 마련해주지만, 대부분의 온라인 공동체는 구성원 개개인이 가지고 있는 취향과 지향점이 합쳐져서 공동체의 방향을 결정한다. 이렇게 느슨하게 구성된 공동체는 개개인의 취향이나 지향점과 거리가 있는 운동을 위해 재조직되기 어렵다.[43]

그렇지만 사이버 세상에서 효과적인 운동 형태가 있음을 발견하고 이를 조직하는 것은 무척 중요하다. 만약에 많은 사람들이 이미 인터넷을 사용하고 있다면, 인터넷을 통한 운동을 조직하는 데 추가 부대 비용이 거의 들지 않는다는 이점이 있다. 그리고 점점 더 많은 관료와 정치인들이 전자 메일을 사용하면서 전자 메일은 효과적인 홍보·압력·저항의 수단이 될 수 있다. 그렇지만 이렇게 조직된 온라인 운동 단체는 기존의 계층·직업·지역에 기반한 운동 단체와는 차이점이 존재한다. 인터넷을 통한 사이버 세상에서의 사회·정치 운동은 다음 다섯 가지 영역에서 효과적이었고, 앞으로도 효과적일 것이다.

첫번째로, 네티즌들은 사이버 세상과 관련된 이슈에 무척 민감하다. 1996년 미국에서 CDA가 제정되었을 때 전세계 네티즌이 홈페이지에 파란 리본을 게재하고 홈페이지를 검은색으로 칠함으로써 이에

---

43) Bruce Bimber, "The Internet and Political Transformation: Populism, Community, and Accelerated Pluralism," *Polity* 31 (1998), pp. 133~60.

항의했던 경우는 이런 운동의 대표적인 예이다. 최근 COPA에 대한 반대 운동도 비슷한 맥락이다. 한국에서의 전자 주민 카드 반대 운동, 마이크로소프트의 '흔글' 인수 반대도 통신 공간과 인터넷을 통해 불붙듯이 번져나간 운동이다. 최근에 프라이버시에 대한 문제가 주목을 받으면서 PSN(Personal Serial Number)을 장착한 펜티엄 Ⅲ에 대한 반대가 매우 효과적으로 진행되었고, 이는 소비자의 요구에 귀를 기울이지 않는 것으로 유명했던 인텔사가 결국 소프트웨어를 통해 이를 해결하는 방법을 찾게 만든 결정적인 계기가 되었다.

두번째로 인터넷은 반론권을 제공하는 데 인색한 기존 매체를 비판하는 데 효과적이다. 한국의 경우 TV 매체에 대한 비판이나 조선일보와 같은 신문에 대한 비판이 통신 공간에서 매우 효과적으로 이루어짐을 볼 수 있다. '딴지일보'와 같은 기존 신문에 대한 패러디 매체도 인터넷을 매개로 엄청난 독자를 끌 수 있었다. 이런 운동이 조금 더 발전하면 인터넷과 통신 공간은 기존 신문이나 방송이 제공하지 못하는 새로운 정치적 시각과 견해들을 얻을 수 있는 대체 미디어로 떠오를 수 있다.

세번째로는 지역적으로나 계층적으로 흩어져 있는 집단처럼 상이한 집단들이 공통된 이슈를 중심으로 모여서 정보를 공유하고 압력과 비판의 강도를 높이는 운동이 있다. 지금 캐나다는 물론 범세계적으로 효과적으로 전개되는 '다자간 투자 협정Multilateral Agreement on Investment' (MAI)에 대한 반대 운동도 지역적으로 흩어져 있는 상이한 이해 관계를 가진 그룹이 인터넷을 통해 연결된 네트워크의 형태를 취하고 있다. 한국에서 1996년말~1997년초에 '총파업 통신 지원단'이 총파업에 대한 소식을 인터넷을 매개로 전세계 노동 운동 그룹과 조합에 널리 알리고 이를 통해 국제적인 지원과 관심을 끌었던 것도 이런 예이다.[44]

네번째로 인터넷상의 운동은 기존의 매체가 관심을 두기 힘든 문제에 대해 효과적이다. 언론은 지루한 싸움이 계속되는 문제에 지속적인 관심을 두지 않는다. 이럴 경우 잘 홍보된 인터넷 홈페이지는 문제에 대한 정보를 제공하고 이의 관심을 촉구하는 기능을 한다. 미국의 과학자들이 파푸아뉴기니 원주민들의 혈청을 채취해서 이에 특허를 낸 사건을 강도 높게 비판한 RAFI라는 단체는 미국 의학과 생물학을 대표하는 NIH(National Institute of Health)라는 막강한 조직과의 싸움에서 인터넷을 통한 지속적인 문제 제기를 통해 결국 NIH가 그 특허를 포기하게끔 만들었다.[45]

마지막으로 인터넷을 통해 시민은 정부의 정책에 대한 더욱 강력한 감시자가 될 수 있다. 시민들이 정부의 정책이나 의정 활동을 계속 감시하고 있음을 인터넷에 홍보하고 이에 대한 네트워크를 만드는 것은 정부 관료나 의원들이 반민주적인 정책이나 법안을 만드는 것에 대한 효과적인 예방 차원의 운동이 될 수 있다. 1999년 한국에서 강릉시가 추진했던 '아들바위'에 대해 천리안 여성학동호회의 여성 네티즌들이 이를 공론화해서 효과적으로 저지한 것은 정부 정책에 대한 감시와 견제가 통신을 매개로 신속하고 효과적으로 전개될 수 있으며, 이런 성공적인 사례가 사이버 공동체에서 회원들 사이의 연대를 강화함을 보여주고 있다.[46]

사이버 세상에서의 사회·정치적 운동의 법칙 역시 온라인 사업의 법칙과 비슷하다. 정당이나 사회 단체들이 홈페이지를 만들어놓고 업데이트를 안 하는 것은 이를 방문하는 사람들에게 실망만을 안겨

---

44) MAI 반대 운동에 대해서는 http://mai.flora.org와 flora.mai.not mailing list를 보라. 총파업 통신 지원단의 활동은 http://kpd.sing-kr.org/strike/와 http://www.labourstart.org/korea.html에 기록되어 있다.

45) http://www.rafi.org/communique/

46) 「여성 네티즌들이 '아들바위' 막았다」, 여성신문(1999년 4월 9일자).

줄 뿐이다. 지속적으로 새로운 내용을 채워야 하고, 운동을 위해 만들어진 홈페이지나 BBS가 마치 그물망의 눈node처럼 많은 사람들이 거쳐갈 수 있도록 만들어야 한다. 전자 메일, 팩스fax, 메일링 리스트, 통신 공간, 인터넷 홈페이지 등을 통해 기존의 활동을 홍보하고, 어떤 한 가지 이슈로 운동을 시작할 때 이미 그 다음 이슈를 생각할 정도로 혁신적이어야 한다. 유연하고, 변화를 적극적으로 수용해야 하며, 수평적이고 느슨한 조직의 이점을 활용할 줄 알아야 한다. 홈페이지의 방문객 수가 관건이 아니라, 사이버 세상과 실제 세상의 접면을 성공적으로 구축하는 것이 운동의 승패를 좌우함은 물론이다. 마지막으로 사이버 세상에서 운동에 관심이 있는 사람이건 사업에 관심이 있는 사람이건, 네트워크 혁명의 시기에 넘쳐나는 것은 정보요 부족한 것은 관심이라는 경구를 기억해야 할 것이다.

제12장

첨단 기술 시대의 독점과 경쟁

—— 마이크로소프트 소송과 새로운 경제학의 패러다임[1]

1997년 10월 1일 마이크로소프트 Microsoft는 축제 분위기였다. 마이크로소프트의 웹 브라우저 web browser인 인터넷 익스플로러 Internet Explorer(이후 '익스플로러'로 약칭) 4.0이 세상에 선을 보인 날이었기 때문이다. 마이크로소프트의 샌프란시스코 지부에선 밤새 파티가 벌어졌고, 술 취한 직원들은 옆 동네 넷스케이프 Netscape 본사에 몰래 들어가 익스플로러를 상징하는 거대한 'e'자 모형을 설치해놓고 도망치기도 했다. 97년초에 불과 15%였던 익스플로러의 시장 점유율은 어느덧 절반에 가깝게 상승했고, 넷스케이프를 따라잡는 일이 시간 문제처럼 여겨지고 있었다.

그러나 파티의 열기가 채 식기도 전인 10월 20일, 미 법무장관 자넷 리노 Janet Reno는 빌 게이츠 Bill Gates의 마이크로소프트가 1994년 미 정부와 작성한 반독점 '합의 계약'(또는 1995년에 발효된 법원 명령)을 위반했다는 이유로 이 회사를 미 법원에 고소하면서, 마이크로소프트가 윈도95 Windows95에서 익스플로러를 제거할 때까지 매일 1백만 달러씩 벌금을 부과해줄 것을 법원에 청원했다.

---

1) 이 글은 『과학사상』(1998년 여름)에 실린 것을 이후 전개된 사건들을 고려해서 다시 다듬은 것이다.

마이크로소프트는 윈도의 '독점 monopoly'을 불법적으로 이용해서 그 '독점'을 보호·확대하며 소비자의 선택을 방해하고 있다. 정부는 기술 혁신을 고무하고 경쟁을 촉진하며, 소비자가 경쟁 상품 중 하나를 선택하게 하기 위해 노력해왔다. 이번 고소는 우리가 지배적인 기업이 경쟁을 왜곡하는 것을 더 이상 용인하지 않겠다는 것을 의미한다.[2]

　　독점이란 무게 있는 단어를 두 번이나 반복한 자넷 리노의 고소는, 1997년 12월 토머스 펜필드 잭슨 Thomas Penfield Jackson 판사가 법무부의 손을 들어주는 예비 판결 preliminary injunction을 발표하고, 마이크로소프트에게 익스플로러를 윈도95에서 제거할 것을 명령하면서 첫 라운드를 법무부의 승리로 만들었다. 잭슨 판사는 마이크로소프트가 익스플로러를 제거하지 않으면 매일 백만 불의 벌금을 물리겠다고 판결했다. 법무부는 마이크로소프트가 윈도와 같은 운용 체계 시장을 장악하고 웹 브라우저 시장에서 넷스케이프를 급속히 추격하는 이유가 '독점력의 불법적인 행사' 때문이라고 보았던 반면에 마이크로소프트는 이를 기술 혁신과 통합 integration의 결과라고 항변했다.

　　마이크로소프트는 즉각 항소했다. 재판이 진행중인 1998년 4월 9일, 마이크로소프트는 뉴욕 타임스에 흥미있는 광고를 게재했다. 이 광고는 컴퓨터 혁명을 가능케 했던 혁신 innovation을 강조한 뒤에, "혁신은 외견상으로 연관되어 있지 않은 역량들을 통합 integration하는 능력이다"라고 혁신과 통합을 결부시킨 후, 최근 정보 기술의 통

---

2) Janet Reno의 청원. M. Richtel, "U. S. Says Microsoft Violated 1995 Court Order on Windows," *Cyber Times* (*New York Times* on the Web, 20 October 1997)에서 인용.

합이 가장 잘 드러나는 분야로 인터넷을 지적하고 있다.

오늘날 가장 새로운 기술은 인터넷이다. 소비자와 개발자가 인터넷의 완전한 잠재력을 이용하기 위해서는, 인터넷 소프트웨어가 운용 체계operating system(OS)에 빈틈없이 통합되는 것이 중요하다. 통합은 사람들이 인터넷을 어떤 소프트웨어를 이용해서라도 접근할 수 있음을 의미한다.[3]

그리고 이 광고에서 마이크로소프트는 자신들이 컴퓨터를 더 강력하게, 사람들의 생활을 더 풍요롭게 만들어왔음을 강조한 후, 혁신과 통합의 조류는 시장에 맡겨져야지 누군가에 의해 멈추어져서는 안 되는 것임을 지적하고 있다. 여기에는 자신들의 시장 지배가 통합에 의한 기술 혁신의 결과이고, 정부가 이런 시장의 논리에 개입해서는 안 된다는 강력한 메시지를 담고 있었다. 마이크로소프트는 1998년 6월 23일에 있었던 항소심 판결에서 승리했다.

그렇지만 '합의 계약' 위반 항소심 판결이 나기 직전인 5월 18일, 미국 법무부와 20개 주state, 그리고 컬럼비아 지방 법원은 마이크로소프트를 셔먼 반독점법Sherman Anti-Trust Law 위반으로 고소했다. 합의 계약(1994) 위반이 아닌 반독점법 위반을 가늠하는 본격적인 재판이 시작된 것이다. 마이크로소프트의 반독점 재판의 결과는 미국 반독점법 역사에 획기적인 케이스일 뿐 아니라, 21세기 사이버스페이스cyberspace의 질서를 위한 가장 중요한 선례가 된다는 점에서 '세기의 재판'이라 불러도 부족함이 없다.

이 글은 이런 일련의 재판이 열리게 된 배경에 초점을 맞추고 있

---

3) *New York Times* 1998년 4월 9일자 마이크로소프트의 광고.

다. 법무부의 고소에는 법무부 반독점국Antitrust Division, 특히 조엘 클라인Joel Klein 차관의 결심이 큰 역할을 했는데, 독점 대기업에 약하고 독점적인 합병을 눈감아준다는 비판을 들어왔던 클라인 차관의 심경 변화는 첨단 기술 시대의 독점을 보는 법무부 반독점국의 입장이 지난 몇 년 사이에 크게 변했음을 반영하고 있다. 그리고 이 변화의 근저에는 다시 80년대 중반부터 브라이언 아서 Brian Arthur와 같은 몇몇 경제학자들이 주장한 첨단 기술 시대의 경쟁과 독점, 그리고 기업의 역할에 대한 새로운 경제학적 이해가 깔려 있었다. 이 글은 이런 복잡한 생각들의 관련과 이에 관여한 사람들의 이야기다.

1. 마이크로소프트와 빌 게이츠

빌 게이츠는 1955년생이다. 그렇지만 많은 경영 전문지들은 그를 지금 '세계에서 가장 막강한powerful 사람'으로 꼽는 것을 주저하지 않는다. 94년에 90억 달러였던 그의 재산은, 지금은 4백억~5백억 달러(1999년 한국 돈으로 50조~60조 원)가 족히 된다. 명실상부한 세계 제일의 부자다. 그의 재산만으로 국민 소득 40위 정도 되는 나라의 전체 국부(國富)와 비슷할 정도이다. 마이크로소프트 본사에는 이런 억만장자가 여럿 있고, 직원 중 백만장자로 꼽히는 사람만 2천 명이다. '정보 자본주의information capitalism'의 위력을 보여주는 단면이다. 빌 게이츠는 1998년 1월 스탠퍼드 대학에서의 강연에서 자신은 그저 이런 부의 '집사steward'에 불과하고, 이 부는 언젠가 사회로 환원될 것이라고 강조하기도 했다.

빌 게이츠에게는 '살아 있는 신화'라는 얘기가 잘 어울린다. 그는 하버드 대학을 다니던 74년 알테어Altair라는 첫 개인 컴퓨터(PC)가 나오는 것을 보고 "조만간 PC가 모든 사람의 책상에 한 대씩 있게 되는 세상이 올 것"을 감지했고, 대학을 자퇴하고 친구 폴 알렌Paul Allen과 마이크로소프트를 차린 후, 알테어를 위한 언어 베이식 Basic을 만들어 공급했다.[4] 그가 1980년 IBM의 PC를 위해 DOS를 공급했을 때만 해도 마이크로소프트는 손으로 적는 장부를 쓸 정도의 작은 회사였다. 아니, 그의 회사가 주목받는 회사로 성장한 90년에만 해도, 마이크로소프트는 DOS와 윈도로 PC의 운용 체계를 70% 정도 장악한 회사에 불과했다.

그런데 95년에 출시한 '윈도95'는 1억 장 이상 팔려 OS 시장의 독점률을 90% 가까이 끌어올렸다. 덕분에 마이크로소프트의 95~96년 순이익은 90억 달러였고, 96~97년엔 이 중 20억 달러(3조 원)를 다시 연구 개발비로 투자했다. 이제 IBM의 OS/2와 매킨토시는 10% 남짓한 나머지 시장을 놓고 분투하고 있다. OS만이 아니다. 마이크로소프트의 '오피스Office'는 스프레드 시트(엑셀 Excel), 데이터베이스(액세스 Access), 워드프로세서(워드 Word)의 3대 오피스 소프트웨어에서 수위를 달리고 있다. 마이크로소프트는 골프 · 비행 시뮬레이션과 같은 컴퓨터 게임에서도 강세이고 영화 · 요리 · 와인 등 거의 모든 분야의 CD-롬 멀티미디어에서 선두다. 마이크로소프트의 멀티미디어 백과사전 엔카타 Encarta는 2백 년 전통의 영국 브리태니커 백과사전을 따돌리고 있다. 이런 마이크로소프트의 상품은 고부가가치 상

---

4) 비슷한 시기에 DEC의 회장은 "어떤 바보가 책상에 컴퓨터를 놓고 쓰겠는가"라고 생각했다고 알려져 있다. PC와 개인 컴퓨터 혁명의 역사에 대해 간략하고도 좋은 논의로는 Richard N. Langlois, "External Economics and Economic Progress: The Case of the Microcomputer Industry," *Business History Review* 66(1992), pp. 1~50; Bryan Pfaffenberger, "The Social Meaning of the Personal Computer: Or, Why the Personal Computer Revolution Was No Revolution," *Anthropological Quarterly* 61(1988), pp. 39~47이 있다.

품의 전형적인 예이다.[5]

빌 게이츠는 이 모든 성과가 기술 혁신에 의해 가능했다고 얘기한다. 80년대에 윈도를 개발하지 않고 도스에 안주했다면 그래픽 인터페이스graphic interface를 사용하던 애플과의 경쟁에서 가볍게 패했을 거라는 얘기다. 이 연구 개발을 위한 마이크로소프트의 시애틀 본사는 우리가 생각하는 '회사'와는 거리가 멀다. 본사 건물들은 대학 캠퍼스를 본따서 지어졌고, 직원들도 이를 '캠퍼스'라고 부른다. 대부분 직원이 대학 교수들처럼 자신의 오피스를 가지고 있고, 이들의 오피스는 새로운 아이디어에 대한 메모, 알아볼 수 없는 그림과 연구 계획표 등으로 도배가 돼 있다. 위계와 고정된 구조가 없는 대신 과업에 따라 소규모 정예 특수 부대와 같은 팀이 만들어진다. 흥미있는 사실은 많은 경우 이들의 일상 연구는 실제 상업화와는 별상관 없어 보이는 주제라는 것이다. 마이크로소프트의 지원을 받아 큰 실험실을 마련한 영국 케임브리지 대학의 니덤 R. Needham 교수는, 실험실을 지을 때 빌 게이츠는 지적 호기심만 충족시키면 된다며 무조건 지원을 약속했음에 비해 영국 정부는 실험실에서 상품화가 가능한 제품을 만들어야 한다는 조건을 다는 것을 보고, 연구 개발과 관련해서 기업과 정부의 역할이 180도 역전된 것을 흥미있게 보고하기도 했다.[6]

몇 년 전 마이크로소프트는 쌍방향 TV와 웹의 결합을 위해서 NBC와 합작해서 MSNBC라는 새 회사에 투자했고, 웹Web TV를 인수했고, 케이블 TV에 10억 달러를 투자했고, TV와 인터넷을 결합하는 차

---

5) 마이크로소프트는 1천 원 어치의 물건을 팔면 250원을 수익으로 가져온다. OS를 놓고 경쟁하는 애플Apple은 1천 원에 30원을 수익으로 가져오며, 한국의 대기업은 1천 원에 2원 꼴이다.

6) "The Knowledge Factory: A Survey of Universities," *The Economist* (October 4 1997), p. 17.

세대 OS인 윈도98을 개발, 출시했다. 또 차세대 위성 무선 통신, 차세대 팩스, 화상 전화, 그리고 무엇보다 인터넷을 통한 사이버뱅킹과 전자 상거래electronic commerce를 가능케 해줄 '컴퓨터 지갑'의 개발에 총력을 기울이고 있다. 마이크로소프트가 투자한 코르비스Corbis사는 전세계에서 가장 아름다운 이미지의 지적 소유권을 사들이고 있다. 대학 시절 생물학을 공부하지 못한 것을 안타까워하는 빌 게이츠는 최근 두 개의 바이오테크biotech 회사에 투자했고, 자신이 이 분야로도 주력할 것을 공표했다.

PC 소프트웨어 사업에서 성공한 이유가 미래에 대한 현명한 비전에 있었다고 생각하는 빌 게이츠는 미래를 예측하는 것을 즐긴다. 『뉴욕 타임스 신디케이트 *New York Times Syndicate*』에 기고하는 그의 칼럼은 새해가 되면 그해에 일어날 정보 산업, 컴퓨터 산업의 큰 변화를 예측하는 글을 싣는다. 그해 연말에는 또 그의 예측 중 몇 가지가 실현됐고, 몇 가지가 실현되지 못했는가를 스스로 평가하는 글을 싣는다. 예를 들어 1997년초 빌 게이츠는 15가지 예언을 했는데, 97년말 그 중 5가지는 틀렸고 10가지는 맞췄다고 자평했다.[7] 그가 맞춘 예언 중 하나는 "1997년말이 되면 사람들은 인터넷이라는 전지구적인 쌍방향 네트워크의 역사적인 중요성을 인식하게 될 것"이라는 것이었다. 인터넷의 비전은 그가 1995년 12월 인터넷으로 회사의 주력 사업을 바꾸는 것을 천명하면서 대폭 개정한 그의 책, 『우리 앞에 놓여 있는 길 *The Road Ahead*』의 제8장 「마찰이 없는 자본주의Friction-free Capitalism」에 자세히 서술돼 있다. 간단히 말해서, 사는 사람이 파는 사람에 대한 모든 정보를 쉽게, 순간적으로 접할 수 있다면, 그리고 파는 사람도 사는 사람에 대한 정보를 간단히 얻을 수 있다면,

---

7) Bill Gates, "Reviewing My '97 Predictions ── and Looking Ahead," *New York Times Syndicate* (30 December 1997).

자본주의 시장은 애덤 스미스Adam Smith가 상상한 '완벽한 시장 perfect market'이 될 수 있으며, 인터넷이 궁극적으로 이런 시장을 가능케 하리라는 것이 그의 비전이다. 소비자와 생산자가 인터넷을 매개로 직접 만날 수 있고, '중개업자'들이 필요 없어진다는 것이다.[8]

빌 게이츠는 이런 '마찰이 적은' 정보의 흐름이 교역뿐만 아니라 정치 · 교육 · 문화의 모든 영역에 적용될 수 있다고 믿는다. 투표할 때에도 사람들은 후보에 대한 정보를 불충분하게 얻을 수밖에 없는데, 이에 대한 충분하고, 자유롭고, 순간적인 접근이 가능해지면 그 선택이, 아니 투표를 하는 방식조차 달라질 수 있다는 것이다. 대학에서 수강할 강의를 선택할 때도, 학생들은 강의들에 대한 정보가 충분치 않은 상태에서 선택한 재미없는 강의를 울며 겨자 먹기로 한 학기 내내 들어야 하는 경우가 많다. 인터넷을 통한 풍부한 정보의 공개와 이에 대한 즉각적인 접근은 학생들(소비자)에게 유리하게 작용할 수 있다. 좋은 병원을 고를 때, 좋은 변호사를 고를 때, 좋은 배우자를 고를 때, 이 모든 경우 인터넷은 '구매하는 사람의 천국'을 만들 수 있다는 것이다.

그러나 그의 경쟁자들은 이런 이야기의 진실성을 의심한다. 그가 인터넷에 투자하는 데는 회사의 사활이 달려 있는 다른 이유가 있다

---

8) Bill Gates, N. Myhrvold, and P. Rinearson, *The Road Ahead* 2nd ed.(New York: Viking, 1996), ch. 8, "Friction-free Capitalism." 인터넷이 모든 중개업자를 없애고 소비자와 생산자를 바로 연결할 것이라는 주장엔 문제가 있다. 무엇보다 '아마존' 같은 인터넷 서점의 발흥은 인터넷이 소비자와 생산자를 연결하는 새로운 소매상에게 유리한 조건을 형성함을 보여주고 있다. 한편으로는 인터넷이 중개상을 없애지만 disintermediation 또 한편으로는 새로운 중개상을 창조하는 reintermediation 특성에 대한 분석으로는 Rolf T. Wigand, "Electronic Commerce: Definition, Theory and Content," *The Information Society* 13(1997), pp. 1~16 참조.

는 것이다. 또 빌 게이츠와 마이크로소프트가 혁신 innovation과 경쟁에 주력했다는 얘기도 이들은 단지 '신화 myth'로 치부한다. 극단적으로, 마이크로소프트의 도스는 다른 회사로부터 산 것이고, 윈도는 애플을 모방했듯이 마이크로소프트가 스스로 개발한 것은 아무것도 없다는 것이다. 이들에게 빌 게이츠와 마이크로소프트는 독점과 불공정 경쟁의 화신이다. 이들의 주장을 평가하기 위해서 우리는 마이크로소프트의 역사와 몇 가지 중요한 소송을 살펴볼 필요가 있다.

2. 마이크로소프트, 그 경쟁과 독점의 역사

정보 산업, 컴퓨터 산업은 경쟁이 극심한 산업 분야이다. 19세기말 펀치 카드 머신을 파는 것으로 사업을 시작해 2차 대전 이후엔 사무용 컴퓨터를 독점해서, 도저히 쇠락할 것 같지 않았던 IBM이 PC 시장에서 복제품 clone을 만들어 팔던 무명의 컴팩 Compaq에게 판매와 기술 개발 모두 선두를 빼앗긴 것은(386, 486 PC를 컴팩이 IBM보다 먼저 개발했다) 기업사에 길이 남을 사건이었다. 그러나 PC 시장에서 선두를 달리던 컴팩은 90년대초 대만산 복제품과의 가격 경쟁에서 고전, 쇠락의 길로 접어들었다. 그렇지만 컴팩은 최근(1998) 다시 재기에 성공해서 판매 1위를 탈환했고, 90년 대비 판매는 12배, 주식 자산은 무려 22배가 늘어난 엄청난 기업으로 성장했다. 반면에 노벨 Novell, 로터스 Lotus처럼 한때 소프트웨어 시장을 주름잡던 회사들은 지금 맥을 못 추고 있다. 이렇게 치열한 기술 개발과 경영 기술의 싸움에서 오늘도 승자와 패자의 희비가 갈려나가는 것이 정보 산업이다.

마이크로소프트의 성공사는 이제는 너무나 잘 알려져서 여기서 반복할 필요는 없을 것이다. 1980년 8088이라는 인텔 Intel의 새 16비트 마이크로프로세서를 사용해서 PC를 만든 IBM은 빌 게이츠의 마이크로소프트에 이 PC를 위한 새로운 OS 프로그램을 만들어줄 것을 요구했고, 빌 게이츠는 MS-DOS를 만들어(실제로는 다른 사람이 작성한 CP/M이라는 8비트 운용 체계를 사서 이를 IBM에 맞게 고쳐서) IBM에 공급했다. 이때가 마이크로소프트가 PC의 OS라는 표준을 장악하기 시작한 순간이었다.

MS-DOS의 첫 버전은 하드 드라이브를 지원하지 않을 정도로 원시적인 것이었다. 게다가 1980년대 초반 PC 시장은 기술적으로 세련되고, 그래픽 인터페이스를 사용해서 외견상으로도 깔끔한 애플Apple의 매킨토시Macintosh가 강세를 보이고 있었다. 1983년 마이크로소프트는 매킨토시처럼 마우스와 그래픽 인터페이스를 사용하는 OS인 윈도를 출시한다는 계획을 발표했다. 그러나 85년에야 첫선을 보인 윈도의 첫 버전은 문제투성이였고 거의 사용하지 못할 정도였다. 실용적인 버전은 90년 출시된 윈도 3.0 그리고 곧 이어 나온 윈도 3.1에 이르러서였다. 마이크로소프트는 윈도의 출시 이후 그래픽 인터페이스의 지적 소유권을 침해했다고 주장한 매킨토시와 4년에 걸친 긴 소송에 휘말렸는데, 다행히 마이크로소프트의 손을 들어주는 판결이 나왔다.[9]

애플과의 소송에선 이겼지만, 마이크로소프트는 90년부터 또 다른 조사에 휘말리게 되었다. 미 연방 통상위원회(FTC)가 마이크로소프트의 OS 시장 독점 여부를 조사하기 시작한 것이다. FTC는 이를 3년간 조사하다가 난관에 부딪혀서 결국 판단을 포기하고, 이 케이스를 법무부로 이관했다. 강경파 앤 빙거맨Anne Bingamann이 이끌던 법

---

9) 애플과의 소송에 대해서는 Nicolas P. Terry, "GUI Wars: The Windows Litigation and the Continuing Decline of Look and Feel," *Arkansas Law Review and Bar Association Journal* 47(1994), pp. 93~158 참조.

무부의 반독점국은 이를 법정으로 가져가는 대신에 94년 마이크로소 프트사와 합의 각서를 만들어내는 데 도달했다. 이 합의 각서는 마이 크로소프트의 잘못된 관행을 바로잡기 힘들다는 이유로 스탠리 스포 킨 Stanley Sporkin 판사에 의해 거부됐지만, 마이크로소프트와 법무부 가 항소에서 승리함으로써 결국 법정 명령으로 1995년부터 발효되었 다.[10]

한 회사가 OS 시장의 70%(1990년 당시)를 장악하고 있다는 것은 미국 시장에서 어떤 기준으로 보아도 '독점'이었다. 독점이 문제가 되는 것은 경쟁을 죽이기 때문이다. 경쟁을 죽이는 것은 궁극적으로 소비자의 이익에 역행한다. 그래서 미국에는 강력한 반독점법인 셔 먼 법 Sherman Act이 있다. 그러나 무엇이 '독점'이고 어떤 회사가 '독점력'을 가지고 있으며, 무엇이 '불법적인' 독점 행위인가는 명문 화된 법이 아니라 다양한 판례에 의해 규정된다. 이 다양한 판례는 정권, 경제 이론, 반독점국의 권한과 같은 지적 · 사회적 요인에 의해 영향을 받는다. 먼저 주목해야 할 것은 "독점 monopoly은 불법이 아 니지만, 독점하는 것 monopolization 또는 독점력 monopoly power을 이용하는 것은 불법"이라는 것이다. 여기서 독점력이란 "가격을 통제 하거나 경쟁을 배제하는 힘"을 말한다. 불법은 독점력을 "자의적으로 획득 · 유지하고, 사용하는" 것이다. 여기에는 높은 가격으로 초과 이 윤을 얻는 것, 다양한 종류의 불공정 판매 행위, 끼워 팔기 또는 독점 적인 상품의 힘을 이용해서 경쟁적인 상품 영역에서 이윤을 얻는 것 (끼워 팔기 bundling or tying이나 레버리지 leverage의 방법), 개발도 안

---

10) 이 과정에 대한 자세한 기술과 분석으로는 Daniel J. Gifford, "Microsoft Corporation, the Justice Department, and Antitrust Theory," *Southwestern University Law Review* 25(1996), pp. 621~70; James Wallace, *Overdrive: Bill Gates and the Race to Control Cyberspace* (New York, 1997) 참조.

한 신제품을 미리 선전함으로써 다른 회사의 연구 개발을 방해하는 것 vaporware 등이 포함된다.[11]

90년대 초반, 마이크로소프트의 예로 돌아가보자. OS 시장에 뛰어들었던 다른 회사들의 불만은 마이크로소프트의 DOS와 윈도가 경쟁을 질식시킨다는 것이었다. 노벨 Novell은 MS-DOS에 대항하기 위해서 심혈을 기울여 DR-DOS를 개발했는데, PC 생산 업체들이 아무도 이를 쓰지 않아서 결국 경쟁에서 무참히 패했다. 컴퓨터 엔지니어의 대략적인 합의는 DR-DOS가 MS-DOS보다 기술적으로 우수하다는 것이었는데, 소프트웨어 회사가 이를 위한 소프트웨어를 만들지 않으니 컴퓨터 생산 회사가 이를 PC에 깔 수 없었다. 소프트웨어를 개발하는 회사들은 거꾸로 아무도 사용하지 않는 OS를 대상으로 엄청난 비용이 소요되는 소프트웨어를 개발할 수는 없다고 고개를 저었다. 바로 이러한 이유 때문에 기술적으로는 우수해도 시장 경쟁에 제대로 끼여보지도 못하고 경쟁에서 패했던 것이다.[12] (비슷한 논리로 IBM이 윈도와의 경쟁을 위해 개발한 OS/2도 윈도와 경쟁 상대가 될 수 없었다.)[13]

---

11) Mark A. Lemley, "Antitrust and the Internet Standardization Problem," *Connecticut Law Review* 28(1996), pp. 1041~92, 특히 pp. 1066~70 참조.

12) DR-DOS와 관련해서 마이크로소프트의 불공정 행위가 없었던 것은 아니다. 당시 마이크로소프트는 컴팩과 같이 컴퓨터를 제조하는 업체에 자신들의 MS-DOS를 판매할 때 MS-DOS를 장착한 컴퓨터 숫자대로 per copy 대금을 요구한 것이 아니라, 마이크로프로세서 microprocessor 숫자대로 per processor 대금을 요구했다. 즉 PC를 만드는 회사에서 1,000개의 컴퓨터 중 500개의 컴퓨터에 MS-DOS를 깔고 나머지 500개에 DR-DOS를 깔아도, 마이크로소프트는 MS-DOS 1,000 카피의 대금을 요구했던 것이다. 이것은 명백한 불공정 행위로 이후 1994년 합의 각서에 의해 시정 명령을 받았다.

13) IBM의 OS/2는 최초의 32비트 OS였다. OS/2가 처음 나왔을 때는 32비트용 프로그램이 흔하지 않았다는 문제가 있었다. 이것 때문에 OS/2는 윈도 3.1을 사용하던 사용자들을 흡수하는 데 실패했다. 마이크로소프트는 윈도 3.1과 호환성이 좋

FTC가 주목한 또 다른 예로서 마이크로소프트의 엑셀과 로터스 Lotus의 로터스 1-2-3의 경쟁이 있다. 로터스 1-2-3은 DOS가 주된 OS일 때 시장을 선점하고 있었다. 그런데 마이크로소프트가 윈도를 개발하고, 윈도와 자사 제품인 엑셀에 공통적으로 쓰인 핵심 기술의 세부 항목을 몇 달 간 다른 소프트웨어 회사들에게 공개하지 않았기 때문에, 마이크로소프트사 이외의 회사 제품은 윈도에서 잘 돌아가지 않는다는 인상을 소비자에게 강하게 심어주었다는 것이 로터스의 주장이었다. 실제로 이때 워드프로세서, 스프레드 시트, 데이터베이스 프로그램처럼 핵심 프로그램 시장의 상당한 부분이 마이크로소프트의 손으로 넘어왔다.

위의 두 예에서 마이크로소프트는 독점력을 불법적으로 행사했는가? 1990년 FTC는 이것이 독점이라고 생각해서 조사를 시작했는데 3년 간의 조사를 통해서도 이에 대해 명쾌한 답을 내리지 못했다. DR-DOS와 관련해서 마이크로소프트의 불공정 행위가 있었지만, 이것이 DR-DOS가 MS-DOS와 경쟁하지 못했던 결정적인 요인인가는 불분명했다. 무엇보다, 거의 아무도 사용하지 않는 DR-DOS를 위해 소프트웨어를 개발할 회사도 없었고, 또 소프트웨어를 많이 쓸 수 없는 DR-DOS를 구입할 소비자도 없었을 것이고, 이렇게 소비자가 관심을 두지 않는 DR-DOS를 PC에 깔아서 파는 PC 메이커도 없을 것이다. 즉, DR-DOS가 성공하지 못한 이유는 (마이크로소프트가 주장한 대로) 이것이 소비자 · 생산자 · 소프트웨어 회사의 꽉 짜여진 그물망을 뚫고 들어가는 데 실패했음에 있다고 보는 것이 타당할 수 있다. 엑셀의 경우에도 비슷한 딜레마가 있었다. 신기술을 개발한 모든 회사는 이를 시장의 단기 선점을 위해 공개하지 않을 권리가 있고, 이는 독점

은 윈도95로 32비트 OS 시장을 장악했다.

적인 회사의 경우에도 마찬가지로 해당되었다. 여기서도 마이크로소프트의 명백한 불법적인 독점 행위를 찾아내는 것이 쉽지 않았다.

　이것이 93년 FTC가 이 문제에 대해 손을 들고 이를 법무부로 넘긴 이유이고, 법무부가 이를 법원에 가져가는 대신에 합의 각서를 작성하는 식으로 마무리지은 이유였다. 지금 시점에서 보았을 때 이 합의 각서의 내용 중 가장 핵심적인 부분은 마이크로소프트가 한 가지 제품에 다른 제품을 결합tying해서 파는 것을 금지했다는 점이다. 이는 기존의 반독점법에도 명백하게 위배되는 사항이었다. 그렇지만 빌 게이츠의 요청에 의해 이 조항의 뒤에 한 가지 단서 조항이 붙었다. 그것은 "이 조항이 기술적 이점을 제공하는 '통합된 제품integrated product'을 마이크로소프트가 개발하는 것을 막는 것으로 해석돼서는 안 된다"는 구절이었다. 당시엔 5년 후에 이 통합이라는 문제가 마이크로소프트의 사활이 걸린 중요한 법률적 문제가 될 것이라고는 아무도 생각하지 못했다.

3. 마이크로소프트 소송의 이슈들

　컴퓨터-정보 산업에서 기술 혁신의 특성을 살펴보자. 정보 기술의 기술 혁신에도 여러 유형이 있지만, 중요한 한 가지 길은 부품의 '통합'에 있다. 기술적으로 PC의 모체가 된 인텔의 마이크로프로세서도 수많은 반도체 회로를 칩 하나에 통합한 것이었고, 이를 사용해서 만든 첫 PC인 알테어도 마이크로프로세서, 메모리, 그리고 간단한 입력기와 출력기를 하나의 기계에 통합시킨 것이었다. 초기 PC 시장에서 엄청난 성공을 거둔 애플은 키보드·모니터·메모리·하드 드라이브·플로피 드라이브·프로그램을 하나의 기계에 통합해서, 컴퓨터에 무지한 사람도 바로 컴퓨터를 사용할 수 있게 만든 제품이었다.

지금 진행되는 마이크로소프트 소송의 핵심 쟁점 중 하나는 마이크로소프트가 인터넷 웹 브라우저로 개발했고 현재 윈도95나 윈도98에 끼워서 무료로 배포중인 인터넷 익스플로러(IE)가 반독점법에 걸리는 '끼워 팔기 tying or bundling' 또는 '레버리지 leverage' (독점적인 분야의 이익을 경쟁적인 분야로 가져오는 것)인가, 아니면 윈도95라는 OS에 '통합된 integrated' 요소인가를 밝히는 데에 있다. 법무부는 이를 "윈도95라는 OS의 독점을 이용해서 웹 브라우저라는 경쟁 분야에 부당한 이익을 취하는 전형적인 독점력 행사의 한 형태"로 보고 있는 반면, 마이크로소프트는 이를 "OS라는 소프트웨어가 발전하면서 전형적으로 나타나는 '통합' 이라는 기술적 특성"으로 보는 것이다. 이미 언급했듯이 1994년 합의 각서에는 "끼워 팔기는 안 돼도 기술의 통합은 허용한다"는 조항이 있었고, 따라서 익스플로러를 윈도95와 함께 판매하는 것이 독점력을 행사하는 끼워 팔기인가, 또는 윈도95에 통합된 것인가를 판단하는 것이 이번 소송의 핵심으로 부상했던 것이다.[14] 익스플로러는 파일의 97%를 윈도95와 공유하기 때문에 익스플로러를 모두(즉, 공유한 파일을 포함해서 모두) 지우면 윈도95가 정상적으로 작동하지 못할 만큼 OS에 깊이 통합돼 있다는 것이 마이크로소프트 측의 주장이다. 여기서 볼 수 있듯이 '통합' 의 범위와 의미를 결정하는 것은 이번 소송의 핵심적인 기술적 문제이다.

마이크로소프트가 자신들의 OS에 다른 소프트웨어를 끼워 팔아서 문제가 된 적은 여러 번 있었다. 끼워 팔기로 가장 문제가 되었던 사

---

14) "The Justice Department vs. Microsoft: The Evidence and the Answers," *Cybertimes* (*New York Times* on the Web, 27 October 1997); John Markoff, "Microsoft Ruling Carries Some Fateful Implications," *Cybertimes* (*New York Times* on the Web, 13 December 1997).

례는 1995년 윈도95에 MSN(마이크로소프트 네트워크Network)의 아이콘을 올려놓았던 일이었다.[15] 역으로 마이크로소프트가 '통합'으로 성공한 사례 역시 많이 있다. 컴퓨터를 사용하는 사람들이 모뎀을 갖게 되면서 마이크로소프트는 윈도에 팩스를 지원하는 마이크로소프트 팩스를 첨가했고, 사람들이 CD-롬을 사용하면서 윈도에 이를 지원하는 기능을 첨가했다. 빌 게이츠는 그의 뉴욕 타임스 칼럼(98년 1월 28일자)에서 '통합'은 컴퓨터를 단순하고 동시에 강력하게 만들며, 이것이 바로 소비자가 원하는 것이고, 마이크로소프트는 이런 소비자의 욕구를 더 싼 값에 충족시켜주었다고 강조했다. 바로 이 칼럼에서 빌 게이츠는 사람들이 인터넷을 점점 더 많이 사용하면서 이를 지원하는 웹 브라우저인 익스플로러를 윈도에 첨가하는 것이 통합의 자연스럽고도 중요한 단계라고 역설하기도 했다.[16]

인터넷의 가장 중요한 특징은 사람들이 윈도를 쓰건, IBM의 OS/2를 쓰건, 매킨토시를 쓰건, 유닉스Unix를 쓰건 다 같이 문서를 공유하고 호환할 수interoperable 있도록 디자인되어 있다는 것이다. 이를 가능하게 하는 것이 TCP/IP 또는 OSI(open system interconnection)라는 프로토콜, HTML이라는 월드 와이드 웹World Wide Web 랭귀지, 그리고 최근 선 마이크로시스템에서 개발해서 차세대 컴퓨터 언어로 주목을 받고 있는 자바Java 등이다. 컴퓨터 엔지니어들은 인터넷에서

---

15) MSN의 아이콘을 윈도95에 올려놓은 것은 법무부 반독점국의 젊은 조사관들을 분노하게 했다. 이들은 이것이 전형적인 독점력 행사라고 간주하고 이에 대한 조사와 고소를 당시 독점국의 새 대표로 임명된 조엘 클라인Joel Klein에게 강력히 건의했다. 당시 클라인은 신중론을 고수했고, 이는 부하 직원들을 실망시켰다고 알려져 있다. 그렇지만 MSN은 기존의 인터넷 서비스 시장에서 아주 작은 부분만을 차지하고, 마이크로소프트는 MSN을 주력 사업에서 곧 포기함으로써, 이에 대해서는 클라인의 판단이 옳았음이 드러났다.

16) Bill Gates, "In the PC Industry, Innovation Feeds Success," *New York Times Syndicate* (28 January 1998).

378

사용되는 이런 언어들, 특히 자바와 HTML이 향후 10년 내에 지금까지 DOS나 윈도 같은 OS가 하던 기능을 상당 부분 잠식할 것으로 내다보고 있다. 즉 지금은 PC가 인터넷에 접속해 들어갔지만, 이제 그 파도의 방향은 인터넷에서 PC로 몰려올 것이라는 주장이다. 이렇게 되면 소프트웨어 산업에 엄청난 변화가 불가피해진다. 마이크로소프트의 성공은, 자의적이건 그렇지 않건간에, DOS와 윈도라는 PC의 OS에서의 독점과 다른 응용 소프트웨어 프로그램을 밀접하게 결합시킨 결과였고, 이것이 지금의 엄청난 부와 영향력의 기반이 된 것이었다. 그런데 인터넷에 기반한 새로운 OS의 시대가 온다면 마이크로소프트가 서 있는 토대 자체가 흔들리는 것이라 아니 할 수 없다.

따라서 마이크로소프트로서는 웹 브라우저 시장을 장악하는 것이 회사의 장래가 걸린 중요한 문제가 되는 것이다. 빌 게이츠는 95년 5월 회사의 최고 경영진에게 보낸 '인터넷의 조류'라는 비밀 메모에서 인터넷 시장의 공략을 회사의 최우선 과제로 선정할 것을 지시했고, 그해 12월엔 '인터넷 중심 Internet-centric' 회사로 다시 태어날 것을 천명했다. 이후 마이크로소프트는 인터넷 익스플로러의 개발과 개량에 심혈을 기울였다. 마이크로소프트는 익스플로러를 윈도95에 끼워서 공짜로 뿌렸고(한때 넷스케이프는 39달러를 주고 사야 했다), 이는 넷스케이프에 엄청난 손해를 입혔다. 넷스케이프는 1997년에 수천만 달러의 적자를 냈고, 1998년 3천 2백 명의 직원 중 4백 명을 해고한다는 감원 계획을 발표했으며, 월 스트리트에서 주가 폭락이라는 수치스러운 사태를 겪게 됐다. 1998년 1월 넷스케이프는 마이크로소프트에 대한 강력한 반격의 신호로 넷스케이프 네비게이터의 소스 코드 source code를 공개해서 누구라도 이 프로그램을 자신의 용도에 맞게 바꾸고 개량하도록 허용하겠다는 야심찬 계획을 발표했다. 보통 상업 소프트웨어의 극비 사항으로 간주되는 소스 코드를 공개해서라도 시장 점유율을 높여보겠다는 의도였다. 그렇지만 1999년 넷스케이프는 '아메리칸 온라인American Online'(AOL)이라는 인터넷 서비스 제공 회사에게 결국 합병되었다. 이렇게 웹 브라우저를 놓고 벌이는 한판 승부는 단지 웹 브라우저라는 하나의 소프트웨어를 놓고 벌어지는 싸움이 아니라, 21세기 컴퓨터의 차세대 OS를 놓고 벌어지는 치열한 싸움인 것이다.

4. 빌 게이츠와 그 경쟁자들

빌 게이츠에게는 동지와 친구보다는 비판자와 적이 많다. 먼저 마이크로소프트를 고소한 법무부 반독점국을 보자. 지금(1999년) 반독점국의 수장은 조엘 클라인Joel Klein 차관이다. 그는 반독점국의 차관보 시절 마이크로소프트가 윈도95에 MSN의 아이콘을 올려놓는 것을 눈감아줌으로써 비판의 표적이 된 적이 있다. 반독점국의 수장으로 임명되기 직전에도 벨 어틀랜틱 Bell Atlantic이 나이넥스 Nynex라는 전화 회사를 합병하는 것을 용인하기도 했다. 클린턴 대통령의 오랜 친구임에도 불구하고, 이런 성향 때문에 그를 반독점국 담당 차관으로 임명하는 것에 대해 민주당 상원의원 몇몇이 반대표를 던질 정도였다. 그는 "강자big guy를 무서워하는 겁쟁이"라는 별명을 얻었고, 사람들은 반독점국이 이제 죽은 거나 마찬가지라고 생각했다. 그렇지만 마이크로소프트를 고소하면서, 그와 반독점국은 다시 관심의 중앙 무대로 등장했다. "그의 행위는 정의로웠고, 용감했다"는 평을 들을 정도로 마이크로소프트를 고소한 것은 놀랄 만한 일이었다.

빌 게이츠와 마이크로소프트는 클라인의 고소를 시장의 독점에 대한 정부의 개입으로만 보지 않는다. 마이크로소프트는 반독점국의 고소를 "변태 perverse," "정보화에 뒤떨어진 poorly informed 미국의 선택" 등의 용어를 사용해가며 맹공했다. 나아가 이들은 반독점국의 배후에 다른 세력이 있음을 시사했다. 그 배후 세력으로 지목된 것이 바로 선 마이크로시스템과 그 회장 스콧 맥널리 Scott McNealy다. 선 마이크로시스템과 스콧 맥널리는 마이크로소프트의 인터넷 진입을 저지하려는 선봉장이며, 자타가 공인하는 빌 게이츠의 대표적인 적이자 경쟁자이다. 맥널리는 97년 IBM, 볼랜드 Borland, 노벨 Novell, 넷스케이프 등과 함께 공공연한 '반(反)마이크로소프트 연합'을 결성한 주역이기도 하다.

20년 전 빌 게이츠가 모든 사람의 책상에 컴퓨터가 놓일 시절을 예측하고 사업을 시작했다면, 맥널리는 모든 사람의 책상에서 컴퓨터가 사라질 날의 비전을 그리는 사람이다. 그가 그리는 미래의 사무실에는 모니터와 키보드만 있다. (모니터에 장착된) 작은 컴퓨터를 켜면 네트워크와 인터넷으로 접속, 여기서 모든 프로그램이 작동한다. 수십 메가짜리 비싼 프로그램도, 이를 저장하기 위한 몇 기가바이트의 하드 드라이브도 필요 없다. 개인 컴퓨터 personal computer의 세상에서 네트워크 컴퓨터 network computer의 세상으로 바뀌는 것이다. 맥널리의 비전은 단순히 몽상만은 아니다. 선 마이크로시스템의 엔지니어들이 개발한 자바 언어와 급속도로 확산되는 인터넷은 이를 실현 가능한 비전으로 만들어가고 있다. 그렇지만 마이크로소프트는 선 마이크로시스템의 야심을 두고만 볼 턱이 없었다. 마이크로소프트는 자신들의 OS에서만 작동하도록 자바를 고쳐서 이를 자신들의 익스플로러에 사용했고, 이를 인터넷 언어의 '시장 표준 de facto standard'으로 만들려고 애쓰고 있다. 이 사건 이후, 맥널리는 마이크로소프트와의 소송을 불사하고 나섰다.[17]

선 마이크로시스템을 비롯해 '반마이크로소프트 연합'이 마이크로

소프트와의 싸움을 위해서 고용한 변호사는 개리 레백Gary Reback이
다. 그는 90년대 초반부터 마이크로소프트의 독점에 대한 소송에서
변호사로 일했다. 레백은 94년 마이크로소프트와 정부 사이에 체결
된 합의 각서에 반발, 법원에 익명의 의뢰인을 대신해서 의견서(법조
인 사이에서 amici curiae brief라고 알려진 문서)를 제출해서 이 '합의
각서'가 왜 마이크로소프트의 독점을 저지하는 데 효과적이지 못한
가를 주장하기도 했다. 1994년 가을 마이크로소프트가 인튜이트Intuit
를 합병하려는 계획을 발표했을 때, 그는 '마이크로소프트 백서'를
쓰고 이를 회람시켜 마이크로소프트의 야심을 저지함으로써 빌 게이
츠에게 뼈아픈 패배를 안겨준 장본인이기도 했다. 이런 일이 있은
후, 레백은 『와이어드 Wired』지에 의해 "빌 게이츠가 두려워할 유일
한 사람"으로 묘사되기도 했다.[18]

　미국의 비판적인 언론들도 빌 게이츠와 마이크로소프트에 대해 호
의적이지 않다. 윈도95가 나온 직후 「자본주의를 위해 마이크로소프
트를 안전하게 만드는 법 Making Microsoft Safe for Capitalism」이라는
통렬한 비판을 『뉴욕 타임스 매거진』에 기고한 제임스 글릭 James
Gleick(그는 『카오스』라는 책과 리처드 파인만에 대한 전기로 한국에도
널리 알려져 있는 과학 저널리스트이다)도 영향력 있는 반마이크로소
프트 논객이다. 그는 97년 11월에도 「지연된 정의 Justice delayed」라는
제목의 칼럼에서 마이크로소프트의 독점을 비판했다.[19] 소비자 운동
으로 널리 알려져 있는 랠프 네이더 Ralph Nader도 대표적인 반마이

---

17) 자바를 놓고 벌어지는 선과 마이크로소프트의 소송에 대해선 S. Gaudin, "Sun
　　Lawsuit Threatens to Pull IE 4.0," *Computerworld* 31(20 October 1997), p. 1 참조.
18) James Daly, "The Robin Hood of the Rich," *Wired* 5(August 1997).
19) James Gleick, "Making Microsoft Safe for Capitalism," *New York Times Magazine*(5
　　November 1995); "Justice Delayed," *New York Times Magazine*(23 November
　　1997).

크로소프트의 행동가이다. 그는 마이크로소프트의 독점이 궁극적으로 더 좋은 제품을 선택하는 소비자 권리를 침해함으로써 소비자의 이익에 역행한다고 본다. 97년 11월 네이더는 마이크로소프트의 독점을 비판하는 대규모 학회를 워싱턴에서 개최했다. 학회 첫날, 첫번째 연사로 등장한 사람은 개리 레백이었다. 두번째 연사는 일반 대중에겐 거의 알려져 있지 않았던 브라이언 아서 Brian Arthur라는 산타페 연구소 Santa Fe Institute의 경제학자였다.

브라이언 아서의 경제 이론은 탈(脫) 시카고 학파 post-Chicago School 시기의 반독점국의 이론적 배경을 형성하고 있다. 아서와 그의 경제 이론은 이 글에서 언급한 거의 모든 사람들에게 영향을 미쳤다. 조엘 클라인도 최근 인터뷰에서 아서의 경제 이론이 자신에게 첨단 기술 시대의 독점을 새롭게 볼 수 있는 시각을 제공했다고 언급했으며, 개리 레백의 '의견서'와 '백서'도 브라이언 아서의 도움을 받아 쓰어졌다. 레백은 최근 인터뷰에서 70~80년대 시카고 학파의 경제 이론이 첨단 기술 시대의 독점에 대해서 무력하다고 하면서, 자신이 비록 경제학자는 아니지만 아서의 새로운 경제학으로 이론적으로 무장했음을 강조했다. 제임스 글릭이나 랠프 네이더의 글을 자세히 읽어보면, 이들 역시 이 새로운 경제 이론으로 자신들의 주장을 뒷받침하고 있음을 쉽게 볼 수 있다.

브라이언 아서는 1998년 1월 많은 독자를 확보한 대중 주간지 『뉴요커 New Yorker』가 그의 경제 이론과 마이크로소프트 소송간의 관련을 보도하면서 언론의 주목을 받기 시작했다. 『뉴요커』의 기사가 나오고 곧 이어 마이크로소프트의 웹진 '슬레이트 Slate'에 MIT의 경제학자 폴 크루그먼 Paul Krugman이 이 『뉴요커』의 기사를 비판하는 글을 게재했고, 이에 대해 저널리스트들은 물론 노벨 경제학상을 수상한 케네스 애로 K. Arrow까지 비판적인 반론을 게재하면서 아서의 경

제학은 다시 한번 주목을 받았다.[20] 흔히 수확 체증increasing return,
네트워크 외부 효과network externalities, 경로 의존path-dependency
의 경제학이라 불리는 그의 이론들은 무엇이고, 이는 독점에 대한 어
떤 새로운 이해를 제공했는가? 이제 이 장의 마지막 절은 이 새로운
경제학의 이슈들을 다룰 것이다.

5. 수확 체증, 경로 의존, 네트워크 외부 효과의 경제학

1995년 개리 레백이 작성한 '마이크로소프트 백서'와 '의견서'는
모두 브라이언 아서와 가스 살로너Garth Saloner라는 경제학자 두 명
의 도움을 받아서 씌어졌음을 밝히고 있다. 살로너는 82년 스탠퍼드
대 경제학과에서 학위를 받고 MIT에서 조교수를 하고 있던 80년대
초반에, 마침 옥스퍼드에서 학위를 받고 역시 MIT에 조교수로 왔던
조지프 패럴Joseph Farrell(그는 최근에 연방통신위원회 의장이라는 영
향력 있는 직위까지 올랐던 사람이다)과 「표준, 호환성, 혁신
Standardization, Compatibility, and Innovation」이라는 논문을 써서 이
를 1985년 『랜드 경제학 저널』이라는 영향력 있는 저널에 출판했
다.[21] 이들은 이 논문에서 표준에 대한 정보가 부족할 때 기술적으로
열등한 표준이 우월한 표준을 제치고 시장의 표준으로 선택될 수 있
음을 주장했다. 여기서 이들은 브라이언 아서와 폴 데이비드Paul

---

20) John Cassidy, "The Force of an Idea," *New Yorker* (12 January 1998), pp. 32~37.
폴 크루그먼의 반론과 애로우의 재반론은 *Slate* (http://www.slate.com) 1월 14일
자, 1월 30일자에 각각 출판되었다.

21) Joseph Farrell and Garth Saloner, "Standardization, Compatibility, and Innovation,"
Rand Journal of Economics 16(1985), pp. 70~83.

David라는 스탠퍼드 대학의 두 경제학자의 미출판 논문을 인용하고 있었다.

살로너와 패럴이 정보가 완벽할 때는 이런 현상이 생기지 않음을 주장했던 반면, 같은 해에 출판된 프린스턴의 두 경제학자들(마이클 케이츠Michael Katz와 칼 샤피로Carl Shapiro)의 논문은 어떤 기술이 '네트워크'의 일부를 이룰 때도 마찬가지 효과가 나타난다는 것을 보이고 있었다.[22] 예를 들어, 소니의 베타 비디오가 VHS보다 기술적으로 우수해도 초기에 더 많은 사람들이 VHS를 사용하고 있으면, 자기도 VHS를 고르게 되며(더 많은 사람이 VHS 비디오 플레이어를 가지고 있다는 것은 이것이 더 우수하다는 인상을 줄 수도 있고, 동시에 더 많은 영화 테이프가 있을 수 있다는 '기대'를 만족시킬 수 있으므로), 이런 과정의 반복은 궁극적으로 기술적으로 뒤떨어진 VHS를 시장의 표준으로 만들면서 베타를 사장시키기도 한다는 것이다. 즉 '네트워크가 주는 외부 효과'(더 많은 사람이 연결돼 있을 때 그 상품의 가치가 높아진다는 것)가 존재하는 경우, 기술 경쟁에서의 승자가 단순히 개별 제품의 우월이나 효용efficiency만으로 결정될 수 없음을 강조했던 것이다.

이런 경우에 중요한 것은 '무엇이 먼저 시장에 나왔는가'라는 초기 조건이다. 시카고 학파와 같은 70~80년대 주류 경제학에서는 이런 초기 조건의 존재는 거의 의미가 없었다. 이들의 이론에서는 후발 기술이나 기업이 시장에 들어가기 힘들다는 '진입 장벽'은 무시됐다. 기술이 더 우수하고, 기업 경영을 더 잘하면 시장에서의 추격과 역전은 언제나 가능한 것이었다. 그렇지만 기술이 네트워크의 일부가 되어, 더 많은 것이 더 많은 가치를 만들어낼 때——이것이 수확 체증

---

22) Michael L. Katz and Carl Shapiro, "Network Externalities, Competition, and Compatibility," *American Economics Review* 75(1985), pp. 424~40.

increasing return의 경제 또는 규모의 경제 scale economy다——경쟁이
라는 것은 전혀 다른 의미를 띠게 된다는 것이 브라이언 아서와 폴
데이비드의 새로운 발견이었다. '경쟁'의 의미가 달라지면서 자연히
'독점'의 의미가 달라지는 것이었다.

먼저 폴 데이비드가 설득력 있게 제시한 영문 키보드 자판의 예를
생각해보자. 자판의 맨 윗줄은 'Q-W-E-R-T-Y'로 시작한다. 왜 하필이
면 이렇게 복잡한 문자 배열인가? 왜 가장 많이 쓰는 글자를 중간 한
줄에 몰아놓지 않았을까? 그 답은 컴퓨터 키보드가 타자기로부터 연
유했다는 데 있다. 최초에 발명된 타자기는 자판에 연결된 막대
typebar를 움직여 글자를 찍었고, 따라서 자주 쓰는 글자를 찍는 막
대가 서로 맞물리지 않게 하는 것이 중요했다. 많은 실험을 통해 이
런 맞물림을 최소화한 자판이 'QWERTY' 자판이다. 중요한 점은, 이
타자기가 막대의 충돌과 물림을 방지하기 위한 것이었지, 빠른 타자
속도를 염두에 두고 개발된 것은 아니라는 것이다.[23]

그렇다면 왜 막대 타자기가 사라지고도 이 'QWERTY' 자판이 계속
살아남아 결국 시장의 표준으로 자리잡았을까? 그 이유는 단순했다.
이 'QWERTY' 타자기가 처음으로 나왔고, 따라서 처음 배출된 수천
명의 타이피스트가 이 자판으로 타자를 배웠기 때문이다. 이
'QWERTY' 타자기가 처음 나왔기 때문에 다른 타자기에 비해 이를
구입한 회사들이 많았으며, 이 때문에 타이피스트가 되어서 회사에
취직하길 원했던 사람들은 'QWERTY'를 배우는 것이 취직을 하는 데
도, 직장을 바꾸는 데도 더 유리했다. 그래서 더 많은 사람들이 다른

---

23) Paul David, "Clio and the Economics of QWERTY," *American Economics Review*
75(1985), pp. 332~37; "Understanding the Economics of QWERTY: the
Necessity of History," in William N. Parker ed., *Economic History and the Modern
Economist* (Basil Blackwell, 1986), pp. 30~49.

자판보다 'QWERTY' 자판을 익혔고, 더 많은 타이피스트가 이를 배우면서 회사는 다른 타자기보다 'QWERTY' 타자기를 구입하는 것을 선호했다. 더 합리적이고 빠른 자판이 만들어졌지만, 이런 하드웨어—소프트웨어의 네트워크는 어느 시점에서 'QWERTY'를 '잠긴 locked-in' 기술로 만들어버렸다. 과학적 경영의 선구자 길브레스F. Gilbreth의 제자인 드보락J. Dvorak이 만든 드보락 자판은 통상 'QWERTY' 보다 20~40% 더 효율적인 것으로 드러났지만, 아무도 사용하지 않는 바람에 사장되고 말았다. 'QWERTY'가 시장의 표준이 된 데는 이런 '우스운' 이유가 있었다.

이 밖에도 이런 예는 수없이 많다. 왜 기차 레일은 한심할 정도로 좁은가? 브루넬I. K. Brunel 같은 19세기 엔지니어링의 거인은 기차 수송의 시대가 도래함을 보고 레일이 충분히 넓어야 한다고 주장했는데, 표준은 당시 영국 기계공학자협회를 창립한 스티븐슨George Stephenson의 4피트 8.5인치짜리 좁은 레일로 결정되었다. 왜 하필 4피트 8.5인치인가? 스티븐슨이 증기 기차를 발명하기 전에 마차를 이용해서 자신의 광산에서 석탄을 도시로 나르기 위해 놓았던 레일의 폭이 바로 4피트 8.5인치였다. 그는 이 레일을 그대로 사용하기 위해서 4피트 8.5인치 표준을 주장했고, 결국 이것이 채택됨에 따라 기차 레일은 마차 레일을 그대로 이어받았다. 이 좁은 레일은 큰 하중이 걸리는 기차에 부적격함이 금방 드러났지만, 이미 레일이 깔린 상태에서 이를 뜯어내고 다른 표준을 채택하는 것은 쉽지 않았다. 시간은 흐르고, 레일의 길이는 점점 늘어나고, 엔지니어들은 이 터무니없이 좁은 레일이 한없이 불만스러웠지만 기차를 재주껏 디자인하는 방법 이외에 다른 방법이 없었다.[24] 네트워크가 가진 관성은 이렇게 무서

24) Douglas J. Puffert, "The Economics of Spatial Network Externalities and the

운 것이었다. 이렇게 우리가 '승리한 기술winning technology'이라고 생각하는 것을 잘 들여다보면 많은 경우 이것이 더 높은 효율이나 경제적 생산성의 요인이 아니라 전혀 다른 요인에 의해 결정되고 이후 시간이 지나면서 이것이 표준으로 잠겨버리는lock-in 경우가 많음을 볼 수 있다.

이 잠김 lock-in의 메커니즘을 설득력 있게 제시한 사람이 바로 브라이언 아서였다. 그는 2차 대전 중 발달한, 수학과 경영학의 잡종이라 할 수 있는 오퍼레이션 리서치operation research(OR)에 대한 연구로 1973년 버클리에서 박사 학위를 받고, 매킨지 경영 컨설팅 회사, 빈에 있는 전략 연구소에서 연구를 하다가 70년대말 자크 모노 Jacques Monod의 『우연과 필연』을 읽고, 진화에서 초기 조건의 중요성처럼 경제 현상에서도 초기의 미세한 차이가 이후 엄청난 차이를 만들어내는 현상이 있을까를 놓고 고민하게 된다. 이러던 중 역시 같은 문제를 놓고 고민하고 있던 스탠퍼드의 경제사학자 폴 데이비드에 의해 1982년 스탠퍼드에 전격 스카우트되었다.

80년대 초반 아서가 고민하던 문제 중 하나는 다음과 같은 것이었다. 내가 A와 B라는 두 개의 기술 중 하나를 선택해야 한다고 하자. 나는 이 방법으로 이미 이를 쓰고 있는 r명의 사람들에게 질문을 해서, 그 중 m명 이상이 A를 쓰고 있다면 A를 선택하고, 그렇지 않다면 B를 선택하기로 한다(예를 들어, 내가 IBM PC와 매킨토시 중 하나를 사려 하는데 9명에게 물어서 5명 이상이 IBM을 쓰고 있다면 IBM을 사고, 그렇지 않다면 매킨토시를 사는 식이다). 만약 (나만이 아니라) 모든 사람이 A, B 중 하나를 이런 방법으로 선택한다고 하면, 어떤 결과가 나올 것인가? 이런 선택은 비합리적인 것 같지만, 정보가 불충

Dynamics of Railway Gauge Standardization"(unpublished Ph. D. dissertation, Stanford University, 1991).

분할 때나 다른 사람이 더 많이 사용하는 물건을 살 충분한 이유가 있을 때 실제로 가능한 선택이다. 흥미롭게도 아서는 이런 경우에 기술적으로 덜 우수한 표준이나 제품이 시장을 장악해서 다른 제품의 진입을 막아버리는 잠금 lock-in 효과가 나타날 수 있음을 보였다. 처음에 우연히 시장에 먼저 나온 것과 같은 초기 조건이 결정적인 요소가 되며, 이럴 경우 자본주의 시장의 '보이지 않는 손'의 메커니즘이 더 이상 작동하지 않는 결과가 나타난다는 것이다.[25]

아서는 1983년 이런 기술의 선택과 수확 체증 increasing return의 경제학을 결부시켜서 「경쟁하는 기술, 수확 체증, 그리고 역사적인 사건에 의한 잠김 Competing Technologies, Increasing Returns, and Lock-in by Historical Events」이란 제목의 논문을 쓰고, 이를 권위 있는 『미국 경제학회보 American Economics Review』에 보냈지만 출판을 거절당했다. 그는 84년 하버드 대학에서 이 논문을 발표했는데, 그곳의 경제학자들에게 "네 이론이 옳다면 자본주의는 예전에 무너졌을 것이다"라는 냉담한 코멘트만을 들었을 뿐이었다. 지금은 고전으로 인용되는 그의 논문은 이렇게 무려 4번이나 출판 거부를 당하고, 6년이 지난 89년에야 『경제학 저널 Economic Journal』에 출판되는 수모(?)를 경험했다.[26]

아서는 80년대 말부터 '복잡성 과학 complexity science'의 본산이라 할 수 있는 산타페 연구소 Santa Fe Institute에서 일하면서, 잠금 효과

---

25) W. B. Arthur et al., "On Generalized Urn Schemes of the Polya Kind," *Cybernetics* 19(1983), pp. 61~71.

26) W. Brian Arthur, "Competing Technologies, Increasing Returns, and Lock-in by Historical Event," *Economic Journal* 99(1989), pp. 116~31. 아서의 논문이 출판 거절을 당한 이야기는 Joshua S. Gans and George B. Shepherd, "How Are the Mighty Fallen: Rejected Classic Articles by Leading Economists," *Journal of Economic Perspectives* 8(1994), pp. 165~79에 있다.

가 소위 지식에 기반한 기술knowledge-based technology, 또는 지식에 기반한 산업knowledge-based industry의 일반적인 특성이라고 자신의 주장을 확장했다.[27]

이런 지식에 기반한 기술이나 산업은 1) 새로운 제품을 만들기 위한 연구 개발비의 초기 투자가 엄청남에 비해 한번 개발한 제품을 생산하는 데 드는 비용은 적기 때문에(윈도95와 같은 OS를 개발하는 데 몇천만 달러에서 몇억 달러가 들었음에 비해 그것의 한계 비용marginal cost은 거의 제로다) 전형적으로 '자연스런 독점natural monopoly'을 형성하는 데다가, 2) 그것을 개발하면서 축적한 노하우가 상승 효과를 가져오고, 3) 쓰는 사람들이 많아지면 그 제품의 가치가 올라가는 네트워크 외부 효과 또는 수확 체증의 경제의 특성이 관여하며, 4) 초기 시장의 우연한 선점이 매우 중요하고 그 선점을 피드백positive feedback을 통해 확장할 수 있고, 5) 사람들이 한번 사용법을 배우면 다른 가능성을 잘 모색하지 않는다는 다양한 요소가 겹쳐서, 어느 시점이 되면 다른 기술이나 제품이 시장에 들어오지 못하게 하는 잠금 효과를 보인다는 것이다.

따라서 소비자는 시장을 지배하는 물건을 산다고 해서, 그것이 꼭 가장 우수한 제품이라는 보장을 받을 수 없는 이상한 상황에 처할 수 있다. 기업가는 현재 나와 있는 물건보다 더 우수한 물건을 싼 값에 공급해도 물건이 팔리지 않는 골치 아픈 상황에 처할 수 있다. 국가는 첨단 산업의 고부가가치를 노리고 이에 엄청난 전략적인 투자를 해도 이를 선점한 나라가 누리는 시장의 벽을 뚫지 못하고 실패를 맛볼 수 있다.[28] 이 모든 것은 '지식에 기반한 산업'이 점차 보편적으로

---

27) 브라이언 아서와 산타페 연구소에서의 연구는 Mitchell M. Waldrop, *Complexity: The Emerging Science at the Edge of Order and Chaos* (New York: Simon & Schuster, 1992)에 잘 기술되어 있다.

되면서 우리 주변에서 쉽게 찾아볼 수 있는 현상이다. 이런 상황에선 기업의 경영 전략과 국가의 경제 정책이 새롭게 수립돼야 함은 물론이다.

80년대 중반에만 해도 소수의 이단적인 의견으로 치부되던 수확 체증, 네트워크 외부 효과와 같은 이슈들은 이제는 (미국) 경제학계에서 가장 널리 토론되는 주제 중 하나로 자리잡았다.[29] 이러한 새로운 이해는 소수의 경제학자들로부터 경제학계 일반으로 널리 퍼졌음은 물론, 시장의 조정 능력을 신봉하고 정부의 개입을 최소화하는 것을 주장했던 시카고 학파의 경제 이론에 불만을 느끼던 관료·법학자, 그리고 언론인에게 확산되었다. 마이크로소프트가 윈도95라는 OS의 우위를 이용해서 인터넷 웹 브라우저 시장을 장악하려는 시도를 독점으로 보는 반독점국의 시각도 바로 아서나 데이비드의 경제학적인 이해로부터 많은 영향을 받았던 것이다.

---

28) W. Brian Arthur, "Positive Feedback in the Economy," *Scientific American* (Feb. 1990), pp. 92~99; "Increasing Returns and the New World of Business," *Harvard Business Review* (July/August, 1996), pp. 100~109. 브라이언 아서, 「수확 체증과 비즈니스의 신세계」, 브라이언 아서 외 지음, 김웅철 옮김, 『복잡계 경제학 I: 수확 체증과 비즈니스의 신세계』(평범사, 1997), pp. 61~114.

29) 물론 모든 경제학자가 수확 체증이나 네트워크 외부 효과의 중요성에 동의하는 것도 아니고, 법학자들 사이에서 네트워크 외부 효과와 마이크로소프트를 연관시키는 것에 대해 100% 합의가 있는 것도 아니다. 아서에 대한 반론으로 John E. Lopatka and William H. Page, "Microsoft, Monopolization, and Network Externalities: Some Uses and Abuses of Economic Theory in Antitrust Decision Making," *The Antitrust Bulletin* 40(1995), pp. 317~70; S. J. Liebowitz and Stephen E. Margolis, "High Technology, Antitrust & the Regulation of Competition: Should Technology Choice be a Concern of Antitrust Policy?" *Harvard Journal of Law and Technology* 9(1996), p. 283.

찾아보기

394